1914 - 1918
REIMS
NANCY
ARRAS
LILLE
AMIENS
VERDUN
SOISSONS
CAMBRAI
En reconnaissance pour l'aide
des Ecoliers de France
à la Bibliothèque Universitaire de
LOUVAIN
Ce volume est offert en don par
les Ecoliers de Belgique
à la Bibliothèque de l'Université de
NANCY

PUBLICATIONS DE L'ASSOCIATION INTERNATIONALE
POUR LA PROTECTION DE L'ENFANCE

Secrétariat Général : Avenue de la Toison d'Or, 67, Bruxelles

LA
QUESTION EUGÉNIQUE

DANS

LES DIVERS PAYS

PAR

M.-T. NISOT

Docteur en Droit

TOME II

Afrique du Sud, Allemagne, Argentine, Australie, Autriche, Belgique, Bolivie, Brésil, Canada, Chine, Cuba, Danemark, Espagne, Esthonie, Finlande, Grèce, Hongrie, Indes Anglaises, Indes Néerlandaises, Italie, Japon, Luxembourg, Mexique, Norvège, Nouvelle-Zélande, Pays-Bas, Pologne, Portugal, Roumanie, Russie, Suède, Suisse, Tchécoslovaquie, Turquie, Société des Nations, Organisation Internationale du Travail.

BRUXELLES
LIBRAIRIE FALK FILS
GEORGES VAN CAMPENHOUT, Successeur
EDITEUR
22, rue des Paroissiens
—
1929

LA QUESTION EUGÉNIQUE
DANS LES DIVERS PAYS

PUBLICATIONS DE L'ASSOCIATION INTERNATIONALE
POUR LA PROTECTION DE L'ENFANCE

Secrétariat Général : Avenue de la Toison d'Or, 67, Bruxelles

LA

QUESTION EUGÉNIQUE

DANS

LES DIVERS PAYS

PAR

M.-T. NISOT

Docteur en Droit

TOME II

Afrique du Sud, Allemagne, Argentine, Australie, Autriche, Belgique, Bolivie, Brésil, Canada, Chine, Cuba, Danemark, Espagne, Esthonie, Finlande, Grèce, Hongrie, Indes Anglaises, Indes Néerlandaises, Italie, Japon, Luxembourg, Mexique, Norvège, Nouvelle-Zélande, Pays-Bas, Pologne, Portugal, Roumanie, Russie, Suède, Suisse, Tchécoslovaquie, Turquie, Société des Nations, Organisation Internationale du Travail.

BRUXELLES
LIBRAIRIE FALK FILS
GEORGES VAN CAMPENHOUT, Successeur
EDITEUR
22, rue des Paroissiens

1939

AFRIQUE DU SUD

CHAPITRE PREMIER.

Généralités.

Pour des raisons sociales et politiques, les idées eugéniques trouvent de nombreux adeptes parmi les européens et les natifs civilisés de l'Afrique du Sud.

Il y avait en 1921, dans l'Afrique du Sud, une population composée de 1,519,488 européens, de 545,548 métis provenant de croisements de blancs et de noirs et de blancs et de malais, de 163,896 asiatiques et de 4,699,433 nègres.

La politique du pays consiste à accroître la population européenne dans le but de contrebalancer l'augmentation continue de la natalité indigène. Celle-ci, en effet, est supérieure à la natalité européenne dans la proportion de 8 à 1. La limitation des naissances est d'un usage courant parmi les lettrés européens, mais totalement inconnue chez les illettrés de même origine, ainsi que chez les indigènes ; ceux-ci pratiquent la polygamie.

Le « native problem » est celui qui préoccupe le plus le législateur de l'Afrique du Sud.

Dans le but de préserver la race, on encourage dans le pays l'immigration européenne, et des mesures ont été établies en vue de restreindre l'immigration asiatique.

Certains droits ne sont accordés qu'à des catégories de personnes bien déterminées.

Le Transvaal et l'Orange ont institué le principe de la non-égalité du blanc et du noir devant l'Eglise et devant l'Etat.

Dans le Natal, les indigènes ne sont pas exclus du Gouvernement en termes exprès, cependant, en pratique, très peu jusqu'à maintenant y ont été admis.

Dans le Cap de Bonne-Espérance, au contraire, aucune différence n'est établie sur la base de la distinction des races.

La surpopulation parmi les classes inférieures engendre dans le pays la pauvreté et le chômage. Les autorités estiment que le meilleur remède à y apporter serait l'enseignement de la limitation des familles (1).

En 1926, un membre de la Provincial Assembly du Transvaal a déposé un projet de loi autorisant les municipalités à donner des avis sur les méthodes anticonceptionnelles. Le projet a été rejeté, mais les discussions qu'il a soulevées ont fait avancer dans la colonie la cause du Birth-Control (2).

Dans plusieurs régions primitives, telles que le Bechuanaland, certaines tribus pratiquent la suppression des indésirables. Elles mettent à mort les enfants malades et exposent les albinos et les sourds-muets ; les aveugles-nés sont étranglés, et si la mère meurt en couches, l'enfant est enterré vivant dans la même tombe. Ces pratiques tendent toutefois à être abandonnées.

Il existe en Afrique du Sud une société d'eugénique : la Commission d'eugénique de l'Association pour l'avancement des sciences. Cette Commission est représentée à la Fédération internationale des organisations eugéniques par un de ses membres : le professeur Harold B. Fanthan, de l'Université de Wiwatersrand, Johannesburg.

---

(1) *The New Generation*, fév. 1922, p. 10.
(2) *Birth-Control Review*, nov. 1926.

CHAPITRE II.

Principale mesure eugénique préconisée en Afrique du Sud.

LA REGLEMENTATION DE L'IMMIGRATION.

De toutes les mesures préconisées en Afrique du Sud, la plus largement pratiquée est sans contredit la réglementation de l'immigration. Nous allons examiner les conditions imposées aux immigrants dans le but de préserver la race. On peut les grouper comme suit :

1. — Conditions de police et de moralité ;

2. — Conditions de race et de nationalité ;

3. — Conditions d'instruction ;

4. — Conditions de fortune ;

5. — Conditions physiques (1).

1. — CONDITIONS DE POLICE ET DE MORALITE.

Aucune personne, britannique ou étrangère, n'est autorisée à pénétrer sur le territoire de l'Union sud-africaine si, d'après les renseignements provenant du Gouvernement britannique, ou d'un autre gouvernement, le ministre compétent juge que cette personne est indésirable.

En particulier, sont rejetés à leur arrivée ou expulsés après leur entrée, tous les individus vivant de la prostitution et ceux qui ont été condamnés pour crime. (Immigrants Regulation Act 1913, art. 4, al. *e* et *f*, amendé par l'Act 37 de 1927.)

2. — CONDITIONS DE RACE ET DE NATIONALITE.

L' « Immigrants Regulation Act », de 1913, s'applique, dans les mêmes conditions, aux individus de n'importe quelle race, classe sociale et religion, mais l'article 4 *(la)* de cette loi autorise

---

(1) *La Réglementation des Migrations.* Bureau International du Travail.

le ministre de l'Intérieur à déclarer que des personnes ou catégories de personnes sont des « immigrants non admissibles » si leur présence est considérée comme indésirable pour des raisons d'ordre économique.

D'après un règlement du Ministre, promulgué en vertu de l'article cité ci-dessus, les Asiatiques (à l'exception des femmes et des enfants dont la famille est domiciliée dans le pays) ne sont pas autorisés à s'établir dans l'Union. En outre, les Asiatiques ne sont pas autorisés à changer de province. (Annuaire officiel de l'Union, de l'Afrique du Sud, n° 8, 1925.)

3. — CONDITIONS D'INSTRUCTION.

L'entrée du pays est interdite à toute personne qui est incapable, par suite d'une instruction insuffisante, de lire et d'écrire dans une langue européenne quelconque, y compris le yiddish, à la satisfaction d'un fonctionnaire du Service d'Immigration.

Un certain nombre de cas d'exception sont admis par la loi, notamment en faveur de la femme ou de l'enfant d'une personne domiciliée dans l'Union, des militaires des armées de terre ou de mer, de fonctionnaires accrédités et des personnes autorisées venant de territoires limitrophes. (Immigrants Regulation Act, 1913, art. 4 et 5, amendé par l'Act n° 37 de 1927.)

4. — CONDITIONS DE FORTUNE.

Aux termes de la loi de 1913 relative à l'immigration, les catégories suivantes de personnes ne peuvent pas entrer dans l'Union de l'Afrique du Sud :

1° toutes les personnes qui, pour des raisons d'ordre économique ou par suite du niveau de leur existence ou de leurs habitudes de vie, sont considérées comme ne convenant pas aux besoins de l'Union, ou de l'une de ses provinces ;

2° toute personne susceptible de tomber à la charge de la collectivité, parce qu'elle ne possède pas les moyens suffisants pour vivre et faire vivre les personnes à sa charge qu'elle amène avec elle dans l'Union (art. 4 a, b) ;

Aux termes du règlement n° 13 rendu en vertu de la loi de 1913, tout immigrant qui n'est pas infirme d'esprit ou de corps devra, afin d'établir qu'il n'est pas susceptible de tomber à la charge des autorités, prouver au service d'immigration :

a) qu'il a les moyens de se rendre à son lieu de destination ;

b) qu'il se rend à un emploi déterminé, qui lui a été promis ou — qu'ayant des raisons sérieuses de croire qu'il trouvera du travail — il dispose en attendant, d'une somme suffisante pour l'entretenir quelque temps, ou qu'il a des amis capables de l'aider et disposés à le faire, ou qu'il est muni d'une somme d'argent suffisante, de l'avis du fonctionnaire de l'immigration, pour vivre et faire vivre les personnes à sa charge jusqu'à ce qu'il trouve du travail ou d'autres moyens d'existence.

Jusqu'à la fin de 1921, les individus sans profession définie étaient tenus de posséder à leur entrée dans l'Union la somme de £ 20 s'ils étaient sujets britanniques, et de £ 35 s'ils étaient étrangers. Par un « Nouvel Avis » (*Revised Notice*), le Haut-Commissaire de l'Afrique du Sud à Londres déclara, en janvier 1922, que la somme de £ 20 était actuellement considérée comme absolument insuffisante, « car elle suffit à grand'peine à couvrir les dépenses de toute première nécessité qu'une personne arrivant dans un pays étranger se trouve obligée de faire pendant un mois ». Quoique l'avis ne mentionne pas de somme précise, le futur immigrant doit s'attendre à se voir rejeté de l'Union s'il n'arrive pas à prouver au service d'immigration, au port d'arrivée, qu'il est en possession d'un capital suffisant ou encore qu'il a la promesse écrite de trouver un emploi déterminé. Dans cette promesse doivent être spécifiés la nature de l'emploi et le salaire proposé et la mention du fait que l'employeur a à sa disposition les moyens de remplir sa promesse doit y être faite. Pour éviter toute difficulté, l'employeur est invité à obtenir une attestation à cet effet d'un juge de paix ou de tout autre fonctionnaire public compétent, confirmant sa déclaration écrite. S'il n'a pas de travail en vue, le futur immigrant doit prouver qu'il possède un capital lui permettant de suffire à ses besoins pendant un temps assez long après son débarquement : au moins six mois.

5. — CONDITIONS PHYSIQUES.

La loi de 1913 réglementant l'immigration interdit l'entrée du pays à toute personne atteinte de lèpre, d'une maladie contagieuse,

infectieuse ou repoussante, ou de toute autre maladie spécifiée
par les règlements, ainsi que de toute personne souffrant de tuberculose, sauf si elle est en possession d'une autorisation d'entrée
dans le territoire de l'Union (art. IV *h*). Les personnes qui dans
les six mois suivant la date de leur débarquement sont trouvées
atteintes de tuberculose peuvent être expulsées (art. XIX, modifié
par la loi 37 de 1927). Le Gouverneur général peut, s'il l'estime
nécessaire, classer dans la catégorie des « immigrants interdits »
toute personne atteinte d'une maladie spécifiée par lui (art. 26 *f*).
Conformément au règlement n° 17, les maladies suivantes sont
actuellement considérées comme telles : lèpre, trachomes, favus,
pian ou yaws, syphilis, gale.

Les autorisations accordées aux personnes atteintes de tuberculose ne sont délivrées que dans les ports de Capetown et de Dur-
ban. Toute autorisation de ce genre est soumise aux conditions
spéciales qui peuvent être établies dans chaque cas particulier.
(Règlement n° 18.)

Les autres personnes exclues sont les faibles d'esprit, les épileptiques, les aliénés, les sourds et muets, les aveugles et les
personnes atteintes d'une autre infirmité physique, à moins que
des garanties ne soient données en ce qui concerne leur entretien
permanent dans l'Union ou leur départ du pays en tout temps, sur
la requête du ministre (art. 4 *g*).

ALLEMAGNE

CHAPITRE PREMIER.

Généralités.

Déjà au XVIII° siècle, un professeur de médecine allemand, Johann Peter Frank, avait développé le point de vue eugénique dans son ouvrage, publié vers 1779 : *Un Système complet de Police médicale.*

Les philosophes allemands ont, de temps à autre, soulevé le problème. Kant, Schopenhauer traitèrent du perfectionnement de l'espèce humaine. Nietzsche dénonçait le danger du déclin de la race. Dans un de ses derniers ouvrages (1888), il recommandait le certificat pré-matrimonial, la ségrégation et la stérilisation des déficients, ainsi que d'autres mesures eugéniques.

A la fin du XIX° siècle, Scheman traduisit le livre français de Gobineau, sur les inégalités des races humaines, ouvrage qui fit grande impression en Allemagne.

En 1893, Otto Ammon consacra une étude à la sélection naturelle appliquée à l'homme et, en 1895, un traité sur les fondements biologiques de l'organisation sociale.

Ludwig Woltmann développa les doctrines de Gobineau dans son livre *Anthropologie politique,* publié en 1903.

Signalons encore les œuvres d'Otto Seeck (1895), dans lesquelles « la chute de l'ancien monde » fut, pour la première fois, expliquée par les influences disgéniques (1).

____

(1) F. Lenz, *Journal of Heredity,* may 1924.

Mais, la véritable origine du mouvement eugénique en Allemagne, remonte aux écrits d'Alfred Ploetz, parus en 1895, sous le titre *Fondements de l'Eugénique*.

Ploetz étudia l'économie sociale en Allemagne, et, ensuite, la médecine en Suisse. Il se mit au courant des travaux de Darwin, de Wallace et de Haecken, ainsi que des théories eugéniques de Platon et de Lycurgue. Il ne connut pas, cependant, les ouvrages de Galton. Après un stage aux Etats-Unis, il revint en Allemagne, où il se consacra entièrement à l'étude de l'eugénique. Mais, comme le terme « eugénique » lui était inconnu, il dénomma « Rassenhygien » la science qui a pour objet les meilleures conditions du développement de la race.

Après Ploetz, il faut ranger Wilhelm Schallmayer parmi les eugénistes allemands les plus fameux. Il approfondit également l'économie sociale et la médecine. En 1891, il publia un livre *Sur les détériorations physiques dont est menacé l'homme civilisé*. Un second ouvrage, *L'hérédité et la sélection dans la vie des peuples* (1), paru en 1904, constitua pendant longtemps, en Allemagne, le meilleur exposé de la doctrine eugénique.

En 1904, Ploetz fonda les *Archiv für Rassen und Gesellschaft-Biologie*, aujourd'hui encore la plus importante publication eugénique de l'Allemagne.

En 1905, il organisa une société internationale d'eugénique comprenant une section allemande représentée par la Société allemande d'Eugénique.

Le mouvement se développa surtout en Allemagne à l'occasion de l'Exposition internationale d'Hygiène de Dresde, en 1911, où, grâce aux efforts de Max von Gruber, une place importante fut réservée à l'eugénique.

En 1913, Geza von Hoffmann, ancien consul d'Autriche-Hongrie en Amérique, faisait connaître aux étudiants allemands, le développement de l'eugénique aux Etats-Unis.

Le mouvement eugénique fut entravé pendant la guerre. Depuis, ce genre d'études prit, en Allemagne, un nouvel essor.

---

(1) F. Lenz, op. cit.

En Prusse, un Conseil scientifique d'eugénique a été établi au Département de l'hygiène publique, ce qui constitue une consécration officielle.

En 1921, l'Association allemande pour la santé publique invita l'hygiéniste Prof. Ph. Kuhn à faire un rapport sur les problèmes de l'eugénique. Les conclusions émises par Ph. Kuhn à cette occasion reçurent l'approbation générale.

Le plus influent groupement scientifique allemand, « L'Association des Naturalistes et des Physiciens allemands », publia, lors de son centenaire, des rapports sur l'hérédité ; l'exposé du professeur Lenz fut particulièrement remarqué.

La Bavière fut le premier Etat allemand qui établit (en 1923) une chaire universitaire d'eugénique ; cet enseignement fut confié au professeur Lenz.

Une chaire d'hérédité humaine existe aussi à Berlin depuis plusieurs années. Le professeur H. Poll, qui la détient, consacre à l'eugénique une partie de son enseignement.

Le Laboratoire d'Anthropologie de l'Université de Munich possède une section pour l'étude de la famille.

D'autre part, des conférences sur l'eugénique sont données dans les principales universités ; c'est généralement un professeur d'hygiène qui en est chargé.

Dans les écoles supérieures, deux heures par semaine sont employées à l'enseignement de la biologie, qui comprend souvent des notions d'eugénique.

Dans les écoles populaires des 7ᵉ et 8ᵉ degrés, l'attention est appelée sur le sens de l'hérédité, sur ses rapports avec la santé ainsi que sur la signification des notions de race et d'hygiène racique (1).

A l'heure actuelle, la science eugénique allemande est surtout représentée en Allemagne par le professeur Lenz, de Munich. Dans son livre *Gründrisz der Menschlichen Erblichkeitslehre und Rassenhygiene,* il étudie de multiples aspects de la question et en fait l'objet d'un véritable programme. Il nous a paru intéressant d'en dire quelques mots.

____

(1) *Archiv für Rassen und Gesellschafts-Biologie* (**XV** : 352).

Lenz fait l'apologie de la vie agricole. Il demande une législation prescrivant la déclaration des maladies vénériennes. Il préconise la prohibition de l'alcool, des toxiques et du tabac. Il propose l'institution du certificat médical prématrimonial, la stérilisation des tarés, appliquée avec le consentement de l'intéressé, et alternativement avec la ségrégation. Quant à l'avortement, Lenz l'admet sous surveillance médicale et le rejette dans les autres cas.

Ces mesures, d'ordre plutôt négatif, sont pour Lenz de moindre importance que les moyens eugéniques positifs. En vue de permettre la prospérité et l'accroissement des familles saines, il préconise l'octroi d'allocations spéciales aux enfants des salariés. A son sens, il y aurait lieu de supprimer de l'éducation et de l'apprentissage, tout le superflu, afin que le travailleur puisse, à l'âge voulu, gagner un salaire le mettant à même d'élever une famille. Il s'élève contre le féminisme. Il recommande que les systèmes d'impôts tiennent compte de la famille et que les droits successoraux soient réduits pour les héritiers directs. Lenz voudrait encore que des soins spéciaux fussent accordés aux veuves, mères de famille, que l'Etat acquière des terres et les alloue, à des conditions annuelles avantageuses, aux jeunes couples qui désirent élever une famille.

Il faut signaler encore les travaux consacrés à l'hérédité par le Dʳ W. H. Siemens, de Munich, et par le Prof. W. Weitz, de Tubinge.

Le Dʳ Agnès Bluhm, de Berlin, s'est également vouée aux recherches et à la propagande eugénique.

Le Dʳ Alf. Grotjahn a publié sur la question, en 1926 : *Die Hygiene der menschlichen Fortpflanzung, Versuch einer praktischen Eugenik* et M. H. Fehlinger les études suivantes : *Ueber Rassenhygiene* (Langensalza 1919) et *Die Fortpflanzung der Naturvölker und Kulturvölker* (Auflage, Berlin, 1928).

D'autre part, dans sa *Sociale Pathologie*, il formule comme suit ses idées sur l'eugénique :

1. Chaque couple a le devoir d'engendrer trois enfants et de les élever au moins jusqu'à l'âge de cinq ans ;

2. Ce nombre ne doit pas être dépassé, quand il y a lieu de

prévoir que les parents donneront naissance à des rejetons affaiblis ;

3. Les parents sains peuvent dépasser cette limite et ils y seront aidés par le produit d'un impôt sur les célibataires (1).

L'Allemagne fait partie de la Fédération internationale des organisations eugéniques. Son premier représentant au sein de cet organisme fut le Dr Otto Krohne. Un second membre fut ensuite désigné, le Dr A. Ploetz.

Une Association s'est formée à Baden, en 1924. Elle a pour but d'étudier les familles de Baden, des points de vue historique et biologique. Cette Association s'est jointe au « Badische Heimat ».

Dans le même ordre d'idées un « Bureau d'histoire familiale » s'est créé à Leipzig.

C'est à Berlin, que s'est tenu, en septembre 1927, la Vme Conférence internationale de Génétique. Elle fut présidée par le Dr Erwin Baur, de l'Institut für Vererbungsforschung, et organisée par K. Belar, C. Correns, R. Goldshmidt, M. Hartmann et H. Nachtsheim. La section consacrée à l'eugénique était présidée par le Professeur Davenport.

De même que pour les autres pays belligérants, on peut dire que les conditions matérielles dans lesquelles a dû vivre la population allemande d   ait de la guerre et de l'inflation ont été la source de nombreux maux et de multiples tares (2). L'état de misère a été tel en Allemagne qu'un Américain a pu écrire dans une publication *Chiefly concerning Garet Garrett* :

« Avant la guerre 1200 Allemands se suicidaient annuellement, mais aujourd'hui, ce nombre est monté à 80,000. »

Cette déclaration a été confirmée par la Croix Rouge Internationale.

---

(1) Grotjahn, *Sociale Pathologie*, p. 674.

(2) Tous les renseignements qui suivent ont été empruntés au rapport du Dr Hélène Stöcker présenté au VIme Congrès international malthusien. (Voir *International aspects of Birth-Control*, édité par Marg. Sanger, volume I, p. 124 et suivantes.)

Le nombre d'enfants qui moururent de tuberculose a été quatre fois supérieur à celui d'avant-guerre et cependant, on a constaté que la mortalité infantile était encore inférieure à la mortalité des adultes. Ceci est dû à ce que la rareté du lait a forcé beaucoup de mères à nourrir elles-mêmes leurs enfants. Mais cette dernière situation a toutefois changé, car les mères ont dû recommencer à travailler, ou bien, étant insuffisamment alimentées, se sont trouvées incapables d'allaiter. Il en est résulté un accroissement considérable du nombre des rachitiques et des débiles.

Dans les centres de protection maternelle, on a trouvé que sur 136 enfants, 6 % souffraient de troubles alimentaires aigus ; 12,5 % de troubles alimentaires chroniques, tandis que 32 % étaient atteints de rachitisme. La diminution du poids des enfants était générale et aucun d'entre eux ne possédait un poids normal.

C'est surtout dans les grandes villes que la mortalité infantile s'est fait sentir. A Munich, elle a atteint 40 % et à Magdeburg 21 %.

Les conditions économiques ont forcé un grand nombre d'hôpitaux et d'institutions de bienfaisance à fermer leurs portes. Le nombre des infirmeries, des homes, des asiles, a diminué considérablement.

En 1922, il y avait, en Prusse, 2400 maisons d'assistance pour enfants, mais, depuis cette époque, plus de la moitié a dû cesser de fonctionner. A la fin de la période d'inflation, 30 % des tuberculeux de Manheim, 50 % de ceux de Nuremberg et près de 100 % de ceux d'Hambourg, se trouvaient dans des lits sans draps.

Les Maternités se sont trouvées débordées du fait que beaucoup ont été supprimées faute de ressources. Dans de nombreux cas, les asiles de nuit ont dû offrir des refuges aux femmes en couches sans logis. Très souvent, au bout du sixième jour déjà, la mère devait quitter l'hôpital et se voyait enlever l'enfant qui était envoyé à l'orphelinat.

Les orphelinats sont encombrés, les familles ne voulant plus se charger, comme autrefois, des enfants abandonnés. Il en résulte que ces derniers se trouvent dans des conditions déplorables. Bien souvent, plusieurs enfants sont forcés de dormir dans le même lit.

Toutes ces circonstances n'ont pas manqué d'amener une chute dans le taux de la population.

La natalité était à Berlin, en 1923, de 9,4 par mille habitants, alors qu'à la même époque, Londres accusait une natalité de 20,2. Plus de 120 écoles ont dû être fermées, faute d'enfants. Le nombre des naissances qui était en Allemagne de 2 millions en 1908, n'était plus que de 1,600,000 en 1920 et de 1,300,000 en 1923. L'excédent des naissances sur les décès, qui atteignait quelquefois 900,000 avant la guerre, est tombé à 430,000 en 1923.

Mais, c'est surtout parmi les intellectuels que cette décroissance se fait sentir. La misère de ces classes, et particulièrement des universitaires qui se trouvent dans un état de pauvreté lamentable, a fait l'objet d'une étude dans le *Journal of the American Medical Association* (1).

Alors que les populations ouvrières ont conservé une natalité voisine de 4, les classes aisées et les classes bourgeoises voient la leur tomber au-dessous de 2.

Enfin, il faut encore signaler l'accroissement considérable qu'ont pris, depuis la guerre, l'alcoolisme et les maladies vénériennes.

L'augmentation de l'alcoolisme s'observe surtout chez les femmes ; parmi les boissons spiritueuses, c'est l'eau-de-vie qui est particulièrement répandue.

Quant aux maladies vénériennes, on a constaté une grande recrudescence de la syphilis. Des statistiques établies en 1922 prouvent qu'un très grand nombre d'hommes périssent annuellement en Allemagne par ce fléau. On estime qu'il est cause de mort et d'altération mentale chez 30 % des aliénés, chez 7 % des épileptiques et chez 80 % des personnes atteintes d'anévrisme (2).

L'hérédo-syphilis est également en progrès dans toutes les parties du pays.

D'après Neisser, tous les adultes dans les grandes villes en Allemagne auraient payé leur tribut à la blennorrhagie. Blaschko

---

(1) Il s'est fondé à Chicago, sous la présidence du D' Ludwig Hektoen, un comité pour venir en aide aux intellectuels allemands : « l'American Aid · for German Medical Science ».

(2) *Difesa Sociale*, août 1922, p. 184.

relève, à Berlin, 120 blennorrhagies pour cent adultes et, à Breslau, 200 pour 100 (1).

Le nombre des avortements a considérablement augmenté en en Allemagne ces dernières années. On attribue ce résultat à des facteurs économiques découlant de la guerre (2).

Krohne estime que le nombre des avortements en Allemagne est annuellement de 800,000 (3).

Il y a 30 ou 40 ans, il y avait à Berlin, 9 ou 10 avortements sur 100 grossesses. Maintenant le pourcentage s'élève à 40 %. Cette augmentation est due aux avortements artificiels (4).

Le Dr Hausberg, membre de l'Association des médecins bavarois, va plus loin encore ; il considère que l'on peut compter en Allemagne 1,000,000 d'avortements par an, dont 6000 entraînant la mort. Ce chiffre est équivalant à celui que représente le nombre de femmes qui meurent en couches.

En 1922, 1923, 1924, environ 150,000 avortements annuels ont été officiellement signalés et, pendant ces années, les hôpitaux ont reçu environ 66,000 femmes qui venaient se faire soigner des suites d'avortement ; 3000 d'entre elles sont mortes des conséquences de ces pratiques.

Bumm, l'éminent spécialiste en obstétrique calcule que 10 % des avortements sont dus à des interventions illégitimes ; d'après lui, les avortements criminels sont, en Allemagne, de 285,000 par an ; Winter ramène ce chiffre à 250,000 (5).

Il estime qu'il y a annuellement en Allemagne 75,000 malades des suites d'avortements illégaux. A Munich, il a constaté, en 1915, que dans 33 % des cas, la fièvre puerpérale s'était déclarée.

7 à 8000 femmes par an sont emprisonnées en Allemagne pour cause d'avortement.

A Berlin, une poursuite collective a été menée, en 1924, par le

---

(1) Dr Leclerc-Dandoy : *Les Ravages de la Blennorrhagie*. Rapport présenté au Iᵉʳ Congrès de la Ligue nationale belge contre le Péril vénérien, octobre 1922.

(2) *Die neue Generation*, 1926, p. 101 et suivantes.

(3) *Archiv für Rassen und Gesellschafts-Biologie*, vol. 14, juillet 1922.

(4) *Difesa Sociale*, janvier 1926, p. 26.

(5) M. Carrara, *Difesa Sociale*, mai-juin 1925, p. 125.

ministère public contre 600 femmes qui avaient enfreint les articles 218 et 219 de la loi allemande, en interrompant artificiellement une grossesse.

Au cours de 1923, une série de cas similaires a donné lieu dans le Wurtemberg aux mêmes poursuites. Plus de 2000 femmes furent arrêtées.

En Bavière, en 1917, il y eut 72 condamnations pour avortement et, en 1924, 690, pour la même cause.

En Saxe, le nombre d'avortements fut tel que le ministre de la justice Zeigner, a prononcé une amnistie en faveur de toutes les femmes convaincues de s'être fait avorter illégalement, par suite de la grande misère et de la famine (1).

Ces circonstances ne peuvent manquer de se répercuter profondément sur la santé générale de la population et de causer à la race une détérioration notoire

Si nous les avons mises en valeur c'est qu'elles ont été plus particulièrement invoquées par les eugénistes allemands pour justifier l'application des mesures qu'ils préconisent.

Quant aux protagonistes du Birth-Control, ils estiment que, seul, l'enseignement des pratiques anticonceptionnelles pourra remédier au nombre toujours croissant des avortements.

---

(1) F. W. Stella Browne, *The New Generation*, juillet 1924, p. 76.

CHAPITRE II.

Les institutions eugéniques en Allemagne.

Les différentes institutions visant à l'étude ou la propagande
de l'eugénique en Allemagne sont :

1. — La Société allemande pour l'Hygiène de la Race ou
     « Gesellschaft für Rassenhygiene » ;
2. — Le Laboratoire de Génétique de Munich ;
3. — L'Association allemande de Génétique ;
4. — L'Institut allemand des Recherches psychiatriques, qui
     comprend un Département de Généalogie ;
5. — La Volksaufartung und Erbkunde ;
6. — Le Bund für Mutterschutz und Sexualreform ou Ligue
     allemande de Protection maternelle et de Réforme
     sexuelle ;
7. — Le Bureau d'Histoire familiale de Leipzig ;
8. — L'Institut Kaiser Wilhelm d'Anthropologie, d'Hérédité
     humaine et d'Eugénique ;
9. — L'Institut de Biologie criminelle de Straubing (Bavière) ;
10. — La Division de l'Hérédité biologique du Ministère saxon
      de la Justice ;
11. — L'Institution centrale allemande pour l'étude des Migra-
      tions ;
12. — L'Association des Bureaux de Consultation matrimoniale.

§ 1. — LA DEUTSCHE GESELLSCHAFT FUR RASSENHYGIENE.

La Société allemande pour l'Hygiène de la Race, qui est la
principale société d'eugénique allemande, a été fondée, en 1905,
par les Drs A. Ploetz et F. Lenz. Elle a son siège à Munich.

Avant la guerre, il entrait dans les intentions de la Société
de fonder une « Internationale Gesellschaft für Rassenhygiene »,
dont le siège central eût été établi à Berlin. Des filiales dans tous
les pays eussent été constituées dans la suite.

Les principes dont s'inspire l'action de la Société ont été formulés comme suit, en 1923 :

1° Le plus grand mal menaçant chaque nationalité est la dégénérescence, c'est-à-dire la perte des meilleures qualités raciales ;

2° Une race ne peut triompher de la lutte pour la vie que dans la mesure où elle possède un grand nombre d'hommes et de femmes, mentalement, physiquement et moralement bien doués ;

3° La santé, la vitalité et la capacité de culture d'une race dépendent, non seulement du milieu (nourriture, éducation, contagion, etc.), mais surtout de l'hérédité ;

4° A l'heure actuelle, une sélection défavorable, se produisant sur une large échelle, prévaut parmi les races civilisées ;

5° Dans les conditions de vie modernes, une élévation dans l'échelle sociale entraîne avec elle une diminution de l'importance des familles ;

6° L'abaissement de la natalité dans les classes élevées constitue un danger très grave pour la race ;

7° La réduction de la natalité est due actuellement à une restriction volontaire des naissances, plutôt qu'à des causes naturelles (maladies, etc.) ;

8° Comme tous ceux qui vivent ne se reproduisent pas, la limite de deux enfants par famille produira, au bout de quelques générations, l'anéantissement de toutes les familles ;

9° Les motifs qui déterminent la prévention des naissances sont, avant tout, d'ordre économique et social. L'hygiène de la race doit donc tout d'abord tenter des réformes sociales économiques, afin que les couples bien constitués n'aient plus de raisons de restreindre leur descendance ;

10° La législation fiscale doit tenir compte dans une large mesure de l'importance des familles. Les droits successoraux devront y être proportionnés, surtout en ce qui concerne les propriétaires terriens ;

11° Lorsqu'il s'agit d'émigrants, un établissement suffisant en étendue doit leur être accordé pour qu'ils puissent élever une nombreuse famille ;

12° Les encouragements accordés aux habitants des campagnes sont très importants pour l'amélioration de la race ;

13° Une réglementation des naissances d'après les données néo-malthusiennes va à l'encontre d'une bonne sélection, car la diminution de la natalité se fera sentir parmi les meilleurs éléments ;

14° Chaque nation doit, dans l'intérêt de la race, protéger les familles ;

15° Toute institution ayant pour effet de desserrer les liens de la famille, comme par exemple : celles qui veulent séparer la mère de l'enfant, est défavorable à la race ;

16° Les mariages tardifs sont défavorables à la race. Il faudrait donc diminuer le temps de l'enseignement professionnel. Dans chaque profession, tout homme devrait pouvoir se marier à l'âge de 25 ans ;

17° Les mesures qui ont, jusqu'à présent, prohibé les mariages entre personnes unies par quelque lien de parenté, devraient être moins sévères ; tandis que, d'autre part, des barrières plus strictes devraient être établies pour préserver la race de dangers manifestes. L'examen médical avant le mariage devrait être rendu obligatoire ;

18° La stérilisation obligatoire des faibles d'esprit et d'autres déficients mentaux semble être prématurée ;

19° L'on devrait, cependant, pouvoir stériliser ceux qui sont héréditairement malades, soit à leur demande, soit avec leur consentement ;

20° La prévention de la reproduction des anti-sociaux et autres dégénérés devrait être assurée par leur ségrégation dans des colonies de travail et devrait être réalisée immédiatement par la loi. Ces colonies seraient supportées par le travail des détenus ;

21° L'abrogation de la loi défendant l'avortement ne pourra avoir qu'un effet nuisible sur la race ;

22° La population devrait être éclairée sur les questions d'hérédité et de reproduction, par des experts appointés, qui seraient des conseillers de famille ;

23° L'étude de la question de la ségrégation obligatoire et de la stérilisation devrait être confiée à des groupes spéciaux au courant de la matière et choisis dans les différentes professions ;

24° La déclaration des maladies vénériennes est un des éléments indispensables à la campagne eugénique. Elle devrait être accompagnée, spécialement dans les cas de syphilis, du traitement obligatoire et du droit au traitement et à la médication gratuite. Une liste de tous les syphilitiques devrait être tenue (sous le secret professionnel), afin que leur guérison et leur aptitude au mariage puissent être établies ;

25° L'établissemnt de registres de santé pour toute la population dressés d'après les certificats de santé, devrait être organisé aussitôt que possible ;

26° L'enseignement des questions d'hygiène raciale devrait être introduite dans les hautes écoles ;

27° Tous les candidats aux professions enseignantes devraient passer un examen établissant leur compétence dans les questions d'hygiène de la race ;

28° Des instituts devraient être établis pour l'avancement des recherches et de l'enseignement de l'hygiène de la race ;

. . . .

La Société allemande pour l'Hygiène de la race est dotée d'un organe, les *Archiv für Rassen- und Gesellschafts-Biologie*. Rares sont les publications scientifiques qui se consacrent d'une façon aussi intense aux intérêts eugéniques.

Comme l'Eugenics Education Society, la Societé allemande pour l'Hygiène de la race poursuit ses investigations à l'aide de formulaires. Ceux-ci, analogues à ceux qu'utilise la societé anglaise, sont employés pour les enquêtes familiales. D'autres formulaires sont utilisés en vue des recherches anthropologiques portant sur des points spéciaux.

La Société allemande pour l'Hygiène de la Race tint un Congrès en 1924. Les principales questions à l'ordre du jour relevèrent de l'organisation de consultations pour l'hygiène de la famille et de la race, et de la création d'un Institut central de recherches. Le problème du mariage et de l'Etat fut également envisagé.

Lors de l'assemblée générale tenue à Berlin en 1927, le Dr Krohne fut élu président et le Dr Ostermann, secrétaire. Il fut préconisé à cette séance d'établir dans chaque cité universitaire et dans chaque ville de plus de 100,000 habitants un Office libre de consultations prématrimoniales.

La Société possède de nombreuses sections locales dans les différentes villes allemandes, telles que Freiburg, Stuttgart, Dresden, Brême, Kiel, Tubinge, etc.

La section de Tubinge a été fondée en 1924. Elle se propose d'étudier, au point de vue eugénique, toutes les familles fréquentant les cliniques médicales de la ville. Des avis eugéniques leur seront donnés. Le Dr Wolf, Directeur de l'Institut d'hygiène de la ville, préside la section.

§ 2. — LE LABORATOIRE DE GENETIQUE DE MUNICH.

Ce Laboratoire fait partie de la Clinique de Psychiatrie. Le Prof. E. Ruedin s'y occupe de l'étude de l'hérédité des désordres mentaux.

§ 3. — L'ASSOCIATION ALLEMANDE DE GENETIQUE.

Fondée en 1921, elle étudie la question eugénique, ainsi que le problème de l'hérédité.

§ 4. — L'INSTITUT ALLEMAND DE RECHERCHES PSYCHIA· TRIQUES.

Cet Institut comprend un département de généalogie.

Une quantité de fiches ont déjà été réunies, qui relatent l'histoire de nombreuses familles en remontant aussi haut que possible (1).

§ 5. — LA VOLKSAUFARTUNG UND ERBKUNDE.

Dirigée par Herr Krutina, cette Ligue a pour but la propagation des idées eugéniques. Elle se propose de publier un journal eugénique populaire (2).

---

(1) *Eugenical News*. juin 1924.
(2) *Eugenical News*, mai 1926.

§ 6. — **LE BUND FUR MUTTERSCHUTZ UND SEXUALREFORM,**

ou Ligue allemande de protection maternelle et de réforme sexuelle. Elle se caractérise par des méthodes eugéniques très avancées. Son siège est à Berlin et elle est présidée par le Dr Hélène Stöcker.

La Ligue possède un organe mensuel : *Die Neue Generation*. (Pour plus de développement, consulter les paragraphes relatifs au Birth-Control et à l'éducation sexuelle.)

§ 7. — **LE BUREAU D'HISTOIRE FAMILIALE DE LEIPZIG,**

est un établissement pour l'histoire des familles allemandes et des individus.

§ 8. — **L'INSTITUT KAISER WILHELM D'ANTHROPOLOGIE, D'HEREDITE HUMAINE ET D'EUGENIQUE.**

Cet Institut établi à Fribourg, a pour directeur le Dr Fisher, ancien professeur d'anatomie de cette ville. Il sera assisté des Drs H. Muckermann et R. Fettscher.

§ 9. — **L'INSTITUT DE BIOLOGIE CRIMINELLE DE STRAUBING (BAVIERE).**

Cet Institut se trouve à la Maison de Correction de Straubing. Il se propose l'étude des criminels au point de vue pénal. Le directeur de l'Institut est le Dr Viernstein.

§ 10. — **LA DIVISION DE L'HEREDITE BIOLOGIQUE DU MINIS· TERE SAXON DE LA JUSTICE.**

Directeur : Dr Fetscher. Le but de l'organisme est de faire l'inventaire des familles saxonnes de dégénérés (criminels et autres).

§ 11. — **L'INSTITUTION CENTRALE ALLEMANDE POUR L'ETUDE DES MIGRATIONS,**

a son siège à Leipzig. Elle publie les *Archives des Migrations*.

§ 12. — **L'ASSOCIATION DES BUREAUX DE CONSULTATION MATRIMONIALE.**

Président : Dr Drigaeski, Berlin.

CHAPITRE III.

Les publications eugéniques en Allemagne.

Les principales publications eugéniques en Allemagne sont :

1. Les *Archiv für Rassen- und Gesellschafts-Biologie,* édité par la Gesellschaft für Rassenhygiene ;

2. Les *Archiv für Frauenkunde und Konstitutionsforschung,* édité par Max Hirsch ;

3. *Die Neue Generation,* édité par le Bund für Mutterschutz und Sexualreform ;

4. Les *Archiv für Sexualforschung ;*

5. Le *Sexual-problem,* publié par Markuse ;

6. Les *Archiv für Kriminalanthropologie* (renfermant aussi de nombreuses études eugéniques) ;

7. *Concordia,* journal de l'Office Central pour le bien-être du peuple, contient également des contributions du même ordre ;

8. Le *Zeitschrift für Sexualwissenschaften ;*

9. Le *Zeitschrift für Soziale Medizin ;*

10. Les *Archiv für Soziale Hygiene und Demographie ;*

11. *Volk und Rasse,* revue fondée en 1926 par J. F. Lehmann. de Munich, a pour but l'étude des questions de l'hérédité chez le peuple allemand.

CHAPITRE IV.

Différents moyens eugéniques préconisés en Allemagne.

L'Allemagne est un des pays d'Europe où l'on se préoccupe le plus d'appliquer le programme eugénique. Comme partout ailleurs, beaucoup de vœux, même très avancés, ont été émis, et l'on peut dire qu'un certain nombre d'entre eux ont été réalisés, si pas dans la législation, du moins dans les faits.

Nous envisagerons, dans ce chapitre, non seulement les mesures positives qui ont été prises, mais encore les simples projets qui ont été émis par les eugénistes et les sociologues.

Nous tiendrons compte également, dans notre exposé, de l'état de la législation, dans la mesure où elle se préoccupe des intérêts eugéniques.

Ce chapitre sera divisé en sept paragraphes correspondant à chacun des principaux moyens préconisés.

§ 1. — Le contrôle des naissances ;

§ 2. — L'éducation sexuelle ;

§ 3. — La légalisation de l'avortement ;

§ 4. — La réglementation du mariage ;

§ 5. — La stérilisation ;

§ 6. — Les mesures d'hygiène sociale ;

§ 7. — La rééducation des anormaux.

Outre toutes ces mesures, que nous développerons plus loin, il nous faut encore mentionner une série de moyens suggérés par la Société allemande pour l'Hygiène de la Race, dans sa réunion annuelle de 1914.

Ces moyens sont :

1. Le retour à la terre ;

2. De meilleures conditions de logement dans les villes ;

3. L'assistance économique des grandes familles, le secours aux mères mariées qui survivent à leur mari, la considération du

nombre d'enfants dans le payement des traitements des employés ;

4. L'abolition de certains empêchements au mariage, comme l'interdiction aux officiers de se marier avant d'avoir atteint un certain grade ;

5. L'augmentation de l'impôt sur l'alcool, le tabac et autres objets de luxe, ce surcroît de rentrées devant servir à subsidier les familles dignes ;

6. La création de certains prix récompensant des travaux glorifiant la maternité, la famille et la vie simple ;

7. Instruire la population et la rendre prête au sacrifice dans l'intérêt de la génération future.

§ 1. — LE CONTROLE DES NAISSANCES.

Jusqu'au commencement du XIXe siècle, la mortalité infantile était, en Allemagne, le seul régulateur de la population, même parmi la bourgeoisie. Le prolétariat était si oppressé que, chaque année, des centaines de milliers d'enfants, insuffisamment nourris et soignés, tombaient d'inanition.

Sous l'influence des doctrines malthusiennes, l'idée d'une restriction des naissances commença à faire son chemin en Allemagne.

Schleiermacher essaya de donner une base morale à la notion de Birth-Control et formula un nouveau commandement : « Tu ne créeras pas la vie inconsidérément ».

Mais les théories sexuelles de Schleiermacher ne pénétrèrent pas jusqu'au fond de la population. Ses idées ne touchèrent que les classes supérieures, qui apprirent à se protéger contre la vie, en restreignant l'étendue de leurs familles.

A travers tout le XIXe siècle, les ouvriers allemands restèrent ignorants de la philosophie néo-malthusienne. Il en résulta que les classes ouvrières allemandes engendrèrent une descendance qui accrut considérablement la population.

Ce ne fut que vers la fin du XIXe siècle qu'un changement se manifesta. On constata alors une chute constante dans le taux des naissances. C'est ainsi que celui-ci, qui était de 40,7 par

par 1000 habitants pendant la décade 1871-1880, tomba à 33,9 pendant la décade 1901-1910 et descendit à 29,5 pendant l'année 1911. La chute de la population durant la première décade du XX° siècle est si remarquable qu'il est impossible de douter que les pratiques du Birth-Control eussent pénétré profondément dans les mœurs du pays (1).

Il n'y a en Allemagne aucune loi interdisant les pratiques anti-conceptionnelles et la propagande malthusienne (2).

Un grand mouvement commence à se faire jour, tendant à enseigner, à toutes les classes de la population, la nécessité du Birth-Control comme remède à l'état de misère dans lequel elles se trouvent. Hélène Stöcker, très connue en Allemagne pour ses idées malthusiennes, est présidente du « Bund für Mutterschutz und Sexualreform ». Outre les centres d'enseignement du Birth-Control qu'elle a créés et que nous envisagerons plus loin, elle exerce sa propagande, par la revue *Die Neue Generation*, dont elle est directrice.

Lors du III° Congrès International du Birth-Control de La Haye, en 1910, elle publia un rapport sur les expériences faites par sa Ligue auprès des femmes pauvres. C'est elle qui a organisé en grande partie, avec le concours de Frau Marie Stritt, le IV° Congrès International de Dresde, en 1911.

Ses livres les plus récents sont : *Erotik und Altruismus* et *Die Kultur der Liebe*.

Les autres noms très répandus en Allemagne relativement aux questions du Birth-Control et du problème sexuel sont ceux de : Bloch, Marcuse, Hirschfeld, Jung, Adler, Stœkel, les Vaertings, le Prof. Grotjahn, de l'Université de Berlin. Ce dernier travaille depuis longtemps à faire prévaloir le droit d'engendrer le nombre d'enfants qu'il désire. Il estime qu'en moyenne chaque famille devrait avoir trois enfants.

---

(1) *Philosophy of the Birth-Strike*, par Ludwig Quessel. Population and Birth-Control, p. 186.

(2) Toutefois, il est à remarquer qu'au cours de 1926, on a interdit, en Bavière, une réunion où devait parler le D' Julien Marcuse sur le Birth-Control. (*Die Neue Generation*, 1926, p. 152.)

Le Dr Max Hirsch s'est aussi intéressé à la limitation des familles. Il a publié de nombreux travaux et particulièrement *Geburtenbeschränkung*.

Enfin, le mouvement féministe en Allemagne soutient les théories anticonceptionnelles.

Un grand nombre d'organisations visant à enseigner les méthodes du Birth-Control existent en Allemagne.

Les principales d'entre elles sont :

1. La « Sozial Harmonische Verein », fondée par Max Hansmeister ;

2. Le « Bund für Mutterschutz und Sexualreform », Ligue de protection maternelle et de réforme sexuelle scientifique, à la tête de laquelle se trouve Hélène Stöcker.

Le siège principal de l'Association se trouve à Berlin.

La Ligue comprend des centres d'enseignement maternel et sexuel dans les villes suivantes :

a) *Berlin.* — Il y a à Berlin deux centres où sont enseignées aux femmes les méthodes contraceptives. Le plus récent a été fondé en 1926 et est situé dans le faubourg de Friedrichshain ;

b) *Hambourg.* — Le centre de Hambourg a été fondé en janvier 1924. Des subventions lui sont accordées par les autorités médicales de l'endroit, lesquelles ont mis des locaux à sa disposition. Des avis contraceptifs sont donnés aux femmes par des médecins qualifiés (hommes et femmes). La plupart sont des spécialistes en obstétrique, gynécologie et psychiatrie.

Le but du centre est de créer des unions heureuses, de rendre les femmes bien portantes, de faire que les enfants soient les bienvenus et d'établir des relations pleines de dignité entre l'homme et la femme (1).

Les consultations ont lieu deux fois par semaine. Lorsque les consultantes sont des femmes enceintes, un médecin les examine, qui, lorsque la situation l'exige, s'occupe de faire interrompre la grossesse, soit par les soins du médecin de la Société des Malades, soit dans un hôpital (2).

---

(1) F. Stella Browne. *The New Generation*, janvier 1926, p. 5.

(2) *Birth-Control Review*, mai 1926, p. 168.

Enfin, une grande propagande est faite dans les journaux populaires, pour faire connaître cette institution. Des milliers de circulaires sont distribuées dans les usines, à l'occasion des meetings et des conférences et dans toute espèce de circonstance ;

c) *Francfort*. — Le centre de Francfort a été créé en novembre 1925, à la demande de l'Association Maternelle de Francfort. Cet établissement a pour but de donner des conseils aux mères et aux femmes en général sur la question du Birth-Control.

Les autorités municipales lui accordent des subsides. Elles ont mis un local à sa disposition au Département de la Santé.

Les hôpitaux traitent les cas que leur défère le centre ; tous les efforts sont faits pour faciliter le travail de ce dernier.

On a constaté que, parmi les visiteuses du centre, 44 % venaient demander des avis en vue d'interrompre une grossesse commencée et 55 % venaient se renseigner pour être protégées contre une nouvelle grossesse. En général, les femmes ne viennent demander de conseils sur le contrôle des naissances qu'après cinq ou six grossesses (1).

---

(1) *Die Neue Generation*, 1925, p. 251.

Nous reproduisons ci-dessous le rapport fourni par la Clinique

	Grossesse 1	Avortement 2	Nombre total d'enfants 3	Encore vivants 4
Les femmes qui consultent la clinique pour				
En général	5.6	1.1 (5 : 1)	4.3	3.6
Si elles sont bien portantes	6.4	0.8 (8 : 1)	5.3	4.6
Si elles sont malades . .	4.7	1.6 (2.9 : 1)	3.0	2.4
Les femmes qui consultent la clinique pour				
En général	5.1	0.78 (6.5 : 1)	4.3	3.6
Si elles sont bien portantes	5.4	0.6 (9 : 1)	4.9	4.1
Si elles sont malades . .	4.6	1.2 (3.85 : 1)	3.4	2.8
Les femmes qui consultent la clinique avec				
En général	6.4	1.6 (4 : 1)	4.3	3,7
Si elles sont bien portantes	8.0	1.25 (6.4 : 1)	6.2	5.3
Si elles sont malades . .	4.8	1.8 (2.7 : 1)	2.6	2.2
Les femmes qui consultent la clinique				
En général	—	—	2.04	1.9
Si elles sont bien portantes	—	—	2.0	1.9
Si elles sont malades . .	—	—	2.08	1.9
Les femmes qui consultent la clinique				
En général	—	—	6.1	5.1
Si elles sont bien portantes	—	—	6.2	5.2
Si elles sont malades . .	—	—	6.0	4.9
Lorsque les familles sont mentalement inférieures mais le plus souvent				
	7.1	1.4 (5.07 : 1)	5.4	4.8
Familles intelligentes (au delà				
	3.14	0.86 (3.8 : 1)	2.43	2.00

de Francfort :

Morts	Corporellement malades	Mentalement anormaux	Une mortalité infantile de	Chiffre de maladie pour maux corporels	Chiffre de maladie pour affections mentales
5	6	7	8	9	10

des questions de contrôle de naissonce ont :

Morts	Corporellement malades	Mentalement anormaux	Une mortalité infantile de	Chiffre de maladie pour maux corporels	Chiffre de maladie pour affections mentales
0.67	—	—	6.4 : 1	—	—
0.8	—	—	6.7 : 1	—	—
0.6	—	—	5 : 1	—	—

être préservées de nouvelles grossesses ont :

Morts	Corporellement malades	Mentalement anormaux	Une mortalité infantile de	Chiffre de maladie pour maux corporels	Chiffre de maladie pour affections mentales
0.75	—	—	—	—	—
0.75	—	—	—	—	—
0.7	—	—	—	—	—

désir d'interrompre une grossesse existante ont :

Morts	Corporellement malades	Mentalement anormaux	Une mortalité infantile de	Chiffre de maladie pour maux corporels	Chiffre de maladie pour affections mentales
0.6	—	—	—	—	—
0.8	—	—	—	—	—
0.5	—	—	—	—	—

et qui ont un à trois enfants ont :

Morts	Corporellement malades	Mentalement anormaux	Une mortalité infantile de	Chiffre de maladie pour maux corporels	Chiffre de maladie pour affections mentales
0.12	0.36	0.08	17.00 : 1	5.67 : 1	25.5 : 1
0.08	0.16	0.00	25.00 : 1	12.50 : 1	0.00
0.15	0.54	0.15	13.9 : 1	3.86 : 1	13.9 : 1

et qui ont plus de trois enfants ont :

Morts	Corporellement malades	Mentalement anormaux	Une mortalité infantile de	Chiffre de maladie pour maux corporels	Chiffre de maladie pour affections mentales
1.00	1.67	0.67	6.1 : 1	3.67 : 1	9.3 : 1
1.00	1.9	0.56	6.2 : 1	3.26 : 1	11.1 : 1
1.10	1.2	0.9	5.45 : 1	5.00 : 1	6.7 : 1

physiquement bien portantes du chef du père, rarement des 2 époùx, ont :

Morts	Corporellement malades	Mentalement anormaux	Une mortalité infantile de	Chiffre de maladie pour maux corporels	Chiffre de maladie pour affections mentales
0.6	2.1	0.9	9 : 1	2.6 : 1	6 : 1

de 50 °/₀ de maladies) ont :

Morts	Corporellement malades	Mentalement anormaux	Une mortalité infantile de	Chiffre de maladie pour maux corporels	Chiffre de maladie pour affections mentales
0.43	0.29	0.00	5.7 : 1	8.4 : 1	—

d) *Breslau, Dresde, etc.* — Des centres ont encore été établis dans ces villes. La Ligue a même étendu son activité en Autriche ; des centres existent à Vienne et dans d'autres localités du pays ;

3. « Le Bureau Municipal de Consultations Matrimoniales de Berlin ». Ce Bureau a été fondé en 1925. Il a pour but de conseiller les candidats au mariage sur leur aptitude à la reproduction : les femmes mariées y reçoivent également des conseils, soit qu'elles désirent, soit qu'elles appréhendent la conception désirée (1) ; (Pour plus de développement, voir plus loin, le paragraphe relatif à la réglementation du mariage.)

4. « Le Comité de Limitation des Naissances », fondé par le D' Rubens Wolf.

Il est formé des membres suivants :

D' Richard Schmincke, commissaire de la Santé, — président ;

D' Hélène Stöcker, directrice du Bund für Mutterschutz, — vice-présidente ;

D' Max Hodann, médecin municipal et médecin en chef du Département de la Santé du district de Reinickendorf Berlin, — vice-président ;

Mlle Agnès Smedley, représentant Mrs. Marg. Sanger ;

D' Martha Rubens-Wolf, secrétaire-trésorière ;

D' Léo Friedlaender.

Ce Comité a ouvert, en mai 1928, à Neukœlln, un des quartiers les plus industriels de Berlin, une clinique de contrôle des naissances. La clinique portera le nom de « Birth-Control Clinic ». C'est la première fois que les mots de *Birth-Control* sont appliqués à une telle institution en Allemagne. Le D' Schmincke a été nommé directeur de la clinique. Celle-ci est soutenue par des fonds privés. Le médecin en fonction est le D' Mathilde Winternitz de l'Hôpital de la Charité de Berlin (2).

§ 2. — L'EDUCATION SEXUELE.

Plus que partout ailleurs, le problème sexuel a attiré en Allemagne l'attention des sociologues et des eugénistes. Déjà, lors

---

(1) ˙. Mourgne. Analyses et nouvelles concernant l'hygiène mentale. *L'Informateur des Aliénistes.*

(? *Birth-Control Review*, juin 1928, p. 179.

de l'Exposition Internationale d'Hygiène de Dresde, en 1911, une place importante était réservée à la question.

C'est à Berlin que s'est tenu, en 1921, le premier Congrès international, « für Sexualreform auf Sexualwissenschaftlicher Grundlage ». Des rapports très importants, relatifs à la psych-analyse, à l' « Homosexualität », à l'hermaphrodisme, y ont été déposés. Un grand nombre de propositions de réforme du Code pénal ont été mises à l'ordre du jour (1).

En octobre 1924, lors d'un Congrès social tenu à Berlin sous la présidence du Dr Krohne, il fut décidé d'envoyer une invitation à tous les gouvernements et parlements d'Allemagne pour leur demander, étant donné l'importance de la santé dans le mariage, d'assurer dans les écoles une instruction d'au moins une heure par semaine, sur les principes de l'hygiène de la race (2).

A Königsberg, a été créée une chaire d'enseignement supérieur de « Sexualwissenschaft » (3).

Il existe en Allemagne de nombreuses ligues et centres d'éducation sexuelle. Ce sont de véritables bureaux ou offices où sont donnés, à tous ceux qui viennent les demander, des conseils sur les questions sexuelles et du mariage.

Le premier « Sexualberatungstelle » ou centre d'enseignement sexuel établi en Allemagne fut fondé à Berlin, par le Dr Magnus Hirschfeld, membre de l'Institut pour la science sexuelle.

Les personnes qui désirent se marier sont éclairées :

1° sur leur santé personnelle et leur aptitude au mariage en général ;

2° sur leur capacité eugénique comme procréateur.

Des avis sont donnés également sur les difficultés conjugales de caractère sexuel ou psychique, ainsi que sur toutes les questions relatives à l'éducation des enfants, aux points de vue physique et mental.

---

(1) *Eugenics Review*, 1924, p. 616.

(2) *Eugenical News*, juillet 1925.

(3) Dr **Potet.** *L'Hygiène mentale*, p. 311.

Un Bureau similaire a été créé à Dresde, au Technische Hochschule (1). Il est placé sous la direction du Dr P. Kuhn.

Dans bien des endroits, les centres d'enseignement sexuel se confondent avec les centres d'enseignements du Birth-Control.

C'est ainsi que tous les offices du Bund für Mutterschutz und Sexualreform remplissent les deux fonctions.

A Hambourg, les médecins y donnent tous les conseils voulus sur la question, et de nombreux hommes et femmes viennent les consulter sur les multiples problèmes soulevés par le mariage et les relations entre les sexes : mésentente, inadaptation, questions de droit, etc., etc.

On a constaté que 10 % des visiteurs qui sont venus, constituaient des cas de pathologie sexuelle, 2,4 % étaient des cas juridiques et 9,9 % des cas médicaux (maladies vénériennes, etc.).

La même organisation existe dans les autres centres, comme ceux de Franckfort, de Dresde, de Breslau. En ce qui concerne cette dernière institution, les statistiques suivantes ont été fournies : 93 hommes mariés et jeunes gens, femmes et jeunes filles, des diverses classes sociales, de 16 à 50 ans, sont, jusqu'ici, venus solliciter des conseils. De ces personnes, 40 sont de sexe féminin. Dans 28 cas, des avis ont été sollicités au point de vue juridique.

C'est en Allemagne que se réunissent le plus souvent les congrès de sexuologie. Citons parmi les plus importants, ceux de 1921 et de 1926.

Relativement au premier, il faut signaler surtout les rapports remarquables qui furent faits par les Drs Hirschfeld et Lipschütz.

Hirschfeld insiste sur la nécessité de traiter scientifiquement et au grand jour de la discussion publique toutes les formes de vie.

Lipschütz étudie la signification des sécrétions internes pour la sexualité humaine.

Le problème sociologique du sexe, au point de vue juridique et

---

(1) *Journal of the American Medical Association,* 16 août 1924.

surtout à celui de la pédagogie sexuelle, a retenu longuement l'attention.

Le second congrès se tint à Berlin, en octobre 1926. Il a été organisé par la Société Internationale de Sexuologie. Toutes les questions touchant à la vie sexuelle ont été envisagées aux points de vue société, vie économique, hygiène, rapports légitimes et illégitimes, médecine générale et biologie, problèmes de caractère sexuel, rapports de la vie sexuelle et de la question politique de la repopulation, psychanalyse et questions féminines, etc., etc. De nombreux sujets eugéniques étaient également à l'ordre du jour.

Les principaux rapports qui y ont été présentés par les sexuologues du monde entier sont les suivants :

Wolf, Julius : *Geburtenrückgang und Sexualreform.*

Oppenheimer, Franz : *Ueber das Malthus'sche Bevölkerungsgesetz.*

Engelsmann : *Die Beziehungen zwischen Geburtenrückgang und Fehlgeburten.*

Marcuse, Max : *Zeugungsunlust und Präventivverkehr in der Ehe.*

Zahn : *Die kinderreiche Familie und die Sozialpolitik.*

Riese, Hertha : *Soziale und Sozialpsychologische Voraussetzungen der Geburtenpolitik.*

Guradze : *Numerische Veränderung im Bestande der Geschlechter.*

Silbergleit : *Sexuelle Differenzierung der Sterblichkeit.*

Finkenrath, K. : *Die Soziale Betendung des Frauenüberschuszes und das Problem der ledigen Frau.*

Snellheim : *Serum-Extrat-Reaktion und ihr Erklärungsversuch.*

Wiesner, B.-P. : *Zur Keindrüsenfunktion des Kinderalters.*

Birnbaum, Karl : *Der Anteil der Sexualität an der Gestaltung der Psychose.*

Moll, Albert : *Homosexualität und der sogenannte Eros.*

Stern, William : *Der Ernstpiel-Charakter der Jugend Erotik und Sexualität.*

Voigtländer, Else : *Beziehungen von Liebe und Sexualität.*

Zondek, Bernhard : *Das Ovarialhorman.*

Trivino, Francesco : *Experimentelle Untersuchungen über weibliche Sexualhormone.*

Aschheim, S. : *Hormin und Schwangerschaft.*

Bogen, Hellmuth : *Beruf und Erbgang.*

Neuburger, Otto : *Geschlecht und Beruf.*

Jahn : *Kritische Gedanken zur Psychoanalyse.*

Heyde, J.-E. : *Die Höhere Schulen und das Sexualproblem.*

Finkenrath, K. : *Die Grenzen der Aufklärung im Kampfe gegen die Geschlechtskrankheiten.*

Jadassohn : *Syphiliarückgang und Salvarsan.*

Marcuse, Max : *Der Zeugungswert der Verwandtenehe.*

Müller-Freienfels, Richard : *Sexualwissenschaft und Aesthetik.*

Rohleder : *Ueber Trisexualität.*

Wiesner, P. : *Brunsttypen und Dauersexualität.*

Leschke, E. : *Zwischenhirn und Sexualität.*

Groedel, Franz : *Interferometische Untersuchungen zur Frage der Drüsenveränderungen im Alter.*

Streck, A. : *Fermentbiologie und Interferometrie.*

Hellmuth, Kurt : *Das Problem der inneren Sekretion (einschlieszlich Placenta) im Lichte der interferometischen Serodiagnostik.*

Znaniecki, Florian : *The Sexual Relations as a social relation and some of its changes.*

Henning, Hans : *Neue Quellen zum Problem der Gruppenche und das Frauenrechts in Alteuropa.*

Herzberg, A. : *Das Sexualleben der groszen Philosophen.*

Flügge, Ludwig : *Das Interesse des Staates an der Sexualethik.*

Rohden, D.-B. von : *Grundlinien einer evangelischen Sexualethik.*

Bärwald, R. : *Umkehrung der sozialen Stellung beider Geschlechter zueinander durch die Kultur.*

Eckert, Alfred : *Sexualität auf dem Lande.*

Wulfen, Erich : *Die Sexualnot der Straf- und Untersuchungsgefangenen.*

Hübner, A. : *Kriminalität als Ausdruck der Sexuellen Konstitution.*

Löwenstein, Siegfried : *Die Sexualverbrechen nach Künftigen deutschen Strafrecht.*

Stern, William : *Psychologische Begutachtung jugendlicher Zeugen in Sexual Prozessen.*

Placzek, S. : *Selbstmord und Sexualität.*

Haberland : *Die Ueberpflanzung mannlicher Keimdrüsen.*

Grüter, F. : *Keindrüsenüberpflanzung bei Haustieren.*

Löser, Alfred : *Die Wirkung der Eierstockseinpflanzung bei der infantilen, amenorrhvischen und alternden Frau.*

Hanstein, Hans : *Die Ergebnisse der internationalen Statistik der Geschlechtskrankheiten.*

Halwitz, Arthur : *Sexualität und Sport.*

Moll. Albert : *Kritisches Referat über die Indikationen und Methoden der praktischen Eugenik.*

Matjutschenko, B. : *Die eugenische Sterilisierung.*

Grotjahn, A. : *Eugenik und wirtschaftliche Bevorrechtung der Elterschaft (Familienlöhne, Gehatszahlungen nach dem Familienstande, Elternschaftsversicherung).*

Rosenthal : *Das uneheliche Kind bei Mehrverkehr der Mutter.*

Fuld : *Anfechtung der Ehe.*

Reiter, Hans : *Erfahrungen über die Adoption des unehelichen Kindes.*

Pokrzwnitzki, E.-V. : *Strafbare Sexualdelikte an und von Jugendlichen.*

Hellwig, Albert : *Sittlichkeitsverbrechen und Aberglaube.*

Kankeleit : *Selbstbeschädigungen und Selbstverstümmelungen der Genitalien.*

Bürger : *Die Sexualität der Encephalitiker und ihre Beziehungen zur Kriminalität.*

Tremmel : *Neue Methoden der Tatbestands-Diagnostik bei Kindern (über sexuelle Vorgängt) (mit Projektionen).*

Stutzin : *Gibt es eine gegenständliche Abwertung Sexualoperativer Resultate?*

Velze, F.-W. : *Diathermiebehandlung bei Impotentia Cœundi.*

Landecker, A. : *Die Möglichkeit der Konstitutionsumwandlung durch Kombinierte Organ- und Strahlen-Therapie.*

Baader : *Berufsarbeit mit Blei, Quecksilber, Phosphor und Arsen in ihrer Wirkung auf die Sexualhormone.*

Oppenheimer, Franz : *Ueber das Malthus'sche Bevölkerungsgesatz.*

Wolf, Julius : *Geburtenrückgang und Sexualmoral.*

Engelsmann : *Die Beziehungen zwischen Geburtenrückgang und Fehlgeburten.*

Marcuse, Max : *Zeugungsunlust und Preventivverkehr in der Ehe.*

Zahn : *Die Kinderreiche Familie und die Sozialpolitik.*

Riese, Hertha : *Soziale und Sozialpsychologische Voraussetzungen der Geburtpolitik.*

Guradze : *Numerische Veränderung im Bestande der Geschlechter (Frauenüberschutz).*

Silbergleit : *Sexuelle Differenzierung der Sterblichkeit.*

Finkenrath, K. : *Die Soziale Bedeutung des Frauenüberschusses und das Problem der ledigen Frau.*

§ 3. — LA LEGALISATION DE L'AVORTEMENT.

Considérant les ravages considérables causés en Allemagne par l'avortement, certains eugénistes mènent une campagne en vue de le rendre légal.

Les uns s'emploient à obtenir une diminution des peines prévues contre l'avortement ; les autres voudraient l'abolition complète de l'art. 218 du Code pénal qui vient d'être adouci quant aux sanctions.

Un groupe d'autorités médicales, comprenant les Drs Félix Theilhaber, Magnus Hirschfeld et Dührssen, a présenté, en 1924, des rapports à la Société Médicale de Berlin, aux fins d'obtenir la suppression du dit article de la loi allemande.

Des meetings ont eu lieu dans ce but, sous les auspices d'organisations communistes et social-démocrates, ainsi que de la Société pour la Réforme sexuelle (1).

---

(1) *The New Generation*, octobre 1924, p. 112.

En 1926, à la Gesellschaft für Geburtshilfe und Gynäkologie, la question de la légalisation de l'avortement pratiqué par des médecins fut discutée au point de vue eugénique.

Le Dr Hirsch se fait également le défenseur de cette idée. Il estime que l'avortement se justifie autant pour des motifs eugéniques que pour des motifs médicaux.

Le Dr Paul Strassmann voudrait que les hôpitaux d'Etat interviennent pour interrompre la grossesse chaque fois que l'avortement est indiqué pour des raisons médicales (1).

Le Prof. Grotjahn est également très connu en Allemagne pour ses opinions avancées sur la question. Il est l'auteur d'une pétition au Parlement, tendant à obtenir que l'avortement soit permis aux médecins jusqu'au troisième mois de la grossesse.

§ 4. — LA REGLEMENTATION DU MARIAGE.

Peu de restrictions au mariage sont apportées en Allemagne, en vue de l'intérêt de la race.

Toutefois, comme dans les autres pays, on s'est préoccupé d'établir une réglementation concernant l'âge du mariage, le degré de consanguinité et l'intégrité physique des parties.

De plus, il existe, en Allemagne, un sérieux mouvement en faveur de l'examen médical prénuptial (2).

Nous envisagerons séparément chacun de ces différents points.

A. — L'AGE DU MARIAGE.

La loi fixe l'âge du mariage à dix-huit pour les hommes et à seize ans pour les femmes (3).

B. — LE DEGRE DE CONSANGUINITE.

D'après le Code civil allemand, sont nuls les mariages entre parents en ligne directe, entre frères et sœurs, demi-frères et demi-sœurs, ainsi qu'entre parents par mariage en ligne directe.

---

(1) *Eugenical News*, juin 1926.

(2) Signalons aussi que, dans l'intérêt de la race, le divorce peut être obtenu en Allemagne pour cause d'aliénation mentale.

(3) Dr Pierre Nisot. *Etude de droit comparé sur l'âge du mariage.*

De même est prohibé, le mariage entre personnes dont l'une d'elles a illégitimement cohabité avec un ascendant ou un descendant de l'autre.

C. — L'INTEGRITE DES PARTIES.

D'après la loi du 26 janvier 1927, quiconque se sachant, ou devant, d'après les circonstances, se supposer atteint d'une maladie vénérienne présentant un danger de contagion, contracte mariage sans avoir auparavant averti de sa maladie son futur conjoint, est passible d'emprisonnement jusqu'à trois ans.

D. — L'EXAMEN MEDICAL PREMATRIMONIAL.

L'examen médical prématrimonial a été vivement préconisé en Allemagne, ces dernières années.

Déjà, en 1908 (1), la Fédération allemande des Monistes avait adressé une pétition au Reichstag tendant à voir modifier les conditions requises, des personnes en instance de mariage, par la loi d'Empire du 6 février 1875. La requête visait, notamment, à l'établissement d'un certificat à produire par les futurs conjoints et constatant que le mariage n'était pas susceptible de nuire à la santé de l'un des conjoints ou à sa descendance.

En 1911, sous la dénomination de Bureau de Consultation eugénique, le Dr Braune fonda, à Dresde, le premier Bureau de consultation prématrimoniale. Ce Bureau, qui avait donné jusqu'en 1915, 64 consultations, disparut peu après cette date. Il en fut de même d'une institution analogue fondée à Dortmund.

La Berliner Gesellschaft für Rassenhygien (Société berlinoise pour l'Hygiène de la Race) s'est prononcée, en 1917, contre toute mesure de contrainte et notamment contre l'obligation de l'examen médical prénuptial. Cet examen lui paraît toutefois présenter des avantages multiples et mérite d'être vivement recommandé aux intéressés.

Dans une loi, promulguée le 11 juin 1920, le Reichstag a tenu compte de ce vœu et a prévu, entre autres, que les candidats au

---

(1) Bien avant cette époque, au début du XIXe siècle, des mesures propres à restreindre le nombre des mariages étaient consacrées par la législation de certains Etats, comme la Bavière, le Wurtemberg. Pour avoir le droit de se marier, il fallait justifier de ressources suffisantes (Lucien March).

mariage devaient être incités à se faire examiner médicalement.

Une tendance plus interventionniste se manifeste toutefois dans certains milieux médicaux allemands.

En 1921, *Le Conseil Supérieur d'Hygiène* a émis, dans le sens ci-après, le vœu qu'un certificat médical de bonne santé fût exigé des futurs époux. Pour pouvoir contracter mariage, le certificat ne doit pas être antérieur de quatre semaines à la date du mariage et il faut que chacune des parties connaisse l'état de santé de l'autre. Seuls peuvent délivrer ces pièces, certains médecins qui portent le titre de *Eheberater* ou *conseillers matrimoniaux*. En cas d'empêchement au mariage, le certificat ne donne aucun détail. Il spécifie uniquement qu'il y a empêchement d'ordre hygiénique ; toutefois, les fiancés sont libres de ne pas se soumettre. Allant plus loin encore dans sa campagne, le Conseil d'Hygiène a recommandé que le mariage fut défendu par la loi aux alcooliques avérés et aux débiles mentaux (1).

Le Ministre de l'Hygiène de Prusse a présenté, en 1922, devant le Landtag, un mémoire sur la question des certificats médicaux avant le mariage. Pour lui, l'imperfection de nos connaissances des lois de l'hérédité humaine, dont l'étude est à peine ébauchée, n'autorise aucune mesure de coercition. Ce qu'il souhaite, c'est l'obligation pour chaque conjoint, d'avoir connaissance d'un certificat indiquant si le mariage est médicalement souhaitable ou non.

Le 19 février 1926, il a été résolu par le susdit Ministère de procéder d'abord par voie de recommandation, en s'efforçant de préconiser le plus possible la généralisation des consultations prématrimoniales, sous la direction d'un médecin à qui s'adresseraient facultativement les futurs époux (2).

---

(1) *La Protection de l'Enfance*, mai 1921.

(2) La Société Médicale Berlinoise a eu l'occasion de donner des avis sur l'examen médical prénuptial et sur les certificats d'aptitude au mariage. A la suite d'un rapport du Dr Max Hirsch, elle a émis le 24 mars 1926, les vœux suivants :

1° La Société Médicale Berlinoise considère que le décret du Ministère prussien de la Prospérité publique sur l'examen médical prénuptial constitue un progrès très notable ;

2° Elle est heureuse de constater que le décret n'impose pas l'échange obligatoire des certificats et qu'il n'envisage aucune interdiction formelle ;

Ordre a été donné de distribuer aux autorités de toutes les communes importantes et des cercles une circulaire comportant les annexes ci-après, circulaire établie en 1925, par le Conseil d'Hygiène de Prusse, en les engageant à créer des consultations prématrimoniales et à les faire connaître au public.

Il y est recommandé d'insister sur ce que les conseils doivent avoir pour objet l'état de santé des futurs époux et les dangers susceptibles de résulter éventuellement du mariage, tant pour le conjoint que pour la descendance, et cela d'un point de vue *strictement médical*. D'autre part, le choix du médecin-directeur (ou directrice) de la consultation a une importance évidente.

ANNEXE « A »

Résolutions du Landesgesundheidsrat du 18 juillet 1925.

1. Le *Landesgesundheitsrat* (Commission pour l'étude des questions concernant l'hygiène de la race de la population) considère comme nécessaire que le Ministre de l'Hygiène invite, par une circulaire, les autorités placées sous ses ordres, à établir des consultations prématrimoniales.

2. Il estime, toutefois, que ces Consultations doivent être exclusivement limitées à la détermination médicale de l'aptitude au mariage.

3 à 11. Le directeur de la Consultation doit être un médecin particulièrement qualifié à cet effet; dans les cas difficiles, il pourra être fait appel à des spécialistes. Toute personne prenant part à l'activité de la Consultation doit être liée par le secret professionnel.

Avec le consentement écrit de l'intéressé, la Consultation doit pouvoir réclamer toute pièce, certificat médical, etc., utile en vue de l'examen.

3° Elle estime cependant qu'il serait désirable de promulguer une loi rendant l'examen médical prénuptial obligatoire pour les deux sexes;

4° Elle estime que cet examen médical ne doit pas être pratiqué par des médecins experts ou conseillers matrimoniaux, mais bien par n'importe quel membre du corps médical;

5° Pour rendre tous les médecins aptes à pratiquer cet examen, il est désirable d'apporter dans les Facultés un soin particulier à l'enseignement de la pathologie héréditaire et conjugale;

6° La Société Médicale Berlinoise estime en tout cas que le secret professionnel doit être rigoureusement observé et que les fiancés doivent rester maîtres absolus de leur décision.

Le rôle de la Consultation est de donner des avis, au point de vue de la santé et de l'hérédité, concernant l'union projetée.

Tout traitement doit être interdit. Des certificats seront délivrés aux intéressés, portant sur l'aptitude au mariage, sans indication plus explicite.

Des fiches seront établies et conservées par le directeur. Des statistiques seront tenues à jour.

ANNEXE « B »

Modèle de fiche à remplir et à conserver par la Consultation, pour chaque cas soumis à un examen. Les indications portées sur les fiches concernent : le nom du futur conjoint, son adresse, ses lieu et date de naissance, son hérédité (un schéma illustre celle-ci; au moyen de carrés ou de cercles, il désigne le futur-conjoint lui-même, ses ascendants paternels et maternels des deux sexes jusqu'à la seconde génération, et, éventuellement, les collatéraux; dans les carrés ou cercles, lorsque les renseignements sont obtenus concernant la personne qu'ils désignent, le médecin inscrit un numéro; il mentionne ensuite les dits renseignements sur la fiche en face du numéro imprimé correspondant; il ajoute un jugement général sur l'existence d'antécédents héréditaires morbides; enfin, son état de santé personnel (soit d'après l'anamnèse, soit d'après l'examen; le modèle prévoit un grand nombre de maladies ou infirmités). A la fiche est joint le *certificat matrimonial* (Heiratszeugnis), lequel est seul remis à l'intéressé. Il est ainsi conçu:

« I. — Dangers pouvant résulter du mariage : a) pour l'examiné lui-même:...................................; b) pour son conjoint:...........................; c) pour la descendance:...........................; d) tares éventuelles de l'autre conjoint qui seraient particulièrement dangereuses:................

» II. — D'après ce qui précède, le mariage doit-il être formellement déconseillé?............................

» III. — Le mariage doit-il être retardé?............................ Combien de temps?........................ »

Est joint également, pour être conservé dans les archives de la Consultation, une déclaration du médecin-directeur, attestant qu'il a examiné la personne dont il s'agit, lui a donné les conseils prescrits et remis l'original du certificat matrimonial (1).

---

(1) *Bulletin de l'Office International d'Hygiène Publique*, avril 1927, p. 427 et ss.

Pareilles consultations officielles fonctionnent déjà en Allemagne.

Un établissement de consultation prématrimoniale a été fondé à Berlin, en 1926.

Son personnel comprend deux docteurs et deux doctoresses. On y fait subir aux fiancés et aux fiancées qui le désirent un examen physique et mental gratuit aux fins de leur faire savoir s'ils peuvent se marier ou non.

Les dispositions suivantes réglementent l'organisation de ce Bureau :

1. Les candidats au mariage et les personnes mariées peuvent consulter l'institution relativement à leurs caractéristiques sanitaires comme époux et à leurs caractéristiques eugéniques comme parents. Des consultations portent également sur les difficultés de nature sexuelle psychique, ainsi que sur les questions de conception.

2. La visite médicale sera réglée par le Bureau.

3. Le Bureau, qui est dirigé par un médecin, autorise, dans des cas déterminés, la visite de médecins spécialistes.

4. Aucun traitement n'est appliqué par le Bureau; celui-ci ne fournit pas non plus de moyens anticonceptionnels.

5. L'avis écrit du médecin est formulé comme suit :

Les renseignements fournis par le candidat au mariage sur son état de santé actuel et ses circonstances familiales, ainsi que la visite, n'ont rien fait découvrir qui, au point de vue médical, puisse donner lieu à objection contre l'autorisation de contracter mariage.

ou :

Il existe de sérieuses objections médicales.

ou :

Il est impérieusement conseillé de retarder le marjage (1).

---

(1) Ces certificats revêtent la forme ci-après :

VILLE DE BERLIN

—

BUREAU DU PREUZLAUER BERG
Consultation prématrimoniale

—

BERLIN N° 113, *Dunckerstrasse, 64.*

Une décision négative ne doit être prise que dans les cas ne comportant aucun doute. Les résultats seront consignés dans un registre. L'obligation au secret s'étend à tout le personnel.

6. Les maladies ci-après sont, en tout premier lieu, considérées comme sérieuses : Lues, gonorrhée, tuberculose, formes graves de l'épilepsie et de la psychopathie.

Les consultations ont lieu deux fois par semaine, de 5 h. à 7 h. ; elles sont très fréquentées. On comptait au milieu de 1927, 27S visites, dont 118 cas de visites répétées.

CERTIFICAT DE MARIAGE

pour..

né le.. à...

habitant...

Les renseignements fournis par le candidat au mariage sur son état de santé actuel et ses circonstances familiales, ainsi que la visite, n'ont rien fait découvrir qui, au point de vue médical, puisse donner lieu à objection contre l'autorisation de contracter mariage.

Berlin, le.. 192....

Le Médecin Directeur du Bureau de Consultation prématrimoniale,

Après entente avec le candidat, le Bureau de Consultation reste à sa disposition pour le cas où d'autres questions surgiraient dans la suite.

VILLE DE BERLIN

—

BUREAU DU PREUZLAUER BERG
Députation pour consultation hygiénique prématrimoniale

—

BERLIN N° 113, *Dunckerstrasse, 64.*

CERTIFICAT

pour...

né le.. à...

habitant...

De sérieuses objections médicales s'opposent au mariage.

Berlin, le.. 192....

Le Médecin Directeur du Bureau de Consultation prématrimoniale,

Voici comment se répartissent les clients suivant les catégories sociales :

	Hommes	Femmes	Total
Travailleurs illettrés	3	1	4
Petits fonctionnaires et employés	11	5	16
Travailleurs instruits	40	28	68
Fonctionnaires et employés de rang moyen	67	26	93
Artisans indépendants et marchands	18	2	20
Fonctionnaires et employés de condition supérieure	15		15
Etudiants et professions libres	11	8	19
Femmes mariées et sans profession		41	41
Totaux	165	111	276

Voici la répartition selon les différents âges :

Age	Nombre
20	12
20-30	130
30-40	96
40-50	28
50-60	4
60-70	5
70-90	1
Total	276 (1)

Le travail du Bureau de consultation se répartit comme suit : réception, visite, consultation, appréciation. Dans l'antichambre, on remplit une feuille sur un modèle donné (2). Il est requis que

____

(1) D⟨r⟩ F. K. Scheumann. Eheberatung.

(2)　　VILLE DE BERLIN

—

BUREAU DU PREUZLAUER BERG
Consultation prématrimoniale

—

BERLIN, le.. 192...
N° 113, *Dunckerstrasse, 64.*

1. Nom et **prénom**...

2. Résidence...

le candidat amène son futur conjoint, à qui des questions complémentaires peuvent être adressées.

Se sont présentés déjà au Bureau, 34 couples de fiancés, 9 d'époux, soit 86 personnes représentant à peu près un tiers de la fréquentation totale.

La feuille de renseignements est la plus simple possible, tout en laissant place au maximum de renseignements personnels.

Kautsky émet, au sujet de ces consultations les remarques suivantes :

1° Même des gens ayant leur médecin de famille se présentent à la consultation car ils estiment que leur état sera apprécié par le Bureau de consultation plus objectivement que par leur médecin, toujours plus intéressé ;

2° De nombreux clients reviennent après des années lorsque, au cours du mariage ou autrement, quelque indice les inquiète au point de vue sanitaire ou psychique ;

3° Fréquentent également la consultation, des personnes qui, en dehors de toute intention de se marier, désirent être renseignées sur leur état ;

4° Les clients, se soumettent presque sans exception aux visites estimées nécessaires et reviennent régulièrement faire part des résultats.

La consultation conduit parfois à un examen effectué par des spécialistes dermatologues, gynécologues, etc. En général, les personnes à même de payer règlent les honoraires de ces médecins privés.

Jusqu'à présent 61 certificats de mariage, ont été délivrés.

---

3. Profession..

4. Age................ Années.......... Né........................... ... à...........................

5. Nom et prénom de l'autre partie contractante...................................

6. Age................ Années.......... Né........................... à...........................

7. Profession..

8. Motifs de la demande de consultation..

9. Motifs de la visite..

CIRCONSTANCES FAMILIALES   CIRCONSTANCES PERSONNELLES

Le développement logique du Bureau de consultation prématrimoniale lui fera embrasser un plus vaste domaine.

Dès aujourd'hui, en dehors de sa fin initiale de renseigner les candidats au mariage, il donne des conseils s'étendant au domaine de la médecine, de la science sexuelle, de l'eugénique, conseils s'adressant aux gens mariés, à ceux qui veulent s'éclairer sur leurs caractéristiques héréditaires. Le nom même de l'institution devra peut-être changer et se transformer en « Bureau de consultation pour adultes ».

Le Bureau s'est encore assigné pour but de faciliter les mariages. Des expériences encourageantes ont été faites dans ce sens par l'institution, aujourd'hui disparue, fondée par Harmsen, à Magdebourg, en faveur du remariage des veuves de guerre.

Généralement, tous les centres de conseils sexuels que nous avons mentionnés au paragraphe relatif à l'éducation sexuelle, constituent en même temps des *Consultations prénuptiales*.

C'est ainsi que l'Institut de Science Sexuelle de Berlin, fondé par Magnus Hirschfeld, comprend un centre public de consultation médicale sur le mariage, centre où vont se faire examiner et renseigner les candidats au mariage (voir le paragraphe relatif à l'éducation sexuelle).

A Berlin et à Dresde, les *Caisses locales d'assurance contre les maladies* supportent les frais d'examen pour leurs adhérents. C'est ainsi que dans cette dernière localité, l' « Allgemeine Ortskrankenkasse » a permis déjà à ses dix mille membres de recevoir gratuitement des avis sur les problèmes du mariage (1).

Des médecins autorisés se déclarent de plus en plus en faveur des bureaux de consultation.

Comme le dit le Dr F. K. Scheumann, de Berlin, dans son étude sur les Eheberatung, la consultation prématrimoniale est vraiment une partie essentielle de ce que Frédéric Kraus appelle « la médecine justement comprise ». Elle ne vise pas seulement la guérison, mais la vie même, pas seulement le bien de quelques individus, mais celui de générations.

D'autres Bureaux municipaux analogues ont été créés à Franc-

---

(1) *Eugenical News*, octobre 1924.

fort-sur-Mein, à Erfurt, à Dresde, à Linz (1), à Magdebourg, à Bonn, à Duisbourg, à Könisberg. A Berlin, il y a actuellement cinq Bureaux de consultations, soit municipaux soit soutenus par des sections municipales (2).

La Ligue pour la protection de la mère et la réforme sexuelle a institué de son côté des Bureaux de consultation prématrimoniale dans les principales villes d'Allemagne. Citons ceux de Hambourg (1922), de Mannheim, de Berlin, de Francfort-sur-Mein.

Mais, comme nous l'avons dit plus haut, la plupart des Bureaux de la Ligue visent spécialement le contrôle des naissances. Celui de Francfort n'est presque fréquenté que par des prolétaires mariés. La directrice, le Dr Riese, signale qu'il ne s'agit pas de femmes se refusant à être mères, mais de mères de 4 à 5 enfants, qui pour des raisons d'ordre social ou sanitaire, ne sont plus en

---

(1) A Linz, en deux ans, il n'y a eu que 54 cas dont 46 visites répétées.

(2) Ci-dessous le statut de l'Association des bureaux publics de consultation prématrimoniale :

§ 1. — L'Association des bureaux publics de consultation prématrimoniale a pour but de fomenter et de développer les consultations prématrimoniales; elle poursuit en outre la découverte des meilleures méthodes de travail, l'échange des résultats d'expérience, la réunion et la mise en œuvre de matériaux.

§ 2. — Ce but sera surtout atteint :

1° En prenant contact avec des autorités et corps législatifs;

2° En collaborant avec d'autres organisations dans le domaine de l'instruction hygiénique populaire;

3° Par des conférences régulières, même données par des spécialistes de pays étrangers;

4° Par des cours professionnels;

5° Par l'établissement d'archives;

6° Par la publication régulière des progrès accomplis dans le domaine de la consultation matrimoniale;

7° Par la comparaison des matériaux employés dans les bureaux de consultation;

8° En créant et répandant des matériaux de propagande.

§ 3. — Toute personne peut devenir membre, en qualité de directeur ou d'administrateur, d'un bureau de consultation administré ou contrôlé sous le régime du droit public.

état de procréer et d'élever des enfants corporellement et mentalement sains (1).

§ 5. — LA STERILISATION.

Il ne semble pas que la stérilisation soit admise par la loi en Allemagne, mais on la considère généralement comme tombant sous l'application des art. 224 et 225 du Code pénal en vigueur ; on l'assimile à l'accomplissement d'une violence portant atteinte à l'intégrité corporelle.

Cependant, les autorités médicales tendent de plus en plus à admettre cette pratique pour des raisons eugéniques. Nöcke a été le premier en Allemagne à montrer la nécessité de la stérilisation.

§ 4. — Pour l'admission d'un membre, la commission de travail décide. Dans les cas douteux, la direction tranche en dernier appel. On cesse d'être membre moyennant une déclaration de démission à remettre à la direction.

§ 5. — La direction détermine le montant de la cotisation de membre.

§ 6. — Les organes de l'Association sont la direction, la commission de travail et l'ensemble des membres.

La commission de travail se compose de 3 personnes au moins et la direction la choisit dans son sein pour la durée de l'exercice. La commission s'occupe de l'administration courante et des divers détails que le présent statut n'attribue pas à un autre organe.

La direction se compose d'au moins 7 personnes qui sont élues pour trois ans par l'assemblée des membres. Elles peuvent être réélues. La première direction sera choisie par l'assemblée fondatrice.

La direction a le droit de se compléter par des choix supplémentaires. Elle est qualifiée pour le choix de la commission de travail et pour décider des questions qui lui sont soumises par la commission de travail et par l'assemblée des membres.

L'assemblée des membres, qui se réunit en règle générale une fois par an, est qualifiée pour choisir des membres de la direction, le reviseur des comptes; pour recevoir des rapports d'affaires; pour donner décharge; pour modifier le statut; pour dissoudre l'Association et pour décider des questions qui lui sont soumises par la direction ou les membres.

Pour la modification du statut il faut une majorité des deux tiers; pour la dissolution, une majorité des trois quarts, des membres présents. En cas de dissolution de l'Association, ce qu'elle possède échoit à l'Association allemande d'hygiène publique.

§ 7. — L'exercice correspond à l'année du calendrier.

(1) Le Dr Korach estime qu'un bureau de consultation ne peut, pas plus qu'un médecin pratiquant, esquiver la question du contrôle des naissances.

Lè Conseiller de médecine Boeters et le Président d'Etat de Mayence, Schröder, se sont mis à la tête d'un mouvement en faveur de cette pratique ; ils ont cherché à établir les grandes lignes d'un système de stérilisation des faibles d'esprit et proposent de la pratiquer sur les bases suivantes :

1° Les enfants qui, arrivés à l'âge de l'école, sont aveugles-nés, sourds de naissance, ou idiots, seraient soumis à une opération supprimant la faculté de se reproduire ;

2° Les organes nécessaires aux sécrétions internes devraient être conservés ;

3° Le coût de l'opération ne devrait pas incomber aux parents ;

4° Outre les parents, le tribunal de tutelle serait compétent pour autoriser l'opération ;

5° Seraient soumis à l'opération, dans les asiles de l'Etat, les aveugles-nés, les sourds-muets de naissance, idiots, épileptiques, faibles d'esprit, avant d'être relachés ;

6° Il en serait de même des criminels contre les mœurs, et des personnes qui ont engendré deux ou plusieurs enfants illégitimes, dont la paternité est douteuse ;

7° Le mariage ne serait permis aux aveugles-nés, sourds-muets de naissance, épileptiques, idiots ou faibles d'esprit qu'après stérilisation ;

8° Les criminels pourraient être l'objet d'une remise partielle de peine, s'ils se soumettaient librement à la stérilisation ;

9° Pour que les filles idiotes et stérilisées ne deviennent pas un grand danger moral et hygiénique (maladies sexuelles) pour les jeunes hommes, le silence devrait être gardé sur l'opération, notamment de la part des familles.

En outre, le Dr Boeters voudrait encore stériliser tous les enfants qui seraient incapables de suivre l'enseignement des classes primaires (1).

En 1925, il a présenté au Reichstag allemand un projet de loi

---

(1) **Prof. Maier.** *Zum gegenwartigen Stand der Frage der Kastration und Sterilisation aus psychiatrischer Indikation.*

tendant à établir la stérilisation obligatoire (Lex Zurickau) ; il y joignait un règlement exécutif (1).

Toutefois, une opposition s'est élevée contre ces théories, particulièrement de la part du psychiatre Rixen, qui invoque que la science de l'hérédité n'est pas suffisamment établie (2).

Le Dr E. H. F. Pirkner recommande la restriction des naissances au moyen de la stérilisation. Il conseille une opération de stérilisation temporaire : *la salpingapotomie.*

Le Bund für Mutterschutz und Sexualreform mène, depuis ces dernières années, dans l'organe *Die Neue Generation,* une campagne en faveur de la stérilisation.

Le Dr Krankeleit, de Hambourg, la préconise également d'après les principes suivants qu'il a établis (3) :

1° Comme toute autre opération, la stérilisation, sur indication sociale ou d'hygiène de race, ne doit pas être obligatoire, mais volontaire de la part du sujet ;

2° La décision d'opérer ne doit pas être laissée à un seul médecin, mais à une commission ayant reçu ces pouvoirs des autorités ;

3° Pour la stérilisation sur indication d'hygiène de race, il ne peut être question que de la ligature des tubes fallopiens qui n'offre pas de suites dangereuses à l'état corporel et intellectuel du sujet. L'instinct sexuel et la possibilité des relations sexuelles ne sont point affectés ;

4° Par indication sociale de la stérilisation, il ne faut point entendre les cas où il s'agit d'une indication d'arrangement privé. L'indication sociale coïncide à peu près avec l'indication d'hygiène de race ; elle correspond à un effort en vue d'éviter les crimes, et les internements de longue durée. La castration est le moyen de suppression d'une impulsion sexuelle criminelle.

La castration ne doit intervenir qu'après la puberté.

Chroback, Sarwey conseillent la stérilisation pour des raisons de maladie, mais aussi pour des raisons sociales.

---

(1) *Berliner Tageblatt,* 27 octobre 1928.

(2) *Die Neue Generation,* 1925, p. 123.

(3) Rapport de la Société suisse de Psychiatrie.

Le Parlement saxon a élaboré, en 1924, un projet de loi destiné à réaliser, dans un but eugénique, la limitation sinon l'extinction de certaines maladies mentales, tout particulièrement de celles susceptibles de se manifester par des réactions antisociales.

Il s'agit de la stérilisation au moyen de la vasectomie ou de la salpinjectomie.

Ce projet de loi vise particulièrement :

1° Les enfants ayant présenté des symptômes indubitables de démence précoce ;

2° Les enfants atteints, de façon incontestable, de folie maniaque dépressive, avec graves manifestations cliniques. Cette manifestation est, sans aucun doute, une maladie héréditaire ; la nature exacte du mode de transmission héréditaire n'est pas encore établie, mais l'étude généalogique des familles des malades permet de considérer comme établi le fait de l'hérédité ;

3° Les sujets ayant donné lieu à un diagnostic bien établi d'épilepsie ;

4° Le type dégénéré de l'alcoolique, avec manifestations psychiques ;

5° Les sujets ayant donné lieu à un diagnostic évident de débilité mentale congénitale. « La stérilisation apparaît comme spécialement indiquée ici, car la maladie peut être sûrement diagnostiquée avant la puberté et la période d'activité génératrice ; »

6° Les individus atteints de chorée de Huntington, ou chorée héréditaire ; en moyenne, la moitié des enfants issus de l'union d'un sujet atteint de chorée héréditaire avec une mère saine, présente la même affection ;

7° Les sujets à tendance criminelle très marquée (en prenant l'expression « crime » au sens le plus restreint), chez lesquels il s'agit de tendances dégénératrices au meurtre, telles qu'on peut les rencontrer chez des épileptiques, des débiles, des déments précoces, etc. ; dans ce cas, il y aura lieu de modifier le Code pénal, en introduisant la stérilisation forcée, envisagée comme mesure de protection.

Pour le moment, il n'est, en effet, question dans ce projet de loi, que de la stérilisation volontaire. Il s'agit de faire comprendre au public ce qu'il y a de fondé dans une mesure qui, au premier abord, peut lui répugner. Le ministère de l'intérieur et le ministère de la justice de Saxe ont approuvé ce projet et l'ont transmis, pour approbation, au ministère de la justice du Reich (1).

§ 6. — LES MESURES D'HYGIENE SOCIALE.

Les principales mesures d'hygiène sociale établies en Allemagne en vue de la préservation de la race concernent les points suivants :

1. — La protection de l'enfance et de la maternité ;
2. — La lutte contre la tuberculose ;
3. — La lutte contre le péril vénérien ;
4. — La lutte contre les maladies mentales ;
5. — La lutte contre l'alcoolisme.

1. — PROTECTION DE LA MATERNITE, DE L'ENFANCE ET DE LA JEUNESSE.

L'étude de la matière relative à la protection de la maternité, de l'enfance et de la jeunesse étant très étendue et très complexe en Allemagne, nous avons jugé préférable de renvoyer aux ouvrages spéciaux sur la question.

Ci-dessous la bibliographie recommandée par l'Arbeitsgemeinschaft sozialhygienischer Reichsfachverbände de Berlin :

Salomon : *Lentfaden der Wohlfartspflege.* (Erscheint jetzt neu.) Verlag : B. G. Teubner, Leipzig.

Karstedt : *Handwörterbuch der Wohlfahrtspflege* (Neubearbeitung in Aussicht genommen). Verlag : Karl Heymann, Berlin, 1924.

Taschenbuch für Wohlfartspflege. (Herausgegeben vom Deutschen Archiv für Jugendwohlfahrt.) Verlag : Herbig, Berlin, 1927.

Heyde : *Abrisz der Sozialpolitik.* (Kommt demnächst neu heraus.) Verlag : Quelle & Meyer, Leipzig, 1923.

Nölting : *Grundlegung und Geschichte der Sozialpolitik.* Verlag : Carl Heymann, Berlin, 1927.

---

(1) D' Potet. *L'Hygiène mentale.*

Hœninger-Wehrle : *Arbeitsrecht.* Verlag : J. Bentheimer, Mannheim, 1927.

Textausgabe der Reichsversicherungsordnung.

Wegweiser durch die Angestelltenversicherung.

Muthesius : *Die Wohlfahrtspflege* (Einführung in die Fürsorge-
verordnung). Verlag : Springer, Berlin, 1925.

Muthesius : *Fürsorgerecht.* Verlag : J. Springer, Berlin, 1928.

Friedländer : *Grundzüge des Jugendrechts.* Verlag : Ernst Olden-
bourg, Lipzig, 1924.

Friedeberg-Polligkeit : *Reichjugendwohlfahrtsgesetz.* Verlag :
Carl Heymann, Berlin, 1923. (Nebst Ergänzung.)

Polligkeit-Blumenthal : *Das Preussische Ausführungsgesetz zum
Reichsjugendwohlfahrtsgesetz.* Verlag : Carl Heymann,
Berlin, 1925.

Jugendwohlfahrt und Lehrerschaft. Verlag : Herbig, Berlin,
1926.

Pappritz : *Handbuch der Gefährdetenfürsorge.* Verlag : J. F.
Bergmann, München, 1924.

Text des Gesetzes zur Bekämpfung der Geschlechtskrankheiten.
(Ein Kommentar wird z. Zt. noch nicht genannt, da die
erschienenen, teils zu umfangreich, teils nicht geeignet sind.)

Franke : *Kommentar zum Jugendgerichtsgesetz.*

Sommer : *Die Fürsorge im Strafrecht.* Verlag : Carl Heymann,
Berlin, 1925.

*Das Reichsversorgungsgesetz vom 12. Mai 1920 in der Fassung
vom 22. Dezember 1927.* Nr. 9 der Schriften des Reichs-
bundes der Kb. Kt. und Kh. Selbstverlag, Berlin 1928 ;

Biesalski : *Grundrisz der Krüppelfürsorge.* Verlag : Leopold
Voss, Leipzig, 1929.

Eberstadt : *Das Wohnungwesen.* Verlag : G. B. Teubner, Leipzig, 1922.

Das Mieterschutzgesetz. Textausgabe. Reclam-Verlag.

Weigart-Syrup : *Das Gesetz über Arbeitsvermittlung und Ar-
beitslosenversicherung vom 16. Juli 1927.* Verlag : Remar
Hobbing, Berlin, 1927.

Liebenberg : *Berufsberatung.* Methode und Technik. Verlag :
Quelle & Meyer, Leipzig, 1925.

Fischer-Defoz : *Leitfaden durch die soziale Gesundheitsfürsorge.* Verlag der Gesundheitswacht, München, 1925.

Gesundheitsbüchlein des Reichsgesundheitsamtes. Verlag : J. Springer, Berlin.

Rott : *Säuglings- und Mutterschutz. (In Vorbereitung).*

Finke : *Zusammenstellung der Bestimmungen über das Preussische Tuberkulosegesetz.* Verlag : Carl Heymann, Berlin.

Joel : *Zusammenstellung der Bestimmungen über die deutsche Alkoholgesetzgebung.* (Erscheint im Mai 1928.) Verlag : Carl Heymann, Berlin.

Blümel : *Handbuch der Tuberkulosefürsorge.* Verlag : J. F. Lehmann, München, 1926.

Blümel : *Einrichtung und Betrieb einer Tuberkulösenfürsorgestelle.* Tuberkulosebibliothek, Nr. 19. Verlag : J. A. Barth, Leipzig, 1925.

Jötten : *Die Auskunfts- und Fürsorgestelle für Lungenkränke, wie sie ist und wie sie sein soll.* Verlag : J. Springer, Berlin, 1926.

Braeuning-Lorenz : *Die Tuberkulose und ihre Bekämpfung durch die Schule.* Verlag : J. Springer, Berlin, 1926.

Breger : *Die Geslechtskrankheiten in ihrer Bedeutung für Familie und Staat.* R. V. Deckers. Verlag : G. Schenk, Berlin, 1926.

Aschenheim : *Leitfaden der Gesundheitsfürsorge.* Fischers Medizinische Buchhandlung, Berlin, 1927.

2. — LUTTE CONTRE LA TUBERCULOSE (1).

Depuis de longues années, l'Association centrale allemande pour la lutte contre la tuberculose, — association privée de caractère semi-officiel — s'occupe de l'organisation de la lutte contre le fléau en Allemagne. Son activité s'exerce dans les domaines suivants :

1° Propagande active qui se pratique au moyen de feuilles, de

---

(1) Extrait des ouvrages publiés par la Société des Nations sur les services d'hygiène en Allemagne.

brochures, de photographies, d'images, de deux musées ambulants, d'une exposition ambulante et de films instructifs ;

2° Contribution à la création de sanatoria et de bureaux d'assistance préventive. En 1922, le nombre des sanatoria réservés aux adultes s'élevait, en Allemagne, à 170 (180,046 lits) ; celui des sanatoria pour enfants à 257 (18,983 lits) ; ces derniers reçoivent aussi bien les enfants atteints de tuberculose pulmonaire que ceux qui souffrent de tuberculose osseuse ou de tuberculose articulaire, et ceux qui sont menacés de tuberculose, les scrofuleux ou ceux qui ont besoin de repos. En outre, il existe 164 maisons forestières de repos, 21 écoles de plein air, avec programme d'études complet ; il convient également de mentionner 4 colonies rurales pour adultes et enfants et 37 maisons de convalescence réservées aux personnes atteintes de tuberculose fermée. Avant d'être admis dans un sanatorium, les malades sont mis en observation dans l'un des 86 établissements créés spécialement à cet effet. Enfin, l'Allemagne dispose encore d'hôpitaux pour tuberculeux, de cliniques spéciales dans les hôpitaux généraux, de maisons de retraite et de maisons de repos ; le nombre de ces différentes institutions s'élève à 339.

Une Commission spéciale ou Comité central s'occupe de l'organisation de bureaux d'assistance contre la tuberculose (Tuberculosefürsorgestellen), de cours d'instruction et de perfectionnement, destinés aux médecins et aux infirmières qui s'occupent de la lutte contre la tuberculose. Dans les différents Etats fédérés et les provinces, les bureaux centraux sont chargés de perfectionner l'organisation du réseau de bureaux d'assistance contre la tuberculose, dont le nombre s'élevait, dans toute l'Allemagne, à environ 3000, en 1922. Parmi les 906 bureaux qui étaient dirigés par un médecin et faisaient parvenir au Comité central un rapport annuel, 27 % étaient établis dans les villes, 37 % avaient un caractère mixte (ville et campagne) et 36 % étaient des bureaux ruraux ; 1912 visiteuses étaient au service de ces bureaux qui étendent leur activité à environ 52 % de la population du Reich. En moyenne, 367 examens médicaux ont eu lieu pour 10,000 habitants. Parmi les 906 bureaux existants, il y avait 700 bureaux principaux et 206 bureaux auxiliaires (bureaux auxiliaires d'assistance préventive contre la tuberculose). Ces bureaux n'assurent pas le traitement médical des malades. Les infirmières-visiteuses s'occupent principalement des familles. Elles procèdent également à des enquêtes au sujet des personnes atteintes de tuberculose et de celles menacées de la maladie ;

3° Lutte contre la tuberculose parmi les classes de la population non assujetties aux assurances sociales (classes moyennes) par le traitement dans les sanatoria, l'organisation de bureaux de renseignements, l'assistance aux familles nombreuses, la surveillance des habitations et la création de fonds pour les tuberculeux ;

4° Lutte contre le lupus : hospitalisation d'un nombre aussi élevé que possible de malades dans les 50 sanatoria ; le cas échéant, cette hospitalisation est accordée gratuitement aux malades ; perfectionnement des méthodes thérapeutiques et hygiéniques, feuilles de renseignements relatives au lupus.

Cette organisation du Reich est complétée par des associations centrales, constituées dans les différents pays. En Prusse, chaque province a son association centrale ; en Bavière, il existe une association centrale unique ; en Saxe, un comité technique auprès du ministère de l'hygiène publique ; en Wurtemberg, un comité technique adjoint au Conseil d'hygiène publique ; en Bade, ainsi que dans les deux Mecklenbourg, une association régionale. Les différentes organisations d'assurance sociale et particulièrement les instituts régionaux d'assurance, l'Institut du Reich d'assurance en faveur des employés privés, les caisses de retraite des ouvriers des chemins de fer, les caisses minières, l'association des employés des postes et télégraphes allemands et l'association allemande des instituteurs participent également à la lutte contre la tuberculose. Les bureaux d'assistance préventive contre la tuberculose sont administrés par les communes, les associations de bienfaisance du Kreis, les associations patriotiques de femmes, les associations antituberculeuses, les caisses-maladies, etc.

Jusqu'ici, le Reich n'a pas promulgué de dispositions légales relatives à la lutte contre la tuberculose ; jusqu'ici, seuls, les différents « pays » ont pris certaines mesures par voie législative.

Examinons les progrès qui ont été faits dans la législation relative à la tuberculose, au cours de ces dernières années, dans plusieurs « pays » allemands.

Prusse. — En Prusse, où, jusqu'alors, seuls les décès dus à la tuberculose pulmonaire et à la tuberculose du larynx étaient soumis à la déclaration obligatoire, tous les cas de tuberculose pulmonaire ou du larynx et tous les cas de décès causés par ces affections, ainsi que les changements de domicile des tuberculeux, sont désormais soumis à cette règle, conformément à la loi du 4 août 1923. Le médecin traitant est même obligé de déclarer, dans un délai d'une semaine, la maladie au médecin officiel compétent ou à toutes les autorités désignées par le ministère : bureaux d'assistance contre la tuberculose, offices d'assistance publique ou d'hygiène ; en cas de décès, la déclaration doit être faite dans les 24 heures. Les bureaux d'assistance contre la tuberculose, auxquels toutes ces déclarations doivent être faites, doivent prescrire, pour chaque cas, les mesures sanitaires qu'ils estiment nécessaires ou, éventuellement, faire exécuter ces mesures par les municipalités ou par tous les services intéressés. Indépendamment des médecins, les laboratoires d'examens bactériologiques doivent signaler toute découverte de bacilles de la tuberculose.

Le 19 février 1924, une loi digne d'être citée comme modèle, a été promulguée dans le Mecklembourg-Schwerin. D'après cette loi, les médecins sont obligés de signaler au médecin officiel, tous les cas de tuberculose et tous les décès provoqués par cette maladie, dans un délai de trois jours. La loi oblige, en outre, les bureaux d'assistance publique à instituer et à entretenir des bureaux d'assistance contre la tuberculose en nombre correspondant aux besoins de tous les districts autonomes, ruraux et urbains. Il y a également lieu de mentionner les directives données par le ministère des affaires médicales de Mecklembourg-Schwerin, le 1er avril 1924, au sujet de l'organisation et du fonctionnement des bureaux d'assistance contre la tuberculose.

En outre, par ordonnance du 26 février 1924, l'Etat de Schaumbourg-Lippe a remanié sa législation relative à la tuberculose, en rendant obligatoire la déclaration de tous les cas de maladie contagieuse et de tous les décès dus à la tuberculose. Les dispositions sont, pour la plus grande partie, analogues à celles de la loi prussienne relative à la lutte contre la tuberculose.

Le 31 octobre 1923, la Commission du Gouvernement du Bassin

de la Sarre a également rendu obligatoire la déclaration des cas contagieux de tuberculose, ainsi que de tous les décès provoqués par cette maladie. Par une ordonnance relative à la lutte contre la tuberculose, l'Office de l'assistance publique du cercle peut, dans le cas où les mesures prescrites par lui ne sont pas exécutées de bon gré, ordonner l'envoi du malade dans un hôpital. Les dispositions relatives à l'application de la loi sont analogues à celles de la loi prussienne.

3. — LUTTE CONTRE LE PERIL VENERIEN.

La lutte contre le péril vénérien vient d'être réorganisée en Allemagne par la loi du 18 février 1927, dont nous reproduisons ici les principaux articles :

Loi du 18 février 1927 sur la lutte contre les maladies vénériennes. (Reichsgestzbl., I, p. 61. Reproduite dans Reichsgesundheitsbl., 2 mars 1927, p. 182.)

Le *Reichstag* a adopté la loi suivante, qui est promulguée avec l'assentiment du *Reichsrat*.

§ 1. — Au sens de la présente loi, les maladies vénériennes sont la syphilis, la blennorrhagie et le chancre mou, en quelque partie du corps que siègent les symptômes.

§ 2. — Quiconque se sait ou doit, d'après les circonstances, se supposer atteint d'une maladie vénérienne présentant un danger de contagion, est tenu de se faire traiter par un médecin approuvé par le *Reich* allemand. Les parents, tuteurs ou autres personnes ayant la charge d'un sujet atteint d'une maladie vénérienne sont tenus de pourvoir à son traitement médical.

Il sera pourvu, par voie réglementaire, au traitement gratuit, sur les deniers publics, des personnes ne disposant pas de ressources suffisantes et n'ayant pas déjà droit par ailleurs à un traitement médical, ou qui pourraient subir un préjudice économique du fait d'un traitement fondé sur une assurance.

§ 3. — L'exercice des attributions d'ordre sanitaire résultant de la présente loi est confié aux autorités sanitaires, lesquelles devront, à cet effet, se tenir autant que possible en liaison avec les centres de consultation pour maladies vénériennes et les autres organismes de prévoyance sociale. Les agents de la police administrative et judiciaire et de celle de l'hygiène sont tenus de concourir, par tous les moyens dont ils disposent, à l'exercice des dites attributions, tant au point de vue de la santé publique qu'à celui de la prévoyance sociale, notamment en ce qui concerne l'intervention des dispensaires de prévoyance sociale vis-à-vis des personnes en état de minorité.

§ 4. — L'autorité militaire compétente peut exiger, de toutes personnes fortement suspectes d'être atteinte d'une maladie vénérienne et de propager celle-ci, qu'elles justifient de leur état de santé par la présentation d'un certificat médical, lequel, mais seulement dans des cas d'exception motivée pourra émaner d'un médecin désigné par l'autorité sanitaire elle-même, ou qu'elles se soumettent à l'examen d'un médecin ainsi désigné. Sur l'avis du médecin ayant effectué l'examen, les personnes dont il s'agit pourront être tenues de fournir ultérieurement de nouveaux certificats.

Les personnes atteintes d'une maladie vénérienne et suspectes de la propager peuvent être soumises à un traitement curatif; elles peuvent être envoyées dans un hôpital, si cela paraît nécessaire pour empêcher la diffusion du mal.

Les dénonciations anonymes ne doivent pas être prises en considération. Les personnes qui, sur leur signature, en accusent une autre d'être atteinte d'une maladie vénérienne, doivent être entendues d'abord oralement, et l'enquête ne doit être poursuivie qu'autant qu'il résulte de cette audition des indications de nature à étayer suffisamment les faits énoncés.

S'il est impossible d'obtenir autrement l'application des mesures prévues au premier et second alinéas du présent paragraphe, l'emploi de la contrainte directe est autorisé. Toutefois, aucune intervention médicale comportant un danger grave pour la vie ou la santé du sujet ne pourra être effectuée sans son consentement. Les autorités gouvernementales du Reich détermineront quelles interventions médicales rentrent dans la catégorie susvisée.

§ 5. — Quiconque, se sachant ou devant, d'après les circonstances, se supposer atteint d'une maladie vénérienne présentant un danger de contagion, a des rapports sexuels est passible d'emprisonnement jusqu'à trois ans, sans préjudice des peines plus graves, éventuellement prévues par le Code pénal.

Les poursuites ne seront intentées que sur une plainte. La plainte pourra être retirée si son auteur est parent de l'auteur du délit.

L'action pénale se prescrit par six mois.

§ 6. — Quiconque se sachant ou devant, d'après les circonstances, se supposer atteint d'une maladie vénérienne présentant un danger de contagion, contracte mariage sans avoir auparavant averti de sa maladie son futur conjoint, est passible d'emprisonnement jusqu'à trois ans.

Les poursuites ne sont intentées que sur une plainte. La plainte pourra être retirée.

L'action pénale se precrit par six mois.

§ 7. — Les médecins approuvés par le Reich allemand sont seuls autorisés à traiter les maladies vénériennes, ainsi que les maladies ou troubles des organes sexuels. Il est interdit de traiter les affections de ce genre, autrement que sur la base des constatations personnelles (traitement par correspondance) ou de donner sous forme de conférences, écrits, illustrations ou démonstrations quelconques des conseils pour se soigner soi-même.

Quiconque traite une autre personne dans les conditions qui font l'objet des interdictions prévues à l'alinéa qui précède ou s'offre directement ou par le moyen d'écrits, illustrations ou démonstrations quelconques, même sous forme voilée, à donner un tel traitement, est passible d'emprisonnement jusqu'à un an et d'amende, ou de l'une seulement de ces deux peines.

Est passible des mêmes peines, tout médecin qui s'offre, dans des conditions incorrectes, à traiter les maladies prévues au premier alinéa du présent article.

§ 8. — Quiconque examine ou traite médicalement une personne atteinte de maladie vénérienne est tenu de l'instruire de la nature de la maladie et du danger de contagion qu'elle présente, ainsi que du caractère punissable des actes prévus aux §§ 5 et 6 de la présente loi, et de remettre en même temps entre ses mains, une notice de la teneur officiellement approuvée.

Si le malade est dépourvu du jugement nécessaire pour comprendre le danger de contagion, l'instruction sera adressée et la notice remise à la personne qui doit prendre soin de lui.

§ 9. — Quiconque traite médicalement une personne atteinte d'une maladie vénériene doit avertir l'autorité sanitaire désignée au § 4. de la présente loi, si la dite personne se soustrait au traitement ou à l'observation ou si, par sa profession ou sa situation personnelle, elle constitue pour les autres un danger spécial.

L'autorité supérieure du pays pourra décider que cet avis devra être adressé, non à l'autorité sanitaire, mais à un bureau de consultation pour maladies vénériennes. Si le malade ne se conforme aux instructions du dit bureau, celui-ci en avisera l'autorité sanitaire.

§ 10. — Quiconque, fonctionnaire ou employé d'une autorité sanitaire ou d'un bureau de consultation, révèle indûment ce qu'il a pu apprendre dans son service touchant la maladie ou la cause de la maladie vénérienne dont une autre personne est atteinte ou touchant la situation personnelle de celle-ci, est passible d'amende ou d'emprisonnement jusqu'à un an.

Les poursuites ne seront intentées que sur une plainte, laquelle pourra être introduite aussi par l'autorité sanitaire.

La révélation n'a pas lieu indûment quand elle est faite, par ou avec l'assentiment d'un médecin attaché à l'autorité sanitaire ou à un bureau de consultation, à une autorité ou à une personne ayant un intérêt justifié, d'ordre sanitaire, à connaître la présence d'une maladie vénérienne chez une autre personne.

§ 11. — Quiconque, ouvertement ou par le moyen d'écrits, illustrations ou démonstrations quelconques, même sous forme voilée, annonce ou offre des produits, objets ou procédés destinés à la guérison ou l'atténuation des maladies vénériennes ou bien expose des remèdes ou objets de ce genre dans un lieu de passage public, est passible d'emprisonnement jusqu'à six mois et d'amende, ou de l'une seulement de ces deux peines.

N'est pas toutefois punissable, si aucune règle de droit en vigueur dans le Reich ou dans le pays n'en dispose autrement, l'annonce ou l'offre de produits ou objets dont il s'agit, lorsqu'elle s'adresse à des médecins ou pharmaciens ou à d'autres personnes faisant de ces produits ou objets commerce autorisé, ou lorsqu'elle a lieu dans des publications scientifiques de médecine ou de pharmacie.

§ 12. — Les conférences, écrits, illustrations et démonstrations ayant un but uniquement éducatif en matière de maladies vénériennes et spécialement de leurs manifestations, ne sont pas punissables, en tant qu'ils ne tombent pas sous l'application du § 7 de la présente loi.

§ 13. — Les autorités gouvernementales du Reich peuvent faire dépendre des résultats d'un examen officiel, la mise dans le commerce de produits ou objets destinés à prévenir les maladies vénériennes, et interdire la mise dans le commerce de ceux reconnus non appropriés à cet effet. Elles peuvent également établir des prescriptions concernant l'exposition en vente, l'annonce ou l'offre des produits ou objets autorisés.

Quiconque met dans le commerce des produits ou objets exclus du commerce, conformément aux dispositions de la première phrase du premier alinéa du présent paragraphe, est passible d'emprisonnement jusqu'à six mois et d'amende, ou de l'une de ces peines seulement. Est passible des mêmes peines quiconque contrevient aux prescriptions établies en vertu de la seconde phrase du susdit premier alinéa.

§ 14. — Est passible d'emprisonnement jusqu'à un an et d'amende ou de l'une de ces peines seulement, sans préjudice des peines plus graves éventuellement prévues par le Code pénal:

1° Toute femme qui, se sachant ou devant, d'après les circonstances, se supposer atteinte d'une maladie vénérienne, allaite un autre enfant que le sien;

2° Quiconque fait allaiter par une autre femme que par la mère, un enfant syphilitique dont il a la charge et dont il connaît ou doit, d'après les circonstances, soupçonner la maladie;

3° Quiconque fait allaiter par une autre femme que par la mère, sans avoir fait donner au préalable par un médecin à la dite personne des instructions relatives à la nature de la maladie et aux précautions à prendre, un enfant atteint d'une maladie vénérienne autre que la syphilis, dont il a la charge et dont il connaît ou doit, d'après les circonstances, soupçonner la maladie;

4° Quiconque met en nourrice, sans avertir la nourrice de sa maladie, un enfant atteint d'une maladie vénérienne et dont il connaît ou doit, d'après les circonstances, soupçonner la maladie.

N'est pas punissable l'allaitement d'un enfant syphilitique par une femme atteinte de syphilis.

§ 15. — Est passible d'amende jusqu'à cent cinquante Reichsmark ou de détention:

1° Toute nourrice qui allaite un autre enfant que le sien sans être en possession d'un certificat médical, établi immédiatement avant son entrée en service, attestant qu'elle ne présente aucune maladie vénérienne;

2° Quiconque prend une nourrice sur les lieux pour allaiter un enfant, sans s'être assuré qu'elle est en possession du certificat visé au 1°, ci-dessus;

3° Quiconque, sauf le cas de force majeure, fait allaiter un enfant dont il a la charge par une autre femme que la mère, sans qu'un certificat médical ait été établi préalablement attestant qu'il ne peut en résulter pour la dite personne, aucun danger.

Les dispositions de l'alinéa 1° du présent paragraphe ne sont pas applicables dans le cas prévu à l'alinéa 2° du § 14.

4. — LUTTE CONTRE LES MALADIES MENTALES (1).

Il semble que le mouvement de l'hygiène mentale en Allemagne, commencé par l'étude soigneuse des questions de psychologie expérimentale, il y a déjà de nombreuses années, n'ait pas pris, depuis la guerre de 1914-1918, des proportions importantes.

On sait que, déjà en 1908, Kraepelin avait étudié l'action des substances médicamenteuses diverses et en particulier de l'alcool sur l'exactitude du tir.

En 1909, sur la demande de Sommer, de Griessen, la Société de Psychiatrie au Congrès International tenu à Budapest, avait nommé une commission chargée d'établir la moyenne de la constitution physique normale, dans ses rapports avec les phénomènes psychopathologiques. Cette Commission s'adressa, en 1911, à l'Institut de Psychologie appliquée, de Berlin, pour que celui-ci l'aidât dans l'établissement de ces sortes de constats. Tous les textes établis alors, pour l'examen des individus normaux et anormaux, dans tous les pays du monde, furent rassemblés ; schémas, psychogrammes, formulaires d'interrogation furent également colligés. Cette entreprise est très importante pour l'avenir de l'hygiène mentale ; elle est de nature à servir de base pour la fixation d'un schéma de l'état psychique normal, grâce auquel les troubles mentaux à leur début seront plus facilement décelables.

Une « Ligue allemande pour l'Assistance des jeunes Psychopathes » a été fondée, à Berlin, en 1919. Son but, dit le manifeste, est d'organiser et de faciliter l'étude des constitutions psychologiques, ainsi que le travail pratique d'assistance des jeunes psychopathes, c'est-à-dire des enfants dont l'affectivité et la

---

(1) Extrait du livre *L'Hygiène mentale*, du D* Potet.

volonté présentent un état anormal, l'intelligence pouvant être normale. A Hildesheim (Prusse), en 1921, se sont réunis : le « Bureau central pour l'assistance juvénile », le « Congrès général d'assistance et d'éducation » et la « Ligue allemande pour l'assistance des jeunes psychopathes » ; la question étudiée a été le traitement et l'éducation des enfants et des jeunes psychopathes. Cette même année, plusieurs questions touchant à l'hygiène mentale, en particulier, « l'activité psychiatrique dans le domaine de l'assistance » (Grégor), le « nouveau projet de code criminel allemand » (Göring), ont été traitées à la réunion de la Ligue allemande de psychiatrie tenue à Dresde.

La « Société allemande pour l'étude de l'hérédité » a été créée à Berlin au cours de l'année 1922. Pendant la même année, la « psychologie du sport » a fait l'objet d'études à l'école universitaire de gymnastique de Berlin ; c'est un aspect nouveau de la psychologie appliquée, qui ne semble pas jusqu'ici mériter de dénomination, car la force physique et la résistance à la fatigue y ont été presque seules évaluées.

Des congrès de « psychanalyse » se sont tenus un peu partout en milieu germanique. Exposer les questions qui y ont été traitées entraînerait trop loin. D'ailleurs, si le mot est nouveau, la méthode d'investigation mentale que constitue la psychanalyse ne saurait être considérée comme nouvelle ; depuis longtemps, Janet a décrit l' « analyse psychologique ». L'introspection n'est pas autre chose que la psychanalyse, avec cette différence que celle-ci est beaucoup plus bornée dans son objet et ses moyens, moins compréhensive et, en conséquence, moins complète que les méthodes françaises ou anglaises d'étude psychique. D'ailleurs, la vogue dont jouit la psychanalyse ne peut pas être considérée comme partie intégrante du grand mouvement mondial d'hygiène mentale ; elle serait plutôt de nature à enrayer ce mouvement, en rétrécissant en quelque sorte l'action du psychiatre.

Au VIII⁰ Congrès allemand de Psychologie, à Leipzig (1923), plusieurs communications ont été faites, qui touchent de près ou de loin à l'hygiène mentale. Ce sont surtout les suivantes :

Giese : *Les valeurs de compensation de la personnalité.*
Mlle Voigtlœnder : *Sur les problèmes des différences sexuelles.*

Gruhle : *Autobiographie et recherches sur la personnalité.*

Jænsch : *Sur les relations entre la psychologie expérimentale et la psychologie structurale, dans la psychologie de l'enfant.*

Mlle Baumgarten : *Les types de réaction dans les conduites sociales.*

Selz a indiqué les types de personnalité auxquels on peut aboutir par les différentes méthodes, dans une communication sur les types individuels et les méthodes de leur détermination ; types idéaux de Dilthey (le sensitif, le théorique, l'esthétique, le religieux, le politique dominateur, le social). Il complète son exposé, en indiquant les types empiriques, tels que les relèvent les recherches psychiatriques (les extravertis et les intravertis de Jung, les cyclothymiques et les Schizothymiques de Kretschmer, etc.), ainsi que les types obtenus par les méthodes de corrélation psychologique (Heymans et son école).

Les autres communications furent les suivantes : *Les analyses d'adolescents,* par Rupp ; *Sur la psychologie différentielle des peuples,* par Jænsch ; *Comment la manière d'enseigner modifie le type de l'écolier,* par *Freiling ; Quelques nouvelles méthodes et expériences d'examen d'aptitude,* par Blumenfeld.

Többen a écrit un *Guide médical* pour l'assistance aux psychopathes, contenant des conseils pour la jeunesse (1924).

En septembre 1925, Sommer et Weygandt se sont attachés à l'organisation nationale et même internationale de l'hygiène psychique, en prenant modèle sur ce qui a été fait aux Etats-Unis et en France.

Il est intéressant d'attirer l'attention sur les travaux récents de Baecke, de Gaupp, de Dreikurs, de Marcuse, de Henning, de Böhner, de R. Michel, sur ceux déjà plus anciens de Croner, de Kohnstamm, se rapportant à diverses parties de l'hygiène mentale ; enfin, sur les travaux connus et très scientifiques de Lipman et de Stern, qui, parmi leurs nombreuses recherches, de psychologie appliquée, ont dirigé récemment leurs investigations vers la sélection des enfants bien doués. Enfin, on sait que Bogen dirige, à l'office de placement de Berlin, une section de psychologie, qui rend les plus grands services en orientation professionnelle et ressortit directement à l'hygiène mentale.

Il existait en 1919, dans le Reich allemand, 470 asiles d'aliénés, avec 150,409 lits ; sur ce total, il y avait 248 cliniques publiques et universitaires, avec 122,061 lits, et 211 établissements privés, avec 28,348 lits.

5. — LUTTE CONTRE L'ALCOOLISME.

Les principaux organismes créés en Allemagne en vue de lutter contre l'alcoolisme sont :

1. — Deutsche Reichshauptstelle gegen den Alkoholismus ;
2. — Allgemeiner Deutscher Zentralverband z. Bekampfung des Alkoholismus ;
3. — Deutscher Verein gegen den Alkoholismus ;
4. — Deutscher Guttemplerorden (L. O. G. T.) ;
5. — Deutscher Alkoholgegnerhund (E. V.) ;
6. — Deutscher Bund ev. Kirchi Blaukreuz Vereine ;
7. — Deutscher Hauptverein des Blauen Kreuzes (E. V.) ;
8. — Kreuzbündnis Verein abstinenter Katholiken (E. V.) ;
9. — Deutscher Arbeiter Abstinenten·Bund ;
10. — Verband Sozialistischer Abstinenten ;
11. — Deutscher Frauenbund für Alkoholfreie Kultur.
12. — Bund enthaltsamer Erzieher ;
13. — Quickbornbewegung ;
14. — Freier Bund vom Blauen Kreuz ;
15. — Deutscher Bund enthaltsamer Pfarrer ;
16. — Deutscher Verein enthaltsamer Verkehrbeamten ;
17. — Priester-Abstinentenbund ;
18. — Verein Abstinenten Aerzte des deutschen Sprachgebletes E. V. ;
19. — Ausschusz für Alkoholverbot in Deutschland.

§ 7. — LA REEDUCATION DES ANORMAUX.

L'Allemagne est très avancée en ce qui concerne l'hygiène mentale des anormaux.

Elle possède, à Mannheim, une organisation scolaire de premier ordre. L'établissement comprend quatre sections : la première est affectée aux enfants normaux de 14 à 16 ans ; la deuxième est composée de classes pour enfants irréguliers, faiblement atteints. Le travail intellectuel y est très limité ; le travail manuel et l'éducation des sens y occupent la place prépondérante. Ce sont les classes de perfectionnement : « Förder-Klassen ».

La troisième section reçoit des enfants déjà vraiment anormaux. Les plus profondément atteints sont placés dans une quatrième section.

Les écoles de perfectionnement et les écoles auxiliaires pour anormaux (Hilfschule) sont également très nombreuses en Saxe. A Eberfeld, dans la forêt de Burgholz, on a ouvert pour leur éducation, une école en plein air. Les enfants y passent plusieurs mois, tant que la saison est bonne et sans préjudice pour leur instruction.

Une colonie importante pour enfants existe à Pleischwitz (Breslau). Elle recueille des anormaux, leur donne une instruction approfondie ; elle leur enseigne spécialement la gymnastique, le jardinage, l'agriculture, la vannerie, la boulangerie. Des cours complémentaires sont donnés, après la sortie des élèves. Ces cours leur permettent de trouver une situation convenable. Conformément à un décret ministériel du 4 janvier 1913, les dossiers personnels concernant les élèves de la « Hilfschule » doivent être formés d'après un modèle unique adopté par l'autorité compétente. Ce dossier comprend, tous les renseignements relatifs à l'enfant, avant, pendant et après son séjour à la « Hilfschule ».

Un décret du ministre des Culte, en Prusse, institue un examen spécial pour l'admission aux fonctions d'instituteur ou d'institutrice dans les classes pour anormaux. Les candidats doivent avoir fait un stage d'un an dans un établissement pour faibles d'esprit ou avoir suivi un cours spécial, pour pouvoir être nommés comme instituteurs dans la « Hilfschule ».

L'Allemagne possède 613 écoles pour anormaux, dont 195 établissements tout à fait spéciaux ; la Prusse seule en a 477 ; les 613 écoles comprennent 1544 classes, avec 35,196 élèves, soit 0,95 p. c. d'anormaux ; 340 classes sont pourvues d'un médecin scolaire.

La fédération des écoles auxiliaires existe depuis 1898, sous le nom de Verband der Hilfschule Deutschlands. Il existe aussi, en Allemagne, une Union des établissements catholiques pour l'assistance aux faibles d'esprit ; cette union groupe 42 établissements, comprenant 4815 garçons et 4509 filles.

Les écoles spéciales sont, en Allemagne, l'œuvre des municipalités.

Dans certains Etats, comme en Saxe, les vicieux sont exclus de l'école primaire. L'instruction des faiblement doués y est obligatoire.

ARGENTINE

CHAPITRE PREMIER.

Généralités.

L'initiateur du mouvement eugénique en Argentine est le Professeur Victor Delfino. Il a constitué, en 1914, le Comité argentin lequel devait représenter son pays au Congrès d'eugénique de New-York, de 1921, et a fondé, en 1916, la Société eugénique d'Argentine.

La Société eugénique d'Argentine ou Sociedad Eugenica Argentina a pour président le Professeur Delfino ; elle a son siège à Buenos-Ayres, Laguna 73. Son organe est le journal *La Semana Medica*.

Les principaux protagonistes du mouvement eugénique en Argentine sont : le Prof. Gregorio A. Alfara ; Victor Vidacovich, Professeur à la Faculté de médecine de Buenos-Ayres, le Professeur A. Vidal, le Dr Sisto. Ajoutons encore, Ubaldo Fernandez, Professeur de puériculture et d'eugénique à la Faculté de médecine de Buenos-Ayres et auteur de plusieurs études sur l'eugénique.

Au Congrès national argentin de Médecine de 1922, une section était consacrée à l'eugénique et à la puériculture. Des communications sur l'eugénique y ont été présentées par les Professeurs Delfino et Fernandez. Lors du Congrès de 1926, les mêmes questions ont été inscrites à l'ordre du jour (1).

____

(1) *Eugenical News*, septembre 1925.

Certains journaux consacrent régulièrement quelques unes de leurs pages à la propagande eugénique. Outre la *Semana Medica* susmentionnée, il y a lieu de nommer la *Revista Cientifica Argentina et la Revista de la Sociedad Argentina* de Nipiologie.

La République argentine est représentée à la Fédération internationale des organisations eugéniques par le Dr Victor Delfino. Ce dernier a élaboré un vaste programme d'études eugéniques qu'il préconise pour l'Argentine et qui a été présenté au Congrès eugénique de Milan.

Nous donnons ci-dessous la liste des principaux travaux du Dr Delfino relatifs au problème de l'amélioration de la race :

1. El tabaquismo, factor de degeneración social. Su difusión en la República Argentina. Archivos de Criminologia y de Psiquiatría aplicadas a las Ciencias afines. Buenos-Aires, Año XII. Mayo-Junio de 1913.

2. Las lacras tabáquicas. El tabaquismo. Revista Ibero-Americana de Ciencias Médicas. Madrid. Tomo XXX. N° CVIII, Agosto de 1923.

3. Represión del alcoholismo en la República Argentina. El próximo Gongreso Nacional Antialcohólico. Archivos de Terapéutica de las Enfermedades Nerviosas y Mentales. Año X. N° 65. Septiembre-Octobre, 1913.

4. Más sobre el alcoholismo en la República Argentina. Dos proyectos de represión del mal. Gaceta Médica del Sur. Granada, Espana. Año XXXI. N°ˢ 729-730-731. 1913.

5. Alcoholismo y degeneración. Actualidad Médica. Granada. Año III. N° 28, 1913.

6. Cómo debe combatirse el alcoholismo en la República Argentina. Communicación a la Sociedad de Higiene Pública e Ingenieria. La Semana Médica. Buenos-Aires. N° 27, 1913.

7. La herencia alcohólica. Archivos Brasileiros de Medicina. Rio-de-Janeiro. Año III. N° 9, 1913.

8. La profilaxis antialcohólica en la República Argentina. Gaceta Médica Catalana. Barcelona. Tomo XLIII. N° 875, 15 Diciembre 1913.

9. Aspecto social del alcohol ; alcoholismo y criminalidad. Actualidad Médica. Granada, España. Año III. N° 30, 1913.

10. Sobre impregnación o telegonía en Revista de Criminalogia, Psiquiatría y Medicina-Legal. Año III. Buenos-Aires. Enero. 1916.

11. Algunas consideraciones sobre la Eugenética en Revista de Higiene y de Tuberculosis. Año IX. eda Epoca. N° 92. Enero de 1916. Valencia, España.

12. La herencia en las enfermedades mentales. Gaceta Médica del Sur. Granada, España. Ano XXXV. N° 863, 1917.

13. Los límites de la Eugenética. Revista Ibero-Americana de Ciencias Médicas, Madrid. Tomo XXXVII. N° CLIII, 1917.

14. La guerra considerada desde el punto de vista biológico. Gaceta Médica de Barcelona. Tomo LI. N° 972, Deciembre de 1917.

15. La protección a la infancia. Revista Vaalisoletana de Especialidades. Año IV. N° 10. Valladolid, España. Octubre de 1918.

16. Influencia del alcoholismo en el desarrollo de la tuberculosis. Ponencia enviada (como relator), a la Segunda Conferencia Nacional de Profilaxis antituberculosa, en Rosario de Santa Fe (Rep. Argentina. La Semana Médica. Buenos-Aires. Año XXVI. N° 37, 1919.

17. Educación física nacional. Revista Vallisoletana de Especialidades. Año V. N° 9, Septiembre 1919.

18. El Ministerio de Salud Pública. « La Medicina Ibera », de Madrid. Diciembre 1919.

19. La inmigración en la República Argentina, en « La Medicina Argentina ». Buenos-Aires. N° 51, Agosto de 1926.

20. La consanguinidad en sus relaciones con el matrimonio. « La Medicina Argentina ». Buenos-Aires. N° 50, Julio de 1926.

CHAPITRE II.

Différents moyens eugéniques préconisés.

Les principaux moyens eugéniques qui ont été envisagés en Argentine sont les suivants :

1. — Les mesures d'hygiène sociale ;

2. — L'éducation sexuelle ;

3. — Le certificat prématrimonial ;

4. — La réglementation de l'immigration ;

5. — La rééducation des anormaux.

Nous envisagerons plus spécialement ces quatre derniers points.

§ 1. — L'EDUCATION SEXUELLE.

On s'est préoccupé beaucoup en Argentine de l'éducation sexuelle en vue de la préservation de la santé morale et physique de la race.

Un vaste programme sur la matière a été établi par le Dr Victor Delfino dans un rapport présenté au IIme Congrès national argentin de Médecine, section eugénique.

Le distingué Professeur y met en relief les points ci-après :

1° Ne plus maintenir la conspiration du silence en ce qui concerne la question sexuelle ;

2° L'enfant et le jeune homme ayant droit à la protection contre toute contamination (physique ou morale) et contre tout attentat sexuel, la société se doit d'organiser cette protection, d'où la nécessité de l'instruction sexuelle à tous les degrés d'éducation primaire, secondaire et normale ;

3° Par tous les moyens possibles, mais spécialement à l'aide d'une bonne éducation sexuelle, fondée sur de sains principes de morale et sur des notions scientifiques, il est nécessaire d'exalter la partie psychique inhibitrice de l'amour, évitant ainsi les manifestations impulsives de la sexualité ;

4° Réclamer des pouvoirs publics, du moins dans les écoles primaires, la coéducation des sexes ;

5° Réformer les méthodes d'enseignement, conformément aux principes de la biologie, de la philosophie et de l'hygiène, de façon que les grands problèmes de la vie, en partant des premières manifestations de la vie organique et en passant à travers la botanique, la zoologie, y compris les si importantes fonctions de la reproduction et de la sexualité, soient exposés sans réticence et sans hypocrisie, de telle sorte que, hommes et femmes, à l'époque de la puberté, soient pleinement conscients de la haute mission biosociale qu'ils sont appelés à remplir et du trésor biologique qui peut être gravement compromis soit par les perversions, soit par les attentats brutaux auxquels ils sont exposés.

§ 2. — LE CERTIFICAT PREMATRIMONIAL.

Le certificat médical prématrimonial fait l'objet en Argentine d'une campagne active de la part des eugénistes.

Le Dr Léopold Bard, de Buenos-Ayres a déposé, en 1926, au Parlement, un projet de loi ainsi rédigé (1) :

ARTICLE PREMIER. — Modification de l'art. 2 du chapitre Ier : « Régime du Mariage »), adjonction d'un paragraphe :

« Tout homme désirant contracter mariage devra, dans les quinze jours précédant l'acte d'enregistrement du mariage, subir un examen médical et produire un certificat attestant qu'il n'est pas atteint de maladie vénérienne. »

Ce certificat sera fourni par le médecin autorisé par la présente loi et il sera rédigé comme suit :

Je soussigné (nom du médecin), docteur en médecine légalement autorisé, certifie que le (date) j'ai examiné M... et l'ai trouvé indemne de toute maladie vénérienne.   (Signature du Médecin.)

Chapitre V (Loi du Mariage), concernant les formalités relatives à la célébration du mariage. A l'article 19, adjoindre les paragraphes 4, 5 et 6 :

« 4. — Dans le but de procéder à ces examens médicaux, on créera,

---

(1) Dr L. Bard. *Le certificat prénuptial. Vers la Sante*, mai 1926.

dans l'Office National d'Hygiène publique de la capitale fédérale, un bureau spécial chargé de délivrer les certificats prématrimoniaux.

» Dans les provinces, les certificats seront remis par les Services d'Hygiène dépendant de l'Office National d'Hygiène Publique.

» 5. — Dans les villes ou communes éloignées des centres urbains, les certificats seront délivrés par les médecins municipaux.

» 6. — Aucun acte de mariage ne pourra être enregistré sans que le conjoint du sexe masculin ait été examiné antérieurement et sans qu'il ait produit un certificat prouvant qu'il n'est pas atteint de maladie vénérienne. »

Modifications de La loi de Mariage, chapitre XV, Dispositions Générales, en ajoutant à l'article 107 les paragraphes 1 et 2 ci-après :

« 1. — Tout fonctionnaire de l'état civil qui aura délivré un livret de mariage sans exiger la présentation du certificat médical mentionné à l'article 2, paragraphe 8, sera passible d'une peine d'emprisonnement de un à trois ans et sera révoqué.

» 2. — Tout médecin qui, sciemment et volontairement, fera de fausses déclarations sur le certificat prescrit à l'article 2, paragraphe 8, sera, pendant trois années, privé du droit d'exercer sa profession dans tout le territoire de la République. »

De son côté, le Dr Delfino a publié un appel tendant à obtenir une législation prohibitive du mariage dans les cas de maladies contagieuses.

Il a étudié aussi la question des mariages consanguins. Signalons, à ce propos, le rapport qu'il a présenté en juillet 1926, à la réunion tenue à Paris par la « Fédération internationale des Associations eugéniques ». Après une étude de la vaste littérature existant sur ce sujet, le Dr Delfino classe en trois groupes les tendances des auteurs qui ont étudié la question :

1° Il y a les anticonsanguinistes, pour qui la consanguinité est dangereuse en elle-même, abstraction faite des facteurs héréditaires ;

2° Les consanguinistes pour qui les mariages consanguins sont absolument inoffensifs, et même souvent, parmi les meilleurs ;

3° Les électiques — aujourd'hui de beaucoup les plus nombreux — qui pensent que la consanguinité se manifestant surtout à travers l'hérédité des conjoints, peut aboutir à des résultats heureux ou néfastes, suivant l'hérédité normale ou pathologique des conjoints.

L'auteur signale également la difficulté de préciser l'hérédité des conjoints, et même la réalité du rapport qui peut exister entre les tares de dégénérescence de leurs descendants et l'état normal.

Pour terminer, le Dr Delfino adopte les conclusions suivantes :

1° Même en admettant que la consanguinité ne crée pas de tares, mais seulement les conserve, les transmet, les exalte, il est bon que se conserve dans les législations qui déjà la possèdent la clause qui interdit les mariages consanguins jusqu'au troisième degré inclus — et ce, sans aucune exception, les exceptions finissant toujours par annuler la prohibition ;

2° Les nations qui n'ont pas cette clause devraient bien l'inscrire dans leur législation comme mesure efficace préventive contre la dégénérescence de la race (1).

§ 3. — **LA REGLEMENTATION DE L'IMMIGRATION.**

En ce qui concerne la réglementation de l'immigration, nous envisagerons, du point de vue qui nous occupe, les points suivants :

1. — Les conditions de police et de moralité ;

2. — Les conditions de fortune ;

3. — Les conditions physiques (2).

1. — CONDITIONS DE POLICE ET DE MORALITE.

Sont déclarés inadmissibles par la loi d'immigration de 1876 et le décret du 31 décembre 1923 : 1° les gitanes ; 2° tous ceux qui ont subi une condamnation infamante pour délits de droit commun ou pour délits contre l'ordre social durant les cinq dernières années, et généralement tous ceux qui sont compris « dans le concept de l'immigration vicieuse ».

Des dispositions similaires sont portées par la loi du 22 novembre 1902 et par celle du 30 juin 1910. La première éta-

---

(1) *Le Mouvement Sanitaire*, 28 février 1927.

(2) Extrait de *La Réglementation des Migrations*. Bureau International du Travail.

blit que le Pouvoir exécutif pourra empêcher l'entrée des étrangers qui compromettent la sécurité nationale ou troublent l'ordre public, et aux termes à peu près analogues de la deuxième est défendue l'entrée des anarchistes et d'autres personnes professant ou préconisant la violence et la force contre les fonctionnaires publics ou contre les institutions de la société.

Un certificat judiciaire ou de police du pays d'origine est exigé pour prouver que l'immigrant ne se trouve pas dans les conditions d'exclusion ; ce certificat doit être visé par un consul argentin.

Tout individu qui, après avoir séjourné en Argentine, se voit refuser l'entrée d'un autre pays, doit, pour être admis à rentrer en Argentine, faire la preuve de son séjour antérieur dans la République et établir que sa conduite n'a donné lieu à aucune plainte pendant son séjour.

2. — CONDITIONS DE FORTUNE.

Le décret du 31 décembre 1923 (art. 10) interdit le débarquement des individus qui sont présumés pouvoir tomber à la charge de l'assistance publique.

3. — CONDITIONS PHYSIQUES.

Le décret du 31 décembre 1923, réglementant la loi d'immigration n° 817 de 1876, interdit, à l'article 10, l'entrée des personnes qui présentent des symptômes de tuberculose, de lèpre, de trachôme, quelles qu'en soient les formes, cicatrisées ou non, et de quelque autre infirmité chronique qui diminue leurs capacités de travail, ou encore les personnes qui sont atteintes de démence ou d'aliénation mentale, sous toutes leurs formes de manifestation : idiotie, imbécilité, épilepsie, etc., ou encore les personnes qui ont un vice organique congénital ou acquis, total ou partiel, qui les rend inutiles ou diminue de quelque façon leurs capacités de travail, comme d'être aveugle, sourd-muet, paralytique, rachitique, nain, manchot, ou invalide d'une jambe, ou qui sont atteintes de quelque autre défaut les empêchant d'être considérées comme tout à fait aptes au travail.

Le certificat de santé n'est pas exigé des émigrants de tous les

pays pour la délivrance du visa. Il est d'ailleurs inefficace pour
· assurer l'entrée. Une circulaire aux consuls du 18 août 1925 rappelle que seul l'examen médical d'entrée peut assurer le débarquement, en constatant l'état actuel de la personne qui se présente pour être admise. Toutefois, dans les pays où sévit le trachôme, il a été recommandé aux consuls par la circulaire du
6 février 1925 d'exiger des émigrants la présentation de deux
certificats médicaux, l'un d'un médecin spécialisé dans les maladies des poumons et de la peau, l'autre d'un oculiste, qui pourraient déceler les symptômes du trachôme.

§ 4. — LA REEDUCATION DES ANORMAUX.

Il y a, dans la République argentine, quatre établissements
pour la rééducation des anormaux :

1. — L'Asile colonie de Torre (national) ;
2. — L'Institut psycho-pédagogique de Buenos-Ayres (privé) ;
3. — La Clinique psychologique de Rosario ;
4. — L'Institut provincial d'enseignement spécial avec école
annexe.

AUSTRALIE

CHAPITRE PREMIER.

Généralités.

Il s'est créé en Australie, depuis ces dernières années, un mouvement eugénique et des sociétés ont été organisées dans plusieurs Etats. Marion Piddington a entrepris une propagande intense ; elle préconise l'élimination des tarés par la ségrégation, la stérilisation, la limitation des naissances chez eux dont la descendance constituerait un fléau pour la race (1). Elle propose encore la pratique de l'examen médical prénuptial.

Une société d'eugénique a été fondée dans la Nouvelle-Galles du Sud : l' « Eugenics Education Society of New South Wales » dont le président est John C. Eldridge.

---

(1) Des informations sur le Birth-Control sont données en Australie d'une manière privée par des médecins.

CHAPITRE II.

Différents moyens eugéniques préconisés.

Sont particulièrement préconisés comme moyens eugéniques en Australie :

1. — La réglementation du mariage ;
2. — Les mesures d'hygiène sociale ;
3. — La réglementation de l'immigration,

et dans certaines contrées :

4. — La suppression des indésirables.

C'est ainsi que, parmi les aborigènes, l'infanticide est très répandu. Dans la tribu de Luritcha, lorsqu'un enfant est malade, la coutume veut que l'on en tue un plus jeune bien portant pour le nourrir de sa chair.

§ 1. — LA REGLEMENTATION DU MARIAGE.

Les lois relatives au mariage sont les mêmes qu'en Angleterre.

Quant aux causes de divorce, établies dans l'intérêt de la race, elles varient suivant les Etats.

Nouvelle-Galles du Sud. — Ces motifs sont pour la femme : l'alcoolisme habituel avec négligence des devoirs domestiques depuis trois ans ; pour l'époux : l'alcoolisme habituel associé à la négligence des devoirs envers le ménage ou à la cruauté avec sévices depuis trois ans.

Queensland. — La folie durant depuis cinq ans est un motif de divorce.

Victoria. — La folie est motif de divorce depuis 1919.

Australie Occidentale. — Principales causes de divorce : alcoolisme habituel de l'époux associé à l'abandon ou la négligence de ses devoirs envers le ménage ; de la part de la femme, la folie.

§ 2. — LES MESURES D'HYGIENE SOCIALE.

Les mesures d'hygiène sociale les plus importantes en Australie comprennent la protection de la mère et de l'enfant, la lutte contre la tuberculose, le péril vénérien, les maladies mentales, l'alcoolisme.

A. — PROTECTION DE L'ENFANCE ET DE LA MATERNITE (1).

En Australie, comme dans d'autres pays, on s'est de plus en plus nettement rendu compte, au cours des dernières années, du fait que la santé de la collectivité dépend, dans une large mesure, de la protection des mères et des enfants, avant et après la naissance de l'enfant. L'Etat et des organisations privées s'efforcent actuellement de faire donner aux mères, avant et après l'accouchement, les conseils et les soins nécessaires ; des instituts de puériculture, des cliniques infantiles, des crèches, des visites à domicile de sages-femmes qualifiées, le contrôle du lait, etc., ont été organisés, pour veiller à l'hygiène et au bien-être de la mère et de l'enfant.

Signalons ici la mesure qui a été établie par le « Maternity Allowance Act » de 1912 en vue de protéger la race. Cette loi prévoit le paiement d'une allocation de £ 5 à toute accouchée à l'occasion de chaque naissance. Cette allocation est payable à la mère elle-même . Les aborigènes natifs de l'Australie et des Iles du Pacifique ne la reçoivent pas. Toutes les classes de la société, et non pas seulement les classes pauvres sont visées par la loi. Une somme de £ 670.175 a été consacrée durant la seule année 1923-1924 en vue du paiement de ces subventions.

Dans tous les Etats, des lois ont été votées pour assurer le contrôle de l'enfance, améliorer les conditions d'hygiène des nouveau-nés et réduire le taux de la mortalité.

Les Départements officiels veillent à ce que les pupilles de l'Etat soient confiés à des personnes qualifiées ; autant que possible l'enfant est confié à sa mère ou à une proche parente. Des dispositions très strictes ont été édictées concernant l'adoption, l'allaitement et l'entretien des enfants, placés par des particuliers chez des parents nourriciers ; le bien-être des enfants illégitimes est l'objet d'une surveillance particulière.

---

(1) J. H. L. Cumpston. *Les services d'hygiène publique en Australie.* Société des Nations.

Les principales institutions ayant inscrit à leur programme la protection de l'enfance sont :

1. Australian Health Society and Association for the Prevention of Tuberculosis;
2. Australian Red Cross Society;
3. Big Brother Movement;
4. Boy Scouts Association;
5. Child Welfare Association;
6. Salvation Army;
7. Save the Children Fund;
8. Society for the Prevention of Cruelty to Children.

B. — LUTTE CONTRE LA TUBERCULOSE.

La déclaration de la maladie est obligatoire mais l'isolement des cas n'est pas exigé.

Des sanatoria publics sont créés dans chaque Etat. Dans la Nouvelle-Galles du Sud, l'Etat de Victoria, l'Australie Occidentale et le Queensland, ces établissements sont à la charge du Département d'Hygiène, au titre d'institutions ministérielles.

C. — LUTTE CONTRE LE PERIL VENERIEN (1).

L'application des mesures préventives contre les maladies vénériennes et le contrôle de ces maladies sont assurés par l'Etat. Il existe, dans chaque Etat, soit une loi sur les maladies vénériennes, soit des dispositions de la loi sanitaire concernant l'application des mesures destinées à combattre ces maladies. La déclaration anonyme ou impersonnelle a été rendue obligatoire dans chaque Etat. Des mesures ont été prises en vue d'assurer le traitement gratuit des malades, soit par des médecins praticiens, soit dans des hôpitaux subventionnés. Les pharmaciens enregistrés ne sont autorisés à exécuter les ordonnances médicales que si ces dernières portent la signature de médecins praticiens. Des cliniques ont été créées et, dans certains cas, des lits

---

(1) D' J. H. L. Cumpston, op. cit.

ont été spécialement réservés dans les hôpitaux publics pour les personnes atteintes de ces maladies.

Un malade qui néglige de continuer un traitement peut être puni. Les lois renferment des dispositions destinées à empêcher le mariage de tout individu malade, ou l'emploi d'une personne contaminée, dans des établissements qui fabriquent ou vendent des produits alimentaires.

Le Gouvernement du Commonwealth a accordé une subvention annuelle de 15,000 livres sterling aux divers Etats, pour les aider à assurer le traitement hospitalier et le contrôle administratif. Le Ministère de l'Hygiène du Commonwealth en surveille l'application, pour autant qu'elle implique une dépense de fonds provenant de cette subvention. En février 1922, une Conférence du Commonwealth et des Etats a eu lieu en vue de rechercher la meilleure utilisation de cette subvention (1).

Les lois sur les maladies vénériennes datent de 1918 dans la Nouvelle-Galles du Sud, de 1916 et de 1918 dans le Victoria, de 1900 et de 1922 dans le Queensland, de 1920 dans l'Australie du Sud, de 1917 et 1918 dans la Tasmanie.

D. — LUTTE CONTRE LES MALADIES MENTALES.

L'hygiène mentale a également été envisagée par les autorités australiennes (1).

Sous l'influence des Etats-Unis et de la Grande-Bretagne, le mouvement prend de l'importance ; mais des difficultés sont rencontrées en raison de préoccupations de politique locale, et de l'organisation précaire de l'enseignement universitaire. I. Mac Pherson a été chargé pour trois ans d'un cours de psychiatrie à l'Université de Sydney, Lowson, à l'Université de Queensland, d'une chaire de recherches sur la psychologie médicale de l'association pédagogique. E. Morris Miller est le président de la section d'hygiène publique d'Australie.

Sauf en Tasmanie, la surveillance et l'hospitalisation des aliénés n'incombe pas au Service d'hygiène. En Tasmanie, le Service d'hygiène assure l'application de la loi sur la débilité mentale

____
(1) D' J. H. L. Cumpston, op. cit.

(Mental Deficiency Act) qui contient des dispositions spéciales pour l'éducation et la surveillance des faibles d'esprit, et il exerce un contrôle sur l'hôpital d'Etat des maladies mentales.

Les facilités d'hospitalisation pour les aliénés en Australie sont résumées dans le tableau suivant, extrait de l'*Annuaire Officiel* du Commonwealth (n° 17, 1924, p. 511). Les chiffres sont relatifs à l'année 1922.

Nombre d'institutions (à l'exclusion des services d'hospitalisation des hôpitaux généraux, mais y compris les maisons de santé autorisées pour aliénés, de l'Etat de Victoria) 36
Nombre de lits 18.047
Entrées 3.226
Sorties (malades guéris, partiellement rétablis, etc.) 1.648
Décès 1.267
Dépenses . . . . £ 1.303.907

E. — LUTTE CONTRE L'ALCOOLISME.

En vue de lutter contre l'alcoolisme, de nombreuses ligues se sont créées en Australie. Ce sont :

1. — Australian Prohibition Council ;
2. — Women's Christian Temperance Union, Australian Union ;
3. — Australian Bund of Hope Union (Espoir) ;
4. — New South Wales Alliance ;
5. — South Australian Alliance ;
6. — Tasmanian Prohibition League ;
7. — Queensland Prohibition League ;
8. — Victorian Anti-Liquor League ;
9. — West Australian Alliance ;
10. — West Australian Anti-Liquor League.

§ 3. — LA REGLEMENTATION DE L'IMMIGRATION.

Une réglementation sévère a été établie en Australie en vue de restreindre l'immigration dans l'intérêt de la race.

Les principales conditions requises des émigrants sont les suivantes (1) :

1. — Les conditions de police et de moralité ;

2. — Les conditions de race et de nationalité ;

3. — Les conditions d'instruction ;

4. — Les conditions de fortune ;

5. — Les conditions physiques.

De plus, la loi australienne prévoit la possibilité d'une

6. — Limitation quantitative des immigrants.

1. — CONDITIONS DE POLICE ET DE MORALITE.

En vertu de la loi d'immigration de 1901, modifiée en 1925 (*Immigration Act*), il est interdit aux catégories suivantes de personnes d'entrer dans la Confédération australienne :

a) toute personne qui a été reconnue coupable d'un crime et condamnée à la prison pour une année ou plus, à moins que cinq années ne se soient écoulées à dater de la fin de l'emprisonnement (art. 3, *ga*) ;

b) toute personne qui a été reconnue coupable d'un crime impliquant dégradation morale et dont la peine a été suspendue ou atténuée, à condition qu'elle émigrerait, à moins que cinq années ne se soient écoulées depuis l'expiration de la période pour laquelle elle a été condamnée (art. 3, *gb*) ;

c) toute prostituée, tout entremetteur, ou toute personne vivant de la prostitution d'autrui (art. 3, *gc*) ;

d) toute personne qui a été expulsée (art. 3, *gg*) ;

e) toute personne qui, d'après les informations reçues par la voie officielle ou diplomatique, est considérée comme un habitant ou touriste indésirable de la Confédération australienne (art. 3, *gh*) ;

f) toute personne qui préconise le renversement par la force ou la violence de tout gouvernement établi ou de toutes les formes de l'ordre, qui préconise la suppression de tout gouvernement orga-

---

(1) *La Réglementation des Migrations.* Bureau International du Travail.

nisé, l'assassinat des fonctionnaires publics ou la destruction illégale de la propriété, ou qui est membre d'une organisation professant ou enseignant l'une des théories et pratiques spéci-fiées au présent paragraphe (art. 3, *gd*).

2. — CONDITIONS DE RACE ET DE NATIONALITE.

La loi de 1901 restreignant l'immigration *(Immigration Restriction Act)*, modifiée en 1925, porte que l'entrée du terri-toire australien est interdite à toute personne qui n'est pas capable d'écrire sous la dictée et de signer en présence d'un fonc-tionnaire préposé à l'application de la loi, un passage de 50 mots dans une langue déterminée. Cette disposition a pour effet de restreindre l'immigration des Asiatiques en Australie (art. 3*a*).

La loi prévoit que par des accords à intervenir avec les gouver-nements étrangers, des règles d'admission spéciales pourront être établies à l'usage des sujets et citoyens desdits pays asiatiques dispensant de l'épreuve de la dictée ces sujets et citoyens (art. 4*a*).

Tout règlement relatif à la prescription des langues devra rece-voir l'approbation des deux Chambres du Parlement avant de pouvoir entrer en vigueur (art. 3*a*).

Les immigrants qui ne sont pas capables de passer avec succès l'épreuve de dictée peuvent être autorisés à entrer dans la Confé-dération, à condition de déposer entre les mains du fonctionnaire de l'immigration une caution de 100 livres et de se procurer, dans les 30 jours, un certificat d'exemption du ministre (art. 6).

Tout immigrant peut être obligé de subir l'épreuve de dictée à une date quelconque comprise dans les deux années qui suivent son entrée dans la Confédération (art. 5, 2°).

Le Gouvernement australien a institué un système de contin-gents pour réglementer l'entrée dans la Confédération des sujets serbes, croates et slovènes, grecs et albanais, d'après lequel le nombre des immigrants de chacune des nationalités représentées pouvant débarquer en Australie est limité à 100 par mois.

D'autre part, le Gouvernement australien a conclu avec le Gouvernement italien un arrangement aux termes duquel des passeports ne sont délivrés aux migrants italiens se rendant en Australie que s'ils possèdent au moins 40 livres ou ont été désignés par des personnes domiciliées en Australie qui s'engagent à leur venir en aide jusqu'à ce qu'ils aient obtenu un emploi.

Les immigrants maltais, qui se conforment aux règlements, sont admis à condition que les transports maritimes soient réglementés de telle sorte que pas plus de vingt Maltais ne puissent débarquer pendant le même mois, ou du même navire dans un port de la Confédération. (MALTE : Report on Emigration and Unemployment, 1926, art. 59.)

La loi de 1901, modifiée en 1906, relative aux travailleurs originaires des îles de l'océan Pacifique *(Pacific Island Labourers' Act)*, interdit l'entrée de l'Australie à tout travailleur natif desdites îles. Dans cette dénomination rentrent tous les indigènes, qui ne sont pas de descendance européenne, originaires des îles du Pacifique situées en dehors des limites de la Confédération australienne, à l'exception de ceux originaires des îles de la Nouvelle-Zélande (art. 2).

Le ministre des affaires étrangères, ou tout fonctionnaire mandaté par lui, est autorisé à accorder à tout travailleur indigène répondant à la définition précitée un certificat qui soustrait celui-ci à l'effet d'une des dispositions de la loi, à condition que l'intéressé puisse prouver à la satisfaction du ministre :

a) que son arrivée en Australie est antérieure au 1ᵉʳ septembre 1879, ou

b) que, par suite de son âge avancé ou d'une infirmité physique, il lui serait impossible de gagner sa vie dans son pays natal, s'il lui fallait y retourner ; ou

c) qu'il a épousé, avant le 9 octobre 1906, une indigène d'une île autre que la sienne et que son expulsion serait de nature à compromettre son existence ou celle de sa famille ; ou

d) qu'il a épousé, avant le 9 octobre 1906, une femme non originaire des îles du Pacifique ; ou

e) qu'antérieurement au 1ᵉʳ juillet 1906, il a été et est encore enregistré au Queensland comme possédant de plein droit une propriété libérée de toute charge ; ou

f) qu'il avait résidé en Australie d'une façon ininterrompue pendant une période d'au moins 20 ans avant le 31 décembre 1906. *(The Pacific Island Labourers' Act,* 1906, art. 2, 1°, et 2, 2°.)

La loi n'est pas applicable aux personnes faisant partie de l'équipage d'un navire et à celles qui sont nanties d'un certificat d'exemption en vertu de la loi d'immigration de 1901 modifiée en 1925. Sous réserve de ces dérogations tout travailleur des Iles du Pacifique peut être expulsé de la Confédération australienne (The Pacific Island Labourers Act, 1901, art. 8, 2°).

3. — CONDITIONS D'INSTRUCTION.

L'entrée du territoire australien est interdite à toute personne qui s'acquitte du *dictation test* d'une manière insuffisante, c'est-à-dire qui ne peut écrire 50 mots au minimum d'une langue déterminée par les règlements et qui lui sont dictés par un fonctionnaire préposé à l'application de la loi d'immigration. Néanmoins, l'intéressé peut être autorisé à entrer dans la Confédération australienne aux conditions suivantes :

a) si, lors de son entrée dans la Confédération ou après avoir échoué dans le *dictation test,* il dépose entre les mains du fonctionnaire précité une somme de 100 livres ;

b) si, dans les 30 jours à dater du dépôt de cette somme il obtient du ministre un certificat d'exemption dans les conditions prescrites ou quitte la Confédération, auquel cas le dépôt lui sera restitué.

Dans les deux années, à partir du jour où il est entré dans la Confédération, tout immigrant peut être obligé de se soumettre à une date quelconque au *dictation test. (The Immigration Act,* 1901-1925, art. 3*a*, 5 2° et 6.)

4. — CONDITIONS DE FORTUNE.

Tout étranger adulte doit avoir en sa possession, en débarquant sur le territoire de la Confédération, une somme d'au moins 40 L., à moins que son entrée n'ait été permise par les autorités australiennes à la suite de l'engagement, pris par des parents ou amis demeurant en Australie, de pourvoir à son entretien.

Les immigrants britanniques bénéficiant du système de « passages assistés » sont tenus de déposer chacun une somme de 3 L., au moment de leur débarquement, à titre d'argent de poche (*Landing money*) ; cette somme est de 2 L. dans le cas des jeunes gens venant comme apprentis colons ou des femmes ou jeunes filles venant pour occuper un emploi de domestique. (Grande-Bretagne. Oversea Settlement Department. *Handbook on the Commonwealth of Australia*, 1927, p. 24.)

5. — CONDITIONS PHYSIQUES.

La loi de 1901-1925 sur l'immigration interdit l'entrée dans le Commonwealth des personnes suivantes : les personnes n'étant pas en possession du certificat de santé prescrit ; les personnes atteintes d'une maladie contagieuse grave, de tuberculose pulmonaire, de trachôme ou d'une maladie contagieuse, repoussante ou dangereuse quelconque ; les personnes atteintes d'une infirmité physique ou mentale quelconque, suceptible de les mettre à la charge de la collectivité ou d'une institution charitable publique ou privée ; les faibles d'esprit, les épileptiques, les aliénés et les personnes ayant été atteintes d'aliénation mentale au cours des cinq années précédentes ; celles ayant souffert d'une ou plusieurs crises d'aliénation mentale, et celles atteintes d'une maladie, d'une infirmité ou d'un défaut physique quelconque prévus par un règlement (art. 3 *b, c, d, e, f, g*).

Sont considérés comme « immigrants interdits » les immigrants qui, dans les trois ans qui suivent leur entrée dans le Commonwealth, sont reconnus être atteints d'une des maladies mentionnées dans la loi ou les règlements d'application, à moins qu'ils ne puissent prouver qu'ils n'étaient pas atteints de ladite maladie au moment de leur entrée dans le Commonwealth (art. 5).

6. — LIMITATION NUMERIQUE.

La loi de 1901, restreignant l'immigration (*Immigration Restriction Act*), modifiée en 1925, prescrit à l'article 3 (*k*), que le gouverneur général peut, s'il le juge opportun, interdire, par voie de proclamation, l'immigration d'étrangers d'une nationalité, race, catégorie ou profession quelconque, soit entièrement, soit en sus d'un contingent déterminé et ce à titre permanent, ou pour une période définie, dans les cas suivants :

a) Lorsque le justifie la situation économique, industrielle, etc., de la Confédération ;

b) Lorsque les personnes visées dans la proclamation ne remplissent pas, à son avis, les conditions requises pour être admises dans la Confédération ;

c) Lorsqu'il considère que ces personnes ne seraient pas susceptibles de s'assimiler aisément, ou de remplir les devoirs et d'assumer les responsabilités des citoyens australiens, dans un délai raisonnable à dater de leur entrée dans la Confédération.

En fait, le nombre des immigrants de certaines nationalités admissibles chaque année en Australie est fixé par voie de règlement.

AUTRICHE

CHAPITRE PREMIER.

Généralités.

Le mouvement eugénique étant peu développé en Autriche,
nous ne donnerons qu'un aperçu succint des quelques mesures qui
ont été prises dans ce pays.

Il s'est fondé à Vienne, en novembre 1925, une société d'eugénique : la « Wiener Gesellschaft für Rassenpflege », laquelle a,
pour président, le Prof. Dr Otto Rechte, directeur de l'Institut
d'Anthropologie ; pour vice-président, le Dr Reichel, professeur
d'hygiène sociale ; pour secrétaire, le Dr M. Hesch, assistant
d'anthropologie (1).

***

De même qu'en Allemagne, les eugénistes autrichiens se sont
alarmés de l'état de misère engendré par la guerre et dont les
conséquences se sont fait sentir sur la santé générale de la population.

En 1922, les conditions économiques étaient telles dans ce pays
que chaque naissance était considérée dans les familles comme un
véritable désastre. Ce sont les classes intellectuelles et de meilleure souche qui se trouvent dans la plus grande pauvreté. Les

---

(1) *Eugenical News*, nov. 1925.

couches supérieures de la nation sont ainsi menacées de disparition (1).

Le nombre des infanticides et des avortements s'est accru en Autriche dans des proportions considérables. La misère physique a entraîné la misère morale, et la prostitution constitue, à l'heure actuelle, un des grands maux sociaux dont sont frappées les grandes villes autrichiennes et, particulièrement, Vienne.

D'après le rapport de la Direction de la Police de 1920, le nombre des prostituées « inscrites » a augmenté de 29,6 %, depuis 1918. Au cours de l'année 1920, 7,627 femmes ont été arrêtées comme suspectes de prostitution clandestine, parmi lesquelles 1843 (soit 24 %) étaient infectées. Les agents de la police des mœurs ont arrêté la même année 2373 femmes, dont 1021 étaient majeures (avec 21,6 % de cas d'infection), 1005 mineures (43 % de cas d'infection) et 347 « jugendliche » (45 % de cas d'infection). Le rapport insiste sur le danger que révèlent ces statistiques, dont les indications sont en dessous de la réalité, seules les prostituées fréquentant les lieux publics pouvant être surveillées d'une manière efficace.

Cet accroissement des maladies vénériennes en Autriche constitue à lui seul un motif justifiant l'intervention des mesures eugéniques.

Le nombre considérable des avortements est invoqué par les partisans du *Birth-Control* comme une raison snffisante pour légitimer l'enseignement des pratiques contraceptives.

(1) *The Lancet*, 30 déc. 1922.

CHAPITRE II.

Différents moyens eugéniques préconisés en Autriche.

On s'est beaucoup préoccupé en Autriche, depuis ces dernières années du *Brith-Control* et de l'examen médical prématrimonial. Un mouvement, d'autre part, tend à obtenir la modification des sanctions attachées à l'avortement.

Comme partout ailleurs, les mesures d'hygiène sociale sont pratiquées depuis longtemps et une certaine réglementation du mariage est établie.

Nous développerons chacun des différents points suivants :

1. — La limitation des naissances ;

2. — La légalisation de l'avortement ;

3. — La réglementation du mariage ;

4. — Les mesures d'hygiène sociale.

§ 1. — LA LIMITATION DES NAISSANCES.

Il n'y a aucune loi interdisant, en Autriche, d'enseigner les pratiques du *Birth-Control* et d'y faire appel.

Le mouvement pour la limitation des naissances prend de plus en plus d'extension dans ce pays. Il ne se passe pas de semaine sans que la presse ne produise un article sur la question du *Birth-Control*. Les raisons pour lesquelles on le demande sont surtout la rareté des logements, le grand nombre des suicides, le chômage, l'augmentation des divorces, les conditions économiques, la criminalité, etc. Toute une littérature s'est créée en vue de soutenir le mouvement et de nombreux romans, articles de revues, pièces de théâtre, brochures, circulaires, ont été publiés dans ce but. Des conférences sont organisées avec projections lumineuses pour atteindre la grande masse du peuple.

L'accroissement considérable du nombre des avortements criminels a fait naître un puissant parti qui travaille à ce que les méthodes contraceptives soient enseignées parmi les classes pauvres de la population.

De nombreux clubs, groupements, organismes, pressent les propagandistes de donner des conférences, exposant les principes de la doctrine.

Il y a cinq ans, le mot « néo-malthusianisme » était totalement inconnu en Autriche, et personne n'osait parler du *Birth-Control* ; à l'heure actuelle, il n'est personne qui ne connaisse tout au moins le but de cette tendance (1).

Le « Bund gegen Mutterschaftszwang », ou Ligue contre la Maternité obligatoire, est la principale organisation qui s'occupe de propager et de défendre le *Birth-Control* en Autriche. La Ligue est dirigée par Johann Ferch, le chef du mouvement néo-malthusien ; elle est patronnée par des philantropes, des politiciens, des médecins. Elle publie un périodique, *La Réforme sexuelle,* fondé par Johann Ferch.

La Ligue vise à enseigner au public la nécessité du *Birth-Control* en montrant qu'une natalité moindre entraînera une diminution de la détresse économique.

De plus, la Ligue se charge, au moyen de centres établis dans ce but, de faire connaître aux femmes les méthodes contraceptives.

Les centres d'enseignement du Birth-Control.

Ces centres existent dans les principales villes autrichiennes.

Il en est à Vienne, à Neustadt, à Traisen, à Linz, à Salzburg, à Liesing, à Mödling, à Neunkirchen, à Kronenburg, à Steyr, à Klagenfurt et à Pressbaum.

L'organisation de ces centres diffère de celle qu'ils ont reçue en Angleterre. En effet, les soins médicaux n'y sont pas donnés sur place, mais les visiteuses reçoivent une lettre qu'elles remettent à un médecin désigné. Celui-ci les examine et leur donne les instructions requises. Les femmes qui n'en ont pas les moyens ne doivent pas payer d'honoraires.

---

(1) **Johann Ferch.** *Propaganda in Austria. International Aspects of Birth-Control,* p. 94 et suivantes.

7

Ces centres travaillent en collaboration avec le « Krankenkassen » du Département de la Santé. Ce ne sont pas des maternités ; ils ne s'occupent que des questions anticonceptionnelles.

A Vienne, où il y a quatre offices, l'Allgemeine Krankenkasse a placé à la disposition de la Ligue des locaux dans les différents districts.

Presque tous les centres d'Autriche ont été organisés par les soins de Mme Betty Ferch.

Les autorités gouvernementales ne mettent aucune entrave au travail de la Ligue, depuis qu'elles constatent le grand nombre d'avortements que les pratiques anticonceptionnelles ont enrayés dans le pays.

Une grande partie des fonds de la Ligue provient des conférences, séances cinématographiques, pièces de théâtre organisées par Johann Ferch.

A la fin de 1926 on estimait que le nombre des centres d'enseignement du Birth-Control s'élevait, en Autriche, à plus de 30.

Enfin, signalons, en terminant, un fait qui atteste le progrès de l'idée du contrôle des naissances dans ce pays. Le parti socialiste autrichien adopta, lors de son assemblée annuelle de 1926, une politique de limitation des naissances. Cette section de l'Internationale socialiste a été la première à reconnaître les principes du malthusianisme ; elle demande que la limitation soit entreprise par l'Etat, au moyen de l'établissement de cliniques donnant les informations et avis nécessaires aux intéressés. Un projet de loi socialiste dans ce sens a été déposé, en 1924, au Nationalrat (1).

§ 2. — LA LEGALISATION DE L'AVORTEMENT.

Une propagande tout aussi intense est menée en vue d'obtenir l'abolition des lois contre l'avortement.

La presse consacre périodiquement de longs articles démontrant la nécessité d'une révision de la législation dans ce domaine.

De nombreuses pétitions ont été adressées à cet effet au ministère de la justice et à l'Assemblée nationale. Celle-ci s'est décidée,

____

(1) M. Devaldès. *La Maternité consciente*, p. 197.

en 1922, à mettre à l'étude une mesure qui permettrait l'avortement dans certaines circonstances (1).

Les médecins eux-mêmes ne se soumettent plus aux ordonnances de police qui obligent à déclarer les cas d'avortement. Les hôpitaux ne respectent pas davantage les règlements et ne le font qu'en cas d'issue fatale (2).

Le Bund gegen Mutterschaftzwang favorise également l'avortement pour des raisons médicales et travaille activement à obtenir l'abolition des art. 144 à 148 du code pénal autrichien.

En décembre 1923, Frau Adelheid Popp, la fameuse socialiste autrichienne, membre de l'Assemblée nationale, déposa un projet de loi ainsi conçu :

« Le terme d'avortement criminel ne s'appliquera seulement qu'aux opérations illégales ou aux tentatives entreprises pendant le temps de la gestation sans le consentement et le désir de la mère, et par des tiers.

» De telles personnes seront punies d'emprisonnement qui ne sera pas inférieur à un an et n'excédera pas cinq ans. »

A l'heure actuelle, l'avortement pratiqué pendant les trois premiers mois de la grossesse n'est plus punissable.

§ 3. — LA REGLEMENTATION DU MARIAGE.

On désire depuis longtemps en Autriche une réforme des lois relatives au mariage, mais il ne semble pas que celle-ci soit près d'être réalisée. Une demande dans ce sens a été présentée par l' « Association pour la Réforme du Droit matrimonial », au chancelier Seipel, lequel a répondu qu'il connaissait les inconvénients du système actuel, mais qu'il estimait que s'écarter du droit en vigueur serait un plus grand mal encore pour l'humanité (3).

Toutefois, l'Autriche possède comme les autres pays une certaine réglementation du mariage. Elle concerne l'âge, le degré de consanguinité et l'état physique et mental des conjoints. De

---

(1) *The Lancet,* 30 déc. 1922.

(2) *The Lancet,* 1ᵉʳ nov. 1924.

(3) *Die Neue Generation.*

plus, la consultation prénuptiale a été établie et elle fonctionne
à Vienne, depuis quelques années.

Nous envisagerons séparément chacun de ces différents points.

N. B. — Il faut signaler également que pour un motif eugénique on considère, en Autriche, les maladies vénériennes comme
une cause de divorce.

A. — L'AGE DU MARIAGE.

Nul ne peut contracter mariage avant l'âge de puberté légale,
que le § 21 du Code civil fixe à quatorze ans.

B. — LE DEGRE DE CONSANGUINITE.

Aucun mariage ne peut être contracté entre parents consanguins en ligne directe, entre frères et sœurs, demi-frères ou demi-
sœurs, cousins germains, oncles et nièces, neveux et tantes,
qu'il s'agisse de parenté légitime ou illégitime.

La parenté par alliance constitue également un empêchement
entre un mari et les parents de sa femme ainsi qu'entre une femme
et les parents de son mari.

C. — L'ETAT PHYSIQUE ET MENTAL DES PARTIES.

Les maladies mentales constituent en Autriche un empêchement au mariage.

Un projet de loi a été déposé au Conseil national prévoyant
l'interdiction de contracter mariage pour toutes les personnes
atteintes de maladies contagieuses ou héréditaires. Toutefois, ce
projet n'a pas été adopté.

D. — L'EXAMEN MEDICAL PREMATRIMONIAL.

Déjà en 1921, le Bureau de la Santé de Vienne avait institué
trois comités, composés chacun de trois médecins qualifiés, afin
d'étudier la question du certificat médical avant le mariage. Le
promoteur de cette organisation est le Prof. Tandler, directeur du
service de la Santé de Vienne. Les maladies qu'il voudrait combattre sont de trois sortes : les maladies vénériennes, la tuberculose et les affections mentales héréditaires. Toute personne

devrait produire, avant le mariage, un certificat prouvant qu'elle n'est pas atteinte d'une de ces affections. Le secret professionnel serait gardé, mais la partie intéressée pourra connaître les raisons pour lesquelles le certificat est refusé. Celui-ci pourra toujours être accordé après que la partie malade se sera fait soigner (1).

Une loi a été proposée à l'Assemblée nationale de Vienne dont le principal article s'énonce comme suit : « Toute personne désirant se marier doit produire un certificat de santé, signé par un officier de la Santé publique. Les mariages entre personnes atteintes (l'une ou l'autre) de maladies héréditaires, de maladies contagieuses incurables, ou de malformations corporelles irréparables ne seront pas autorisés.

Des consultations eugéniques ont été créées à Vienne et à Gratz, sous le contrôle des services médicaux municipaux.

Le Bureau de Vienne est le premier bureau prématrimonial officiel qui ait existé en Europe. Il date du 1er juin 1922 et a été fondé par le Prof. Tandler, conseiller municipal de la Prévoyance sociale. Les candidats au mariage, des deux sexes, peuvent s'y faire examiner, au point de vue physique et mental, et recevoir les directives thérapeutiques appropriées à leur cas.

Les Bureaux sont placés sous la direction d'un médecin spécialiste. Celui-ci n'a pas le pouvoir d'empêcher le mariage, il ne peut que le conseiller ou le déconseiller à ceux qui le consultent.

Les consultations ont lieu deux fois par semaine. Elles sont gratuites.

Le Bureau de Vienne est très fréquenté et le nombre des cas qui se sont présentés depuis sa fondation peut se répartir comme suit :

ANNÉE	NOUVEAUX CAS	CAS RÉPÉTÉS	Fréquentation totale
Juin-décembre 1922	87	33	120

---

(1) *Eugenics Review*, 1921, p. 475.

ANNÉE	NOUVEAUX CAS	CAS RÉPÉTÉS	Fréquentation totale
Juin-décembre			
1923	478	336	814
1924	498	524	1022
1925	490	488	978
1926	471	463	934
Janvier-mai 1927	133	155	288
TOTAL. . .	2157	1999	4156

Pourcentage d'après les différents cas :

ANNÉE	Bien portants	Vénériens	Tuberculeux	Questions sexuelles
1923	23.9 °/₀	24.27 °/₀	13.6 °/₀	18.2 °/₀
1924	28.8 °/₀	18.27 °/₀	12 °/₀	25.5 °/₀
1925	31.63 °/₀	12.04 °/₀	7.34 °/₀	17.55 °/₀
1926	30 °/₀	17.4 °/₀	7 °/₀	26.75 °/₀

Le médecin en fonction a toutes les facilités pour appeler en consultation différents spécialistes ou aliénistes dont l'aide peut être nécessaire. Les principales maladies qu'on y examine sont, outre les défauts organiques congénitaux, la tuberculose, les maladies vénériennes, les affections mentales.

Le Bureau s'occupe non seulement d'examiner les candidats au mariage, mais s'est donné également pour tâche de procurer à tous ceux qui le désirent des renseignements et des conseils sur toutes les questions sexuelles et dépendantes du mariage : stérilité, frigidité, inharmonie entre époux, grossesse etc.

Toutes les classes de la société et surtout celle des travailleurs viennent se renseigner au Bureau. On a constaté que presque tous les visiteurs non-mariés étaient des hommes, tandis que presque tous les visiteurs mariés étaient des femmes.

Le Bureau fait une propagande intense par la voie du cinéma, des conférence et de la presse.

La plupart des *Caisses de maladies* s'intéressent au fonctionnement de la *Consultation* et supportent les frais des examens radioscopiques prescrits à leurs adhérents.

§ 4. — **LES MESURES D'HYGIENE SOCIALE.**

Nous examinerons plus spécialement dans le domaine de l'hygiène sociale en Autriche les mesures concernant la protection de l'enfance et de la maternité, la lutte contre la tuberculose, les maladies mentales, le péril vénérien, l'alcoolisme.

A. — PROTECTION DE L'ENFANCE ET DE LA MATERNITE (1).

Les premières dispositions concernant les mesures d'hygiène en faveur des nourrissons et des mères en Autriche figurent dans les textes relatifs à l'organisation des hospices d'enfants trouvés ; cette forme d'assistance hospitalière a peu à peu été abandonnée pour faire place à d'autres mesures de protection des nourrissons. Il est intéressant de suivre l'histoire de l'hospice des enfants trouvés de la Basse-Autriche, qui a été transformé, en 1910, en pouponnière centrale régionale et, en 1922, en pouponnière centrale de la ville de Vienne. Il faut signaler encore l'œuvre remarquable accomplie par l' « Association pour la Protection des Nourrissons », qui a fondé, en 1905, à Vienne, son premier Office d'assistance et la première « Goutte de Lait ». Le médecin de l'Office d'assistance est chargé de donner des conseils aux mères au sujet des soins à accorder aux enfants et de leur alimentation ; il doit, particulièrement, encourager les mères à nourrir elles-mêmes leurs enfants. L' « Association d'Assistance en faveur des Nourrissons » à Vienne poursuit le même but.

Depuis la guerre, la situation des enfants illégitimes s'est beaucoup améliorée ; un arrêté du ministère de la justice, d'accord avec le ministère de l'intérieur, en date du 24 juin 1916 (*Journal*

---

(1) Dr **Hermann Schrœtter.** *L'organisation des Services d'hygiène publique en Autriche.* **Société des Nations.**

des lois de la Fédération, n° 195), a institué la tutelle générale et a prescrit l'examen médical périodique des enfants ; par le même arrêté, les fonctionnaires médicaux ont été chargés de surveiller les soins donnés à ces enfants et de prendre toutes les mesures nécessaires pour qu'ils soient confiés à une famille.

D'autres dispositions, relatives à la protection des nourrissons et des petits enfants, se trouvent dans la loi du 20 novembre 1919 concernant les caisses-maladie, loi qui prescrit à ces institutions d'accorder aux femmes en couches, pendant une période de six semaines à partir du jour de l'accouchement, des secours en argent, dont le montant doit être calculé d'après les tarifs des indemnités de maladie ; en outre, les caisses-maladie doivent verser aux femmes en couches, jusqu'à l'expiration d'un délai de douze semaines à partir de la date de l'accouchement, une prime d'allaitement dont le montant doit être de 50 % de l'indemnité journalière. La protection des nourrissons et des jeunes enfants a surtout fait de grands progrès depuis la création, à Vienne, de l' « Institut officiel pour la protection de la maternité et des nourrissons ». Pour remédier à la situation difficile créée par la guerre, situation qui s'est encore aggravée après la cessation des hostilités, les mesures de protection en faveur des nourrissons et des petits enfants ont dû être complétées ; l'organisation existante s'est beaucoup développée, grâce aux dons considérables des pays étrangers et spécialement de la Croix-Rouge américaine.

A la fin de 1921, le nombre des « Gouttes de Lait » (organisations qui s'intéressent aussi bien à la protection des mères qu'à celle des nourrissons et des petits enfants) s'élevait en Autriche à 110, qui se répartissaient de la manière suivante sur les différentes régions :

Vienne	41	Tyrol	8
Basse-Autriche	11	Carinthie	7
Haute-Autriche	12	Vorarlberg	4
Styrie	20	Burgenland	2
Salzbourg	5		

Ces organisations sont placées sous une direction centrale exercée par le « Comité exécutif pour la protection des nourrissons et des petits enfants en Autriche », composé d'un certain nombre de fonctionnaires et de particuliers ; le Directeur de l'Office d'hygiène publique, quelques fonctionnaires de son service, ainsi qu'un certain nombre de spécialistes en matière de médecine infantile sont membres de ce Comité.

On peut grouper de la manière suivante les principales institutions ayant pour but la protection de l'enfance et de la maternité en Autriche :

Allgemeiner Kinderhilfsverein, 71, Gompendorferstrasze, Wien.

Allgemeiner Verband für Freiwillige Jugendfürsorge, Wien.

Asyl zum hl. Antonius in Larenburg, 33, Rauchgasse, Wien.

British Home for Austrian Children, Ltd., Grafenegg, Styria.

Bund für Mutterschutz, 12, Mariahilferstrasze, Wien VII.

Bundesleitung der Oesterreichischen Gesellschaft vom Roten Kreuze, 1, Milchgasse, Wien.

Caritasverband, Wien.

Evangelischer Waisen-Versorguns-Verein, 3, Hamburgerstrasze, Wien.

Humanitas-Verein, 10, Zieglergasse, Wien VII.
Jugend-Asyls-Verein, Rathaus, Wien.

Katholischer Waisen-Hilfs-Verein, 20, Wollzeile, Wien.

Kinderfreunde für Oesterreich, Schönbrunnerstrasze, Wien.

Kinderfreunde, Wiener-Humanitäts-Verein, and many branches, Chief Office, Mariahilferstrasze, Wien.

Kinderschutzstationen (charitativer Verein), 10, Bäckerstrasze, Wien.

Oesterreichisches Jugendrotkreuz, Bundesministerium für Heereswesen, Wien.

Oesterreichischer Pfadfinder Bund, 8, Wipplingerstrasze, Wien.

Stéphanie-Stiftung-Verein, 24, Ortliebgasse, Wien.

Verband der sozialistischen Arbeiterjugend, 95, Rechte Wienzeile, Wien V.

Verein Pfadfinderinnen, 10, Regnitstrasze, Graz.

Verein Stefanie-Stiftung, 28, Paulinengasse, Wien XVIII.

Waldschule-Verein, 10, Fichtegasse, Wien I.

Zentralkrippen-Verein, 10, Seilerstätte, Wien I.

B. — LUTTE CONTRE LA TUBERCULOSE (1).

En ce qui concerne la tuberculose, les premières mesures de lutte ont été prises, en Autriche, par Léopold v. Schrötter qui, dès 1883, s'est efforcé d'organiser, dans tout le pays, la thérapie et la prophylaxie, en demandant les fonds nécessaires presque exclusivement à la charité privée. L'Association « Heilanstalt Alland » a fondé et fait construire le premier sanatorium populaire d'Autriche, le « Sanatorium d'Alland » (ouvert en 1898) ; elle a organisé en même temps une propagande active pour combattre la tuberculose (brochures de renseignements et affiches). C'est encore Schrötter qui s'est, le premier, rendu compte de la nécessité de créer une association internationale pour la lutte contre la tuberculose et d'établir une étroite collaboration entre les différents Etats, collaboration qui a permis d'effectuer ensuite de nombreuses recherches scientifiques et de réaliser des progrès très importants dans le domaine de l'hygiène sociale. L' « Association de secours aux tuberculeux », fondée en 1905, a poursuivi, dans les pays de la monarchie autrichienne, les efforts de l'Association « Heilanstalt Alland » ; elle a complété l'organisation existante et a surtout inauguré un service d'assistance. En s'inspirant du système des dispensaires préconisé par le D A. Calmette, l'Association centrale autrichienne a publié un ouvrage qui porte le titre : *Règles fondamentales concernant la création d'Offices d'assistance* ». D'après cet ouvrage, les agents des offices d'assistance devraient notamment être chargés de visiter les tuberculeux à domicile, d'accorder des soins aux malades et d'organiser leur isolement, de relever les conditions hygiéniques d'habitation et d'améliorer le régime d'alimentation, de procéder à la désinfection des logements, de rendre attentifs les malades et leur entourage aux modes de transmission de la maladie, aux dangers de la cohabitation avec un tuberculeux, de surveiller l'application des mesures précitées, de procurer des soins appropriés aux enfants atteints de la maladie et d'assurer le traitement des malades dès que les premiers symptômes de la tuberculose se manifestent.

---

(1) D Hermann Schrœtter, op. cit.

Parmi les organisations privées, nous mentionnerons le
« Comité central autrichien pour la lutte contre la tuberculose »
qui a été fondé en 1911 et constitue une association centrale de
toutes les organisations intéressées. Le Comité central organise
des congrès pour la lutte contre la tuberculose. Ces congrès ont
surtout pour objet d'intéresser la population, ainsi que le Gouvernement, à cette question importante et d'encourager les recherches
scientifiques sur la tuberculose.

Outre les différentes organisations subventionnées, l'Etat, lui
aussi, s'intéresse de plus en plus à la lutte contre la tuberculose ;
pendant les dernières années ont été promulguées de nombreux
décrets très importants qui sont susceptibles de constituer la base
d'une organisation plus étendue en vue de combattre le fléau sur
le territoire autrichien. Un des premiers décrets a été promulgué
le 16 août 1887 par le ministère de l'intérieur (N° 20.662
ex. 1886) ; il prescrit la désinfection, au moyen d'acide phénique,
de tous les objets souillés par les crachats des personnes atteintes
de tuberculose ou de coqueluche. Différents pays de l'Autriche
ont, en outre, promulgué des règlements pour empêcher notamment la transmission de la maladie dans les stations balnéaires
fréquentées par des tuberculeux. Nous citerons à ce sujet l'arrêté
de la « Staathalterei » de la Dalmatie, en date du 27 décembre
1889, et surtout l'arrêté que le même Gouvernement a promulgué
le 19 octobre 1894 (n° 7890) ; ce texte établit la déclaration obligatoire de tous les cas de tuberculose constatés dans les stations
balnéaires et les établissements thermaux, et prescrit la désinfection des appartements habités par des tuberculeux. Un arrêté
du 25 novembre 1891 du ministère de la justice (N° 9466) avait
déjà ordonné l'application d'un certain nombre de mesures de
précaution pour empêcher la propagation de la tuberculose dans
les prisons ; d'autre part, des arrêtés publiés en 1890 et 1891 par
le ministère de l'intérieur avaient réglé la notification des résultats obtenus par l'application de la « méthode de Koch ». En vertu
d'un avis du Conseil supérieur de l'hygiène publique, le ministère de l'intérieur, par un arrêté du 14 juillet 1902 (N° 9949),
a prescrit l'application de certaines mesures de prophylaxie destinées à empêcher la transmission et la propagation de la tuberculose. Aux termes de cet arrêté, le médecin est tenu de déclarer

à l'administration le nombre de tuberculeux qui vivent dans un ménage ou dans un lieu d'habitation en commun, toutes les fois qu'un des malades est décédé ou a changé de domicile.

La question de la déclaration obligatoire des cas de tuberculose a été longuement discutée en Autriche avant que la nécessité de cette déclaration ait été reconnue. Néanmoins, le règlement d'administration publique que l'Office d'hygiène publique a promulgué le 22 février 1919 (*Journal des Lois du Reich,* n° 151), ainsi que l'arrêté du 24 février 1919 (n° 4775), ont exigé la déclaration obligatoire et cette mesure constitue un progrès réel et un des moyens les plus importants de lutte contre la tuberculose.

Nous allons étudier les différentes institutions qui s'occupent, en Autriche, de la lutte contre la tuberculose.

Les différents pays fédérés disposent actuellement de 41 sanatoria et maisons de convalescence pour adultes et pour enfants (3980 lits), dont les plus importants sont ceux d'Alland (Basse-Autriche), d'Hörgus (Styrie) et de Grafendorf (Salzbourg). Huit établissements, disposant de 785 lits, sont exclusivement affectés aux cas de tuberculose chirurgicale, très répandue parmi les enfants ; le sanatorium pour les personnes atteintes du lupus (à Vienne) s'occupe particulièrement de la thérapie de cas de tuberculose de la peau. En y comprenant le sanatorium de Hochzirl près d'Innsbruck, le nombre total des sanatoria de l'Autriche s'élèvera à 42 (environ 4300 lits). L'administration de tous ces établissements est assurée par des dons privés auxquels s'ajoutent toutefois des subventions assez considérables accordées par les organisations administratives autonomes, ainsi que par l'administration fédérale. Le chiffre de 4300 lits est inférieur de 30 % environ aux besoins réels.

Le nombre de lits réservés dans les hôpitaux publics pour cas de tuberculose interne et de tuberculose chirurgicale s'élève, dans les différents pays fédérés, à environ 4200.

Aux termes des décrets susmentionnés, il est du ressort propre des gouvernements particuliers de créer des offices d'assistance qui doivent être des centres de lutte contre la tuberculose ; ces offices sont spécialement chargés d'assurer, dans la mesure du possible, l'isolement des malades et de les faire transporter dans les sanatoria, en procédant à une séparation selon la forme de la maladie. On s'efforce surtout de former des infirmières et on recommande la création d'un nombre suffisant de maisons de convalescence et de sanatoria pour les personnes atteintes de tuberculose aiguë.

Grâce à l'initiative de l'administration et à la collaboration de la charité privée, les services d'assistance se sont rapidement développés en Autriche ; actuellement, il existe, pour l'ensemble des pays fédérés, 52 offices d'assistance, dont 13 se trouvent à Vienne. Les attributions de ces offices, la répartition des fonds destinés à assurer leur fonctionnement incombent, dans chaque pays fédéré, à un office central qui maintient toujours un contact étroit avec l'administration supérieure d'hygiène.

Etant donné que les ressources financières de l'Autriche sont extrêmement limitées, l'organisation de la lutte contre la tuberculose n'est pas très développée ; néanmoins, toutes les mesures adoptées sont conformes au programme établi par l'Association internationale pour la lutte contre la tuberculose, programme qui a été développé après la guerre par l'Union nationale.

C. — LUTTE CONTRE LES MALADIES MENTALES (1).

Le mouvement d'hygiène mentale s'est cristallisé en Autriche autour de la psychanalyse. C'est ainsi qu'une consultation de psychanalyse a été ouverte en 1923, à Vienne, par les soins de la Société Viennoise de psychanalyse. Elle est destinée aux indigents : le service en est assuré par des médecins spécialistes en psychanalyse et par des médecins stagiaires désireux d'acquérir la pratique de la méthode ; il n'y est pas question de véritable et large hygiène mentale.

D. — LUTTE CONTRE LE PERIL VENERIEN (2 .

Dès avant la guerre, l'Etat s'est efforcé de combattre les maladies vénériennes par des mesures législatives. L'abaissement du niveau moral, dû à la guerre, l'a obligé à se préoccuper plus sérieusement encore de la lutte contre les maladies vénériennes après la cessation des hostilités.

---

(1) Extrait du livre *L'Hygiène mentale* du Dr Potet.

(2) Dr H. Schrœtter, op. cit.

Dès 1918, l'Etat a, en conséquence, promulgué un décret relatif aux mesures préventives et à la lutte contre les maladies vénériennes contagieuses, décret qui a été complété par le règlement d'administration publique du ministère autrichien de l'hygiène publique, en date du 21 novembre 1918 (*Journal des Lois de l'Etat*, n° 49). Ce règlement d'administration publique prescrit à toute personne atteinte d'une maladie vénérienne de se faire examiner et de suivre un traitement; il établit également une déclaration obligatoire restreinte qui ne vise pourtant que les cas dans lesquels le malade constitue une source de danger pour son entourage, soit par suite de sa propre conduite, soit par suite d'autres circonstances (conditions d'habitation).

Conformément au règlement d'administration publique précité, des dispensaires spéciaux pour les personnes indigentes atteintes de maladies vénériennes ont été créés dès 1918 ; leur nombre a été considérablement augmenté en 1919. Il s'élevait, à la fin de l'année 1922, à 40, dont 19 à Vienne et 21 dans les différents pays. Tandis que les « Offices de consultation » ont spécialement pour mission de rendre les malades attentifs aux dangers des affections vénériennes et de leur faire comprendre la nécessité de suivre un traitement jusqu'à leur complète guérison, les dispensaires assurent aux malades indigents, à titre gratuit, un traitement complet et de plus les médicaments et autres articles nécessaires. En s'occupant ainsi de la thérapeutique de la maladie, ils contribuent beaucoup à empêcher la propagation du fléau.

Bien que le nombre de personnes qui se sont adressées à ces « dispensaires du soir » ait constamment diminué, l'administration sanitaire, pour les raisons susmentionnées, a tout d'abord renoncé à en réduire le nombre ; elle n'y a procédé qu'au moment où les frais occasionnés par quelques-unes de ces institutions étaient devenus absolument disproportionnés aux services rendus.

Néanmoins, les « dispensaires du soir » ont pu procéder, pendant le dernier semestre de l'année 1922, à l'examen médical de 6460 malades (dont 4000 hommes et 2000 femmes environ) et leur accorder les soins nécessaires ; ils ont aussi fait disparaître d'importants foyers d'infection.

Etant donné que le nombre de malades qui se sont adressés aux dispensaires s'est réduit, 10 dispensaires ont été fermés à Vienne pendant le dernier trimestre de l'année 1922 ; actuellement, leur nombre ne s'élève donc plus qu'à 10. Les malades peuvent, d'autre part, avoir recours aux dispensaires spéciaux et aux cliniques spéciales de Vienne qui suffisent largement à assurer le traitement de tous les malades. A la demande des gouvernements intéressés, 7 dispensaires ont pu être fermés dans les différents pays, leur nombre (21) étant supérieur aux besoins.

Afin d'inciter les malades à recourir aux cliniques spéciales et aux dispensaires du soir, l'Etat a reconnu la nécessité d'organiser avant tout une propagande très active au moyen de conférences et de cours s'adressant à toutes les classes de la population ; cette propagande a pour objet de faire comprendre à la population l'importance que présente l'emploi de moyens de prohylaxie. A cet effet, l'administration s'est, dès 1919, mise d'accord avec l' « Association autrichienne pour la lutte contre les maladies vénériennes », au sujet de la distribution de feuilles de renseignements spéciales ; au début de cette année, de nouveaux exemplaires de ces feuilles de renseignements ont été mises à la disposition des intéressés et toutes les mesures nécessaires ont été prises pour assurer leur diffusion (N° 42884 du 23/12/1922). Dans la Basse-Autriche, une circulaire gouvernementale, en date du 27 juillet 1920 (N° S. 588/3) a rappelé l'importance que présente la méthode de Credé et l'obligation de l'employer.

L'Office de l'hygiène publique accorde également une subvention à toute une série de Sociétés de charité qui s'occupent des jeunes personnes atteintes de maladie vénérienne à partir du moment où elles quittent l'hôpital ; ces groupements aident ces personnes à reprendre une vie normale, ils s'efforcent également de diminuer les dangers dont la jeunesse est menacée, et participent, à cet effet, à la répression de la traite des femmes et à l'organisation de conférences.

Il y a lieu de mentionner surtout l' « Association autrichienne pour la lutte contre les maladies vénériennes », présidée par le professeur Dr E. Finger, le grand savant dont les travaux en matière de syphilidologie sont extrêmement importants ; cette Association a déployé une activité des plus utiles, soit en encourageant des recherches scientifiques, soit en généralisant les connaissances relatives à la prophylaxie des maladies vénériennes.

Notons que les recherches médicales dans le domaine des maladies vénériennes ont été facilitées par le perfectionnement des installations de l'Institut officiel de diagnostic bactériologique et de l'Institut sérologique.

Il y a également lieu de mentionner que le règlement d'administration publique susindiqué (article 12) prévoit la création d'un hôpital spécial pour les femmes atteintes de maladies vénériennes, ainsi que la fondation d'un établissement réservé aux jeunes prostituées ; dans cet établissement, les prostituées sont astreintes à un travail manuel ; en outre, on leur enseigne un métier. Il existe déjà un établissement modèle de ce genre : l'hôpital de Klosterneuburg (près de Vienne), pour les femmes atteintes de maladies vénériennes. Cet hôpital a été créé pendant la guerre et son installation a été perfectionnée considérablement depuis la fin des hostilités.

Un nombre considérable de malades qui quittent l'établissement de Klosterneuburg sont envoyées, après leur guérison, à l'école de perfectionnement professionnel de Hutteldorf qui appartient à l'Association « Caritas socialis » ; dans cet établissement, on s'occupe du bien-être moral des jeunes filles pour faciliter leur retour à une vie honorable.

E. — LUTTE CONTRE L'ALCOOLISME.

Les principales organisations ayant pour but la lutte contre l'alcoolisme en Autriche sont :

1. Zentralverband der Oesterreichischen Alkoholgegnervereine ;
2. Oesterreichischer Verein gegen Trunksucht ;
3. Arbeiterabstinenbund in Oesterreich ;
4. I. O. G. T. Deutschösterreichische Groszlage ;
5. Katholisches Kreuzbündnis, für Oesterreich ;
6. Deutsche Gemeinschaft für alkoholfreie Kultur ;
7. Bund abstinenter Frauen in Oesterreich ;
8. Verband d. enthaltsamen Lehrerschaft Oesterreichs ;
9. Eisenbahn-Alkoholgegnerverband in Oesterreich ;
10. Abstinentenbund « Neues Leben » ;
11. Landeshauptstelle Steiermark ;
12. Landeshauptstelle Kärnten ;
13. Landeshaupstelle Wien.

BELGIQUE

CHAPITRE PREMIER.

Généralités.

En 1912, M. Emile Waxweiler créait un groupe d'études eugéniques. Les premiers travaux du groupe d'études se bornèrent à un relevé bibliographique et à quelques remarques sur la sélection des protozoaires (M. de Sélys-Longchamps), la cytologie (M. Marchal), l'eugénique en général (Dⁱˢ Ensch, Decroly, Querton).

Les Dʳˢ Ensch et Querton représentèrent la Belgique au Iᵉʳ Congrès Interna . .nal d'Eugénique tenu à Londres en 1912.

La même année, les professeurs Brachet, Massart et Waxweiler tentèrent d'organiser un séminaire d'eugénique ; ils ne purent réunir un nombre suffisant de participants.

En 1914, le Dʳ Govaerts fut envoyé à Londres par M. Waxweiler pour étudier sur place le rôle et l'organisation de l'Eugenics Education Society, puis, en mission officielle, à l'Eugenics Record Office de New-York.

La réunion préparatoire au Congrès d'Eugénique de San-Francisco devait se tenir à Bruxelles en Août 1914. L'agression allemande prévint la réalisation de ce projet, et le groupe d'études eugéniques se dispersa.

Toutefois, à l'invitation du Dʳ Ensch, un cercle d'études sociales ne tarda pas à se constituer. C'est de ce cercle que partit, en mai 1919, l'appel des Dʳˢ Boulenger, Ensch, Rulot et Sand en faveur de la création d'une société belge d'eugénique. Celle-ci fut fondée en septembre 1919.

La Belgique est un des pays où l'on se préoccupe le plus du mouvement et des idées eugéniques.

Le Dr H. H. Laughlin, directeur-adjoint de l'Eugenics Record Office de New-York, qui est venu en Belgique pour procéder à des enquêtes sur les questions démographiques, constate que peu de pays en Europe offrent comme la Belgique autant de facilités pour entreprendre des études eugéniques. Favorisée par la nature, et par sa situation au centre du monde, favorisée par les circonstances économiques, elle est un carrefour où se sont rencontrées pendant longtemps les principales nations de l'Europe. Au point de vue anthropologique, on y trouve un mélange des trois grandes familles qui ont peuplé ce continent. De ce mélange est sorti une nation vaillante, courageuse, et renommée par la spécialisation de ses talents. Ce sont là des circonstances vraiment favorables pour l'eugéniste. A celles-là s'en ajoutent d'autres : faible distance, communications faciles, hospitalité du peuple, facilitant la tâche de celui qui s'efforce de démêler les liens qui unissent les familles entre elles. Grâce à l'activité de la Société Belge d'Eugénique, ajoute Laughlin, le mouvement eugénique s'est considérablement développé en Belgique. Il ne faudra plus longtemps avant de voir la théorie de Galton être enseignée et les préoccupations eugéniques dominer la pensée du pays.

Il ajoute : Parmi les travaux auxquels se sont intéressés les démographes il y a lieu de citer :

1° L'analyse des croisements entre les différentes populations vivant en Belgique ;

2° L'analyse biologique des populations qui ont quitté le pays et résident à l'étranger ;

3° L'analyse de la vitesse d'accroissement de la population en tenant compte des races, régions géographiques, professions, etc. ;

4° L'étude du mécanisme de la sélection des populations rurales par les villes ;

5° Les effets de l'occupation allemande sur la santé des populations ayant vécu en Belgique (1).

____

(1) Dr H. H. Laughlin, *Croix-Rouge de Belgique*, 1924, p. 235.

La Belgique joue un rôle très grand dans les relations internationales intéressant l'eugénique. Un Belge, le Dr Govaerts, a été pendant longtemps secrétaire de la Fédération internationale des organisations eugéniques.

C'est en Belgique que s'est tenu, en 1922, la première session annuelle de la Commission internationale d'Eugénique.

Des journées internationales d'eugénique ont été organisées à cette occasion par la Société belge d'Eugénique, la Fédération internationale des organisations eugéniques, la Société française d'Eugénique et l'Eugenics Education Society.

Parmi les hommes qui, en Belgique, travaillent le plus, par leurs écrits et par leur action à faire progresser la science eugénique, il faut citer le Prof. Fallon, qui, dans tous ses ouvrages, discute du point de vue philosophique, les principaux problèmes moraux et sociaux soulevés par cette doctrine ; les professeurs Bayet, président de la Ligue nationale belge contre le péril vénérien, président de l'Union mondiale contre le péril vénérien, Brachet et Massart, qui traitent la question du point de vue biologique, P. Wets, juge des enfants, qui l'envisage sous l'angle légal et social ; le Dr Govaerts, les professeurs Decroly, Keiffer, Dupréel, Leclerc-Dandoy, Ley ; les Drs Sand et W. Schraenen.

Les questions de législation eugénique sont enseignées à l'Université de Bruxelles par le Prof. Héger-Gilbert.

Enfin, un vœu a été émis par le Conseil supérieur d'Hygiène dans sa séance du 19 janvier 1922, déclarant qu'il est du devoir du Gouvernement d'accorder un sérieux appui aux initiatives privées, de subsidier les travaux de la Société belge d'Eugénique dont le programme répond à des besoins urgents immédiats, et d'encourager les recherches et les enquêtes poursuivies par les travailleurs appartenant aux diverses professions en contact avec l'enfance normale ou anormale, avec les classes ouvrières, avec les malades et avec les déchets sociaux (1).

*
* *

Ce ne sont pas les motifs de surpopulation qui, en Belgique déterminent le mouvement eugénique. En effet, la Belgique suit

---

(1) *Bulletin de l'Administration de l'Hygiène*, 1922, p. 18.

maintenant les tendances à la dénatalité de presque toutes les contrées occidentales. Les statistiques de 1926, démontrent que le nombre absolu des naissances décroît et qu'il est inférieur à celui d'avant-guerre, tandis que le nombre des décès est en augmentation. Le taux de la natalité est tombé de 19,75 pour mille en 1925 à 19,06 pour mille en 1926.

« Nous en serons bientôt, dit le Prof. Fallon, au point critique où l'exode annuel des morts est tout juste compensé par l'afflux annuel des nouveaux-nés. En beaucoup de régions du pays, ce point est déjà franchi et le nombre des décès dépasse le nombre des naissances. » Et il ajoute : « Cette constatation est de grande importance pour le mouvement eugénique. C'est le moment de répéter le fameux « to be or not te be, that is the question ». Sans doute, il importe d'améliorer la race ; mais on n'améliore que ce qui existe. Il est plus urgent encore de perpétuer la race et de s'assurer pour demain des éléments sur quoi travailler. Le mouvement eugéniste, s'il veut aboutir, doit engager la lutte contre le néo-malthusianisme (1). » Nous verrons plus loin comment cette lutte est menée en Belgique.

D'après le Dr Sand, un des principaux motifs qui nécessitent l'application de l'eugénique en Belgique réside dans la situation sanitaire de la population. Il ressort des chiffres qu'il nous donne (2) qu'un tiers des conscrits est refusé chaque année pour cause de maladie ou d'infirmité.

« Sur 1000 Belges (hommes, femmes ou enfants) il y a au moins : 1 aveugle ou 1 sourd-muet, 4 aliénés, 12 tuberculeux, 20 arriérés mentaux, 75 syphilitiques, 300 personnes atteintes de maladies ou d'infirmités incompatibles avec le service militaire.

» En d'autres termes, sur 10 jeunes femmes attendant chacune un bébé, 8 seulement mettront au monde un enfant vivant ; de ceux-ci, 2 mourront avant d'avoir atteint l'âge de 20 ans, et 2 seront devenus malades ou infirmes ; à 40 ans, il y aura eu un

---

(1) V. Fallon. *Revue d'Eugénique*, 1921, n° 2, p. 30.

(2) Dr R. Sand. *Eugénique et Economie humaine. Revue d'Eugénique*, 1921, n° 4.

nouveau mort et un nouvel infirme, comme l'exprime le tableau suivant :

» Avant la naissance : 10 enfants vivants ;

» A la naissance : 2 morts, 8 vivants ;

» A 20 ans : 4 morts, 2 infirmes, 4 bien portants ;

» A 40 ans : 5 morts, 3 infirmes, 2 bien portants.

» C'est-à-dire que pour augmenter d'une unité le contingent sain et productif de la nation, il faut mettre deux enfants au monde.

» L'élevage humain comporte 50 % de déchets.

» Il en résulte une somme incalculable de souffrances et de deuils. Des charges formidables sont créées à la nation : la tuberculose coûte à la Belgique un demi-milliard, la syphilis cinquante millions de francs par an.

» Enfin, les invalidités évitables et les décès prématurés entraînent un déficit dans la production qui, diminuant les ressources disponibles, entrave le progrès matériel, intellectuel, moral et social. »

Ajoutons encore les ravages causés par la guerre qui a enlevé à la Belgique des milliers de jeunes hommes vigoureux et sains. Elle lui a laissé un grand nombre d'infirmes et d'invalides qui ne pourront lui apporter des enfants bien conditionnés.

CHAPITRE II.

Les institutions eugéniques en Belgique.

Les différentes institutions ayant pour but l'étude ou la propagande de l'eugénique en Belgique sont :

1. — La Société belge d'Eugénique ;

2. — L'Office belge d'Eugénique ;

3. — Les groupes de recherches eugéniques.

Nous consacrerons un paragraphe à l'examen de chacune de ces institutions.

§ 1. — LA SOCIETE BELGE D'EUGENIQUE.

Comme nous l'avons exposé plus haut, la Société belge d'Eugénique a été fondée en 1919, à l'initiative des Dᵣˢ Boulenger, Ensch, Rulot et Sand.

Son premier Comité était composé des Dᵣˢ Boulenger, président, Govaerts, secrétaire-général, de M. Jamar, trésorier, et des Dᵣˢ Ensch, Rulot et Sand.

A l'origine, la Société était aidée par l'Etat et la province de Brabant. Actuellement, elle n'est plus soutenue que par les subventions privées.

Au cours de l'année 1922, un subside de 2000 fr. a été alloué par le Gouvernement à la Société.

La Société possède un organe : *Les Annales eugéniques,* dont la publication a été momentanément suspendue à cause des difficultés économiques de l'heure présente.

1. *Buts de la Société.*

1° Etudier l'eugénique et ses applications à tous les points de vue : scientifique, social, moral et religieux ;

2° Encourager ces études en créant des prix destinés à récompenser les travaux se rapportant au sujet qu'elle mettra à l'étude ou qu'elle agréera ;

3° Créer une bibliothèque de livres, périodiques et documents ayant trait à l'eugénique ;

4° Préparer par ses travaux l'œuvre du législateur dans le sens d'une organisation sociale mieux comprise au point de vue eugénique et biologique ;

5° Publier un journal d'eugénique qui sera l'organe officiel de la Société et constituera une tribune où pourront être exposées toutes les questions traitant de l'eugénique ;

6° Contribuer par tous les moyens, et plus spécialement par l'application de la génétique, à l'amélioration physique, psychologique, intellectuelle, morale de la race.

Il est important de signaler que la Société belge d'Eugénique, de caractère modéré et en harmonie avec l'état des mœurs du pays, a tenu à se désolidariser d'avec les tendances américaines.

Dans une déclaration formulée en assemblée du 19 juin 1922, elle précisa son opinion en ces termes :

A la suite de conversations privées, certains journaux, tant belges qu'étrangers, ont essayé de déformer le programme que s'est tracé la Société belge d'Eugénique et les idées de ceux qui la dirigent. Afin d'éviter toute confusion, la Société belge d'Eugénique a adopté, en séance du 19 juin 1922, les principes suivants :

L'Eugénique se définit comme Galton l'a exposé en 1883, dans un livre intitulé *Inquiries into human faculty,* la science de l'amélioration de la race qui ne se borne nullement à des questions d'unions judicieuses, mais qui, particulièrement dans le cas de l'homme, s'occupe de toutes les influences susceptibles de donner aux races les mieux douées un plus grand nombre de chances de prévaloir sur les races les moins bonnes.

Le mot rare signifie ici un ensemble de caractères physiques et psychiques importants qui sont héréditaires.

Le programme de l'Eugénique consiste à introduire dans l'opinion publique une discipline nouvelle qui se rapporte à l'orgueil d'une hérédité saine, à la protection de l'enfant qui va naître, et à recueillir toute la documentation susceptible d'apprécier les forces biologiques qui conditionnent les transformations internes de la société et dont la législation future pourra tirer profit.

La seule réalisation pratique à réclamer aujourd'hui de l'Eugénique, est la création d'un centre d'informations et de recherches relatives à l'hérédité humaine et l'influence des milieux. La législation eugénique telle qu'elle est conçue aux Etats-Unis, n'est que la solution particulière d'un problème qui n'engage pas toute l'Europe.

Les réformes sociales que pourrait proposer l'Eugénique sont l'œuvre de demain. Elles sont propres à chaque pays, doivent avant tout reposer sur une opinion publique éclairée et se déduire d'une documentation abondante sur la constitution héréditaire des populations vivant sur le territoire.

D'ailleurs l'Eugénique ne réclame rien du législateur qui ne soit pratique, susceptible d'être accueilli favorablement par l'opinion publioue et qui ne respecte nos traditions et nos sentiments nationaux.

2. *Ressources de la Société.*

Les revenus de la Société se composent :

1° Des cotisations des membres effectifs et de celles des délégués ;

2° De dons et de legs ;

3° Des intérêts de fonds placés.

3. *Organisation de la Société.*

La Société comprend un certain nombre de sections réparties comme suit :

Génétique : Directeur : M. Massart ;

Vénérologie : Directeur : Dr Leclerc-Dandoy ;

Alcoolisme : Directeur : Dr Ley ;

Enfance :   Directeur : Dr Péchère ;

Pédagogie :   »   Dr Decroly ;

Sociologie :   »   M. van Langenhove ;

Morale :   Directeurs : M. Dupréel et le R. P. Fallon ;

Documentation : Directeur : M. Warnotte ;

Législation :   Directeurs : MM. Gheude et Wets ;

Criminologie :   Directeur : Dr Vervaeck.

4. *Activité de la Société.*

La Société belge d'Eugénique s'efforce par tous les moyens possibles de répandre les idées eugéniques dans le public.

A cet effet, elle a organisé, chaque année, depuis sa fondation des séries de conférences de nature à éclairer le public.

Dans ces conférences, les sujets suivants ont été traités :

L'Eugénique, par le Dr Boulenger ;
Le péril vénérien, par le Dr Leclerc-Dandoy ;
L'action de l'Etat dans la lutte antivénérienne, par le Dr Rulot ;
La propagande antivénérienne, par le Dr Leclerc-Dandoy ;
La semaine eugénique, par M. van Langenhove ;
Les moyens de propagande dans la diffusion des idées, par le Dr Ensch ;
La blastophtorie, par le Dr Boulenger ;
Le certificat de santé avant le mariage, par le Dr Péchère ;
L'organisation d'un office d'eugénique, par le Dr Sand ;
L'hérédité et l'éducation morale, par M. Verlaine ;
A l'Athénée du Centre : Conférence du Dr Leclerc-Dandoy ;
Cycle de conférences publiques : Drs Boulenger et Govaerts ;
La génétique, par M. Massart ;
La culture de la race, par le Dr Sand ;
La morale et l'eugénique, par le R. P. Fallon ;
Le péril vénérien, par le Dr Leclerc-Dandoy ;
L'eugénique et la sociologie, par M. Dupréel ;
L'hérédité pathologique, par M. W. Schraenen ;
L'eugénique et l'embryologie, par le Prof. Brachet ;
L'eugénique et l'hygiène mentale, par le Dr Ley ;
La détérioration de l'être humain avant sa naissance, par le Dr Keiffer ;
L'eugénique et les familles nombreuses, par le colonel Lemercier ;
L'eugénique et le droit, par M. Wets ;
etc., etc.

La Société a également fait donner des conférences spécialement antivénériennes qui ont été régulièrement répétées dans quantité de localités du pays ; elle ont éveillé l'attention d'un très grand nombre de personnes. Les Conseils communaux sollicitent eux-mêmes les conférenciers ; souvent même ils obligent les employés de leurs départements à écouter la leçon de prophylaxie sanitaire et morale.

Grâce au concours du Dr Govaerts, la Société a organisé dans les écoles des conférences sur les premiers principes de l'eugénique.

Au début de son existence, la Société s'est mise en rapport avec le ministère de la défense nationale en vue de l'organisation annuelle d'une *Semaine eugénique* de l'armée. De leur côté, le R. P. Fallon et le Dr Gillon, ont fait de la propagande en faveur de l'eugénique dans les séminaires, et le Dr Péchère a rédigé une notice montrant par des chiffres précis les dangers auxquels s'expose, pour son conjoint et pour sa descendance, quiconque se marie lorsqu'il est atteint d'une affection héréditaire ou contagieuse. La notice recommandait aux parents d'exiger des futurs époux un certificat médical ou de leur faire contracter une assurance sur la vie.

En 1921, la Société prenait part au IIme Congrès international d'Eugénique de New-York. Elle y était représentée par le Dr Govaerts.

Peu après, elle était officiellement affiliée à la Fédération belge des Sociétés scientifiques.

En 1922, sous les auspices de la Société belge d'Eugénique se réunissait, à Bruxelles, la Fédération internationale des organisations eugéniques. La Société avait, à cette occasion, organisé des « Journées internationales d'Eugénique » très importantes. Des rapports remarquables furent présentés en cette circonstance par des eugénistes de différents pays sur :

L'eugénique (major L. Darwin) ;

L'eugénique aux Etats-Unis (Dr C. B. Davenport) ;

L'hérédité morbide (Dr Apert) ;

Une enquête eugénique sur les affections mentales (Général Wilmaers) ;

La lutte antivénérienne aux Etats-Unis (D^esse Robinson) ;

L'éducation en vue du mariage (L. March) ;

La détérioration du germe et l'eugénique (Dr Bertholet) ;

L'eugénique en Belgique, par le Dr Govaerts ;
    etc., etc.

Ces journées eugéniques se sont terminées par l'inauguration de la « cellule eugénique » à l'Institut belge de sociologie.

C'est grâce aux efforts de la Société belge d'Eugénique que furent instituées pour la première fois, des conférences par T. S. F. sur l'eugénique. En avril 1924, le Dr Govaerts donnait une première conférence sur « l'eugénique et l'économie humaine ».

Le 7 février 1926, la Société organisa une séance publique d'eugénique au Palais des Académies, à laquelle assistèrent de nombreuses personnalités belges et des représentants du mouvement eugénique des autres pays. Cette séance était consacrée à l'étude de l'examen médical avant le mariage.

Des travaux y furent apportés par le Prof. Brachet, le Dr Schreiber, secrétaire de la Société française d'Eugénique, M. Wets, le R. P. Fallon, le Dr Sand, etc.

A l'heure actuelle, la Société travaille de tous ses moyens à introduire dans la population l'habitude de l'examen prématrimonial bénévole, avant de l'établir dans la législation.

§ 2. — L'OFFICE BELGE D'EUGENIQUE.

L'Office belge d'Eugénique a été fondé en 1922, grâce à la générosité d'Armand Solvay.

Il est situé à l'Institut belge de sociologie.

L'Office est chargé d'assurer la documentation eugénique, de rechercher les moyens d'application des principes de cette science, d'aider le législateur et de maintenir le contact entre les personnes et les institutions intéressées à l'eugénique en Belgique et à l'étranger.

Buts de l'Office.

Les principaux buts de l'Office belge d'Eugénique se résument dans les points suivants :

1° Collaborer aux activités sociales qui visent à l'amélioration de la santé des populations, en ajoutant le point de vue eugénique ;

2° Définir la mesure dans laquelle l'eugénique peut intervenir dans la mise en valeur du capital humain ;

3° Préparer, organiser un dépôt d'archives relatant l'histoire médicale, biologique et sociale des familles ;

4° Aider le législateur en dépouillant la documentation qui se rapporte aux facteurs qualitatifs de nos populations ;

5° Former le personnel d'enquête chargé de documenter l'Office et organiser des services d'enquête eugénique ;

6° Collaborer avec toutes les personnes et institutions intéressées à l'eugénique ;

7° Publier les travaux entrepris à l'Office.

Le Conseil d'administration de l'Office est constitué de la façon suivante :

Président :

E. Vandervelde, ministre d'Etat.

Vice-présidents :

le professeur Bayet, membre de l'Académie royale de médecine, président de la Ligue nationale belge contre le Péril vénérien ;

le Dr Leclerc-Dandoy, professeur agrégé à l'Université de Bruxelles.

Membres :

le Dr Sand, professeur agrégé à l'Université de Bruxelles ;

les Drs Barinich et Hostelet, de l'Institut Solvay de sociologie ;

le Dr Boulenger, directeur de la Ferme-Ecole provinciale de Waterloo ;

Mme Demoor et le Dr Capart, délégués de la Société belge d'Eugénique.

L'Office belge d'Eugénique a déjà rassemblé de nombreuses monographies sur l'eugénique. Un répertoire bibliographique (système décimal) sur cette science et celles qui s'y rapportent a été rédigé. D'abondants clichés pour projections lumineuses sur l'hérédité et l'eugénique sont réunis à l'Office et mis à la disposition des conférenciers. Un questionnaire a été établi pour l'usage de l'Office et de tous ceux qui veulent relever les indices héréditaires.

§ 3. — GROUPES DE RECHERCHES EUGENIQUES.

Ces groupes de recherches eugéniques momentanément supprimés ont été créés en 1912 par Waxweiler.

Ils étaient chargés d'étudier les questions eugéniques ou d'aborder, sous ce point de vue, les problèmes déjà posés dans notre pays.

Ils s'occupaient aussi de donner des conférences de caractère scientifique sur l'eugénique.

Ces groupes étaient autonomes, mais étaient représentés par la Société belge d'Eugénique.

CHAPITRE III.

Différents moyens eugéniques préconisés en Belgique.

De nombreux moyens ont été mis à l'étude et préconisés en Belgique en vue de l'amélioration de la race.

Nous envisagerons ceux qui ont été déjà appliqués ou qui ont fait l'objet d'un examen plus spécial.

On peut grouper ces moyens de la manière suivante :

1. — L'éducation morale ;
2. — L'étude de l'hérédité ;
3. — Le développement des familles nombreuses ;
4. — L'éducation eugénique et l'éducation sexuelle ;
5. — La réglementation du mariage ;
6. — Les mesures d'hygiène sociale ;
7. — La rééducation des anormaux ;
8. — Les examens médicaux préventifs ;
9. — La sélection des mieux doués ;
10. — L'assistance sociale ;
11. — L'établissement d'observation de Moll-Hutte (1).

---

(1) Le R. P. Fallon résume les mesures eugéniques propres à être établies en Belgique de la manière suivante :

1° Le développement des études biologiques, notamment en ce qui concerne l'hérédité ;

2° La vulgarisation des connaissances certaines actuellement acquises ;

3° L'appel à la prudence et à la conscience privées en ce qui touche aux conditions du mariage ;

4° L'établissement de pedigrees par les particuliers, avec l'indication des faits capables de renseigner sur l'état sanitaire, mental, intellectuel et moral des membres de la famille : ascendants, collatéraux et descendants. A la longue, ces pedigrees deviendraient précieux pour éclairer, soit les médecins traitants, soit les intéressés eux-mêmes dans le choix d'une carrière ou la conclusion d'un mariage ;

§ 1. — L'EDUCATION MORALE.

Plus que partout ailleurs, les moyens d'ordre moral sont ceux qui, en Belgique, sont mis en valeur par les eugénistes pour arriver à l'amélioration de la race.

Le Dr Gillon estime que l'avenir de la race dépend de l'éducation des individus, basée sur la morale depuis l'enfance, de façon à développer en eux le sentiment du respect de soi-même et des autres et à les amener graduellement à connaître, aussi parfaitement que possible, la valeur du trésor de vie qu'ils détiennent et les responsabilités qu'ils assument envers la société selon l'usage qu'ils en font.

Mais ce sont surtout les ouvrages du R. P. Fallon qui se sont attachés à démontrer toute la valeur de l'éducation morale dans la réalisation de l'idéal eugénique.

L'homme, dit-il, étant un être moral et libre, il convient de s'adresser à ses facultés supérieures dans les buts qu'on se propose en vue de le perfectionner, et de réduire au minimum les moyens de contrainte légale. En effet, dans des matières si délicates, et qui intéressent si intimement la dignité personnelle, la contrainte légale se heurte à des cas d'application extrêmement épineux. Elle met aux prises, dans des conflits aigus, deux intérêts opposés, entre lesquels il devient singulièrement malaisé d'établir un juste partage : l'intérêt privé et l'intérêt social, la liberté personnelle et la sujétion imposée par le souci du bien commun.

. . . .

Il y a dans tout homme, même le plus disgracié, quelque chose de sacré qui commande le respect. Il y a une intelligence qui dort,

---

5° La lutte contre le néo-malthusianisme et le développement des familles nombreuses;

6° La lutte contre les ennemis de la famille :

    a) Travail excessif des femmes et des enfants;

    b) Abus du féminisme;

    c) Maladies infectieuses;

    d) Misère, taudis, immoralité sous toutes ses formes;

7° Développer l'éducation morale et religieuse.

une volonté engourdie, une âme qui sommeille. Les organes sont défectueux. Ils étouffent la flamme intérieure ; ils l'empêchent de jaillir et de jeter son éclat. Mais la flamme est là, l'homme est là. C'est ce que la loi morale traduit en nous disant : quoiqu'il advienne, traite toujours l'homme comme un frère, non comme un esclave et moins encore comme une brute.

Dans le cas qui nous occupe, la mutilation et la suppression pure et simple des incurables notoires, moyen préconisé par certains eugénistes, ne peuvent être pratiqués sans porter atteinte au respect de la vie et de la personne humaine. Ces moyens se légitiment d'autant moins qu'ils dépassent le but. Pour empêcher ces malheureux de nuire, la ségrégation ou souvent même la surveillance, suffiraient. Il est anti-scientifique autant qu'immoral de disproportionner en ces matières, la cause à l'effet, le moyen au but.

Le R. P. Fallon fait donc appel aux sentiments moraux de chacun. C'est à la conscience qu'il faut s'adresser, en ravivant le sentiment de la responsabilité des gens appelés à procréer. Il y a, dit-il, un devoir élémentaire et de rigoureuse justice de la part des jeunes gens atteints d'affections contagieuses, ou d'affections suceptibles de rendre la vie conjugale onéreuse ou même impossible, comme les troubles mentaux, d'en avertir la partie avec laquelle on projette une union.

La question est infiniment plus grave encore lorsqu'il s'agit d'affections héréditaires.

Il ne s'agit plus ici comme plus haut de vicier par contagion la santé d'une personne existante et disposant d'elle-même, celle du conjoint, mais il s'agit d'êtres à appeler à la vie et qui ne pourraient y venir qu'affectés d'une tare, tare qu'ils transmettraient eux-mêmes en faisant à la race le plus grand tort et en étant une charge à la société. Dans ce cas, la morale défend à ces catégories de personnes la procréation d'individus tarés tant au point de vue physique qu'au point de vue moral.

Mais, comme aucun moyen allant contre l'ordre naturel des choses ne peut être employé, la morale commande dans ce cas aux jeunes gens l'abstention du mariage et aux gens mariés la continence. En effet, on ne peut poser un acte en le frustrant de sa fin naturelle, ni user d'une institution naturelle en la privant positivement de son terme. Agir de la sorte, serait introduire le désordre dans la vie ; ce serait aussi introduire la contradiction au sein de l'intelligence et de la volonté elles-mêmes, puisqu'on voudrait positivement empêcher ce but.

La première fin de l'eugénique doit donc être de donner à chacun une discipline morale, une règle morale, qui le met en état de se prémunir contre ces maladies dont le germe est dans chaque individu et dont le développement dépend en grande partie des mœurs personnelles.

Si l'adolescent ne s'impose pas une discipline morale sévère on aura beau le protéger contre la transmission héréditaire et contre la contagion, il créera en lui un nouveau foyer d'infection. Le mal naîtra dans l'abus des excitations passionnelles. Il importe donc, avant tout, de donner à chacun cette règle morale qui est celle de la chasteté. Chasteté individuelle d'abord, qui met en chacun un principe de réaction contre les poussées sauvages de l'instinct. Chasteté conjugale ensuite, dans le mariage monogame, stable et fécond, qui fixe, tempère et élève à la fois, les rapports sexuels et qui, comme on l'a très justement remarqué, constitue un moyen de sélection précieux ; car rien ne peut contribuer à écarter les individus atteints de tares physiologiques, morales ou mêmes économiques comme la perspective d'un engagement indissoluble, d'un tête-à-tête constant et des charges mutuelles qu'il faudrait porter à longueur de vie.

Mais ces vertus difficiles demandent un milieu favorable. Elles ne sont pratiquement à espérer que si elles se trouvent encouragées et facilitées par ce qu'on pourrait appeler la chasteté sociale. Il faut les protéger par des mesures d'hygiène publique qui assainissent l'atmosphère morale et qui défendent l'individu contre lui-même (1).

Le R. P. Fallon proteste énergiquement contre la stérilisation des anormaux telle qu'elle se pratique en Amérique. Il serait inconcevable, dit-il, après 20 siècles de civilisation chrétienne succédant aux 6 ou 7 siècles de civilisation antique, d'en revenir aux conceptions spartiates.

---

(1) V. Fallon. Extrait de : *Eugénique et Mariage, Revue d'Eugénique*, 1921, p. 29.

Le Prof. Brachet s'élève également contre ce procédé. L'idiot, dit-il, n'a pas besoin d'être stérilisé, car nous le mettons dans des asiles à l'abri de la fécondation, et les lois prévoient des pénalités sévères contre l'abus et la violence envers une personne déclarée mineure intellectuellement. Quant au contrefait, à l'estropié même congénital, l'eugénique serait cruelle et dangereuse si elle en arrivait là, car cet être peut porter dans son corps disgracié l'étincelle du génie ou de la bonté (1).

La mutilation et la stérilisation ne peuvent se justifier au nom d'aucun principe ajoute M. Wets. L'hospitalisation et la ségrégation seules peuvent être imposées au sujet qui présente un réel danger pour la collectivité. Le problème humain ne peut se confondre avec ceux qui intéressent les espèces exclusivement animales. On ne peut attenter à la pensée humaine qui brille parfois d'un merveilleux éclat dans un corps malingre et chétif. La licence de mariage elle-même ne paraît pas actuellement défendable (2).

Enfin, le Dr Possemiers préconise, lui aussi, la discipline morale comme un des moyens les plus effectifs constituant une sauvegarde physique, morale et intellectuelle de l'individu et de la race. Il insiste sur la valeur de la discipline sexuelle.

Comme on le voit, l'opinion est unanime en Belgique pour reconnaître la nécessité d'une solide éducation morale comme base primordiale de la solution du problème eugénique.

§ 1. — L'ETUDE DE L'HEREDITE.

L'étude de l'hérédité a été placée au premier plan des préoccupations des eugénistes belges.

L'Office national d'Eugénique comprenant un centre d'informations et de recherches sur l'hérédité humaine représente la meilleure réalisation pratique possible.

Cet Office utilise tous les moyens d'investigations dont il dispose pour apprécier les qualités physiques et mentales des individus.

---

(1) **Prof. Brachet.** *L'Eugénique et l'Embriologie. Revue d'Eugénique*, 1923, p. 15.

(2) **P. Wets.** *L'Eugénique et le Droit. Revue d'Eugénique*, 1922, p. 60.

Ses observations sont classées par lignées généalogiques. Un examen final permet de juger ce qui revient au facteur héréditaire dans le développement de l'homme.

L'investigation eugénique que l'on se propose de poursuivre ainsi ne néglige aucune source de renseignements : autorités civiles et religieuses, écoles, asiles, prisons et hôpitaux.

La rédaction de la liste des personnes dangereuses par leurs tares ou remarquables par leurs qualités constitue le point de départ de l'enquête.

Le travail consiste ensuite à rendre visite à chaque habitant inscrit sur cette liste, à s'enquérir de ses parents directs, de ses collatéraux, de ses descendants, etc.

Ceux-ci seront touchés à leur tour, et l'on s'enquerra de leurs caractères physiques au moyen des mensurations anthropométriques, de leurs caractères mentaux, au moyen de tests.

Ces renseignements, rédigés d'abord sous forme de rapports, sous forme de fiches ensuite, concrétisés en tableaux généalogiques et schématisés en pedigrees, sont envoyés à l'Office belge d'Eugénique, qui se charge du dépouillement général suivant une classification qui reste à déterminer, mais qui comprendrait les familles, les groupements professionnels, les catégories sociales et les éléments ethniques. Ce matériel serait ensuite mis en valeur par les méthodes biométriques ; on en déduirait les degrés de variations et de ressemblances entre les souches et leur descendance (Dʳ Govaerts) (1).

Sur la question de l'hérédité, il faut citer encore les travaux du Dʳ Sand dans lesquels il démontre que, de tous les enfants qui

---

(1) Il s'est ouvert à Bruxelles, sous la direction de Mᵐᵉ De Moor, une clinique infantile (Clinique Quinton) dont le service est assuré par le Dʳ Cuvelier. Celui-ci traite la débilité physique par le sérum de Quinton. Les résultats cliniques auxquels on est déjà arrivé sont très intéressants, d'autant plus qu'ils sont encadrés d'une documentation abondante sur le passé biologique de l'enfant, la description de son état actuel au moyen des indices anthropométriques et symptômes cliniques. Mᵐᵉ De Moor a complété son service par l'organisation d'enquêtes eugéniques à faire dans les familles qui présentent un intérêt médical particulier. Elle a adopté le modèle de questionnaire rédigé par l'Office belge d'Eugénique.

meurent avant d'avoir atteint l'âge d'un an, un tiers succombe à des affections congénitales.

Les deux tiers des pauvres invétérés, des vagabonds, des délinquants, des alcooliques, des prostituées, sont atteints de faiblesses héréditaires d'esprit et de caractère que l'examen psychologique met aisément en relief. Il cite, pour rendre cette affirmation plus concrète, un exemple emprunté à la Belgique ; sur 310 ménages secourus en 1914 par le Bureau de Bienfaisance d'Ath, 47 au moins étaient apparentés à des personnes assistées par le même Bureau de Bienfaisance en 1901. Sur la liste des assistés, on trouve 11 familles portant le nom de B., 8 du nom de C., 7 du nom de P., 16 du nom de T. Un père, ses six enfants, ses deux petits-enfants, sont secourus par le Bureau de Bienfaisance (1).

La détérioration des cellules reproductives par l'intoxication alcoolique a fait l'objet d'une étude de la part du Dr Boulenger (2).

Le Dr Govaerts est connu également par ses travaux sur l'hérédité (3). Il a étudié plus spécialement le facteur hérédité dans l'étiologie de la tuberculose (4).

Le problème de l'hérédo-syphilis a préoccupé particulièrement le Prof. Bayet, notamment au point de vue de la lutte sociale à engager contre la syphilis héréditaire. Il pense que cette lutte ne sera efficace que si elle se base sur une définition aussi précise que possible du domaine réel et élargi de la syphilis héréditaire. Aussi la Ligue nationale belge contre le Péril vénérien s'est-elle engagée dans cette voie en créant une institution d'études sur la syphilis héréditaire, dont nous examinerons le programme et le fonctionnement plus loin (5).

---

(1) Dr Sand. *Eugénique et Economie humaine. Revue d'Eugénique*, 1921, n° 4.

(2) *Revue d'Eugénique*, idem.

(3) *Revue d'Eugénique*, 1923, n° 1.

(4) *Le Facteur héréditaire dans l'Etiologie de la Tuberculose*. Bulletin n° 23. Carnegie Institution of Washington.

(5) En dehors d'un certain nombre de monographies d'ordre strictement scientifique, voir :

a) Dr A. Bayet. *Les consultations de nourrissons et l'hérédosyphilis;*

b) Dr A. Bayet. *La lutte sociale contre l'hérédo-syphilis. Ses conceptions nou-*

Le Dr Alexander a examiné la question de l'hérédité psychologique et le Prof. Ley a démontré, par une enquête qu'il a faite dans les écoles de Bruxelles, que l'arriération mentale de l'enfant est en rapport avec une série de tares psycho-sociales familiales. Ses travaux sur l'hérédité des maladies mentales sont connus.

M. W. Schraenen, secrétaire général de la Ligue contre le Péril vénérien, est l'auteur de plusieurs monographies sur la syphilis héréditaire et l'hérédité pathologique en général. C'est à lui également que le public belge doit de connaître l'œuvre de Galton. A l'occasion du centenaire de sa naissance, il a publié un travail sur la vie et l'activité du naturaliste anglais (1).

En ce qui concerne l'hérédité criminelle, il existe, en Belgique comme en Amérique et en Angleterre, une certaine documentation méthodique en anthropologie criminelle.

A la prison de Forest, a été installé un laboratoire pour l'étude anthropologique et psycho-pathologique des délinquants, dirigé par le Dr Vervaeck, assisté d'un docteur-adjoint pour les hommes, d'une doctoresse-adjointe pour les femmes. Tout entrant, soit comme prévenu, soit comme condamné, fait l'objet d'un examen médical et psychologique complet, de façon à distinguer les diverses catégories de délinquants et à agir sur eux, et pour eux, au mieux, tant pendant leur séjour à la prison, qu'après la sortie, afin d'obtenir, dans la mesure du possible, leur amendement.

Un Comité composé du directeur de la Prison, de l'aumônier de la religion du délinquant, de l'instituteur chargé à la prison de l'instruction des illettrés, du surveillant-chef de la section et du directeur d'atelier où travaille le détenu, prend les décisions

---

velles. Son organisation. (Editions de la Ligue nationale belge contre le Péril vénérien.)

(1) Voir aussi du même auteur :

1° *Les dystrophies hérédo-syphilitiques.* (Société d'anthropologie de Bruxelles, 27-11-1922.)

2° *L'hérédité pathologique.* (Revue d'Eugénique, 1923, n°s 4 et 5.)

3° *L'hérédo-syphilis.* (Edition de la Ligue nationale belge contre le Péril vénérien.)

4° Dr A. Govaerts et W. Schraenen. *L'enquête familiale et l'hérédo-syphilis.* (Annales d'Eugénique, 1924, n° 2.)

nécessaires. Enfin, un véritable petit asile, inclus dans la prison, permet d'isoler et de surveiller les délinquants psychopathes (1).

Chaque délinquant est l'objet d'un dossier relatant l'histoire biologique et médicale de sa famille, décrivant son état clinique, morphologique, anthropométrique, psychologique, ainsi que les divers milieux sociaux qu'il a traversés.

Cette documentation peut, non seulement aider le juge à apprécier les facteurs intervenant dans le déterminisme des actes délictueux, mais elle donne matière à des recherches qui, par l'analyse biologique des délinquants et de leurs fautes, permettent de déterminer les limites des lésions organiques ou des tares qui pèsent sur eux, ainsi que leurs rapports avec l'hérédité morbide.

Enfin, il faut citer les travaux et les recherches remarquables du Dr Vervaeck sur l'hérédité criminelle familiale des délinquants en Belgique, qui prouvent que l'hérédité exerce une action certaine, et dans quelques cas prépondérante, dans l'étiologie criminelle. Ses efforts tendent, dans la mesure du possible, à relever le criminel. Mais il considère qu'avant tout, ce qu'il importe de sauver, c'est la famille que le délinquant a fondée. Il s'agira de l'assister et surtout de prévenir, par des mesures médicales et éducatives, les tendances aux délits et à l'anomalie sociale sous toutes ses formes, qui ne manqueront pas de s'affirmer dans la descendance du criminel héréditaire (2).

Le Dr Boulenger a travaillé également la question de l'hérédité morbide.

§ 3. — LE DEVELOPPEMENT DES FAMILLES NOMBREUSES.

Le professeur Dupréel préconise comme moyen de perfectionnement de la race, le développement de la population par les familles nombreuses. Celles-ci créent, en effet, parmi les citoyens, la nécessité du travail, l'émulation de l'effort, le besoin du progrès, et élève d'autant la tension sociale (3).

---

(1) E. Apert, *Paris-Médical*, novembre 1922, p. 322.

(2) Docteur Vervaeck, *L'Hérédité criminelle*, *Revue d'Eugénique*, 1921, p. 55.

(3) Prof. Dupréel, Conférence donnée sous les auspices de la Société belge d'Eugénique.

La famille nombreuse constitue le milieu dans lequel l'homme se forme à la discipline du travail, du sacrifice, de la solidarité (1).

Le colonel Lemercier estime qu'il est grave de constater que la restriction des naissances dans les milieux intellectuels constitue un amoindrissement proportionnel des meilleurs éléments de la race.

Le nombre des familles nombreuses en Belgique, loin d'aller en augmentant, va en diminuant de plus en plus.

Des statistiques ont été établies dans la commune d'Ixelles (2) qui démontrent qu'en 1910, il y avait 1538 ménages de 3 enfants et en 1920 1377, malgré une augmentation générale de plus de 4000 ménages.

On enregistrait à cette date :

698 ménages de	4 enfants contre	462 en 1920
270 »	5 »	225 »
139 »	6 »	82 »
66 »	7 »	47 »
28 »	8 »	16 »
13 »	9 »	6 »
8 »	10 »	4 »

Pendant la période qui s'est écoulée de 1831 à 1882, le taux de la natalité était de 31 à 32 ‰ habitants. A partir de 1883, il décroît lentement jusqu'en 1902, où il atteint 28. De 1902 à 1913, la chute se précipite et le taux passe de 28 à 22. Depuis, il est descendu sensiblement et n'est, à l'heure actuelle, pas supérieur à 18 (3).

Cette baisse de la natalité est plus accentuée dans les provinces wallones que dans les provinces flamandes.

En vue de développer les familles nombreuses, le Roi, sur le rapport du premier ministre et du ministre de la justice, a institué, le 29 août 1922, auprès du ministère de la justice, une com-

---

(1) L. Lemercier, *Le Recrutement de la Race*, p. 20.

(2) Discours de M. Buyl, membre de la Chambre, prononcé à l'Assemblée de la Ligue des Familles nombreuses, du 7 mai 1922.

(3) Discours de M. Levie à l'Assemblée de la Ligue des Familles nombreuses du 12 octobre 1922.

mission en vue « de l'examen des mesures propres à alléger les charges des familles nombreuses et à favoriser l'établissement de leurs membres, et, ce conformément à l'équité et à l'intérêt de la Nation ».

Différents systèmes de mesures ont été instaurées dans le pays, dans le but de favoriser les familles nombreuses. Ce sont :

1° La diminution du taux de l'impôt proportionnellement au nombre d'enfants ;

2° Le développement du système des allocations familiales (dans les industries privées et dans les emplois de l'Etat) ;

3° L'intervention de l'Etat dans le prix de construction des logements pour familles nombreuses ;

4° La réduction sur les tarifs de chemin de fer ;

5° Les facilités d'admission dans les établissements d'instruction ;

6° Les assurances sociales ;

7° Les pensions et allocations spéciales aux veuves chargées d'enfants ;

8° L'allègement des charges militaires.

Deux lois concernant les obligations militaires, du 10 mars et du 4 août 1923, contiennent un certain nombre de dispositions favorables aux familles nombreuses.

On a préconisé également le retour à la terre. Il a été constaté, en effet, que le nombre des réformés militaires est en Belgique deux fois plus élevé parmi les conscrits des villes industrielles que parmi ceux des campagnes.

Il s'est créé, en Belgique, un organisme ayant pour but d'encourager l'accroissement des naissances et de développer les familles nombreuses : la *Ligue des Familles nombreuses*. A côté de cette institution, la *Ligue contre les taudis*, récemment fondée, s'est donnée pour tâche, de lutter contre les conditions déplorables dans lesquelles sont obligées de vivre certaines classes de la population, ce qui les force à restreindre leur descendance.

Signalons également en terminant la mesure législative qui a été prise en 1922, par la loi du 20 juin. Cette loi qui modifie les articles 383 et 284 du Code pénal vise à réprimer l'avortement et la propagande anticonceptionnelle.

§ 4. — L'EDUCATION EUGENIQUE ET L'EDUCATION SEXUELLE.

Le Dr Dandoy préconise comme facteur eugénique de grande importance l'éducation sexuelle, c'est-à-dire l'initiation de l'enfant aux phénomènes de la génération. Il fut l'un des premiers à introduire le problème de l'éducation sexuelle dans les écoles. Il importe, dit-il, que ces notions soient enseignées à l'école, graduellement, en élevant en même temps le cœur et l'esprit des jeunes élèves ; elles améliorent, dans un avenir prochain, les mœurs de la jeunesse.

Grâce à l'initiative du Prof. Nolf, alors ministre des sciences et des arts et de l'instruction publique, la direction de l'enseignement moyen a organisé, il y a quelques années, des conférences qui ont été données par le Prof. Leclerc-Dandoy, pour les membres du personnel de l'enseignement moyen et normal. C'est le Prof. Leclerc-Dandoy qui a inauguré également l'éducation sexuelle dans les athénées. Les élèves, préparés dans les classes antérieures, par les professeurs de sciences naturelles, reçoivent en rhétorique, des leçons de prophylaxie vénérienne, faites par des médecins (1).

La Ligue nationale belge contre le Péril vénérien s'est, à son tour, préoccupée de la question. Elle a entrepris une campagne d'éducation sexuelle au moyen de cours et de conférences dans les différents milieux de la société. Signalons en particulier, les conférences remarquables données par les professeurs Bayet et Leclerc-Dandoy aux étudiants de l'Université de Bruxelles et aux élèves de l'Académie des Beaux-Arts.

Outre les conférences organisées dans les milieux estudiantins, dans les athénées et les écoles, la Ligue contre le Péril vénérien a, sur la demande de diverses administrations communales et d'organismes privés, fait donner des cours isolés sur le même sujet ; elle compte, parmi ses principaux collaborateurs, des conférenciers, tels que le Dr Decroly, le Dr Boulenger, le Dr Bessemans, le Dr Gilson, etc.

En novembre 1923, la Ligue de l'Enseignement avait organisé,

---

(1) Dr Leclerc-Dandoy, Rapport présenté au Premier Congrès de la Ligue nationale belge contre le Péril vénérien, Bruxelles, 1922.

avec la collaboration de la Ligue nationale contre le Péril véné-
rien, des journées médico-pédagogiques afin d'étudier le problème
de l'éducation sexuelle. Des rapports sur la question y ont été
présentés par M. Sluys, le Dr Leclerc-Dandoy, Mme William
Burls, Mlle van Kessel, le Dr Decroly, M. Smelten, Mlle Hamaide,
M. De Wilder, M. van Hove, M. Jacquemin, M. Tits, M. van
Nerum, M. Frère, M. Denaeyer, M. Eggermont, M. Gautier-
Finck.

Si beaucoup d'éducateurs sont partisans de l'initiation au phénomène de la génération par l'école, il faut remarquer toutefois
qu'un grand nombre d'entre eux voudraient réserver ces questions délicates à la famille, à l'exception toutefois de ce qui concerne la fécondation des plantes et des organismes inférieurs. Ils
estiment que, pour ce qui touche à la génération humaine, l'initiation par l'école offre de grands défauts, dont le principal réside
dans le danger d'un enseignement prématuré et dans la difficulté
du dosage d'un tel enseignement aux différents élèves (voir dans
ce sens, le Dr Possemiers).

Le Dr Govaerts a organisé des conférences scolaires sur l'eugénique où, en plusieurs leçons, il a inculqué aux enfants leurs
devoirs envers la race et la société (1).

L'éducation sexuelle a encore été envisagée par le Dr Boulenger
dans le rapport qu'il a présenté au Ier Congrès de la Ligue nationale belge contre le Péril vénérien.

Citons en terminant la très intéressante brochure du D^r A.
Bessemans qui est un exposé clair et complet des notions biologiques qui devraient être enseignées aux enfants dans les écoles.

§ 5. — LA REGLEMENTATION DU MARIAGE.

La réglementation du mariage en Belgique est basée sur la loi
française. Peu de restrictions ont été apportées à cette institution
dans l'intérêt de la race.

---

(1) C'est lui qui préconise également que chaque médecin soit instruit des faits
de l'hérédité et de l'eugénique. Cet enseignement devrait, d'après lui, faire partie
de l'éducation sociologique indispensable à tous les médecins. Ils pourront ainsi
instruire chaque individu et leur donner des avis à propos de la prévention de la
faiblesse, de la débilité, pour lui-même et pour sa descendance.

Comme en France, les eugénistes belges voudraient établir le certificat médical prénuptial.

Après avoir examiné brièvement les conditions du mariage établies par le législateur au point de vue eugénique, nous envisagerons la question de l'examen médical prénuptial telle qu'elle se pose actuellement en Belgique.

A. — AGE DU MARIAGE.

La loi fixe l'âge du mariage à dix-huit ans pour les hommes et à quinze ans pour les femmes.

B. — LE DEGRE DE CONSANGUINITE.

D'après le Code civil belge, le mariage est prohibé entre tous les ascendants et descendants légitimes ou naturels, et les alliés dans la même ligne (art. 161).

En ligne collatérale, le mariage est prohibé entre le frère et la sœur légitimes ou naturels, et les alliés au même degré (art. 162).

Toutefois, l'alliance ne constitue pas un empêchement au mariage après le décès du conjoint qui la produisait. (Loi du 11 février 1920, art. 1ᵉʳ).

Le mariage est encore prohibé entre l'oncle et la nièce, la tante et le neveu (art. 163).

Néanmoins, pour des causes graves, les prohibitions portées au précédent article peuvent être levées (art. 164).

C. — L'EXAMEN MEDICAL PREMATRIMONIAL.

L'examen médical prématrimonial est considéré en Belgique comme le moyen eugénique le plus adéquat à l'état actuel des mœurs du pays. Tous les eugénistes le préconisent et font une propagande intense pour le faire entrer dans les habitudes de la population avant de proposer son inscription dans la législation.

Le Dʳ Sand estime que le recommander d'une façon pressante suffit à exercer sur l'opinion publique une influence éducatrice marquée. Ce certificat, dit-il, aura pour effet d'attirer l'attention des nouveaux mariés sur leur rôle de procréateur, il leur permettra de recevoir des conseils précieux à ce sujet, il leur révélera l'existence d'affections débutantes ou à tendances morbides qu'un avis médical donné à temps permet souvent de combattre (1).

Le Dr Possemiers défend aussi le principe du certificat réciproque bénévole, certificat qui serait délivré par le médecin de famille. Il n'admet en aucune façon l'ingérence du médecin « officiel ».

Le Dr Govaerts est un des plus ardents protagonistes de ce certificat en Belgique. « On accepte, dit-il, l'examen médical avant d'entrer à l'armée ou de contracter une assurance sur la vie, pourquoi se refuser à la même chose avant d'accomplir un des actes les plus importants de l'existence : le mariage? »

La Société belge d'Eugénique concentre tous ses efforts à préparer l'esprit public pour lui faire admettre cet examen.

Dès le début de sa création, elle a rédigé et propagé une notice montrant, par des chiffres précis, les dangers auxquels s'expose, pour son conjoint et sa descendance, quiconque se marie lorsqu'il est atteint d'une affection héréditaire ou contagieuse et recommandant aux parents d'exiger des futurs époux un certificat médical ou de leur faire contracter une assurance sur la vie.

Des conférences sont faites en vue d'amener l'opinion à considérer la lourde responsabilité qu'il y a pour les syphilitiques et autres malades héréditaires à donner le jour à des enfants qui seront fatalement tarés. A ceux-là on apprend qu'ils devraient s'abstenir du mariage ou du moins se soumettre à l'examen clinique et à l'examen du sang (2).

Toujours dans le même but, la Société belge d'Eugénique a organisé, le 7 février 1926, au Palais des Académies, une séance publique sur la question de l'examen médical avant le mariage.

Cette manifestation a obtenu le plus grand succès. De nombreuses personnalités avaient tenu à affirmer par leur présence leur sympathie en faveur des organisateurs de la réunion et de la campagne menée par les eugénistes belges. M. Jaspar, ministre d'Etat, le professeur Nolf, ancien ministre des sciences et des

____

(1) Dr Sand. *Natalité et Eugénique, Bulletin de l'Académie de Médecine de Belgique,* 1920.

(2) Dr Dujardin. Conférence faite à la Société belge d'Eugénique.

arts et président de la Croix-Rouge de Belgique, M. Brunet, président de la Chambre, le lieutenant-général Wilmaerts, inspecteur général des Services de Santé de l'Armée, les professeurs Dustin (de Bruxelles), Brouha (de Liége), le docteur Tricot-Royer et le docteur Gallemaerts, président et vice-président de l'Association médicale, M. Dronsart, directeur de la Croix-Rouge de Belgique, le lieutenant-général de Selliers de Moranville, les docteurs Govaerts, Sand, etc. etc. M. Herbette, ambassadeur de France, assistaient à cette séance.

Comme le prévoyait l'ordre du jour, quatre orateurs traitèrent la question : le Prof. Brachet, recteur de l'Université de Bruxelles, du point de vue biologique ; le Dr Georges Schreiber, secrétaire général de la Société française d'Eugénique, du point de vue médical et biologique ; M. Paul Wets, juge au tribunal des enfants de Bruxelles, du point de vue légal et social ; le R. P. Fallon, professeur à l'Université de Louvain, du point de vue familial et moral.

Unanimement opposés au certificat d'aptitude au mariage, tel qu'il est imposé par la loi scandinave, les conférenciers se déclarèrent partisans de l'examen médical prénuptial bénévole et préconisèrent une propagande suivie pour le faire entrer dans les mœurs avant de l'inscrire dans la législation. Ils soulignèrent d'un commun accord la nécessité pour le médecin d'apporter dans la pratique de cet examen beaucoup de doigté et de circonspection.

Forte de cet appui que lui avait donné l'opinion publique, la Société belge d'Eugénique conviait ses membres à se réunir en assemblée générale pour discuter avec les chefs de services des hôpitaux et cliniques les modalités de réalisation pratique du problème posé (1).

Après une discussion des plus intéressantes, l'assemblée fut unanime à déclarer que l'examen médical prénuptial devait être confié soit au médecin de famille, soit à une consultation eugénique.

------

(1) Extrait de la communication faite par le Dr Govaerts au Comité international des Sociétés d'Eugénique, le 2 juillet 1926.

Ce fut alors qu'il fut décidé d'ouvrir à la Polyclinique du Parc Léopold, à Bruxelles, une consultation de médecine préventive dirigée par le Dr Govaerts. Cette appellation a été choisie parce que l'examen médical prénuptial n'est, en somme, qu'une modalité de l'examen médical préventif et que ce terme serait mieux compris par le public. D'autre part, il est désirable d'informer ce dernier que cet examen doit se faire bien longtemps avant le mariage et qu'il doit être répété chaque année. L'examen médical préventif n'a, en effet, d'autre but que de dépister une maladie latente à ses débuts, de rechercher la présence ou l'absence de troubles fonctionnels, d'anomalies organiques ou la pratique d'habitudes fautives.

Au point de vue technique, la formule en usage à l'Institut pour la prolongation de la vie de New-York et celle recommandée par l'Association médicale américaine ont été empruntées.

Cet examen comporte une vue d'ensemble sur le degré d'intégrité anatomique et fonctionnelle des principaux organes en attachant une attention particulière aux antécédents héréditaires. Il devra évidemment être complété par l'avis de médecins spécialistes.

Voici en résumé ce que cet examen comporte :

1° Une série de questions relatives à l'identité du sujet, son âge, ses conditions de vie, de travail, de logement, ses habitudes alimentaires et son passé morbide ;

2° Une série de questions relatives aux sensations subjectives du patient qui ne retiendraient pas assez son attention et qui pourraient orienter le médecin vers un trouble déterminé ;

3° Le relevé des antécédents héréditaires. Cette rubrique ne vise évidemment pas à dresser les tendances héréditaires du sujet. On connaît trop les difficultés inhérentes à ce point de vue. Aussi est-il préférable de recueillir quelques faits morbides patents dans l'ascendance directe du sujet ;

4° Viennent ensuite quelques renseignements généraux sur la vitalité et qui exigent l'emploi d'appareils spéciaux ou l'application d'épreuves particulières ;

5° On procède après à l'examen du sujet debout, assis, couché, suivant les méthodes cliniques habituelles. Cette façon de procéder a l'avantage de se superposer à l'ordre des investigations du médecin et d'éviter ainsi toute perte de temps ;

6° Cet examen mène ainsi à poser les jalons d'un diagnostic précis et raisonné que l'on résumera en indiquant l'état de santé du sujet, la présence ou l'absence de troubles fonctionnels et d'anomalies organiques ainsi que des habitudes fautives ;

7° Une dernière rubrique est consacrée aux conclusions, c'est-à-dire aux conseils donnés à l'intéressé.

Comme conseils, le médecin n'aura à formuler que ceux relatifs à l'hygiène personnelle, au mode de vie, à l'opportunité de tel ou tel examen particulier ou de tel ou tel traitement.

En aucun moment, le médecin n'aura à traiter la question d'aptitude au mariage, l'intéressé est le seul juge en cette matière et le médecin n'a pour devoir que de l'éclairer sur les éléments qui doivent être à la base de son jugement.

Le médecin n'a donc aucun certificat à donner ni aucune archive écrite à tenir. Du moment qu'il a renseigné l'intéressé sur son état de santé et sur le degré d'aggravation éventuelle de la maladie dont il souffre, il a terminé son rôle.

Sous cette forme il est à penser que l'examen médical avant le mariage est pratiquement réalisable et qu'il aidera puissamment à faire disparaître la négligence et l'ignorance qui, tout en étant à la base de la nature humaine, sont la cause de tant de naufrages de la santé (1).

Modèle de fiche en usage à la Consultation de Médecine préventive à la Polyclinique du Parc Léopold.

CONSULTATION DE MEDECINE PREVENTIVE

Fiche individuelle.

Nom, prénoms.. Age.............
Adresse.. Etat civil.............
Profession.................................... ....
Condition du travail : régulier......... agréable......... monotone.........
dangereux......... fatiguant......... en plein air......... d'intérieur.........

---

(1) Extrait de la communication précitée.

dans clarté......... dans obscurité......... poussières............ odeurs.........
bruit......... encombr............ trav. assis......... debout.........
    Ressources individuelles..
    Logement : en famille......... isolé......... milieu......... chambres.........
lits......... personnes......... loisirs......... sommeil......... heures.........
fenêtre ouverte.........
    Repas : nombre......... quantité......... régul......... où......... nature
repas : viande......... pois......... œufs..... pâtes alimen......... lég.........
patisserie......... sucre......... fruits......... salades......... pain.........
eau......... lait......... thé......... café......... alcool......... tabac......... plaisirs, récréations, passe-temps, soucis.........
    Maladies antérieures : fièvres éruptives, entérite, abcès, convulsions,
méningite, typhus, variole, rhumatisme, grippe, tuberculose, anémie,
traumatisme, maladies vénériennes, angine, dépression nerveuse,
migraines, opérations chirurgicales...
    Vacciné (variole, typhus, diphtérie). Quand ?.............................

Examen subjectif.

    Sommeil : lourd, léger, rêves, cauchemars, insomnies. **Réveil**............
....

    Larmoiement photophobie : appétit......... soif......... (aliments sup-
portés)...
    Phénomènes gastriques..
    Phénomènes intestinaux.................................... Laxatifs............
    Toux...................... Expect...................... Dyspnée......................
    Suffocation.................................. Douleurs thoraciques..............
    Palpitations.............................. Aptit. à l'effort..................
    Œdèmes.................................. Refr. extrém..........................
    Mictions : fréq................... abond...................
    Mouvements mains........................... jambes............................
    Crampes, névralgies, rhumat...
    Tremblements................... chatouill................... furoncles...............
    Engourdiss................... frilosité.................... rhumes...................
    Transpir.................. saliv.................. vap.................. roug..............
soupirs.............. hoquet.............. bâill.............. spasme..............
    Eructation................... bourdonnement............... vertiges...............
    Eblouiss................... céphal.............. doul. fronto-orbit...................
    Humeur.................. sensib................... asthénie..................
    Menstr.................................... Leucorrhée...................
    Accouch.................................... Abort...................

Antécédents héréditaires

Aliénation (A), débilité mentale (Dm), épilepsie (E), convulsion (C), paralysie (P), syphilis (S), gonorrhée (B), tuberculose (T), alcoolisme (Alc), paupérisme (Pme), toxicomane (Tx), cécité (Cé), surdité (S), migraine (M), nervosité (N), cancer (C), goutte (G), diabète (D).

PARENTS	SANTÉ	MALADIES	DÉCÈS, AGE ET CAUSE
Père			
Mère			
Frères et sœurs			

Renseignements généraux.

Taille debout............ Taille assise............ Poids...(actuel...............
(habituel...........
Diamètre thoracique......................
Température............ Hémoglobine.......... pression systolique..........
diastolique............ pouls assis.......... debout.......... après effort..........
Ouïe (D.............. Vue (D.............. après correction (D............
(G.............. (G.............. (G.............
Urines (aspect.......... album.......... Selles (Aspect.............
(densité........ sucre.......... (parasites.........

Examen debout

Aspect extérieur............ . Morphologie (constitutionnelle...............
(fonctionnelle...................
Age réel.......... Age médical.......... Embonpoint.......... Facies..........
Regard.......... Teint.......... Attitude.........

Peau, température, pigmentation, tonicité, (face.....................
sécheresse, dermatoses, pilosité, ganglions,) thorax...................
circulation (abdomen................
(membres (sup........
(infér......

Glandes mammaires........................... Hernies.........................
Colonne lombaire : déviations.................... sensibilité................:.....
Axe des membres...
Musculature, mouvements (bras..
(jambes...
Stabilité yeux fermés.......... yeux ouverts.......... marche..........

Examen assis.

Cheveux......... yeux : fente palpébrale......... conjonctive......... cornée......... pupille : régularité......... grandeur......... réflexes.........

Nez : orifices......... perméabilité......... inflammation......... écoulement......... obstruction.........

Dents et palais..

Pharynx, Larynx, Amygdales...

Oreilles...

Thorax, forme, asymétrie............... dépression............... circulation collatérale...........

Cœur : Auscultation...

            Percussion...

Poumons : Palpations......... ....

            Percussion...

            Auscultation...

Examen couché.

Abdomen : forme......... tonicité......... élasticité......... rénit........... sensibilité point épig......... point cyst......... point pylor......... points périombilicaux.........

Mac Burney......... cœcum......... côlon......... batt. aortiques...........

Percussion..

Palpation...

Foie..

Rate..

Reins...

Org. génitaux...

Sensibilité tactile............... doul............... thermique...............

Force musculaire..

Réflex cornéen....... pupill....... tend....... cubital....... plantaire.......

Vaso-moteurs......... Réflex-oculo-cardiaque....................................

RÉSUMÉ.

Vitalité..

Troubles fonctionnels...

Anomalies organiques..

Habitudes fautives..

CONCLUSIONS.

....

....

Date...........................

Une première réalisation a été obtenue, en *1927*, par la Société belge d'Eugénique. A la demande de cette dernière et de la Croix-Rouge, tous les bourgmestres de l'agglomération bruxelloise réunis, ont décidé que les chefs de bureau de l'état civil remettraient une notice à tous les futurs époux venant solliciter leur inscription en vue de leur mariage.

Nous donnons ci-après le texte de cet avis :

CROIX-ROUGE DE BELGIQUE ET SOCIÉTÉ BELGE D'EUGÉNIQUE

CONSEILS AUX FUTURS EPOUX

Si vous n'êtes pas bien portants tous les deux, votre union ne sera ni prospère ni heureuse, car la maladie du mari entraîne la misère et celle de la femme, le désordre du foyer. De plus, certaines affections se transmettent d'un époux à l'autre, et de ceux-ci aux enfants.

Il faut donc avant de vous marier, demander à un médecin qui ait votre confiance de vous examiner complètement et de vous donner son avis, que vous vous communiquerez l'un à l'autre. Votre responsabilité serait grave si vous négligiez cette précaution et vous pourriez en être cruellement punis en vous-mêmes et dans vos futurs enfants.

Les médecins sont tenus au secret par la loi : ils ne peuvent, sans votre autorisation formelle, répéter à qui que ce soit ce que vous leur aurez dit ou ce qu'ils auront constaté au cour de leur examen.

Si le médecin vous conseille de remettre votre mariage en raison de votre état de santé, écoutez la voix de la sagesse et de votre conscience. Sans doute, votre désappointement sera grand, mais il sera bieu plus grand encore si l'union dont vous attendiez le bonheur devenait, par votre propre imprudence, une source de chagrins et de maux pour vous et vos enfants.

Dans la majorité des cas, d'ailleurs, le médecin pourra vous donner un avis favorable et c'est avec d'autant plus de confiance que vous réaliserez le projet qui vous est cher.

§ 6. — LES MESURES D'HYGIENE SOCIALE.

Les eugénistes belges estiment qu'une des grandes tâches qui leur incombent est de travailler à l'amélioration des conditions d'hygiène, de développer la protection de l'enfance, de lutter contre les maladies d'origine sociale et contagieuse et contre tous les maux qui menacent de causer à la race des détériorations profondes.

Aussi, la Société belge d'Eugénique, collabore-t-elle, à titre consultatif, à toute œuvre d'hygiène sociale. Elle organise, dans chaque institution, un service d'enquête eugénique, adjoint au service d'enquête sanitaire.

Il s'est constitué, en Belgique, sous les auspices de la Croix-Rouge, un « Comité national des Œuvres d'Hygiène ».

Ce Comité a pour mission de coordonner la propagande entreprise par ces œuvres, sans porter atteinte à leur autonomie.

Il comprend : La Ligue nationale belge contre la Tuberculose, la Ligue nationale belge contre le Péril vénérien, l'Œuvre nationale de l'Enfance, la Fédération des Sociétés de Propagande anti-alcoolique d'Abstinence totale, la Ligue nationale belge d'Hygiène mentale, la Société belge d'Eugénique. Celle-ci est représentée à ce Comité par son président, le Docteur Boulenger.

Il existe, en outre, un Conseil supérieur d'hygiène publique qui a été créé en 1849 et réorganisé en 1919. Il a pour but :

1° D'étudier, de rechercher tout ce qui peut contribuer aux progrès de l'hygiène publique et de formuler à cet égard telles propositions qu'il juge utiles ;

2° De donner son avis sur les questions d'ordre sanitaire et hygiénique qui lui sont adressées par le Gouvernement à son initiative ou à la demande des autorités provinciales ou communales ;

3° D'étudier les questions qui se rattachent au contrôle des sérums, vaccins, toxines et produits organothérapiques employés en médecine et notamment d'arrêter les méthodes de contrôle au point de vue de leur innocuité et de leur efficacité.

Comme ces mesures constituent des moyens eugéniques indirects nous étudierons successivement dans ce chapitre l'organisation de :

A. — La Protection de l'Enfance ;

B. — La Lutte contre le Péril vénérien ;

C. — La lutte contre la tuberculose ;

D. — La Lutte contre les Maladies mentales ;

E. — La Lutte contre l'Alcoolisme.

A. — LA PROTECTION DE L'ENFANCE.

L'organisation de la protection de l'enfance en Belgique est répartie entre les deux principales institutions suivantes :

a) L'Œuvre nationale de l'Enfance ;

b) L'Office belge de la Protection de l'Enfance.

Après avoir envisagé ces deux points nous donnerons la liste des lois sur la protection de l'enfance en Belgique ainsi que celle des institutions secondaires qui s'en occupent.

a) — *L'Œuvre Nationale de l'Enfance.*

Avant d'exposer l'organisation de l'Œuvre nationale de l'Enfance, nous allons examiner succintement les faits qui ont préparé son avènement.

I. — Historique.

En Belgique, la protection de la santé de l'enfant par les moyens préventifs s'est manifestée, depuis longtemps, par l'établissement progressif de crèches, consultations de nourrissons, gouttes de lait, cantines maternelles, repas et colonies scolaires.

La première consultation de nourrissons date exactement de 1897 ; elle était, et est encore, l'œuvre préventive type.

Des crèches furent établies bien avant cette date, mais il est plus juste de les considérer comme corollaires du travail industriel féminin.

Les promoteurs des œuvres préventives poursuivirent isolément le même but et durent pour l'atteindre faire pénétrer leurs idées dans tous les milieux. Ils durent également assurer eux-mêmes les ressources aux œuvres auxquelles ils se dévouaient, car il n'y avait aucune règle pour l'octroi de subsides officiels, l'Etat n'intervenant pas, les provinces intervenant rarement et les communes subsidiant principalement les œuvres créées par elles.

Le premier essai de coordination des efforts fut réalisé par la Ligue nationale pour la protection de l'enfance du 1ᵉʳ âge qui fut constituée en 1903 en vue de mener une campagne active en faveur des œuvres préventives. Celles-ci reçurent à partir de 1906, l'approbation officielle du Gouvernement : le service de santé et d'hygiène du ministère de l'intérieur fut chargé de subsidier dans certaines conditions, les œuvres des nourrissons.

Dans la suite, l'Etat organisa aussi des cours de puériculture, d'hygiène enfantile pour adultes et fit inscrire au programme des écoles ménagères et de certaines écoles professionnelles des notions d'hygiène infantile.

Telles furent les origines du mouvement en faveur de la santé de l'enfance, dont les résultats se traduisaient comme suit en 191. :

70 consultations de nourrissons, gouttes de lait ;

3 cantines maternelles : Anvers et Bruxelles ;

des crèches communales, patronales et privées ;

des repas scolaires et colonies scolaires communales et privées.

La nécessité de protéger la santé de l'enfance, devint plus impérieuse encore pendant l'occupation, en suite des difficultés de ravitaillement et de l'insuffisance généralisée des ressources. Les œuvres de l'Enfance prirent une extension considérable que justifiait la situation économique, mais que des ressources limitées compromettaient ; leurs dirigeants s'adressèrent au Comité national de Secours et d'Alimentation qui, immédiatement, leur vint en aide. Il fit plus, après avoir étudié la situation de l'enfance avec les membres de la Commission Royale des Patronages, il créa, dans son sein, une section « Aide et protection aux œuvres de l'Enfance » chargée de mener une action d'ensemble méthodique, basée sur le principe de l'organisation médicale.

Cette section organisa tout d'abord la protection de la première enfance : gouttes de lait, consultations de nourrissons, cantines maternelles ; ensuite elle se préoccupa de l'enfance scolaire.

Les œuvres s'établirent au fur et à mesure des besoins ; pour les diriger on fit appel au dévouement de tous ; pour qu'elles puissent vivre, elles furent subsidiées et surveillées. Et ainsi la section de l'Enfance provoqua une magnifique efflorescence d'œuvres. A l'armistice on comptait :

768 consultations de nourrissons, gouttes de lait ;
473 cantines maternelles ;
435 cantines pour enfants débiles ;
2067 repas scolaires ;
50 colonies scolaires ;
1 colonie de jour.

Le travail fut fécond car, grâce aux efforts coordonnés, l'enfance fut efficacement protégée, ainsi que l'a constaté notamment le Dr Lucas, professeur à l'Université de Californie, dans un rapport officiel de l'époque.

Un progrès considérable avait donc été réalisé dans le domaine de la protection de la santé de l'enfant. Fallait-il en laisser tarir les bienfaits au lendemain de l'armistice? La disparition du Comité national de Secours et d'Alimentation compromettrait-elle la vie des œuvres patronnées par sa Section de l'Enfance? Question difficile à résoudre ; en faisant rentrer les œuvres dans un cadre officiel purement administratif, on risquait d'étouffer l'initiative privée.

M. le ministre Jaspar proposa la solution de cette difficulté dans un projet de loi qui fut voté le 5 septembre 1919. Ce vote a consacré l'établissement de l'Œuvre nationale de l'Enfance : œuvre officielle mais indépendante, sous le contrôle du Gouvernement.

L'Œuvre nationale de l'Enfance centralise donc à l'heure actuelle, en Belgique, tout ce qui est relatif à la protection de la santé de l'enfant et de la mère.

C'est grâce à la haute compétence, au dévouement éclairé et à l'activité inlassable de son distingué directeur général M. Maquet, que cette institution a pris le développement que l'exposé ci-dessous nous fera connaître.

II. — Organisation de l'Œuvre Nationale de l'Enfance.

Buts de l'Œuvre.

L'Œuvre nationale de l'Enfance a pour mission d'encourager

et de développer la protection de l'enfance, et notamment : de favoriser la diffusion et l'application des règles et des méthodes scientifiques d'hygiène des enfants, soit dans les familles, soit dans les institutions publiques ou privées d'éducation ; d'encourager et de soutenir par l'allocation de subsides ou autrement, les œuvres relatives à l'hygiène des enfants ; exercer enfin un contrôle administratif et médical sur les œuvres protégées.

Moyens d'action.

L'Œuvre nationale de l'Enfance remplit sa mission soit en gérant elle-même des œuvres qui lui appartiennent, soit en agréant des œuvres créées par toutes initiatives à la seule condition de se conformer au règlement.

L'agréation par l'Œuvre nationale de l'Enfance fait vivre les œuvres parce que la loi lui a donné ce caractère particulier d'entraîner l'intervention obligée de l'Etat, des Provinces et des Communes ,selon le but de l'œuvre et dans les limites d'un maximum déterminé par arrêté royal.

III. — Des Œuvres gérées ou agréées par l'Œuvre Nationale de l'Enfance.

a) Protection avant la naissance.

1. Consultations prénatales. — Par ces consultations on peut espérer réduire sensiblement le déchet conceptionnel et améliorer la race.

Parmi les 363 consultations prénatales agréées par l'Œuvre nationale de l'Enfance il y a des œuvres très différentes.

Des consultations sont annexées à des maternités ou à des polycliniques. Complètement outillées elles surveillent, dépistent et soignent. Il faut en noter avec satisfaction l'établissement dans les agglomérations importantes, et particulièrement dans deux maternités universitaires.

Les consultations prénatales qui ne relèvent que de l'Œuvre nationale de l'Enfance ne peuvent de ce fait qu'exercer la surveillance, dépister et éduquer.

Les futures mères peuvent s'y présenter dès la présomption de grossesse et sont examinées par des médecins à qui il est recom-

mandé de pratiquer dès cette première visite l'examen hématologique préconisé par l'Institut international d'hygiène publique.
Les futures mères sont ensuite examinées mensuellement à partir
du 5ᵉ mois.

Une troisième forme d'organisation est celle que, en suite des
circonstances de lieu, il faut admettre dans les régions rurales.
La future mère a le libre choix du médecin, et se fait examiner
au domicile de ce dernier.

La consultation prénatale sous forme de conseils est encore
annexée à de nombreuses consultations de nourrissons ; dans
l'esprit de leurs dirigeants elle n'est plus qu'une étape vers l'organisation de la Consultation prénatale basée sur les examens médicaux.

L'action éducative des consultations prénatales est renforcée
encore dans les œuvres qui organisent pour les futures mères des
séances de vulgarisation hygiénique : cours pratiques d'hygiène
professés par les médecins attachés aux œuvres.

2. Maisons maternelles. — Ces organismes luttent contre la
mortalité consécutive à des situations sociales défavorables. Elles
accueillent les futures mères isolées pour qui la maternité est une
charge trop lourde dont elles sont tentées de se débarrasser lorsqu'elles sont abandonnées. Ces maisons sont organisées en vue
de provoquer l'épanouissement du sentiment maternel ignoré,
endormi, ou refoulé : l'amour maternel étant la meilleure des sau-
vegardes à donner à l'enfant.

Les œuvres de Liége, Anvers et Bruxelles poursuivent le même
but. Ce sont des œuvres privées, agréées par l'Œuvre nationale
de l'Enfance : elles ont chacune une organisation particulière.
En règle générale, les futures mères y sont admises dès que leur
état de grossesse les empêche de continuer à vivre dans leur
milieu. Elles les quittent après que la direction s'est assurée du
sort de l'enfant et de la mère ; la durée du séjour est de ce fait
extrêmement variable.

b) Protection à la naissance.

L'Œuvre nationale de l'Enfance participe à l'organisation de
l'accouchement.

1. Layettes. — Des layettes sont distribuées aux familles peu aisées par l'intermédiaire des consultations prénatales et des consultations de nourrissons.

Les œuvres locales de l'enfance ont distribué dans le courant de l'année 1924, 15,000 layettes ; à ce chiffre correspondent 15,000 accouchements effectués dans de meilleures conditions : l'influence des matrones a été à coup sûr notablement diminuée.

2. Boîtes d'accouchement. — La composition de ces boîtes a été étudiée par le Comité médical supérieur. Elles sont fournies à toutes les œuvres locales qui en font la demande, pour être remises, moyennant payement de leur valeur, aux futures mères à l'époque de leur accouchement.

3. Prêt de couveuses. — Le service de prêt des couveuses est organisé dans les localités importantes par des œuvres locales : maternités, crèches, etc.

Un service de prêt est organisé au siège central de l'œuvre qui, d'après certificats médicaux, met sur le champ à la disposition des familles un appareil en parfait état de marche.

c) Protection après la naissance.

1. Consultations de Nourrissons. — Les consultations de nourrissons assurent la surveillance médicale régulière de tous les enfants indistinctement de o à 3 ans et poursuivent parallèllement l'éducation des mères.

Dans un grand nombre d'œuvres l'action du médecin est continuée à domicile par une infirmière-visiteuse. Celle-ci devient l'amie, la conseillère de la mère, elle lui donne, au cours de ses visites, des leçons pratiques de puériculture, d'hygiène, et ainsi la consultation est bien ce qu'elle doit être : une école, un centre d'hygiène.

993 consultations de nourrissons mènent actuellement la lutte contre la mortalité et la morbidité du premier âge.

La mortalité infantile est en diminution constante dans toutes régions du pays.

2. —Surveillance des enfants placés en garde. — Les consultations de nourrissons sont chargées de la surveillance des enfants

de 0 à 7 ans placés en garde ou en nourrice moyennant salaire. Fin 1924 on comptait 1052 enfants protégés par elles.

Dans les localités importantes les administrations communales facilitent la mission des œuvres de l'enfance ; elles communiquent officieusement aux comités locaux qui organisent la surveillance, la liste des naissances qui surviennent dans leur commune. Grâce à cette entente, prise avec l'engagement de respecter scrupuleusement le secret de l'accouchement, les œuvres poursuivent plus aisément la protection d'enfants dont la forte mortalité a motivé le caractère obligatoire de la surveillance.

3. Cantines maternelles et gouttes de lait. — Les distributions alimentaires n'ont plus la même extension que pendant la guerre, en raison précisément des conditions économiques qui pour l'ensemble du pays ne justifient plus leur généralisation systématique.

Dans les agglomérations industrielles ou populeuses l'Œuvre nationale de l'Enfance subsidie des œuvres établies dans de bonnes conditions et répondant à une réelle nécessité ; elles sont, en tout état de cause, annexées à une consultation de nourrissons ou à une consultation prénatale.

4. Campagne en faveur du bon lait. — Cette campagne vise d'une part à convaincre le producteur de la nécessité et de la possibilité de débiter un lait pur et propre ; d'autre part, à convaincre le consommateur de la nécessité de n'en acheter que de bonne qualité, et d'en payer le juste prix.

Les résultats de cette campagne, entravée comme l'est toujours toute action nouvelle, sont encourageants. Au cours de l'année 1924, 3450 filtrages ont été effectués par les soins de l'Œuvre nationale de l'Enfance, 1035 laits ont été examinés au point de vue hygiène, 425 ont été soumis à l'analyse chimique.

5. Crèches et pouponnières. — L'Œuvre nationale de l'Enfance subsidie 55 crèches et pouponnières.

d) Protection de 3 à 14 ans et plus.

La surveillance médicale des enfants de 3 à 14 ans incombe, en vertu de la loi du 25 mars 1924, à l'inspection médicale scolaire.

L'action de l'Œuvre nationale de l'Enfance ne doit donc plus être la même pour les enfants de cet âge que pour ceux de o à 3 ans.

Elle revêt conformément à la loi de 1919 deux formes selon qu'elle exerce une influence individuelle en remédiant à la débilité ou qu'elle exerce une influence générale en organisant une propagande intense pour la vulgarisation des règles et méthodes d'hygiène.

1. Cantines d'enfants débiles. — Ces œuvres sont principalement établies afin de procurer un supplément de nourriture à l'enfant dont l'état de santé l'exige ; elles sont établies également afin d'assurer le repas de midi aux enfants débiles ou exposés à le devenir en suite de la privation habituelle de ce repas.

De là deux systèmes de repas :

1° Distribution d'une ration supplémentaire à une heure où elle ne remplacera pas un repas et suralimentera l'enfant ;

2° Distribution du repas de midi aux enfants qui en sont privés. Les œuvres qui reçoivent des enfants débiles ont également la faculté d'organiser une cantine pour laquelle l'agréation par l'Œuvre nationale de l'Enfance entraîne un subside spécial. Il y a actuellement 50 cantines protégeant 17,224 enfants.

2. Colonies pour enfants débiles. — La débilité plus affirmée de nombreux enfants ne pourrait être efficacement combattue sans un changement de régime et de milieu.

Ce sont ces enfants débiles, mais non malades, qui sont reçus par l'Œuvre nationale de l'Enfance dans des colonies qui lui appartiennent et qu'elle administre, et dans des colonies qu'elle a agréées depuis son institution, mais qui ne reçoivent que des enfants désignés par elle.

La colonie de jour de l'Œuvre nationale de l'Enfance à Tervueren est réservée aux enfants de 3 à 6 ans de l'agglomération bruxelloise. Des groupes de bambins s'y rendent en train spécial sous la conduite d'éducatrices. Il y en a 250 par jour.

Les colonies permanentes reçoivent les enfants de 6 à 14 ans ; ceux qui n'ont pas 6 ans, ne sont reçus que dans les cas particulièrement intéressants.

Des colonies sont réservées aux filles, ce sont :

Les colonies de l'Œuvre nationale de l'Enfance à La Panne (175 lits) et à Dongelberg (300 lits).

Les colonies agréées de Vlimmeren (125 lits) et Wesembeek (130 lits).

Les garçons sont reçus dans les colonies de l'Œuvre nationale de l'Enfance à Knocke (200 lits) ; Calmpthout (100 lits) ; Cortil Noirmont (130 lits) et dans la colonie agréée de Berlaer (100 lits).

Les enfants sont admis en colonie pour 3 mois. Ce séjour correspond toujours à un des trimestres scolaires ou aux vacances d'été.

De cette façon, le séjour en colonie n'est plus une cause de retard scolaire, puisque les enfants y continuent leurs études. L'enseignement est organisé conformément au programme officiel, les classes sont inspectées par le ministère des sciences et des arts. 5 à 800 enfants font annuellement un séjour de trois mois en colonie d'enfants débiles.

3. Institut médico-pédagogique (voir au paragraphe relatif à la rééducation des anormaux). — L'Institut de Rixensart reçoit des enfants qui, par suite d'arriération mentale ou de défauts divers, ne peuvent s'adapter à l'enseignement primaire des écoles ordinaires. Il ne reçoit que des sujets nettement éducables.

La direction de l'Institut vise à assurer dans la plus large mesure le traitement individuel tant au point de vue physique qu'au point de vue mental.

APPENDICE

a) Œuvre des Infirmières-Visiteuses.

331 infirmières-visiteuses attachées aux œuvres de l'enfance participent annuellement à des journées d'études qui comprennent des cours professés par des spécialistes et des visites d'œuvres.

L'Œuvre nationale de l'Enfance charge les infirmières attachées aux œuvres locales, ainsi que son œuvre d'inspection, de faire des enquêtes sociales sur la situation des familles qui lui sont signalées notamment par le service de Sa Majesté la Reine, ou qui s'adressent directement à elle.

Par ce travail les infirmières apprennent à rechercher les causes profondes des misères, et à les soulager en faisant appel aux œuvres compétentes.

b) Œuvre de la Protection de l'Enfance noire.

L'Œuvre nationale de l'Enfance vient de s'ouvrir encore un nouveau champ d'activité consistant dans la protection de l'enfance noire au Congo belge.

· b) — *L'Office belge de la Protection de l'Enfance.*

L'Office belge de la Protection de l'Enfance, qui forme une direction générale du ministère de la justice, a, dans ses attributions, la protection morale des mineurs.

Les principaux champs d'activité de l'Office de la Protection de l'Enfance sont les suivants :

1° Les enfants victimes d'abus graves de la part de leurs parents ou tuteurs ;

2° Les enfants moralement abandonnés ;

3° Les enfants traduits en justice (1).

L'Office s'occupe principalement de l'application de la loi du 15 mai 1912 sur la protection de l'enfance, de celle du 1ᵉʳ septembre 1920 sur le contrôle des films cinématographiques.

Il a organisé en outre l'enseignement du service social et la formation d'auxiliaires sociaux pour collaborer, notamment, aux œuvres de l'enfance et aux œuvres d'assistance.

Il subventionne le Comité national belge de Défense contre la Traite des Femmes et des Enfants.

L'application de la loi sur la protection de l'enfance a grandement contribué à la diminution de la délinquance infantile. Chaque année plusieurs milliers d'enfants sont arrêtés sur la pente fatale, sont pris sous tutelle par le juge des enfants et restent sous sa surveillance effective ou éventuelle jusqu'à leur majorité.

On peut établir d'une manière positive l'efficacité des mesures d'éducation et de surveillance prises à leur égard. En effet, il est

---

(1) Pour plus de développement voir Dʳ P. Nisot : *l'Enfance délinquante.*

constaté que 70 % des anciens mineurs de justice n'ont subi aucune condamnation, pas même pour contravention à la police ou vagabondage, pendant les cinq années qui suivirent leur majorité (voir le rapport de l'Office de la Protection de l'Enfance en application de la loi du 15 mai 1912).

Par leur délinquance précoce ces enfants étaient exposés à devenir des délinquants professionnels ; grâce à la loi sur la protection de l'enfance, ils seront définitivement sauvés et reclassés.

C'est là un fait d'une importance sociale considérable, et qui n'est possible que grâce au dévouement sans bornes de tous ceux qui participent à l'application de cette loi bienfaisante (1).

*
* *

Les principales lois sur la protection de l'enfance en Belgique sont :

La loi du 15 mai 1912, sur la protection de l'enfance ;

La loi du 19 mai 1914, sur l'obligation scolaire ;

La loi du 15 juin 1919, instituant l'Œuvre nationale des Orphelins de Guerre ;

La loi du 5 septembre 1919, instituant l'Œuvre nationale de l'Enfance ;

La loi du 1ᵉʳ septembre 1920, interdisant l'entrée des salles de spectacle cinématographique aux mineurs âgés de moins de seize ans ;

La loi du 14 juin 1921, modifiant les lois des 13 décembre 1889, 10 août 1911, et 26 mai 1914, sur le travail des femmes et des enfants ;

L'arrêté royal du 1ᵉʳ juin 1920 instituant la tutelle sanitaire des adolescents (2).

---

(1) I. Maus, l'Office belge de la Protection de l'Enfance.

(2) Il est à remarquer qu'en Belgique, la surveillance médicale cesse à 14 ans et ne s'exerce plus sur les écoliers, à l'âge critique où ils en ont le plus besoin. Toutefois, elle est remplacée par la tutelle sanitaire des adolescents, mais celle-ci n'atteint qu'une partie des adolescents. Telle qu'elle est organisée en Belgique, la surveillance médicale des adolescents au travail constitue une innovation d'une importance immense.

*
* *

Les autres œuvres s'occupant en Belgique de la protection de l'enfance sont :

Le Comité estudiantin d'Aide aux Enfants, 149, chaussée de Boendael, Bruxelles ;

La Croix-Rouge de Belgique, 80, rue de Livourne, Bruxelles ;

Les Eclaireurs Baden-Powel belges, 41, avenue de Belgique, Anvers ;

Les Œuvres de Préservation de l'Enfance contre la Tuberculose, 25, rue Léon-Bernus, Charleroi, et 22, rue du Ponçay, Liége ;

Les Œuvres des Colonies Scolaires, Courte rue Neuve, Anvers ;

L'Œuvre du Mont-Thabor, 28, rue de l'Ourthe, Bruxelles ;

La Société Clinique de l'Espérance, 5, rue Coppenol, Anvers ;

La Société coopérative Colonies scolaires, 305, rue de Turnhout, Borgerhout.

B. — LA LUTTE CONTRE LE PERIL VENERIEN.

La Belgique détient dans la lutte contre la syphilis la première place en Europe. Elle la doit au Prof. Bayet auquel son zèle humanitaire a inspiré le plan d'action unique dont l'organisation scientifique a donné des résultats qui n'ont encore été obtenus dans aucun autre pays. Il fallait, en effet, réunir à la science médicale

---

La tutelle sanitaire des adolescents au travail impose l'examen médical de tous les adolescents de 13 à 18 ans. Cet examen obligatoire pour tous, au moins une fois par an, se répète semestriellement, trimestriellement et même plus souvent encore pour ceux dont la santé l'exige. Il est effectué selon un plan uniforme, par un médecin choisi par le chef d'entreprise et agréé dans ce but par le ministre. Enfin, l'adolescent qui offrirait des répugnances à se laisser examiner par des praticiens officiels reste libre de choisir lui-même son conseiller médical ; dans ce dernier cas, c'est à l'intéressé qu'incombent les frais de visites corporelles et des certificats indispensables.

Les médecins du travail ont pour instruction de s'intéresser au sort des moins valides, d'intervenir en leur faveur auprès des chefs d'entreprise, auprès des parents des enfants, et auprès des institutions de tout genre dont le concours peut être utile.

la plus profonde, un esprit de recherches permettant d'utiliser les découvertes les plus récentes de la syphiligraphie pour arriver à trouver une solution au problème que présente une maladie presque inguérissable.

Les méthodes préconisées par le Prof. Bayet il y a près de 20 ans, tenaient dans deux principes fondamentaux qui consacraient comme base essentielle de la lutte contre la syphilis, la prophylaxie par la thérapeutique. Considérant que tous les systèmes anciens de prophylaxie avaient fait faillite, spécialement la réglementation de la prostitution, et réprouvant du reste toute méthode répressive et coercitive, le nouveau plan proposé par le Prof. Bayet établissait :

1° Que la prophylaxie sociale des maladies vénériennes doit consister en première ligne dans la stérilisation des porteurs de germes. En conséquence, elle doit être avant tout d'ordre thérapeutique ;

2° Que cette prophylaxie ne sera efficace que si elle a pour elle la collaboration volontaire et éclairée du corps médical tout entier.

Ces deux principes fondamentaux : stérilisation thérapeutique des porteurs de germes et collaboration du corps médical tout entier ont pour corollaire obligé la distribution gratuite des médicaments stérilisants de même que la gratuité des soins médicaux dans une très large mesure.

Notons bien que l'originalité du système du Prof. Bayet ne consiste pas dans la guérison des syphilitiques, mais dans la suppression de leur pouvoir de transmission du mal. Par le traitement arsénical, on peut, en effet, arriver à réduire la période contagieuse de la syphilis des neuf dixièmes de la durée qu'elle avait antérieurement. Or, diminuer des neuf dixièmes la durée de la période contagieuse de la maladie, c'est absolument, au point de vue de la dissémination du mal, comme si on diminuait des neuf dixièmes le nombre des syphilitiques contagieux.

Quant au second principe, son utilité découle du fait que, depuis la guerre, par suite de l'occupation, la syphilis s'est répandue en Belgique jusque dans les parties les plus reculées du pays. « A la dispersion générale du fléau il fallait opposer une dispersion aussi grande des forces antagonistes et c'est pourquoi, il a été fait appel au corps médical tout entier » (Prof. Bayet).

Tels sont les principes sur lesquels est basée la lutte contre le péril vénérien en Belgique. Nous allons voir comment dans les faits cette campagne est organisée et quels en ont été les résultats.

1. — *L'action du Gouvernement.*

Le Conseil supérieur d'hygiène, peu après l'armistice, se préoccupa de la question du péril vénérien qui devenait de plus en plus menaçant pour le pays. Il s'adressa à cet effet au Prof. Bayet et le pria d'élaborer un projet de lutte. Le 5 août 1920, le projet présenté par l'éminent professeur fut adopté à l'unanimité après de longues discussions et devint désormais la base sur laquelle allait travailler le Gouvernement. L'action de ce dernier commença aussitôt et une série de mesures furent prises. Il fut décidé :

1° d'accorder la gratuité du traitement à tous ceux (hommes et femmes, prostituées ou non) pour qui le paiement des frais de cure aurait constitué un obstacle au traitement ;

2° de développer les organismes de traitement existants, tant privés qu'hospitaliers, communaux ou provinciaux, en les subsidiant pour qu'ils reçussent les malades sans imposer à ceux-ci la moindre formalité pouvant les rebuter ;

3° de provoquer l'organisation d'institutions nouvelles de traitement ;

4° de compléter l'instruction scientifique des médecins en leur donnant le moyen de s'initier, dans les centres de traitement, à la technique antisyphilitique moderne.

S'inspirant encore des vœux émis le 5 août 1920 par le Conseil supérieur d'hygiène, le Gouvernement décida :

1° d'étendre à tout médecin faisant partie d'une union professionnelle reconnue la faculté de prescrire aux frais de l'Etat certains remèdes spécifiques déterminés ;

2° d'intervenir, par voie de subside, dans les frais d'aménagement et de fonctionnement des organismes et établissements de traitement nouvellement agréés, organisés selon les vues du Conseil supérieur d'hygiène publique.

Parmi les autres dispositions prises par le Gouvernement, les plus saillantes sont : la gratuité du traitement antivénérien assu-

rée aux marins étrangers débarquant dans les ports et la conclusion d'un arrangement international relatif à leur traitement gratuit ; la création de cliniques antivénériennes dans les maternités ;
l'organisation dans les consultations prénatales de l'examen
hématologique des femmes enceintes ; l'institution du contrôle
officiel des remèdes spécifiques ; enfin, la gratuité des remèdes
spécifiques accordée pour les prisons, maisons de refuge pour
femmes, établissements d'éducation de l'Etat et établissements
pénitenciers.

L'éducation du public, si importante en matière de lutte antivénérienne, en raison de l'ignorance et des préjugés, fut entreprise avec énergie et suivant des méthodes d'action nouvelles par
la Ligue nationale belge contre le Péril vénérien dont nous examinerons l'œuvre importante plus loin.

Le Gouvernement consacra à cette œuvre d'assainissement des
sommes importantes ; un budget annuel d'environ 1,800,000 fr.
fut employé pendant les premières années pour la délivrance, aux
frais de l'Etat, des médicaments spécifiques.

2. — *La Ligue nationale belge contre le Péril vénérien.*

Il s'est créé en Belgique, à l'initiative de S. M. la Reine et
grâce aux efforts du Dr Bayet, professeur à l'Université de Bruxelles et membre de l'Académie de médecine de Belgique, une
« Ligue nationale belge contre le péril vénérien ». Celle-ci, avec
l'appui des plus hautes autorités religieuses, politiques, sociales
du pays, est à la fois une œuvre de diffusion des notions sur les
maladies vénériennes et une œuvre de propagande morale et
d'assistance sociale. Des subsides importants lui sont attribués
par les Pouvoirs publics. Grâce à une lutte opiniâtre, la Ligue
a réussi à créer une opinion publique sur les maladies vénériennes, à susciter sur ce sujet si délicat, une conscience sanitaire
dans le pays, à faire disparaître la notion de maladies honteuses ;
grâce à une publicité intense, on a montré au public les dangers
de la maladie ; on a, par des affiches répandues à profusion, indiqué les endroits où le syphilitique pouvait se faire traiter gratuitement ; on a, dans les classes supérieures des écoles, attiré l'attention des jeunes gens, qui allaient passer de la vie surveillée
à la vie libre, sur les dangers qui les menaçaient ; tous les étu-

diants, entrant chaque année à l'Université, sont mis en garde, soit par des conférences, soit par des brochures.

Quelques chiffres donneront une idée exacte de cette activité :

En cinq ans de travail, la Ligue, en disposant d'environ 100 conférenciers, a organisé plus de 4000 conférences. Elle a utilisé le théâtre et a donné des représentations du type des « Avariés » de Brieux au nombre de 800 environ. Elle a eu recours au cinéma et a pu atteindre de ce chef près de 350,000 personnes. Elle a apposé 50,000 affiches, distribué 1,500,000 brochures et tracts. Elle est entrée en collaboration avec 250 organismes et groupements divers. En tenant compte de toute la propagande indirecte qui ne peut se chiffrer, on peut affirmer qu'aujourd'hui la population adulte du pays a été touchée dans sa très grande majorité.

Parmi les initiatives intéressantes, signalons les conférences aux étudiants, au personnel des grands magasins, à celui de l'administration de la ville de Bruxelles, aux milieux scolaires, notamment aux écoles industrielles et professionnelles, aux milieux religieux, aux recrues. Citons aussi la propagande générale dans les usines, chez les marins, dans les milieux sportifs.

La Ligue s'occupe encore attentivement de la lutte sociale contre l'hérédosyphilis. Elle a créé dans ce but un dispensaire pour l'étude de l'hérédosyphilis et de son dépistage. Ce dispensaire, très simple, est dirigé par un médecin assisté d'une infirmière visiteuse bien au courant du service social. Ce centre d'études possède tous les moyens pour les investigations cliniques, la radiographie et les recherches de laboratoire nécessaires au dépistage de l'hérédosyphilis. Il s'occupe ensuite de diffuser dans le corps médical du pays tout entier la connaissance de cette hérédosyphilis élargie. Dans ce but, ce dispensaire est ouvert à tous les médecins qui veulent s'initier aux méthodes de dépistage de l'hérédosyphilis. Par une série de brochures et de tracts où seront résumés ses travaux, il mettra le corps des médecins au courant de cette question si difficile, en lui disant ce que l'expérience a montré être efficace et pratiquement applicable. De plus, il organise des cours où la question est méthodiquement exposée et initie à ses méthodes les différentes consultations qui sont en rapports constants et intimes avec la Ligue. Des relations sont établies avec les consultations prénatales et les consultations de nourrissons.

Disons quelques mots encore de l'action de la Ligue envers les deux causes nouvelles de contamination amenées dans le pays par la main-d'œuvre étrangère et par les marins.

Il y a une moyenne de 30,000 étrangers se fixant annuellement en Belgique. On n'a pas cru devoir faire appel à des règlements spéciaux pour ce qui les concerne. Ces étrangers s'incorporent à la masse et sont stérilisés avec la masse. Comme pour le reste de la population, on cherche à les attirer le plus possible vers les centres de traitement. Dans ce but, il est organisé auprès d'eux une propagande intense consistant en conférences, en projections et dans la distribution de tracts écrits dans leur langue, indiquant qu'ils peuvent se faire traiter gratuitement, et les endroits où ce traitement se pratique. Des conférences ont été de la sorte organisées en italien, en polonais, en allemand, voire en arabe et en yiddisch.

Pour les marins, il existe, à Anvers, comme nous l'avons vu plus haut, des consultations antivénériennes gratuites. La Ligue a créé au cœur même du port, un office pour gens de mer, qui a débuté dans des conditions modestes et qui a été, dans la suite, agrandi et transformé. Son but est de faire l'éducation antivénérienne des marins, de les diriger, s'ils sont malades, vers les centres de traitement, de les garer des charlatans qui les guettent, d'assurer l'emploi du carnet international de traitement et d'essayer ainsi de conférer à l'Arrangement international son maximum d'efficacité (1).

L'œuvre de la Ligue nationale contre le Péril vénérien apparaît donc comme le complément nécessaire de l'œuvre gouvernementale.

3. — *Résultats de la lutte contre la syphilis en Belgique.*

a) Population civile.

Des statistiques ont été publiées par le ministère de l'intéreur et de l'hygiène. Il en résulte que, depuis 1919 jusqu'à 1923, date

---

(1) Dr Bayet. Communication faite au Comité national d'Etudes sociales, de Paris, dans sa séance du 26 mars 1928 .

à laquelle s'arrête la statistique, le nombre de syphilitiques ayant joui de la gratuité des médicaments et des soins médicaux a été de 39,561.

Si l'on considère maintenant que pendant les années 1920 et 1921 le nombre de syphilitiques en état possible de contagiosité qui ont reçu le traitement a été de 12,000, on comprendra facilement que la stérilisation de ces 12,000 individus correspond à environ 24,000 individus préservés en. deux ans. Il est démontré, en effet, qu'en moyenne un syphilitique contagieux contamine deux individus.

Pour savoir si la syphilis est en diminution, il suffit de rechercher si les contaminations nouvelles augmentent ou diminuent. Or, toutes les statistiques du pays, sans exception signalent une diminution très considérable du nombre des chancres primitifs, c'est-à-dire des contaminations récentes. La statistique globale du Gouvernement démontre que, depuis 1920, date du maximum de l'épidémie, le chiffre des chancres primitifs, est tombé de 2504 à 898 en 1923, et, depuis cette époque, il a encore diminué.

b) Armée.

D'après une communication du lieutenant-général Wilmaers : « la syphilis neuve qui a été à son apogée durant les années 1918-1919-1920 a diminué régulièrement et progressivement depuis 1921, au point d'atteindre actuellement un pourcentage insignifiant... Cette syphilis neuve décroît d'année en année et tend à disparaître ».

Il y avait, en 1925, dans toute l'armée belge, 13 soldats atteints de chancre (1).

On peut dire d'une manière certaine que dans l'ensemble de la population la syphilis a diminué en Belgique des neuf dixièmes de ce qu'elle était en 1925.

Il est remarquable de constater que les chiffres prévus par la théorie du Prof. Bayet en 1910, se sont vérifiés dans la pratique. Il avait dit en effet, à cette époque, que la période contagieuse de la syphilis était, du fait des médicaments arsenicaux, diminuée des 3/4 ou des 4/5 et que diminuer cette période des 3/4 ou des

---

(1) D' Bayet, *La Lutte contre la syphilis en Belgique.*

4/5, c'est comme si on diminuait des 3/4 ou des 4/5 le nombre des syphilitiques contagieux. Or, c'est là, comme on vient de le voir, l'ordre de grandeur de la diminution des contaminations récentes. Les faits sont donc venus confirmer avec une précision impeccable que le distingué homme de sciences avait vu juste lorsqu'il avait affirmé que la base de la lutte contre la syphilis · était la prophylaxie par la thérapeutique.

Si, dans sa communication à l'Académie de médecine, du 28 novembre 1925, le Dr Bayet, se méconnaissant lui-même, s'est plu à mettre en relief les collaborateurs qui l'ont aidé dans cette campagne opiniâtre, il n'est que justice de reconnaître que le succès en a été uniquement dû à l'esprit scientifique, comme au dévouement sans limite de celui qui a conçu et dirigé les méthodes d'organisation de l'action.

Le résultat obtenu est d'autant plus remarquable que d'autres pays qui avaient mené la lutte avec autant d'énergie que la Belgique, mais à qui manquaient la méthode et le plan scientifique qui ont mis ce pays au premier rang dans le domaine envisagé, ont vu, après deux ans de progrès, le mal reparaître avec une nouvelle expansion.

C. — LA LUTTE CONTRE LA TUBERCULOSE (1).

L'action du Gouvernement belge s'est manifestée d'une façon active encore dans la lutte contre la tuberculose.

Il s'est efforcé de lutter contre ce fléau par l'assainissement des agglomérations, par l'amélioration des logements ainsi que des conditions générales de l'existence et spécialement celles du travail industriel. Il a recommandé à toutes les administrations publiques les mesures à prendre par elles ; il a spécialement attiré l'attention des administrations hospitalières sur la nécessité de traiter, dans les sanatoria, les malades atteints de tuberculose naissante, et ceux atteints de tuberculose ouverte dans des locaux spéciaux indépendants des salles communes. Il accorde des subventions annuelles importantes aux associations ayant pour but la

---

(1) Extrait de l'*Organisation sanitaire du Royaume de Belgique*.

lutte contre la tuberculose. Il a vulgarisé les notions de la prophylaxie antituberculeuse au sein de la population.

D'autre part, le Gouvernement est toujours prêt à intervenir dans les frais de construction de sanatoria à concurrence d'une somme ne dépassant pas trois mille francs par lit.

L'Etat possède deux sanatoria gérés par lui, l'un à Houthem-lez Furnes, pour civils des deux sexes, l'autre à Marchin-lez-Huy, pour militaires.

Le Conseil supérieur d'hygiène a adopté en séance du 2 septembre 1920, un programme général de lutte contre la tuberculose.

La plupart des provinces interviennent de leur côté largement pour subventionner les dispensaires antituberculeux.

Des initiatives ont été prises par plusieurs d'entre elles en matières de création de sanatoria. C'est ainsi qu'il existe des sanatoria populaires pour tuberculeux pulmonaires dans les provinces suivantes :

Province de *Liége* : celui de Borgoumont, fondé en 1903, dispose de 104 lits pour hommes ; celui de Magnée, créé en 1911, compte 60 lits pour femmes et 40 pour enfants des deux sexes de 6 à 13 ans ;

Province de *Flandre orientale* : à Hynsdaele-lez-Renaix, inauguré en 1924, comprenant 125 lits pour femmes ; il sera créé une annexe de 32 lits pour enfants ;

La *Flandre occidentale* a commencé la construction, à Sysseele-lez-Bruges d'un sanatorium de 100 lits pour femmes ;

La province d'*Anvers* a créé 3 dispensaires antituberculeux, qui sont établis à Anvers, à Berchem et à Malines. Elle a, d'autre part, constitué un comité de propagande antituberculeuse jouissant de larges subsides.

Il existe encore des institutions communales et locales.

C'est ainsi que, grâce à la générosité de philanthropes, les hospices civils d'Anvers possèdent un sanatorium pour tuberculeux pulmonaires adultes du sexe masculin ; à citer encore l'Institut St-Antoine, à Brecht (135 lits), et l'hôpital Adolphe Stappaerts, à Anvers (75 lits), réservé aux femmes adultes et aux enfants des deux sexes atteints de tuberculose pulmonaire ; de leur côté les hospices civils de Bruxelles ont créé à Alsemberg, le sanatorium Georges Brugmann, comprenant 85 lits réservés aux tuberculeux pulmonaires du sexe masculin âgés de plus de 15 ans. Les hospices de Bruxelles ont encore un hôpital de convalescents à Linkebeek et un autre à Uccle ,dénommé « refuge de Latour de Freins ».

Des institutions privées se sont également créées en Belgique en vue de lutter contre la tuberculose. Ce sont principalement :

1. La Ligue nationale belge contre la Tuberculose ;

2. L'Œuvre de Préservation de l'Enfance contre la Tuberculose ;

3. L'Association nationale contre la tuberculose.

1. *La Ligue nationale belge contre la Tuberculose.*

La Ligue nationale belge contre la Tuberculose, créée en 1897, a pour mission de prendre toutes les mesures prophylactiques susceptibles de combattre la tuberculose, en associant à l'action des pouvoirs publics, les ressources de l'initiative privée.

Sa mission étant surtout d'ordre prophylactique, elle s'est principalement attachée à la création de *Dispensaires*, à l'*œuvre de préservation de l'enfance contre la tuberculose* et à la *propagande antituberculeuse*, mais elle a en même temps pris part à la lutte contre la tuberculose par le *Traitement sanatorial*, en créant elle-même plusieurs sanatorias et en intervenant largement dans les frais de fonctionnement de ces établissements.

Actuellement, le nombre de dispensaires affiliés à la Ligue est de 100. Le nombre de malades pris en charge et surveillés par les soins de ces dispensaires s'élève à près de 30,000. Plus de 200 médecins font partie des Comités de la Ligue ou sont attachés à ces institutions.

La Ligue s'occupe également de la prophylaxie à domicile et a organisé dans ce but un service d'infirmières-visiteuses. Elle alloue annuellement à ses différentes sections une subvention d'environ 350,000 francs pour assurer ce service qui compte actuellement plus de 100 infirmières-visiteuses.

La Ligue a créé un certain nombre de sanatoria notamment en Brabant (Auderghem et Boisfort), dans le Hainaut (à Bois d'Havré, les sanatoria Warocqué, pour hommes, et Edith Cavell, pour femmes), dans la province d'Anvers (Westmalle), dans la Flandre occidentale (Wenduyne) etc.

La Ligue a entrepris une vaste campagne éducative dans toutes les classes de la société.

2. *L'Œuvre de Préservation de l'Enfance contre la Tuberculose.*

Sous la dénomination d'Œuvres de Préservation de l'Enfance sont rangées les organisations de la Ligue nationale belge contre la Tuberculose, destinées à mettre à l'abri de la contagion, les enfants vivant dans les milieux contaminés..

La Ligue consacre annuellement près de 1,200,000 fr. pour assurer le fonctionnement d'œuvres de ce genre.

3. *L'Association nationale belge contre la Tuberculose.*

L'Association nationale belge contre la tuberculose s'est constituée sous ce nom en 1923 : elle est le résultat de la fusion de la « Coopérative nationale belge contre la Tuberculose », fondée en 1911, avec la Société anonyme « Sanatoria populaires », fondée en 1903. Elle a pour but la location, l'acquisition, la construction et l'exploitation d'établissements ou d'institutions destinés à la prophylaxie, à la prévention et au traitement de la tuberculose. Elle gère les établissements suivants dont quelques-uns lui appartiennent en propre, d'autres lui sont loués, d'autres enfin sont gérés pour compte d'administrations publiques ou d'autres organismes :

Sanatorium « Rose de la Reine », à Buysinghen ;

Deux sanatoriums à La Hulpe-Waterloo ;

Sanatorium provincial de Hynsdaele (Renaix) ;

Le sanatorium marin de Breedene-sur-mer ;

Le préventorium marin de Clemskerke-sur-mer ;

Le sanatorium d'Eupen ;

Le sanatorium « Villa Jeanne d'Arc », à Montana-sur-Sierre (Suisse) ;

Le sanatorium « Villa de Preux », à Montana-sur-Sierre (Suisse) ;

Le sanatorium « Lumière et Vie», à Montana-sur-Sierre (Suisse).

Outre ces sanatoria populaires, il existe quelques établissements privés :

La clinique maritime à Coq-sur-mer ; —

L'Institut hélio-marin d'Ostende ;

Le sanatorium maritime de St-Vincent de Paul à Ostende ;

L'Institut Delcroix à Ostende ;

L'hospice Fernand Kegeljan à Salzinnes-lez-Namur.

Citons enfin les colonies pour enfants débiles créées ou agréées par l'Œuvre nationale de l'Enfance.

D. — LA LUTTE CONTRE LES MALADIES MENTALES (1).

A l'exemple de la Ligue d'hygiène mentale américaine et de la Ligue d'hygiène mentale française, dont l'influence s'étend actuellement à divers pays d'Europe, la Belgique qui possède une série d'organisations particulièrement actives, se devait de synthétiser leurs efforts et de créer un organisme analogue aux Ligues contre le cancer, la syphilis, la tuberculose, l'alcoolisme. A l'initiative d'un groupe de personnalités du monde psychiatrique et universitaire, la Ligue belge d'hygiène mentale (L. H. M.) s'est créée en 1922. Elle a pour but l'étude des questions relatives à l'hygiène mentale tant chez les normaux que chez les sujets anormaux mentaux. Elle se propose de grouper les personnes qu'intéresse le développement de l'hygiène mentale dans ses applications diverses : éducation et instruction des normaux ; traitement médical et éducatif des anormaux et des psychopathes ; prévention de la folie et du crime ; organisation des établissements pour maladies mentales ; œuvres de patronage pour les psychopathes guéris, les condamnés libérés et les vagabonds, sélection des travailleurs ; orientation professionnelle ; organisation de services ouverts de dispensaires avec consultations externes, pour

---

(1) Dr Potet, *L'Hygiène mentale*, p. 13.

les névropathes et les toxicomanes. La Ligue se propose de seconder les œuvres de prévention, de traitement et de patronage existant déjà, sans s'immiscer dans leur fonctionnement, et de coordonner les efforts qui sont faits actuellement dans les différents domaines de l'assistance des malades mentaux, des irréguliers et des inadaptés sociaux. Elle constitue le lien scientifique qui, d'une part, unit intimement les diverses œuvres dont le but humanitaire est identique et qui, d'autre part, les mettra en relation avec les organismes officiels et privés s'occupant des écoles, des asiles, des prisons et de diverses institutions d'éducation et d'assistance.

Elle comprend les sections suivantes :

a) *Normaux* : 1° Section juridique ; 2° Service pédagogique ; 3° Section des adultes anormaux ; 4° Service social et propagande ; 5° Militaire ; 6° Industrielle ; 7° Orientation professionnelle ;

b) *Anormaux* : 8° Section des malades mentaux ; 9° Section des malades anormaux adultes ; 10° Section des anormaux jeunes ; 11° Section des malades intoxiqués ; 12° Section des malades vagabonds ; 13° Section des malades délinquants.

Chacune de ces sections envisage son action du triple point de vue de la prévention, du traitement et de l'assistance. De Craene, en 1924, a insisté sur le but prophylactique de cette Ligue et montré que les organismes de son action sont : les dispensaires avec infirmières-visiteuses, les tracts, les conférences, même par T. S. F. C'est une ligue contre la propagation de l'aliénation mentale et non contre les aliénés, comme il a été dit avec malveillance et sans fondement. Depuis plusieurs années, Willems a organisé à Bruxelles un service de prévention du vagabondage ; Stoefs s'est occupé de l'organisation du travail des détenus en Belgique.

Antheaume écrivait récemment que la Ligue nationale belge d'hygiène mentale se montre très active sous la présidence de Vervaeck et du secrétaire général De Craene. Le dispensaire central de la Ligue d'hygiène mentale s'est ouvert à Bruxelles ; il est placé sous la direction médicale du professeur de psychiatrie de l'Université. Il a pour but de donner aux familles des conseils et des avis destinés à éviter, à prévenir et à soigner les troubles mentaux ; il s'adresse donc spécialement aux enfants, aux faibles et aux prédisposés. Il offre aide, conseil et assistance dans les principaux cas suivants :

Conseils m édicaux aux personnes qui souffrent de troubles nerveux ou mentaux (neurasthéniques, surmenés, phobiques, etc.) ;

2° Conseils aux parents et amis des personnes atteintes de ces troubles et qui souvent hésitent sur l'attitude à prendre vis-à-vis du malade ;

3° Renseignements concernant les établissements du pays et de l'étranger où les malades mentaux et les enfants anormaux peuvent être soignés (formalités, conditions, prix) ;

4° Avis et conseils aux malades sortis guéris ou améliorés des établissements de traitement pour malades mentaux ; surveillance médicale et assistance dans leur vie professionnelle et sociale, de façon à éviter les rechutes ;

5° Avis et conseils aux parents, éducateurs et institutions pour les enfants retardés, difficiles et indisciplinés ;

6° Surveillance et conseils aux toxicomanes. Dispensaires anti-alcooliques. Conseils aux familles pour le traitement des alcooliques et les toxicomanes en général ;

7° Avis médicaux, consultations et assistance aux sujets relevant des diverses œuvres de patronage ;

8° Pour tous sujets qui fréquentent le dispensaire, conseils généraux d'orientation professionnelle.

Signalons en terminant, la création toute récente à l'Université de Louvain de l'Institut psychiatrique de Lovenjoul. Cet Institut comprend un asile pour femmes atteintes de maladies nerveuses et d'aliénation mentale où les élèves de l'Université pourront suivre les cours de psychiatrie dans un pavillon spécial et avoir sous les yeux les différents cas de maladies mentales.

E. — LA LUTTE CONTRE L'ALCOOLISME (1).

La Belgique est un des pays du monde où la lutte contre l'alcoolisme est la mieux organisée.

---

(1) Extrait de *l'Organisation sanitaire du Royaume de Belgique.*

Etant donné l'importance que ces mesures peuvent avoir sur la santé de la race, il nous a paru intéressant de les signaler ici.

1. *Loi sur le régime de l'alcool.*

Pendant la guerre, la consommation de spiritueux avait pratiquement disparu : en Belgique occupée, à cause des prix prohibitifs de l'alcool ; dans la partie non envahie du pays, grâce à l'arrêté-loi du 23 novembre 1914 interdisant le débit d'alcool de consommation et de boissons alcooliques distillées.

Profitant de cette situation, le Gouvernement établit, au lendemain de l'armistice, l'arrêté-loi du 15 novembre 1918 qui interdit la fabrication, l'importation, le transport, l'achat pour revendre, l'exposition en vente, la vente et le débit de l'alcool et de tous liquides qui en renferment.

C'était une mesure conservatoire qui fut abrogée par la loi du 29 août 1919 sur le régime de l'alcool ; celle-ci contient deux dispositions essentielles :

1° La consommation, la vente et l'offre, même à titre gratuit, par quelque quantité que ce soit, de boissons spiritueuses à consommer sur place, sont interdites dans tous les endroits accessibles au public (notamment dans les débits de boissons, hôtels, restaurants, lieux de divertissements, magasins, échoppes, bateaux, trains, trams, gares, ateliers ou chantiers, ainsi que sur la voie publique) (art. 1er, § 1) ;

2° Les commerçants, autres que les débitants de boissons à consommer sur place, sont seuls autorisés à vendre ou à offrir des boissons spiritueuses à consommer en dehors de leur établissement, pour autant que chaque vente ou livraison comporte au moins deux litres (art. 1er, § 2).

Mais le pharmacien peut délivrer des boissons spiritueuses sur prescriptions médicales (art. 1er, § 3).

2° *Droits d'accise et de douane.*

La loi du 26 juillet 1924 établit un droit d'accise de 1350 fr. par hectolitre d'eau-de-vie à 50° à l'alcoomètre de Gay-Lussac.

Un droit de douane est établi sur les alcools de provenance étrangère à raison de :

a) 1500 fr. par hectolitre à 50° à l'alcoomètre de Gay-Lussac pour les alcools en cercles ;

b) 3000 fr. par hectolitre, sans distinction de degré, pour les alcools en bouteilles et pour les liqueurs.

3. *Taxe d'ouverture sur les débits de boissons fermentées.*

La loi du 20 août 1919 concernant les débits de boissons fermentées établit à charge des nouveaux débitants de boissons fermentées, une taxe d'ouverture fixée au triple de la valeur locative réelle ou présumée, des locaux affectés au débit, à l'exclusion des parties servant à l'habitation ou à d'autres usages, sans que cette taxe puisse être inférieure à 600, 800, 1200, 1500 ou 2000 fr., selon la population des hameaux, communes ou agglomérations.

La dite taxe, qui est valable pour quinze ans, est attribuée pour la totalité à l'Etat.

4. *Salubrité des débits de boissons.*

Un arrêté royal, en date du 9 janvier 1913, pris en suite de la loi du 12 décembre 1912, a déterminé, en un règlement-type, des conditions spéciales que doivent réunir, dans l'intérêt de la salubrité et de la moralité publiques, les nouveaux débits en détail des boissons spiritueuses ou fermentées.

Ce règlement-type a été immédiatement rendu exécutoire dans toutes les communes sauf celles où est en vigueur un règlement sur le même objet, approuvé par le Roi.

Ces dispositions ont été remplacées par les lois du 29 août 1919 et du 24 décembre 1923, concernant les débits de boissons fermentées, et par l'arrêté royal du 21 septembre 1919. La loi du 29 août 1919 dispose en son article 2, modifié par la loi du 24 décembre 1923 :

1° Que les conditions spéciales imposées à tout nouveau débit ouvert à partir du 14 décembre 1912 constituent un minimum de réglementation que les autorités communales conservent le droit de renforcer ou d'étendre ;

2° Que ces conditions sont également applicables à partir du 1er janvier 1934 à tous les débits qui existaient à la date du 14 décembre 1912.

A partir de la même date du 1er janvier 1934, les débits établis antérieurement au 1ᵉʳ janvier 1924 ne pourront avoir moins de 70 mètres cubes ;

3° Que les débits ouverts à partir du 1ᵉʳ janvier 1924 ne peuvent avoir une hauteur inférieure à 2 m. 75, ni moins de 90 mètres cubes.

5. *Ivresse publique.*

Une loi du 16 août 1887 érige en délit l'état d'ivresse dans un lieu public, ainsi que le fait de servir, dans des débits des boissons enivrantes à des personnes manifestement ivres ou à des mineurs âgés de moins de 16 ans. Elle punit encore ceux qui font boire jusqu'à l'ivresse un mineur de moins de 16 ans, ainsi que ceux qui proposent ou acceptent un défi de boire, lorsque ce défi amène l'ivresse d'un ou de plusieurs des parieurs. La même loi interdit le colportage ou la vente de boissons spiritueuses en dehors des débits de boissons. Elle défend de débiter des boissons dans les maisons de débauche. Elle déclare non recevable l'action en payement des boissons enivrantes consommées dans des cabarets, auberges et débits quelconques.

6. *Absinthes.*

La loi du 25 septembre 1906 a prohibé l'importation des liqueurs dites absinthes et interdit la fabrication, le transport, la vente et la détention des absinthes pour la vente.

7. *Dispositions diverses.*

La loi du 16 août 1887 interdit le paiement des salaires aux ouvriers dans les cabarets, débits de boissons, magasins, boutiques ou dans des locaux y attenant.

Une loi du 26 juin 1889 punit quiconque aura, à bord d'un navire de mer, distribué ou vendu des boissons alcooliques ou fermentées, s'il ne fait point partie des fournisseurs agréés par le capitaine de navire.

Une autre loi du 2 juin 1890 réprime le trafic des spiritueux dans la mer du Nord. Cette loi punit, d'une manière générale, la vente, l'achat ou l'échange de boissons spiritueuses à bord des bateaux de pêche.

Diverses dispositions interdisent de tenir un débit de boissons : aux officiers de gendarmerie et aux gendarmes (loi du 28 germinal, an VI, art. 118), aux huissiers (décret impérial du 14 juin 1813, art. 41), aux employés de l'administration forestière (loi du 19 décembre 1854, art. 15), aux gardes champêtres (loi du 7 octobre 1886, art. 60), aux secrétaires communaux (loi du 3 juillet 1894 et du 27 février 1911).

Parmi les autres mesures réglementaires qui tendent à enrayer l'alcoolisme, on peut encore signaler la défense d'introduire des boissons alcooliques distillées : dans les ateliers ainsi que sur les chantiers de travail soumis à la loi du 24 décembre 1903 relative aux accidents du travail (arrêté royal du 30 mars 1905), dans les locaux affectés temporairement au logement des ouvriers employés dans les briqueteries et sur les chantiers (arrêté royal du 15 juin 1910), dans les ateliers de peinture et sur les chantiers de travail des peintres en bâtiment (arrêté royal du 25 juillet 1910), dans les fabriques de céruse et autres composés de plomb (arrêté royal du 5 novembre 1910).

La loi du 21 juin 1849, contenant le code disciplinaire et pénal pour la marine marchande et la pêche maritime, prévoit, au nombre des délits qu'elle punit, l'ivresse avec désordre. La même loi stipule que tout capitaine qui s'enivre pendant qu'il est chargé de la conduite du navire, sera interdit de son commandement pour un à six mois et, en cas de récidive, pour six mois à deux ans ; dans l'un et l'autre cas, une peine d'emprisonnement de quinze jours à six mois pourra de plus être prononcée.

La loi du 27 novembre 1891, pour la répression du vagabondage et de la mendicité, enjoint aux juges de paix de mettre à la disposition du Gouvernement, pour être enfermés dans un dépôt de mendicité, pendant deux ans au moins et sept ans au plus, les individus qui, par fainéantise, ivrognerie ou dérèglement de mœurs, vivent en état de vagabondage (art. 13).

Ne sont pas éligibles aux Conseils de prud'hommes ceux qui exercent la profession d'aubergiste ou de débitant de boissons (loi du 13 juillet 1889).

Le Code électoral frappe de suspension des droits électoraux ceux qui ont encouru, dans le cours de cinq années consécutives, trois condamnations au moins par application de la loi du 16 août 1887 sur l'ivresse publique. Il suffit d'une seule condamnation, si celle-ci a été prononcée en vertu des articles 10 ou 14 de la loi précitée.

La même peine de la suspension des droits électoraux est appliquée à ceux qui ont été mis à la disposition du Gouvernement par application de la loi du 27 novembre 1891 pour la répression du vagabondage et de la mendicité.

En vertu de la loi du 31 mars 1898 sur les unions professionnelles, ne peuvent faire partie de la direction de l'union, ceux qui, soit directement, soit par personnes interposées, tiennent un débit de boissons spiritueuses, à moins qu'il ne s'agisse de la direction d'une union fondée entre débitants de boissons (art. 4, 4°).

Les débitants de boissons ne peuvent faire partie d'une union en qualité de membres honoraires, à moins qu'ils n'aient exercé, durant quatre ans au moins, la profession ou le métier que l'union concerne (art. 3 *in fine*).

8. *Encouragements à la propagande antialcoolique.*

Le Gouvernement intervient par voie de subsides, dans la propagande des sociétés de tempérance.

Un premier crédit de 5000 fr. fut, en 1890, inscrit à cette fin au budget de l'Administration du service de santé et d'hygiène. Ce crédit fut porté à 55,000 fr. en 1897, à 75,000 fr. en 1900, à 80,000 en 1921 et ramené à 40,000 fr. depuis 1923.

9. *Enseignement primaire.*

La circulaire ministérielle du 3 avril 1892 attire l'attention du personnel de l'enseignement primaire sur le devoir, pour l'instituteur, d'enseigner aux enfants, par des leçons spéciales, des lectures, des dictées, des problèmes bien choisis, les dangers physiques, moraux et sociaux de l'abus des boissons spiritueuses et, en outre, de leur inspirer le respect d'eux-mêmes ainsi que le dégoût de l'intempérance.

Celle du 2 avril 1898 trace le mode d'enseignement antialcoolique, lequel doit comprendre des leçons occasionnelles et des leçons spéciales. La circulaire prescrit d'affecter à celles-ci au moins une demi-heure par semaine, de préférence le samedi après-midi. Elle impose aux élèves, tout au moins à ceux du degré supérieur, la tenue d'un cahier exclusivement réservé à la transcription des exercices relatifs à l'enseignement antialcoolique.

Au surplus, le programme-type des écoles primaires communales, fixé par arrêté ministériel du 28 septembre 1922, prévoit dans l'enseignement de l'hygiène, dès le 2° degré, des conseils relatifs à l'usage des aliments, des boissons et du tabac ; et au 3° degré des notions sur l'alcoolisme.

L'enseignement antialcoolique est organisé dans toutes les écoles primaires libres relevant de l'autorité épiscopale (adoptées, subsidiées et libres proprement dites).

Cet enseignement est principalement occasionnel et rattaché aux leçons de religion, d'hygiène, de style, etc.

Toutefois, un grand nombre d'instituteurs consacrent chaque semaine un certain temps à l'enseignement antialcoolique proprement dit.

Un très grand nombre d'écoles libres possèdent des gravures, des tableaux montrant les funestes effets de l'alcool sur l'organisme humain.

A l'occasion des conférences et des visites d'écoles, les inspecteurs ecclésiastiques ont engagé vivement les instituteurs à s'occuper de la lutte contre l'alcool.

Au 31 décembre 1923, sur 8151 écoles primaires et 2684 écoles d'adultes soumises à l'inspection de l'Etat, on en compte respectivement 7415 et 2684 où l'enseignement antialcoolique est donné conformément aux prescriptions de la circulaire ministérielle du 2 avril 1898.

10. *Enseignement moyen.*

L'enseignement des dangers que présente l'abus des boissons alcooliques a été introduit dans les athénées royaux, ainsi que dans les écoles moyennes de l'Etat pour garçons et pour filles, par circulaires du 27 août et du 19 décembre 1892. Des instructions complémentaires ont été édictées à ce sujet par les circulaires du 9 mars 1894, du 13 mai 1896 et du 21 septembre 1898. Cette dernière missive engage, en outre, les professeurs à saisir toutes les occasions, pendant les cours d'hygiène, de sciences naturelles et même d'histoire, de langue et de mathématiques, pour combattre le vice de l'intempérance. Elle prescrit encore aux chefs d'institution de fournir les bibliothèques des élèves de livres traitant de l'alcoolisme.

Tous les membres du personnel sont invités à prêcher d'exemple. On les engage à éviter la fréquentation des cabarets et à ne pas prendre logement dans les maisons occupées par un débitant de boissons.

De même il est interdit aux élèves de fréquenter les cafés ou les cabarets, si ce n'est accompagnés de leurs parents.

11. *Enseignement normal.*

Les directeurs et directrices des écoles normales de l'Etat pour instituteurs et institutrices ont été invités, d'une part, à faire donner dans les cours d'hygiène et de morale, les principes et les notions nécessaires pour aborder avec facilité l'étude de la question de l'alcoolisme et, d'autre part, à organiser des conférences spéciales sur ce sujet (Circulaires ministérielles des 23 avril, 14 mai 1892 et du 5 avril 1924).

L'arrêté du 31 mars 1923, qui fixe le programme de l'enseignement normal primaire, comprend expressément dans le cours d'hygiène : « la lutte contre les maladies sociales, tuberculose, syphilis, alcoolisme, rôle de l'instituteur » et dans le cours de morale : « conservation de la santé, tempérance ».

L'enseignement antialcoolique est donné dans toutes les écoles normales agréées.

12. *Sociétés scolaires de tempérance. Vulgarisation de l'enseignement antialcoolique.*

L'œuvre des sociétés scolaires de tempérance fut introduite, en 1887, dans les écoles de la province de Limbourg. Elle prit, en peu de temps, une extension considérable.

Sur l'avis du Conseil de perfectionnement, le Gouvernement engagea les instituteurs des écoles de garçons à organiser dans chaque école, avec le consentement de l'Administration communale, une société de tempérance, dans laquelle seraient reçus les élèves âgés de onze ans au moins (circulaires du 3 avril 1892, rappelée par celle du 17 octobre 1894).

Le Gouvernement s'adressa aux administrations communales afin d'obtenir qu'elles accordent leur appui moral et matériel à ces sociétés (circulaires des 12 novembre 1892, 12 octobre 1893 et 11 avril 1896).

L'œuvre des sociétés scolaires de tempérance fut, dans la suite, étendue aux écoles normales et sections normales de l'Etat pour instituteurs (circulaire du 23 avril 1892) ainsi qu'aux athénées royaux et écoles moyennes de l'Etat (circulaires du 27 août et du 19 décembre 1892).

Les sociétés scolaires sont aussi très nombreuses dans les écoles libres. Il en existe aussi dans quelques écoles normales agréées.

Au 31 décembre 1923, 4269 écoles primaires et 803 écoles d'adultes comprenaient une société de tempérance.

Les bibliothèques, dans les établissements pénitentiaires et de bienfaisance, ont été abondamment pourvues de brochures et d'ouvrages de propagande antialcoolique. Des tracts sont en outre remis, lors de leur libération, aux détenus et internés.

Dans les prisons, indépendamment des « maximes et réflexions » qui sont affichées dans toutes les cellules des détenus signalés comme ivrognes, des tableaux indiquent les maux du buveur. Ces mêmes tableaux figurent aussi dans les établissements de bienfaisance.

Dans les établissements d'éducation de l'Etat, la lutte contre l'alcoolisme fait l'objet des soucis constants des éducateurs.

On s'adresse à l'émotivité et à la raison de l'enfant :

a) Par l'enseignement scolaire (des problèmes, des causeries, des devoirs de style, des lectures, etc.) ;

b) Par l'image. Les murs des classes, des ateliers, des couloirs sont tapissés de gravures. On s'est gardé toutefois d'étaler sous les yeux des enfants certaines images représentant des scènes de brutalité et de sauvagerie ;

c) Par des conférences que donnent hebdomadairement les instituteurs ;

d) Par la lecture de revues et de brochures mises à la disposition des élèves ;

e) Par des maximes et sentences placées dans les classes et ateliers.

13. *Mesures administratives prises par le Gouvernement.*

Les arrêtés organiques des diverses administrations de l'Etat contiennent généralement l'interdiction, pour les fonctionnaires. et employés, d'exercer, soit par eux-mêmes, soit par personne interposée, aucune espèce de commerce, sans l'autorisation spéciale de l'autorité supérieure.

Des dispositions spéciales interdisent expressément la tenue, par les agents de l'Etat, soit en leur nom, soit par personne interposée, d'un débit de boissons alcooliques (ordre de service du département de l'agriculture et des travaux publics, en date du 1er avril 1899 ; les règlements de service des cantonniers de l'Etat, du 9 décembre 1903 et du 27 avril 1907 ; ordre de service des chemins de fer, postes et télégraphes, du 12 mai 1889 ; circulaire du 10 janvier 1891, au personnel de la marine ; arrêté royal du 23 mars 1901, concernant l'expertise des viandes).

Une circulaire ministérielle du 12 septembre 1885, interdit le débit des boissons alcooliques, autres que la bière, dans les casernes. Il est, d'autre part, interdit aux préposés des cantines de donner à boire aux hommes ivres.

Depuis l'armistice, le ministre de la défense nationale ne délivre plus aux troupes, de liqueur, de bière ou de boisson fermentée quelconque. Dans les hôpitaux militaires seuls, il est donné de la bière (2,556,877 litres en 1922), du vin (94,029 litres en 1922), et de l'alcool distillé (3,498 litres en 1922) pour 3004 hospitalisés ; ce qui correspond à une consommation journalière, par tête, de 0.77 litre de bière, de 0.028 de vin et de 0.001 de liqueur.

Une circulaire du ministère de l'agriculture et des travaux publics, en date du 13 décembre 1888, décide de supprimer, par voie d'extinction, tous les débits de boissons tenus par des agents de l'administration des ponts et chaussées, et de rejeter toute demande d'autorisation d'ouvrir un nouveau débit.

Des instructions défendent à certaines catégories d'agents de l'Etat d'habiter chez des débitants de boissons alcooliques ou dans des maisons dont le rez-de-chaussée est occupé par un débit de telles boissons (ordre de service du 1er avril 1899, aux agents de l'administration centrale du ministère de l'agriculture et des travaux publics ; règlements du service des cantonniers de l'Etat, du 9 décembre 1903 et du 27 avril 1907 ; circulaire du 19 janvier 1899, aux membres du personnel des établissements d'enseignement moyen ; règlement des écoles de bienfaisance de l'Etat, du 2 décembre 1909).

La circulaire du ministre des chemins de fer, du 24 novembre 1893, interdit aux agents mariés d'habiter avec des personnes de leur famille ou de la famille de leur femme tenant un débit de boissons.

De l'avis des médecins des chemins de fer, l'intempérance a presque disparu parmi le personnel de ce département.

Des instructions multiples ont été données au personnel concernant les mesures de rigueur à prendre à l'égard des agents de l'Etat qui laisseraient à désirer sous le rapport de la tempérance (notamment : circulaires du 10 décembre 1894 et du 23 octobre 1896, au personnel de l'administration des contributions directes, douanes et accises ; circulaire du 10 novembre 1886, aux autorités militaires ; arrêté royal du 14 octobre 1889, approuvant le règlement sur le service intérieur, la police et la discipline de l'armée ; ordre de service du 31 mai 1893, aux agents de la marine ; ordre de service du 31 août 1896, au personnel de l'administration des chemins de fer ; règlement général des prisons du 30 septembre 1905).

Les chefs de corps de l'armée ont été invités à se faire indiquer les lieux publics où leurs subordonnés contracteraient des habitudes d'intempérance ; ils doivent signaler ces établissements au commandant de la place, qui en défendra l'accès à la garnison.

L'usage des liqueurs spiritueuses est strictement interdit à tous les prisonniers sans exception (Règlement général des prisons, 30 septembre 1905).

Par circulaire du 13 janvier 1888, il a été interdit aux agents des Eaux et Forêts de payer les ouvriers, employés par l'administration forestière, dans des cabarets, débits de boissons et autres lieux visés par la loi du 16 août 1887, bien que cette loi ne concerne pas les ouvriers agricoles.

Un arrêté du 30 mars 1908 interdit, d'une manière générale, aux entrepreneurs qui travaillent pour compte de l'Etat, d'introduire des boissons alcooliques distillées dans les ateliers ainsi que sur les chantiers de travail et leurs dépendances.

Un ordre de service du 18 juillet 1889 défend aux agents des administrations des chemins de fer, postes et télégraphes de faire apporter des boissons spiritueuses dans les ateliers et autres installations ou dépendances de l'administration.

Des instructions de dates diverses invitant certaines catégories d'agents de l'Etat ou d'officiers ministériels à ne pas utiliser, dans leurs tournées, en vue de l'accomplissement des devoirs de leur charge, les locaux dépendant de débits de boissons alcooliques (notamment : circulaire du 20 janvier 1899 aux inspecteurs de la fabrication et du commerce des denrées alimentaires ; circulaire du 8 septembre 1892 et du 11 avril 1894, invitant les chefs de parquet à veiller à ce que les diverses juridictions chargées de désigner le lieu de vente des biens des mineurs usent de leur droit pour exclure absolument les cabarets).

D'autre part, les gouverneurs de province ont été priés d'inviter les administrations communales à mettre à la disposition des receveurs des contributions, pour leurs séances de réception, dans les communes autres que celle de leur résidence, un local dépendant de la maison communale, de manière à permettre que ces séances ne se tiennent pas dans un débit de boissons (circulaires du 15 juillet 1869 et du 8 février 1897).

Les administrations communales ont, de même, été engagées à éviter, autant que possible, de procéder aux distributions de prix dans les locaux qui communiquent directement avec des débits de boissons spiritueuses.

Depuis 1895 les cahiers des charges, pour la mise en adjudication des buffets et buvettes des stations de chemins de fer, interdisent aux tenanciers de débiter des boissons alcooliques quelconques (décision ministérielle du 10 juin 1895).

En règle générale, les cahiers des charges régissant les concessions de tramways interdisent le débit de boissons alcooliques distillées ainsi que l'affichage de réclames en faveur de semblables boissons sur ou dans les aubettes et voitures.

L'arrêté royal du 4 avril 1895, concernant les mesures à observer pour le transport des voyageurs sur les chemins de fer, défend de prendre place ou de rester dans une voiture occupée par d'autres personnes, lorsqu'on est en état d'ivresse.

L'arrêté royal du 12 février 1893, contenant règlement de police relatif aux chemins de fer vicinaux, défend de boire dans les voitures ou d'y entrer en état d'ébriété.

De même, le règlement de police du 2 décembre 1897, relatif à l'exploitation des tramways concédés par le Gouvernement, défend à ceux qui sont en état d'ivresse d'entrer dans les voitures.

Une décision ministérielle du 31 janvier 1899 refuse l'autorisation de créer des vues sur les terrains de l'Etat, dépendant de l'administration des Ponts et Chaussées, à toute maison affectée à l'usage d'un débit de boissons.

Une autre disposition ministérielle du 6 février 1899, interdit de laisser établir, sur les voies navigables dépendant de l'Etat, des barques ou bateaux à demeure, exploités comme débits de boissons alcooliques.

14. *Mesures prises par les administrations provinciales et communales.*

L'exemple de l'Etat ne pouvait rester isolé. Au surplus, par circulaire du 3 janvier 1899 (administration du service de santé et de l'hygiène), le Gouvernement a engagé les provinces et les communes à rechercher les mesures qu'il est en leur pouvoir de prendre pour combattre le fléau de l'alcoolisme. La circulaire énumère, à titre d'exemples, celles qui lui paraissaient s'imposer. Elle signale qu'aucune disposition n'est à dédaigner, parce qu'elle présente tout au moins cet avantage de modifier progressivement les mœurs et l'esprit public.

La province de Hainaut a, en 1898, institué un concours pour la rédaction de deux manuels de propagande antialcoolique à l'usage des écoles primaires et d'adultes, contenant le premier des lectures et des dictées, le second des applications d'arithmétique, ayant trait aux conséquences économiques de l'alcoolisme.

Diverses dispositions réglementaires de la province de Liége interdisent au personnel dépendant de cette province de tenir un débit de bbisson par eux-mêmes ou par personne interposée : aux cantonniers des routes provinciales, 9 juillet 1895, aux cantonniers des chemins de grande communication, 30 juillet 1897.

La province de Liége a introduit dans le règlement organique de la colonie d'aliénés de Lierneux, deux dispositions, dont l'une ne permet de confier les pensionnaires aux débitants de boissons alcooliques que lorsque tous les nourriciers non débitants de boissons sont pourvus.

La seconde disposition interdit la fréquentation des cabarets aux aliénés. Il n'est fait exception que pour les aliénés tranquilles qui se comportent avec décence et qui s'y rendent pour prendre quelque rafraîchissement. En tous cas, il est strictement défendu de leur servir des boissons spiritueuses.

La députation permanente de la province de Limbourg a introduit, dans le cahier général des charges des travaux de la voirie vicinale, une clause obligeant les entrepreneurs, sous peine d'une amende de 20 francs, à défendre l'introduction de boissons alcooliques sur les chantiers, ainsi qu'à renvoyer temporairement tout ouvrier surpris une première fois en état d'ivresse et définitivement en cas de récidive (arrêté du 30 juin 1899).

Nombreuses sont les communes qui ont établi un règlement de police sur les débits de boissons.

Ces règlements portent principalement sur les heures d'ouverture et de fermeture des débits et défendent de donner à boire après l'heure de la retraite. Ils atteignent également les personnes qui se trouvent dans les débits de boissons après cette heure. En cas de troubles, d'émeutes ou autres circonstances graves, ils autorisent les bourgmestres à avancer l'heure de la fermeture. Par contre, en cas de fête, réjouissances publiques, kermesses, etc., l'heure de la retraite peut être différée.

A Anvers, le colportage des boissons alcooliques est interdit sur toute l'étendue des quais du port, des bassins et des canaux (arrêté du 28 juillet 1866). Cette défense a été, dans la suite, étendue à la station du chemin de fer et à ses dépendances, ainsi qu'à tous endroits du quartier du Sud, où l'on emploie un grand nombre d'ouvriers aux travaux en plein air (arrêté du 24 janvier 1879).

15. *Associations antialcooliques.*

En 1879 fut créée l'Association belge contre l'abus des boissons alcooliques, qui se transforma en 1884 et prit le titre de Ligue patriotique contre l'Alcoolisme.

D'autres ligues et sociétés locales se constituèrent à partir de l'année 1885. Mais le mouvement ne prit de réelle ampleur qu'à partir de l'année 1890, au cours de laquelle un crédit fut inscrit au budget de l'administration du service de santé et de l'hygiène pour permettre d'encourager les associations antialcooliques dans leur propagande.

En vue d'apporter plus d'unité et de cohésion dans les efforts déployés sur toute l'étendue du pays, le Gouvernement décida, en 1900, de ne plus accorder directement de subventions aux sociétés locales de tempérance, mais uniquement par l'intermédiaire des ligues ou fédérations chargées, par là même, de se rendre compte, d'une façon régulière, de l'activité de chacune des sociétés affiliées.

Il existe actuellement quatorze ligues ou fédérations, ainsi que quatre sociétés autonomes.

La Société médicale belge de Tempérance est ouverte à toute personne exerçant l'art de guérir ; elle a pour but d'étudier à fond la question de l'alcoolisme, de répandre le fruit de ses études et de mettre en pratique les idées qu'elle défend. Elle impose à ses membres de ne prescrire l'alcool que d'une façon passagère et seulement dans les cas où ils le jugeraient indiqué d'une façon formelle.

La Ligue patriotique contre l'Alcoolisme est essentiellement une association de propagande et de vulgarisation, qui n'impose à ses membres aucune obligation d'abstinence ou de modération.

La presque totalité des associations et sociétés de tempérance tend à la suppression de la consommation des liqueurs distillées et à la modération dans l'usage de la bière et du vin. Celles qui visent à proscrire l'usage de ces dernières boissons sont la grande exception.

Pour atteindre leur but, elles ont recours aux moyens de propagande les plus divers : conférences, affiches, tracts, almanachs, représentations théâtrales, séances cinématographiques, etc., ainsi qu'à l'exemple donné par leurs membres. La plupart ont leur organe périodique en propre, qu'elles s'efforcent de répandre dans les masses. A diverses reprises, les associations antialcooliques ont participé aux expositions ou organisé des congrès et des manifestations imposantes, destinées à faire impression sur l'esprit public.

Nous donnons ci-dessous le relevé des ligues et sociétés de tempérance qui sont subsidiées à l'aide du crédit de 40,000 fr. inscrit au budget du département de l'intérieur et de l'hygiène :

Le Ruban blanc belge, à Anvers ;

Fédération des Sociétés antialcooliques belges d'Abstinence totale, à Mons ;

Sobrietas. Fédération des Ligues catholiques de Tempérance, d'Anvers ;

Alliance des Femmes belges contre l'Alcoolisme, à Bruxelles ;

La Croix-Bleue belge, à Ixelles ;

Les Enfants abstinents, à Bruxelles ;

Groupes estudiantins d'Etudes antialcooliques, à Bruxelles ;

Ligue patriotique contre l'Alcoolisme, à Bruxelles ;

Le Ruban blanc, à Bruxelles.

Société médicale belge de Tempérance, à Bruxelles ;

Les bons Templiers, à Bruxelles ;

Union des Femmes belges contre l'Alcoolisme, à Bruxelles ;

West-Vlaamsche Onthoudersbond ;

De Vijand, à Gand ;

Le Bien-Etre social, à Liége ;

Sint-Jansbond, à Membruggen-lez-Tongres ;

Fédération des Cercles antialcooliques de la Basse-Sambre, à Andenne.

§ 7. — LA RÉÉDUCATION DES ANORMAUX.

Depuis de nombreuses années, on s'est préoccupé en Belgique de la rééducation des anormaux, moyen eugénique dont on a pu apprécier partout les magnifiques résultats. Des êtres qui, jusqu'à présent, étaient considérés comme irrémédiablement tarés sont chaque année rendus à la société guéris et capables de subvenir à leurs propres besoins.

Des pédagogues et des médecins avisés, tel le Prof. Decroly, par l'idée ingénieuse de la création de « jardins d'enfants » et par des méthodes originales, ont su tirer un parti imprévu des petites intelligences retardataires auxquelles ils se sont dévoués. Ils ont été aidés, dans leur tâche, depuis 1918, par la « Commission of Relief for Belgium » présidée par Herbert Hoover qui s'est attachée particulièrement aux œuvres d'enfants, y compris celles d'arriérés.

Le Prof. Decroly a étudié et classifié les divers types d'enfants anormaux. Il est arrivé à établir une série de tests sur lesquels on peut se baser pour dépister le degré d'anormalité d'un sujet (1).

L'observation des enfants incapables de tirer parti du régime scolaire habituel a fait constater à Decroly qu'il y a une activité intelligente très développée capable de se manifester sans intervention des mots, et que par contre il y a des sujets qui peuvent répondre d'une manière satisfaisante aux tests de Binet et qui sont cependant très bornés pour les adaptations pratiques et sociales.

De là est née la préoccupation chez Decroly de rechercher, entre autres, les épreuves où le langage est absent ou peu important ; cette étude a commencé avant la guerre, elle a donné lieu à un grand nombre de formes d'épreuves dites non verbales.

Des tests de dessin qui ont une corrélation avec l'âge mental de l'enfant ont été examinés par Decroly dans deux travaux, l'un

---

(1) A consulter :

Decroly : *Organisation des écoles et institutions pour les arriérés pédagogiques et médicaux*, Bruxelles, Société protectrice de l'Enfance anormale, 1905;

Classification des anormaux, Congrès int. de l'Education, Liége, 1905;

Contribution à l'étude de l'arriération mentale, etc., Ann. de la Soc. royale de Méd. de Bruxelles, 1905;

Examen affectif des anormaux;

Epreuve nouvelle pour l'examen mental et son application aux enfants anormaux, Année Psychol., 1914, p. 140;

Les tests individuels et les tests simultanés, Année Psychol., 1923, p. 128;

Les méthodes non verbales d'examen mental, Année Psychol., Paris Alcan, 1924.

publié dans le *Journal de Neurologie* en 1912, l'autre, dans le compte-rendu de la conférence d'orientation professionnelle de Barcelone, en 1922. Il a fait paraître également en 1914 une étude sur les tests des images en désordre.

Decroly a inventé l'épreuve des boîtes à ouvrir de différents modèles. Récemment il a imaginé l'épreuve des images « effets et causes », ainsi qu'un test collectif·pour le jardin d'enfants et l'école élémentaire, laquelle consiste dans cinq groupes d'épreuves représentées par des dessins sur lesquels sont à désigner des personnages déterminés. Enfin le même auteur a fait connaître une méthode d'investigation portant sur la vie affective et la moralité de l'enfant. Decroly veut mettre aux mains de l'examinateur, même peu expérimenté, le moyen d'apprécier objectivement

« l'ensemble des inclinations, appétits, besoins », ainsi que « l'élément le plus subtil », le « moteur par excellence de tout l'appareil nerveux supérieur » du sujet. Il établit à cet effet une liste des inclinations de l'enfant, et groupe celles-ci sous six grandes rubriques :

A) Tendances égocentriques, se rapportant à la conservation individuelle et comprenant, notamment, le « self-feeling ». (l'amour propre) ;

B) Tendances exocentriques, se rapportant à la conservation de l'espèce, comprenant notamment l'instinct sexuel et les sentiments familiaux ;

C) Tendances défensives ;

D) Tendances mixtes ;

E) Tendances adjuvantes { *a*) Curiosité ; *b*) Imitation ; *c*) Jeu ;

F) Tendances dérivées complexes { *a*) Tendances esthétiques ; *b*) Tendances éthiques ; *c*) Tendances sociales.

Cette étude rattache toutes les activités apparentes de l'individu observé à ces tendances fondamentales ; l'observateur, même peu versé dans le domaine psychologique, remarque chez l'enfant des désirs, des craintes, des goûts, des répulsions, que l'on considère trop souvent comme des particularités sans importance, ou possédant une existence propre, et que l'on classe en qualités ou en défauts ; une classification complète doit montrer qu'aucune aspiration n'existe par elle-même, « toute activité apparente doit être rattachée à des phénomènes plus profonds » et ceux-ci dépendent des instincts fondamentaux de l'individu.

On déduira de l'intensité d'un groupe de ces petits caractères l'intensité de la tendance à laquelle ils se rattachent. C'est donc en regardant vivre l'enfant en commun, en liberté, en étudiant ses attitudes vis-à-vis de ses frères et sœurs, de ses parents, de ses camarades, des animaux et des objets qui l'entourent, qu'on connaîtra ses prédispositions les plus intimes (1).

Mlle Hamaide, Mmes Sècelle et Decock ont fait connaître le système pédagogique de Decroly ; celui-ci a appliqué sa méthode des « centres d'intérêt » aux enfants anormaux comme aux enfants normaux ; c'est même par les anormaux qu'il a commencé ; en 1901 il a fondé l'Institut d'enseignement spécial pour retardés et anormaux. Ce n'est qu'en 1907 qu'il créa l' « Ecole pour la vie par la vie » pour enfants normaux.

Il existe en Belgique une « Société de l'Enfance anormale » qui s'occupe activement de la question.

Le nombre considérable d'établissements que possède la Belgique montre à quel point le souci de la rééducation des anormaux y est en honneur.

Ci-dessous l'énumération des principaux d'entre eux avec quelques renseignements sur le fonctionnement de chacun :

A. — *Etablissements pour enfants ne nécessitant que des soins maternels : anormaux profonds, idiots.*

1. « Le Rosaire », à Oost-Duinkerke (religieuses Dominicaines). — Pour enfants anormaux-mentaux, savoir : les simples ou débiles d'esprit, les imbéciles et les idiots. L'âge d'admission des filles est de 2 à 15 ans ; quant aux garçons, ne sont reçus que

---

(1) Extrait du livre *L'Hygiène mentale*, du Dr Potet, p. 450 et suiv.

ceux qui, au moment de l'admission, ont au moins 2 ans et ne
dépassent pas S ans. Les filles peuvent être gardées jusqu'à l'âge
de 21 ans, les garçons en tout cas jusqu'à 12 ans, peut-être jusqu'à
21 ans.

« Le Rosaire » reçoit des enfants indigents et des enfants
payants.

Un médecin spécialisé est attaché à l'établissement.

Tous les enfants dont l'intelligence est susceptible d'un certain
développement fréquentent régulièrement les classes scolaires et
reçoivent un enseignement intellectuel spécial, d'après les
méthodes Decroly-Montessori. En outre, les filles sont initiées,
autant que possible, aux soins du ménage et à la tenue d'une
maison.

2. Institut de l'Enfant Jésus, à Ciney. — Pour enfants non
éducables des deux sexes. Age d'admission : dès 3 à 4 ans. Enseignement intuitif, aussi élémentaire que possible, en rapport avec
l'état mental de l'enfant. Quelques notions de travail manuel,
si possible. L'établissement reçoit les enfants indigents et les
payants.

3. Institut Saint-Jean, à Saint-Genois-Helchin (sœurs de la
Charité). — Pour fillettes non éducables. Age d'admission : vers
3 ans. Dans les cas particuliers à partir de 2 ans.

4. Institut des Sœurs de St-Philippe de Néri à Eecloo. — Institution provisoire destinée à recevoir des enfants anormaux non
éducables des deux sexes (flamands).

5. Institut des Sœurs de Saint-Vincent, à Bachte-lez-Deynze.
— Pour garçons de moins de 12 ans.

6. Etablissement du Sacré-Sœur, à Gratry (personnel laïque).
— Admet les enfants des deux sexes : garçons, 3 à 10 ans ; filles
3 à 21 ans. Frais de pension fixé à 5 francs par jour.

7. Etablissement des Sœurs de Saint-Vincent de Paul, à
Wijchmael, Beverloo. — Pour fillettes de la province de Limbourg.

B. — *Etablissements pour anormaux éducables.*

1. Institut médico-pédagogique Sainte-Elisabeth, à Rixensart. — Le plus important de tous, l'Institut de Rixensart reçoit

des enfants qui, par suite d'arriération mentale ou de défauts divers, ne peuvent s'adapter à l'enseignement primaire des écoles ordinaires. Il ne reçoit que des sujets nettement éducables.

La direction de l'Institut vise à assurer dans la plus large mesure le traitement individuel tant au point de vue physique qu'au point de vue mental.

L'Institut représente une réalisation des principes les plus modernes de l'hygiène, de la psychologie et de la pédagogie ; il est un centre d'études où la solution des problèmes qui intéressent l'enfance est activement recherchée particulièrement dans le domaine de l'anormalité physique et mentale.

Le personnel de l'institution participe à certaines recherches psychologiques et périodiquement des travaux sont publiés qui relatent les résultats des expériences faites. Ces publications sont destinées à aider les éducateurs dans leur initiation aux méthodes nouvelles. Citons :

La question des tests et l'examen rationnel des écoliers par Mme E. Moritz ;

Etudes comparées du mécanisme et de la compréhension de la lecture, par Mlle I. Magnet ;

Examen de lecture de Hoggerty, traduit et adapté par Mlle Monchamps, directrice de l'Institut.

L'Institut est entièrement organisé et dirigé par l'Œuvre nationale de l'Enfance.

2. Institut St-Charles, à Saint-Job-in-'t Goor. — Mêmes indications que pour l'Institut de Rixensart, si ce n'est que celui-ci est consacré aux enfants pouvant recevoir l'enseignement en langue française et celui de Saint-Job-in-'t Goor aux enfants d'expression flamande.

3. Institut Saint-Joseph, quai du Strop, à Gand (frères de la Charité). — Pour garçons (Flamands), centre d'observation. — L'âge d'admission est de 6 à 16 ans. L'enseignement, d'un genre tout à fait spécial, est donné par des professeurs diplômés. Pour les enfants en âge d'études professionnelles, des ateliers ont été établis ; les élèves y apprennent le métier de cordonnier, tailleur, peintre, menuisier, forgeron, boulanger ou jardinier.

Un médecin en chef et un médecin adjoint, nommés par le Gouvernement, sont attachés à l'Institut.

4. Institut de la Sainte-Famille, à Manage (frères de la Charité). — Pour garçons (Wallons) anormaux éducables (indigents). Age d'admission : à partir de 6 ans. Enseignement spécial primaire et cours théoriques et pratiques pour tailleurs, cordonniers, menuisiers et imprimeurs.

5. Institut Saint-Benoit, à Lokeren (sœurs de la Charité). — Pour fillettes anormales. Age d'admission : 4 à 25 ans. L'Institut a pour but spécial l'entretien moral, médical et hygiénique des fillettes, atteintes à différents degrés de débilité mentale, les arriérés scolaires et les épileptiques éducables. L'établissement comprend neuf sections distinctes, entièrement séparées les unes des autres, et ayant chacune un préau, un réfectoire, un dortoir, une salle de jeux, etc.

Un médecin en chef spécialisé, assisté de deux médecins-adjoints, visitent les enfants tous les jours et dirigent les sœurs dans les soins et l'éducation à donner aux élèves.

Toutes les enfants assistent régulièrement aux cours scolaires et reçoivent un enseignement intellectuel, d'après les méthodes et les procédés spéciaux, en usage pour les enfants anormaux.

Parvenues à l'âge de 17 ans, les élèves sont placées à la section professionnelle, où elles sont initiées, chacune selon ses aptitudes, soit aux ouvrages manuels, soit aux ouvrages ménagers, à l'art culinaire, au jardinage, etc. L'établissement reçoit les enfants indigents et les enfants payants.

6. Etablissement des Sœurs de la Charité, à Bouge-lez-Namur. — Catégories d'enfants admis : 1° sourds-muets, jusqu'à l'âge de 13 ans ; 2° sourdes-muettes et fillettes mentalement anormales, mais éducables, à partir de 4 ans. Enseignement primaire ; suivant méthodes spéciales et d'après la catégorie d'enfants. Enseignement professionnel : travaux de ménage, cuisine, lessive, repassage, couture, lingerie, tricot à la machine.

7. Institut Saint-Antoine, place Saint-Antoine, 8, à Louvain (frères de la Charité). — Pour garçons, anormaux en général ; anormaux épileptiques faibles d'esprit et idiots. Age d'admission : à partir de 5 ans jusqu'à 16 ans. L'enseignement est en

rapport avec le degré intellectuel des enfants. L'enseignement professionnel est donné par les maîtres qui exercent leur profession à l'Institut, soit cordonnier, tailleur, etc.

8. Institut Saint-Lambert, à Hollogne-aux-Pierre (frères de la Charité). — Pour garçons à partir de 6 ans. But : développer dans la mesure du possible, par un enseignement tout spécial, les facultés des enfants dont l'intelligence semble engourdie. Organisation et enseignement : l'institut comprend plusieurs sections distinctes, ayant chacune ses dortoirs, ses réfectoires, ses préaux, etc. Le classement des enfants se fait d'après leur état mental et selon les indications d'un médecin spécialiste qui les visite journellement. Périodiquement, ils sont soumis individuellement par le médecin avec le concours des professeurs et des infirmiers, à un examen scientifique sur leur état physique, psychologique, intellectuel et moral, afin de mieux constater les progrès de chacun.

Les plus jeunes des enfants fréquentent régulièrement les classes ordinaires organisées d'après tous les principes médico-pédagogiques modernes ; les plus âgés sont en outre initiés à l'apprentissage d'un métier. Tous suivent le régime du pensionnat.

9. Maison du Sacré-Cœur, à Tessenderloo (frères de la Charité). — Spécialement réservé aux enfants anormaux éducables et semi-éducables (de langue flamande) des provinces d'Anvers, Limbourg, Brabant et Liége. Age d'admission : de 6 à 16 ans. Enseignement primaire spécial et enseignement professionnel pour les enfants plus âgés qui peuvent y apprendre un métier : coordonnier, tailleur, boulanger, jardinier, etc. Un médecin en chef et un médecin-adjoint, nommés par le Gouvernement, sont attachés à l'Institut.

10. Institut Saint-Michel, à Spa (filles de la Croix). — Pour filles anormales éducables et semi-éducables, admises jusqu'à l'âge de 21 ans. Quatre classes pour anormaux existent à l'Institut. Ces classes sont visitées régulièrement par un inspecteur pédagogique, nommé par le Gouvernement.

12. Section des anormaux à la colonie de Gheel-Elsum. — Pour arriérés et imbéciles éducables des deux sexes, susceptibles d'éducation dans le milieu familial, telle qu'elle existe à Gheel depuis des siècles. Reçoit plus particulièrement les enfants qui

paraissent devoir rester, dans un âge plus avancé, dans le milieu spécial de Gheel, par suite de leur imbécillité ou de difformités accentuées. Age d'admission : les enfants dès la naissance ; également les femmes enceintes. A leur majorité, les anormaux peuvent rester et passer dans une autre section. Enseignement ordinaire : éducation des organes des sens, enseignement des anormaux y compris lire, écrire et calculer. Enseignement professionnel : métiers de la campagne, ferme, menuiserie, forge, etc. Pour les filles, éducation ménagère et fermière. Les épileptiques et les idiots profonds ne sont pas admis. L'enfant anormal grandit à Gheel dans sa famille d'adoption et finit par s'acclimater dans ce milieu spécial sans subir les déceptions de ceux qui, élevés dans les grandes villes, sont quand même obligés plus tard de s'en éloigner et de venir s'accoutumer à la campagne. Plus tôt l'anormal vient habiter Gheel, plus il sera heureux à l'âge adulte ; s'il s'améliore au point de pouvoir se libérer, il ne sera ni un désabusé, ni un déclassé.

13. Abbaye de Terbank, à Héverlé (sœurs Dominicaines). — Pour petits garçons arriérés de 4 à 12 ans. Les frais de pension sont fixés selon la section choisie.

14. Etablissement du Sacré-Cœur, à Gratry (personnel laïque). — Admet les enfants des deux sexes, garçons 3 à 10 ans ; filles, 3 à 21 ans. Frais de pension fixés à 5 francs par jour.

15. Institut Saint-Jean-Baptiste, à Selzaete. — Pour garçons difficilement éducables.

C. — Etablissements pour Estropiés.

1. Institut pour estropiés, à Bruxelles, rue des Tanneurs, 41. — L'institut ne comporte pas d'internat. Pour être admis, les élèves doivent avoir au moins 14 ans et avoir fait leur école primaire. Les métiers enseignés par des professeurs d'élite sont : mécanicien-orthopédiste, vannier, relieur, cordonnier, tailleur et bourrelier-sellier. L'institut fournit gratuitement les objets nécessaires à l'apprentissage de l'un ou de l'autre des métiers indiqués ci-dessus. Il peut être accordé, en outre, aux plus méritants, des primes d'encouragement qui varient de 1 fr. à 1.50 fr.

l'heure. Les personnes qui désirent être admises à suivre les cours doivent se présenter à l'Institut le lundi ou le mercredi.

2. Ecole provinciale pour Estropiés et Accidentés du Travail, 31, rue de France, à Charleroi. — Admet les enfants estropiés de naissance ou par suite de maladies ou d'accidents et également les anormaux psychiques éducables, à partir de l'âge de 13 ans. Professions enseignées : vannerie, reliure, cordonnerie, confection d'habits, brosserie. Atelier pour encadreurs. Enseignement ordinaire et cours techniques. Les enfants estropiés habitant les communes éloignées des centres possédant une école moyenne, peuvent également être reçus et fréquenter les écoles moyennes de Jumet et de Gilly. Les enfants belges, appartenant à d'autres provinces que le Hainaut, peuvent être reçus pour autant que des places soient disponibles après admission des enfants hennuyers. Deux internats sont annexés à l'école, l'un pour adultes et l'autre pour enfants.

3. Ecole d'Apprentissage pour Estropiés, 9, rue Agimont, à Liége. — Institution provinciale. L'école admet les adultes jusqu'à 40 ans et les enfants à partir de 14 ans. Seul le métier de cordonnier est enseigné. Les cours sont gratuits. Il n'y a pas d'internat ; les élèves reçoivent la soupe à midi et le café. Leurs frais de voyage journaliers (train et tram) sont remboursés.

4. Institut des Sœurs de la Charité, à Quatrecht. — Pour fillettes estropiées éducables, c'est-à-dire des enfants physiquement anormales : atteintes de paralysie, de chorée, etc., mais dont l'intelligence, normale, est susceptible de culture. Ces enfants, incapables pour cause d'infirmité de fréquenter régulièrement l'école ordinaire, suivent à l'établissement les cours de l'enseignement primaire. Elles sont initiées aussi, dans la mesure de leurs aptitudes physiques, aux travaux ménagers, à la couture, à la confection, etc. Age d'admission : 3 ans au moins et 18 ans au plus. L'institut reçoit aussi les petites estropiées non indigentes. Prix de pension : 750 francs par an, plus les débours.

5. Institut Saint-Dominique, à Erwetegem (près Sottegem). — Comporte une section spéciale pour jeunes filles estropiées originaires de la Flandre orientale seulement. Seul le métier de couturière est enseigné.

6. Institut Saint-Joseph, au Strop, à Gand.

7. Institut Saint-Lambert, à Hollogne-aux-Pierres.

8. Institut de la Sainte-Famille, à Manage.

Ces trois derniers établissements sont pour garçons. Voir renseignements complémentaires fournis sous la rubrique : Etablissements pour anormaux éducables.

§ 8. — LES EXAMENS MEDICAUX PREVENTIFS.

Nous avons vu dans la partie consacrée aux Etats-Unis l'importance que les eugénistes américains attachent à la pratique des examens médicaux préventifs.

Ceux-ci ont pour but, en effet, d'examiner les hommes bien portants en apparence, afin de déceler les symptômes de maladies encore latentes, d'en arrêter les progrès dès les débuts.

Certains eugénistes en Belgique, voudraient établir ces examens.

Jusqu'ici les examens médicaux préventifs ont été pratiqués avec succès en Belgique, à la Démonstration d'Hygiène de Jumet.

La Démonstration d'Hygiène de Jumet.

La Démonstration d'Hygiène de Jumet est une institution dont le but consiste essentiellement à faire une étude complète et systématique, de la population de Jumet (ville industrielle de 30,000 habitants) et de ses conditions de vie, et à tenter parallèllement tous les efforts pour dépister les maladies, les prévenir et les guérir.

La démonstration est organisée et dirigée par la Ligue des Sociétés de la Croix-Rouge, par la Croix-Rouge de Belgique, l'Administration communale, le Corps médical de la commune et la section locale de la Croix Rouge, avec le concours de la Ligue nationale belge contre la tuberculose et de la Ligue nationale belge contre le Péril vénérien, de la Ligue nationale belge d'Hygiène mentale. L'Œuvre nationale de l'Enfance poursuit son action parallèlement à celle de la démonstration (1).

____

(1) Mlle Lison, *La Démonstration de Jumet.*

Cette institution fut créée en 1923. Elle reçoit une subvention de la Ligue des Sociétés de la Croix-Rouge.

La démonstration comprend :

L'établissement d'un service d'infirmières-visiteuses ;

La création par l'Œuvre nationale de l'Enfance, d'une consultation pour futures mères, et d'une consultation pour enfants de 3 à 6 ans, venant compléter la consultation des nourrissons, la Goutte de Lait et le service médical scolaire existant ; l'institution d'un dispensaire anti-tuberculeux, d'un dispensaire anti-vénérien, d'un dispensaire d'hygiène mentale et d'un service d'hygiène dentaire ;

L'organisation des examens médicaux préventifs ;

L'éducation de la population dans le domaine de l'hygiène.

Nous allons examiner séparément chacun de ces différents points.

1° *Service des infirmières-visiteuses.* — Il comprend :

a) les visites à domicile. Celles-ci se sont élevées en 1925 au nombre de 10,766 ;

b) les consultations au dispensaire ;

c) l'établissement de fiches sur lesquelles sont consignées toutes les particularités des habitants.

Il y a une fiche sociale et une fiche médicale.

La fiche sociale est commune à la famille et indique :

1° le nom, l'adresse, la profession ;

2° la description de l'habitation ;

3° la composition de la famille ;

4° les habitudes.

La fiche médicale est personnelle et indique :

1° le nom, l'adresse, la profession ;

2° les antécédents héréditaires ;

3° les antécédents personnels ;

4° l'examen physique ;

5° les rapports des médecins spécialistes ;

6° au verso, les conseils donnés.

Ces fiches sont gardées sous clef et le personnel est tenu au secret professionnel le plus complet.

2° *Les œuvres de l'enfance*. — Elles ont été organisées par l'Œuvre nationale de l'Enfance et comprennent :

a) la protection prénatale ;

146 futures mères subirent 295 examens médicaux en 1924. L'année 1925 accuse une notable progression. 186 futures mères ont subi 455 examens médicaux.

b) la protection postnatale — consultation de nourrissons ;

En 1925, 610 enfants ont été inscrits et 549 ont été régulièrement présentés, dont 287 de 0 à 1 an, 158 de 1 à 2 ans, 104 de 2 à 3 ans.

La mortalité infantile élevée pour l'ensemble de la commune, est nettement inférieure parmi les enfants surveillés par l'œuvre.

Enfants surveillés : 15 décès sur 287 enfants de 0 à 1 an, soit 5,22 %.

Enfants non surveillés : 26 décès sur 190 enfants de 0 à 1 ans, soit 13,60 %.

c) les consultations préscolaires ;

Des consultations médicales gratuites sont établies pour les enfants de 3 à 6 ans, depuis mars 1925. 41 séances ont été organisées auxquelles 187 enfants ont été présentés. Ces enfants ont subi 329 examens médicaux.

d) les consultations d'enfants débiles (admission dans les colonies de l'Œuvre nationale de l'Enfance) ;

123 examens ont été effectués et 94 enfants ont été admis.

e) établissement d'un service médical ;

f) établissement d'un service d'infirmières-visiteuses ;

Le nombre des visites s'élève à 4672.

g) établissement d'un service social ;

h) établissement d'un service de propagande.

3° *Examens médicaux préventifs*. — Le département des examens médicaux préventifs n'a pas cessé de manifester son activité depuis sa création.

En effet, le nombre des examens pratiqués pendant la seule année 1925 se répartit comme suit :

Hommes	407
Femmes	601
Enfants	468
Total	1476

4° *Service médical scolaire.* — Il est organisé par des infirmières communales.

5° *Institution d'un dispensaire anti-tuberculeux.* — Il a été installé par la Croix-Rouge avec la Ligue nationale belge contre la Tuberculose. Il a son siège à l'hôpital de Jumet.

En 1925, 159 malades s'y sont présentés, et l'on y a pratiqué 185 examens médicaux.

6° *Institution d'un dispensaire anti-vénérien.* — Il a été établi par la Ligue nationale belge contre le Péril vénérien, à l'hôpital-sanatorium de Jumet. Le nombre de malades traités en 1925 a été de 67. Le total des visites effectuées au dispensaire par ces malades s'élève à un millier. Les infirmières-visiteuses ont fait en 1925, 686 visites à domicile pour le dispensaire anti-vénérien.

7° *Institution d'un dispensaire d'hygiène mentale.* — Il dépend de la Ligue nationale belge d'Hygiène mentale. 29 personnes se sont présentées au dispensaire.

Dans les consultations d'enfants en âge d'école :

149 enfants ont été examinés ;

13 ont été reconnus normaux ;

66 étaient atteints d'arriération simple ;

62 étaient atteints de débilité mentale ;

5 étaient classés dans la catégorie des imbéciles.

8° *Institution d'un service dentaire.* — Plus de 200 enfants ont été traités en 1925. Une fiche dentaire est dressée pour chaque enfant.

9° *Enseignement hygiénique.* — Il est confié au comité local de la Croix-Rouge. Il se fait par voie d'affiches, de circulaires, de tracts, cours, conférences, etc. (1).

Le personnel de l'institution comprend :

8 médecins praticiens ;

1 infirmière en chef ;

5 infirmières-visiteuses ;

1 infirmière-secrétaire ;

1 assistante sociale.

RÉSULTATS. — La démonstration d'hygiène représente le premier effort accompli, en dehors des Etats-Unis, pour compléter l'armement médical et hygiénique d'une localité, en intéressant à cette tentative les autorités, le corps médical, les personnes et les groupements exerçant une influence sur l'opinion publique, enfin l'ensemble de la population elle-même.

Des 30,000 habitants de Jumet, 6000 avaient eu déjà recours, en 1925, au service de la démonstration. A ce chiffre, il faut ajouter les 186 futures mères, les 610 nourrissons et les 187 enfants de 3 à 6 ans qui ont fréquenté les œuvres de l'enfance, les 5004 écoliers et écolières soumis à l'inspection médicale scolaire. Il en résulte qu'en 1925, 12,000 habitants, soit 40 % de la population, ont bénéficié d'une surveillance hygiénique organisée, sans que les dépenses encourues dépassent 3 fr. par tête d'habitant et par an, et sans qu'on ait modifié en rien les relations des médecins avec leur clientèle (2).

Il n'est pas besoin de dire l'importance que peut avoir cette institution au point de vue eugénique.

C'est à ce titre que nous avons cru intéressant d'exposer ici les grandes lignes de son organisation.

§ 9. — LA SELECTION DES MIEUX-DOUES.

Un autre moyen préconisé par certains eugénistes belges et spécialement par le Dr Govaerts est la sélection des mieux-doués.

---

(1) Mlle Lison, *Démonstration d'Hygiène de Jumet.*

(2) Tout ce qui est relatif à la Démonstration d'Hygiène de Jumet est extrait du livre du Dr Sand et de Mlle Lison sur *La Démonstration d'Hygiène de Jumet.*

En effet, déclare ce dernier, les mesures qui tendent au dépistage des aptitudes, à la protection des bien doués de telle sorte qu'ils puissent développer leurs possibilités, les utiliser au profit de la société et avoir des familles nombreuses, sont celles qui sont d'application immédiate et conformes aux traditions et aux sentiments nationaux. Par leur nombre, les bien doués pourraient influencer le niveau général de la société et le déplacer vers un échelon supérieur du progrès et noyer par leur masse le nombre des inférieurs (1).

Il existe en Belgique différentes institutions ayant pour but de favoriser les mieux-doués.

Une loi du 15 octobre 1921, institue un fonds des mieux-doués. Les enfants de condition peu aisée et qui ont les aptitudes voulues sont aidés dès le début des études secondaires et à la fin de l'obligation scolaire (2).

La sélection des mieux-doués a fait l'objet d'études spéciales de la part du Prof. Decroly.

---

(1) D' Govaerts, *Commentaries to the norwegian program for race hygiene*, p. 26.

(2) En voici les dispositions essentielles :

Art. 4. Sont considérées comme peu aisées les personnes qui, soit par elles-mêmes, soit par leurs parents ou par ceux qui ont la charge de leur entretien, rentrent dans l'une des catégories suivantes :

a) Les ouvriers, gens de journée, gens de travail ou de service;

b) Les commis et autres employés de rang subalterne et inférieur, tant ceux de l'Etat et des administrations publiques, que ceux des particuliers, des maisons de commerce, des sociétés et autres établissements privés, les instituteurs et autres agents de condition analogue attachés aux établissements d'enseignement pour autant que les appointements de ces personnes ne dépassent pas un maximum établi par le gouvernement;

c) Toutes autres personnes dont les impositions directes au profit de l'Etat ne dépassent pas un maximum établi par le gouvernement.

Art. 5. Sont considérés comme de mérite exceptionnel, les enfants qui, non seulement par suite des résultats scolaires qu'ils auront obtenus, mais encore en raison de leur esprit d'observation et d'initiative, de leurs facultés d'invention et d'imagination, de leur caractère et de leur volonté, enfin, de leur conduite, auront été désignés comme tels.

Art. 13. Les bénéficiaires des fonds des mieux doués, en acceptant l'aide qui leur

Une autre institution que l'on peut rapprocher de la sélection des mieux-doués est l'orientation professionnelle dont on s'occupe beaucoup en Belgique. Elle vise à baser le choix de la profession sur les aptitudes physiques (anatomiques et physiologiques) et intellectuelles de chaque individu.

La Société de Pédotechnie de Bruxelles a fondé, en 1912, un « Office d'orientation ». Les qualités et les défauts physiques et psychiques des individus y sont déterminés et analysés, soit globalement, soit en vue de telle ou telle profession.

Différentes fiches sont en usage : la fiche médicale, la fiche scolaire, la fiche d'examen psycho-physiologique, la fiche d'examen des aptitudes motrices et la fiche d'appréciation du caractère.

§ 10. — L'ASSISTANCE SOCIALE.

L'assistance sociale peut être considérée, ainsi que nous le verrons, comme un moyen pouvant servir à l'amélioration, de la race.

---

est offerte, prennent l'engagement moral de la rembourser au dit fonds, le jour où leurs moyens le leur permettront.

Art. 25. L'assistance du fonds des mieux doués est accordée, tant aux jeunes filles qu'aux jeunes gens, en vue de toutes études post-primaires : moyennes, normales, techniques, professionnelles et artistiques, à l'exclusion des études supérieures, et quel que soit le caractère, public ou privé, de l'établissement où elles se poursuivent, pourvu que cet établissement offre des garanties sérieuses au point de vue de la valeur de l'enseignement.

Art. 26. — L'étude de cette assistance sera déterminée, dans chaque cas, par l'autorité compétente, d'après l'importance des frais occasionnés par les études entreprises et les conditions d'aisance de l'intéressé ou de ceux qui ont la charge de son entretien. Il pourra être tenu compte, non seulement des frais de minerval, d'achats de livres et autres objets classiques, d'entretien et de pension, mais encore du manque à gagner résultant du fait des études.

Art. 27. Les bourses sont accordées pour un exercice scolaire. Elles sont éventuellement renouvelées à la suite d'un rapport du chef de l'établissement d'instruction fréquenté par l'intéressé et, s'il y a lieu, le comité de sélection entendu à nouveau.

Elles sont liquidées trimestriellement et par anticipation, au profit du bénéficiaire ou de la personne chargée de son entretien.

L'assistance sociale a été établie en Belgique par la « Loi organique de l'Assistance publique », entrée en vigueur le 10 octobre 1925. Le but de cette législation nouvelle est de soulager, de prévenir la misère et d'organiser le service hospitalier (art. 1er, 50, 66, 71 et 74).

A cet effet, la loi a créé un organisme nouveau : la « Commission d'Assistance publique ». Celle-ci se substitue au Bureau de Bienfaisance et aux Commissions administratives des Hospices. La loi rend cette institution obligatoire pour chaque commune.

Ces commissions peuvent avoir recours à des comités spéciaux ou à des personnes dévouées pour le dépistage des indigents (art. 67) ; le Roi peut créer, pour leur venir en aide, des organismes d'information et de renseignements dénommés Offices d'Identification (art. 98).

Ces commissions d'assistance publique interviennent par des subsides obligatoires auprès des crèches existantes et inspectées par l'Etat, auprès de toute femme ayant à sa charge exclusive un ou plusieurs enfants en dessous de 16 ans ; en se chargeant de la tutelle d'enfants trouvés, abandonnés, ou orphelins pauvres ; en organisant les services médicaux et pharmaceutiques à domicile et en créant un service hospitalier, une maternité, un lazaret d'isolement (art. 69, 70, 76, 83).

La réforme fondamentale de cette loi consiste dans l'assistance préventive rendue obligatoire pour chaque commune. Les moyens nouveaux sont :

1° La lutte contre la maladie ;
2° La protection de l'enfance ;
3° La protection de la mère ;
4° La tutelle de l'enfant abandonné.

Pour réaliser ce programme, la commission d'assistance établit une *enquête familiale*. C'est là une innovation qui montre l'influence de la doctrine eugénique. C'est d'ailleurs dans ce but que l'Etat a pensé à organiser un office d'identification et à recourir aux comités spéciaux (1).

---

(1) Dr Govaerts : La nouvelle loi d'assistance sociale, *Bulletin de la Pharmacie centrale de Belgique*, août-septembre-octobre 1925.

§ 11. — L'ETABLISSEMENT D'OBSERVATION DE MOLL-HUTTE (1).

Nous ne pouvons manquer de signaler une institution dont la portée eugénique n'est pas à démontrer. Il s'agit de l'établissement d'observation de Moll-Hutte. Il nous paraît d'autant plus intéressant d'y arrêter notre attention que la Belgique est seule à posséder un établissement de ce genre.

L'Etablissement central d'Observation est une institution publique de l'Etat (arrêté royal du 31 mars 1921) où passent d'abord les mineurs du sexe masculin destinés aux institutions d'Etat pour enfants de justice.

Ces enfants y sont observés, examinés longuement, en toutes leurs réactions de vie dont la signification est d'ailleurs contrôlée systématiquement en des laboratoires spéciaux.

Dès son arrivée, le médecin visite l'enfant à fond, relève les contagions possibles et les nécessités pressantes. Il vaccine, fixe un traitement, dresse une fiche sommaire qui suivra l'enfant partout à la station centrale.

C'est dès le stade d'entrée que sont discriminés la plupart des déficients mentaux profonds, les déficients médicaux patentés, les déficients moraux graves au point de créer un danger social. C'est la connaissance de l'enfant en soi soustrait à ses réactions sociales naturelles qu'on vise pendant une période de trois jours. Un examen sommaire du laboratoire de psycho-pédagogie complète l'œuvre initiale du médecin et du chef de pavillon et fournit des pistes à l'observation subséquente.

L'établissement est divisé en deux sections : la section flamande et la section wallone. Chaque section est divisée en trois pavillons : pré-pubères, pubères évoluants, post-pubères. Chaque pavillon a son instituteur, chef de pavillon autonome, pour ce qui regarde la conduite de son monde en dehors des règles communes. Il répartit la tâche à sa guise entre les deux éducateurs qui lui sont adjoints.

---

(1) Dr Pierre Nisot, *L'Enfance délinquante.*

Ce qui est pratiqué ici c'est l'analyse des réactions sociales, des possibilités de communication intellectuelle, des affectivités foncières, des émotivités, des tendances, des compréhensions morales, des activités, des aptitudes professionnelles, des possibilités éducatives en groupe, des probabilités de réintégration familiale et sociale.

Il y a pour cela le School-City-System et la pratique sociale avec des élections de responsables, des répartitions de charges, des tribunaux d'enfants, des séances de conseils, des communiqués de presse, des séances de famille, tout le self-government groupal. Il y a l'orientation professionnelle avec les premiers essais au gré de l'enfant, les réussites, les échecs, l'analyse des aptitudes, les émulations, les stimulations, les épreuves de confiance, le droit d'audience.

Un pavillon spécial fut dès 1917 réservé à l'observation des enfants anormaux : ils sont le quart des enfants de justice.

Une colonie de réadaptation est annexée à ce pavillon ; elle compte trois douzaines de pupilles.

Ce sont des enfants que leurs tares mettent en déficit devant les exigences de la discipline familiale, que les parents ne peuvent guider à l'heure de l'éclosion pubère. Le pavillon spécial les recueille, les prépare par une didactique appropriée, à vivre dans une famille, à rendre service, à comprendre les lois du foyer. Après quelques mois d'initiation intense, c'est le départ pour quelque logis campinois.

On visite l'enfant, on le conseille, on conseille les nourriciers ; et un jour, le retour au logis paternel peut être tenté. Les échecs sont moins nombreux qu'avec les normaux. Le système de la semi-liberté seul assure le reclassement terminal.

APPENDICE

Nous ne pouvons terminer ce chapitre sur la Belgique sans mentionner l'intervention de celle qui a été l'âme de l'organisation d'hygiène sociale en Belgique. Nous voulons dire Sa Majesté la Reine des Belges.

Outre le haut patronage qu'elle accorde à un grand nombre d'œuvres, on peut dire que c'est grâce à son initiative que la plupart de celles-ci, non seulement ont été créées, mais encore ont atteint le plein développement que nous leur connaissons à l'heure actuelle (1).

Le grand intérêt qu'elle manifeste pour tout ce qui dans l'humanité est faible ou souffrant, sa haute compétence médicale, reconnue par les praticiens de la science eux-mêmes, son expérience éprouvée par les longues années de guerre pendant lesquelles elle a pu mettre en pratique les rares qualités qui la caractérisent, lui permettent de suivre jusqu'en ses moindres détails l'activité de chacune de ces institutions.

Ce n'est pas seulement une assistance financière aussi discrète que généreuse qu'elle accorde, mais plus encore l'aide morale de sa personnalité active et ferme, de sa charité qui ne craint pas de

---

(1) Sa Majesté a bien voulu accorder son haut patronage aux œuvres suivantes :

Croix-Rouge de Belgique.

Œuvre Nationale de l'Enfance.

Ligue Nationale Belge de Défense contre la Tuberculose.

Ligue Nationale Belge de Défense contre le Cancer.

Ligue Nationale Belge de Défense contre les maladies vénériennes.

Œuvre Nationale du Grand Air pour les Petits.

Ligue Nationale pour la protection de l'Enfance Noire.

Œuvre « Adipo », assistance aux dispensaires de la Province Orientale du Congo Belge.

Œuvre Nationale des Invalides de Guerre.

Œuvre Nationale des Orphelins de la Guerre.

Fédération Nationale des Militaires mutilés et Invalides de Guerre.

Œuvre du Repos Sainte-Elisabeth à La Panne (repos pour jeunes filles anémiques).

Œuvre de la Préservation de l'enfance contre la Tuberculose.

Société Royale de Philanthropie.

Section Belge de l'Œuvre de la Protection de la jeune fille.

Association pour l'amélioration des Logements ouvriers.

Œuvre « Les Petites Abeilles » (assistance à l'enfance nécessiteuse).

La Famille de l'infirmière.

Ligue Nationale contre les Taudis.

descendre jusqu'aux plus petits pour leur distribuer, de ses propres mains, les secours matériels et le réconfort moral.

Bravant les préjugés, elle s'est mise résolument à la tête du mouvement antivénérien en Belgique.

Son intérêt pour les œuvres de la tuberculose, de la Croix-Rouge, n'a pas été moindre. Mais c'est surtout vers la protection de l'enfance que son intervention s'est manifestée. La bienveillance toute particulière qu'elle a accordée à tout ce qui touche ce domaine a permis de sauver en quelques années des milliers d'enfants qui, sans elle, n'auraient été que des déchets physiques et mentaux capables de n'engendrer qu'une descendance tarée.

Si la Belgique est sur bien des points à la tête des mouvements humanitaires et sociaux, on peut dire qu'elle en est redevable à la Reine Elisabeth, qui, par les encouragements qu'elle prodigue aux savants qui s'y consacrent et par l'attention avertie avec laquelle elle en suit les progrès, n'a cessé d'apporter au peuple belge les moyens les plus sûrs qui le mettront à même de garder et d'améliorer sans cesse ses qualités de vigueur morale et physique.

BOLIVIE

Une loi d'après laquelle un certificat médical est nécessaire pour contracter mariage a été adoptée par la Chambre des Députés de La Paz en 1923. Cette loi interdit le mariage entre personnes atteintes de tuberculose ou « d'autres maladies infectieuses » (1).

---

(1) D' Potet. *L'Hygiène mentale.*

BRÉSIL

CHAPITRE PREMIER.

Généralités.

Il s'est fondé au Brésil, le 14 janvier 1918, grâce à l'initiative du Dr Renato Kehl, une société d'eugénique qui porte le nom de « Sociedade Eugenica de Sao-Paulo ». Elle a pour but d'étudier les lois de l'hérédité et leur application chez l'homme ainsi que l'influence des milieux sur la descendance humaine. La société s'est de plus assignée pour tâche la vulgarisation de l'eugénique et l'introduction dans les mœurs de l'examen médical prématrimonial.

Le directeur de la Sociedade Eugenica de Sao-Paulo est le Dr Renato Kehl. La société a son siège à Sao-Paulo.

Outre cette société, exercent encore leur activité au Brésil : la Société eugénique des Amazones, dont le siège est à Manaos, et la Société eugénique de Rio-de-Janeiro, fondé par le professeur Juliana Moreira.

Les premiers travaux parus au Brésil sur l'eugénique sont ceux d'Erasmo Braga, de João Ribeiro et d'Horace de Carvalho. En 1912, le professeur Magalhães de Bahia écrivit une étude intitulée *Pro eugenisme,* et, en 1914, Alexandre Tepedino présenta à la Faculté de médecine de Rio de Janeiro une thèse intitulée *Eugénique.* Enfin, en 1919, le Dr Renato Kehl réunit en un volume, sous le nom d'*Annales d'eugénique,* les discours, conférences prononcés devant la Société de St-Paul ainsi que les travaux effectués par elle.

Il vient de se créer au Brésil un périodique publié par la Société d'Eugénique : *le Boletim de Eugenia*. Il est le précurseur à Rio-de-Janeiro de la fondation d'un Institut brésilien d'eugénique qui aura lieu bientôt sous les auspices du Dr Renato Kehl et des professeurs Ernani Lopes, J. Porto-Carrero, Murilo de Campos e Heitor Carrilho.

CHAPITRE II.

Différents moyens eugéniques préconisés.

Nous envisagerons au Brésil les mesures relatives à :

1. — La réglementation de l'immigration ;

2. — L'hygiène sociale ;

3. — La préparation eugénique au mariage.

§ 1. — LA REGLEMENTATION DE L'IMMIGRATION (1).

Les lois sur l'immigration au Brésil établissent, du point de vue qui nous occupe, certaines conditions à l'entrée des immigrants.

Ces conditions peuvent se classer comme suit :

1. — Conditions de police et de moralité ;

2. — Conditions de race, de nationalité ;

3. — Conditions de fortune ;

4. — Conditions physiques ;

5. — Limitation numérique des admissibles.

1. — CONDITIONS DE POLICE ET DE MORALITE.

Le Pouvoir exécutif est autorisé, par le décret fédéral n° 4247 du 6 janvier 1921 à interdire l'entrée du territoire national à tout étranger qui pourrait être expulsé du pays conformément à l'article 2 dudit décret, et à toute étrangère qui vient dans le pays pour s'y livrer à la prostitution.

Aux termes du décret du 31 décembre 1924, il est exigé des immigrants des documents authentiques prouvant leur bonne conduite.

---

(1) *La réglementation des migrations.* Bureau International du Travail.

2. — CONDITIONS DE RACE, DE NATIONALITE.

D'après le règlement de la loi d'immigration et de colonisation, prmulgué par décret n° 4225 du 4 janvier 1926, seuls sont tenus pour immigrants, à l'effet de jouir des avantages concédés par la loi, les étrangers de race blanche (art. 58).

3. — CONDITIONS DE FORTUNE.

L'entrée du pays est interdite aux mendiants (décret du 4 janvier 1921).

4. — CONDITIONS PHYSIQUES.

Le décret fédéral n° 4247 du 6 janvier 1921 sur l'immigration interdit l'entrée au Brésil de tout étranger mutilé, estropié, aveugle, atteint d'aliénation mentale, ou souffrant d'une maladie incurable ou contagieuse grave ; mais ces personnes, hormis celles qui sont atteintes de maladie contagieuse grave, ont libre accès dans le pays si elles peuvent prouver qu'elles ont des revenus suffisants pour subvenir à leur propre existence ou si des parents ou autres personnes répondent de leur entretien par déclaration signée devant les autorités de police.

L'Etat de *Minas Geraes* fait siennes les stipulations précédentes par le règlement sur les services d'immigration approuvé par le décret n° 6990 du 24 septembre 1925, article 3. Toutefois, il est ajouté que, dans chaque famille, un individu valide doit se trouver pour un autre individu invalide ou pour deux âgés de plus de 60 ans.

5. — LIMITATION NUMERIQUE.

Les instructions approuvées par arrêté du 30 juin 1925 donnent pouvoir au Directeur général du Service du peuplement de suspendre ou de limiter pendant quelque temps les embarquements à un nombre restreint de passagers immigrants. En conséquence, les compagnies de transport d'immigrants doivent se munir d'une autorisation préalablement au transport.

§ 2. — LES MESURES D'HYGIENE SOCIALE.

Le travail pour la protection de l'enfance a pris un développement considérable au Brésil depuis ces dernières années.

Un bureau d'hygiène infantile a été créé récemment par le Département de la Santé. Des centres de protection de l'enfance ont été ouverts dans tout le pays.

Les principales associations ayant pour but la protection de l'enfance sont :

La Croix-Rouge brésilienne ;

L'Association brésilienne pour la Protection de l'Enfance ;

L'Association des Scouts catholiques ;

La Fédération des Girls Guides ;

L'Institut pour la Protection et l'Assistance aux Enfants ;

La Ligue des Amis de l'Enfance ;

L'Armée du Salut ;

Le « Copo de Leite ».

La lutte contre l'alcoolisme et autres toxicomanies s'est surtout manifestée par la loi du 6 juillet 1921 destinée à supprimer les abus de cocaïne, de morphine et d'alcool.

Cette loi a été élaborée par Galdino de Siqueira.

Elle punit d'une forte amende la vente clandestine des substances vénéneuses, celle des stupéfiants de la prison cellulaire de longue durée. Elle punit d'une séquestration de trois mois à un an l'ivresse habituelle avec désordre. Elle punit d'amende celui qui favorise l'ivresse habituelle. Si c'est un commerçant, son établissement doit être fermé de un à six mois. Elle punit sévèrement le fait de vendre de l'alcool en dehors des heures réglementaires ou à un mineur. Elle crée un sanatorium pour la cure de désintoxication, soit vis-à-vis des stupéfiants, soit vis-à-vis de l'alcool ou des autres toxiques. Deux sections y sont établies l'une pour les sujets ayant comparu devant les tribunaux, l'autre pour ceux qui sollicitent librement leur traitement. La loi crée des ressources pour l'entretien de ce sanatorium (1).

____

(1) D' Potet. *L'Hygiène mentale*, p. 494.

Les réalisations dans le domaine de l'hygiène mentale sont développées au Brésil.

En 1923, a été fondée à Rio-de-Janeiro la « Ligue brésilienne d'hygiène mentale ». Elle est présidée et dirigée par Gustavo Riedel, Juliano Moreira, Miguel Conto, Aloysio de Castro, Austregesilo, H. Rosco, Plinio Olinto, Ernari Lopes. Il y a été peu à peu créé seize sections d'études : section des dispensaires ; section des déficients mentaux ; section des services sociaux, section de législation sociale et d'éducation ; section des délinquants ; section du travail professionnel ; section d'enseignement des maladies mentales ; section de pédagogie ; section militaire ; section de propagande et publications ; section de l'hygiène de l'enfant ; section des maladies générales et en rapport avec le système nerveux ; section de chirurgie dans ses rapports avec le système nerveux ; section de maladies vénériennes ; section de médecine légale ; section des indigents et des vagabonds. Outre cette Ligue, il existe, au Brésil, une société d'hygiène mentale.

En 1925, a paru le premier numéro des *Archivos brasileiros de Hygiene mental*.

De plus, le Brésil vient d'organiser une des plus belles colonies de femmes psychopathes qui existent dans le monde. Cette colonie occupe un vaste espace d'une des plus agréables banlieues de Rio-de-Janeiro (Engenho de Dentro). Le principe de cet organisme est le traitement de la maladie de telle façon que la guérison puisse être finalement obtenue dans le milieu où elle vit habituellement (1).

§ 3. — LA PREPARATION EUGENIQUE AU MARIAGE.

Depuis décembre 1924, un cours libre sur l'infection par les gonnocoques et l'hygiène générale du mariage a été établi à Rio-de-Janeiro par les soins de la Croix-Rouge brésilienne, pour les étudiants en médecine.

Sous les auspices de la Société d'Eugénique, une brochure de propagande et de vulgarisation eugénique, rédigée, par le

____

(1) D' Potet, op. cit. p. 29.

Dr Renato Kehl, a été distribuée au grand public et particulièrement aux jeunes filles et à leur famille. Cette brochure, *Como
excolher um bon marido*, envisage les conditions que doit remplir
l'homme pour devenir un bon mari et avoir une descendance saine.

Une seconde brochure adressée aux jeunes gens examine les
conditions que doit remplir l'épouse par rapport à la descendance.

Il paraît intéressant de rappeler qu'une loi brésilienne de 1890
contenait un paragraphe relatif à la « censure matrimoniale ».
Ce paragraphe a disparu du code civil actuellement en vigueur.

Un projet de loi sur l'examen médical prénuptial a été déposé
à la Chambre des Députés par Amaury de Medeiros. Après la
mort de ce dernier, le projet a été repris par Afranio Peixoto.

L'examen médical prénuptial a fait, en 1928, l'objet d'une
thèse, présentée par le Dr Waldemar de Oliveira, spécialiste des
questions eugéniques. Enfin, le Dr A. de Almeida Junior a également écrit un ouvrage sur le même sujet.

CANADA

Le mouvement eugénique au Canada est dirigé surtout vers :

1. — Les mesures d'hygiène sociale ;

2. — La réglementation du mariage ;

3. — La réglementation de l'immigration ;

4. — La stérilisation ;

et, dans une certaine mesure :

5. — La limitation des naissances.

§ 1. — LES MESURES D'HYGIENE SOCIALE.

La protection de l'enfance et de la maternité se développe de plus en plus au Canada. Les efforts faits en vue de préserver les enfants du premier âge ont abouti à une diminution énorme du taux de la mortalité. On attribue ces résultats à la création de cliniques de protection de l'enfance ainsi qu'au travail accompli par les infirmières de comté soit dans les cliniques de comté soit dans les écoles et les maisons où se fait l'inspection des enfants. Les cliniques sanitaires et dentaires ambulantes ont largement développé le succès de l'œuvre entreprise. En outre, il existe encore dans toutes les provinces des cliniques spéciales où l'on examine les femmes enceintes et où on leur donne des instructions appropriées. De plus, certaines maternités offrent aux jeunes femmes des facilités pour apprendre à soigner les enfants.

Principales lois ayant trait à la protection de l'enfance :

Criminal code — various sections (220-242, etc.) dealing with desertion, failure to support etc.

Juvenile Delinquents Act, 1908 and Amendments 1912, 1914 and 1921.
Penitentiaries and Reformatories Act and Amendments.
Department of Health Act, 1919.
Technical Education Act, 1924.

Principales institutions ayant inscrit à leur programme la protection de l'enfance :
Canadian Council of Child Welfare.
Federation of Women's Institutes (rural).
Canadian Association of Child Protection Officers.
Canadian Red Cross Society (Division of Junior Red Cross).
Boy Scouts Association.
Girl Guides.
Canadian National Council of Women.
National Education Council.
Social Service Council of Canada.
Fédération des Femmes canadiennes-françaises.
Fédération de Jean-Baptiste (Femmes).
Imperial Order of Daughters of the Empire.
Trades and Labour Congress of Canada.
Canadian Tuberculosis Association.
Canadian Social Hygiene Council.
National Mental Hygiene Committee.
National Institute for the Blind.
Salvation Army.
Save the Children Fund.
Catholic Women's League.

Examinons maintenant les principales lois se préoccupant de la protection de l'enfance dans les différentes provinces.

Alberta.
School Act, 1901, and Amendments 1921 and 1923.
Reformatory Act, 1908, and Amendments, 1908 and 1909.
Children's Protection Act, 1909.
Infants Act, 1913.

Adoption Act, 1913.
Juvenile Court Act, 1913.
Mother's Allowance Act, 1919, and Amendments, 1923.
Maintenance Order Act, 1921.
Children of Unmarried Parents Act, 1923.
Juvenile Immigrants' Act.
Amended Child Welfare Act, 1924.
Domestic Relations Act, 1927.
Factories Act and Amendments.
Deserted Wives and Childrens' Maintenance Act.
Workmen's Compensation Act.

British Columbia.

Factories Act, 1911.
Industrial Schools Act, 1911.
Infants' Act and Amendments (Sec. III, Protection of Children).
Medical Inspection of Schools Act, 1911.
Industrial Home for Girls Act, 1912.
Juvenil Courts Act, 1918.
Adoption of Children Act, 1920.
Pensions for Mothers Act, 1920.
Industrial Employment Act, 1921.
Maintenance of Children of Unmarried Parents Act, 1922.
Publics Schools Act Amendment Act, 1922.
Maternity Benefits Act.
Deserted Wives' and Children's Maintenance Legislation.
Minimum Wage Act.
Workmen's Compensation Act.

Manitoba.

Public Schools Act, 1913.
Mothers' Allowances Act, 1916.
Child Welfare Act, 1922.
Factories Act.
Workmen's Compensation Act.
Deserted Wives and Childrens Maintenance Legislation.

Minimum Wages Legislation.

New Brunswick.

Factories Act, 1905.
Public Health Act, 1918.
Factories Act, 1919.
Children's Protection Act, 1919.
Schools Act, 1922.
Illegitimate Children's Act, 1925.
Deserted Wives and Children Maintenance Legislation.

Nova Scotia.

Juvenile Courts Legislation.
Children's Protection Act.
Desertion Legislation.
School Act.
Workmen's Compensation Act.
Public Health Act.
Juvenile Immigrants Act.

Ontario.

Apprentices and Minors Act.
Mining Act.
Public Schools Act.
Continuation Schools Act.
High Schools Act.
Adolescent School Attendance Act, 1919.
Children's Protection Act, 1893, Amendments to date revised
  1927.
Juvenile Delinquents Act.
Factory, Workshop and Office Building Acts, 1918 and 1921.
School Attendance Act, 1919.
Children of Unmarried Parents Act, 1921.
Mother's Allowances Act, 1920, and Amendment, 1921.
Legitimation Act, 1921.
Marriage Law Amendment Act, 1921.

School Law Amendment Act, 1921.
Vocational Education Act, 1921.
Adoption Act, 1921.
Deserted Wives and Children Maintenance Act, 1922.
Minimum Wage Act.
Workmen's Compensation Act.

Prince Edward Island.

Immigrant Children Act, 1910.
Children's Protection Act, 1910, and Amendment, 1922.
Adoption of Children Act, 1916.
Children of Unmarried Parents Act.

Quebec.

Education Act, 1909.
Juvenile Delinquents Act, 1910, and Amendment, 1915.
Industrial Establishments Act, 1910, Amendment, 1919.
Various sections of the Code of Lower Canada deal with Child
    Protection.

Saskatchewan.

Factories Act.
Illegitimate Children Act, 1920.
Industrial School Act.
Infants Act, 1920.
Juvenile Courts Act, 1920.
Legitimation by Subsequent Marriage Act, 1920.
Minimum Wages for Females Act.
Mothers' Pensions Act, 1920.
Neglected and Dependent Children Act, 1920.
School Attendance Act.
School Act, 1920.
Presque toute la législation de la protection de l'enfance de Sas-
    katchewan a été unifiée en une loi : The Child Welfare Act,
    1927.

En ce qui concerne la lutte contre les maladies mentales, un *Comité national d'hygiène mentale* a été fondé le 26 avril 1918. À une des premières réunions de ce Comité, M. C. F. Martin fut élu président. En décembre 1922, un Comité d'hygiène mentale a été créé à Montréal par Russell.

Le Comité national d'hygiène mentale s'est donné, lors de sa fondation, le programme suivant :

1. *Armée.* — Une étude approfondie du problème des maladies mentales et nerveuses dans l'armée canadienne, et la création d'un personnel pour les soins d'hygiène mentale à donner aux militaires ;

2. *Immigration.* — Une étude du problème d'immigration comparée à ce qui a été fait dans les autres pays ; (Il est connu que la moitié des faibles d'esprit du Canada sont d'origine étrangère.)

3. *Statistiques.* — Une étude statistique du traitement et des soins à donner aux aliénés et aux faibles d'esprit ;

4. *L'établissement d'une bibliothèque.* — Elle fournira des documents non seulement pour l'étude mais encore les informations générales, les conférences, les expositions, la propagande, la bibliographie, etc. ;

5. *Recherches.* — Une étude de la psycho-pathologie des jeunes délinquants et des prostituées ;

6. *Propagande.* — Elle sera établie au moyen de conférences, meetings publics, etc.

§ 2. — LA REGLEMENTATION DU MARIAGE.

Les lois relatives au mariage sont, généralement, les mêmes pour le Canada que pour le Royaume-Uni.

Des dispositions particulières aux différentes provinces sont cependant venues modifier le droit de la métropole.

A. — L'AGE DU MARIAGE.

British Columbia.

L'âge de vingt-et-un ans est établi pour les deux sexes ; le mariage est cependant possible à un âge moins avancé si les parents ou le tuteur y consentent. Mais aucun mariage entre des mineurs, ou avec un mineur de seize ans ne peut être célébré, sans une permission spéciale du *judge of the Supreme or County Court.*

Manitoba.

L'age du mariage est fixé à dix-huit ans pour les deux sexes.

New-Brunswick.

L'âge du mariage est fixé à dix-huit ans pour les deux sexes.

Nova-Scotia.

L'âge du mariage est fixé à vingt-et-un ans pour les deux sexes.

Ontario.

La loi anglaise est encore en vigueur dans cette province; cependant l'âge légal du mariage a été élevé de douze à quatorze ans pour les filles. Pour les garçons il est resté fixé à quatorze ans.

Prince Edward Island.

L'âge du mariage est fixé à quatorze ans pour les hommes et à douze ans pour les femmes.

Saskatchewan.

La *common law* de l'Angleterre est appliquée.

B. — L'ETAT PHYSIQUE ET MENTAL DES PARTIES.

Dans la province d'Ontario, lorsque l'une ou l'autre des parties est atteinte d'aliénation mentale, d'idiotie ou d'intoxication alcoolique, il n'est pas délivré de licence de mariage.

Dans la province de Québec, les licences de mariage ne concernent que les protestants, et la délivrance de celles-ci n'a lieu que sur l'assurance donnée par deux chefs de famille qu'il n'y a aucun empêchement légal au mariage.

Dans les provinces de Manitoba et de Saskatchewan, il est illégal de délivrer une licence de mariage ou de célébrer un mariage lorsque l'une ou l'autre des parties est idiote ou est présumée l'être.

La loi sur le mariage de la province d'Alberta est similaire à celle en vigueur dans la provinve de Manitoba sauf qu'une licence ne peut être délivrée à une personne qui est « mentalement incapable ».

Dans les provinces de Prince Edward Island, Nova Scotia, New-Brunswick, Québec et British Columbia on ne peut refuser de licence aux défectifs même pour faiblesse mentale à moins qu'elle ne tombe dans les cas d'incapacité générale visés par le droit commun.

§ 3. — LA REGLEMENTATION DE L'IMMIGRATION.

La réglementation de l'immigration est considérée par les autorités canadiennes comme un des moyens les plus efficaces de préservation de la race. Aussi, des barrières très sévères ont-elles été établies en vue de se préserver des ét..angers indésirables.

Les conditions imposées à l'entrée des immigrants peuvent se grouper sous les chefs suivants (1) :

1. — Conditions de police et de moralité ;
2. — Conditions de race, de nationalité ;
3. — Conditions d'instruction ;
4. — Conditions de fortune ;
5. — Conditions physiques.

1. — CONDITIONS DE POLICE ET DE MORALITE.

En vertu de la loi d'immigration de 1910, modifiée en 1924, il est interdit aux catégories suivantes d'immigrants d'entrer au Canada :

Les personnes qui partagent les doctrines visant à renverser par la force ou la violence le Gouvernement du Canada, l'ordre établi et les autorités constituées, qui rejettent toute forme de gouvernement organisé, qui préconisent l'assassinat des fonctionnaires publics ou la destruction illégale de la propriété ;

----

(1) *La Réglementation des Migrations.* Bureau International du Travail.

Les personnes qui appartiennent à une organisation acceptant ou enseignant la désaffection à l'égard de toute forme de gouvernement organisé, considèrent les attentats contre les fonctionnaires des gouvernements organisés comme l'accomplissement d'un devoir, le résultat d'une nécessité ou encore comme des faits naturels, étant donné le caractère officiel desdits fonctionnaires, ou qui préconisent la destruction illégale de la propriété ;

Les personnes coupables d'espionnage à l'égard du Gouvernement britannique ou à l'égard d'un de ses alliés ;

Les personnes qui ont été reconnues coupables de trahison ou d'un délit ayant trait à la guerre ; ou de conspiration envers Sa Majesté ou d'assistance aux ennemis de Sa Majesté pendant la guerre, ou de tout autre délit analogue contre l'un des alliés de Sa Majesté Britannique ;

Les personnes qui ont été reconnues coupables d'un crime impliquant la dégradation morale ou qui reconnaissent l'avoir commis ;

Les prostituées ainsi que les femmes et les jeunes filles se rendant au Canada dans un dessein immoral et les entremetteurs et personnes vivant des bénéfices de la prostitution ;

Les personnes qui introduisent ou essayent d'introduire au Canada des prostituées ou des femmes ou jeunes filles, en vue de la prostitution, ou dans quelque autre but immoral.

2. — CONDITIONS DE RACE ET DE NATIONALITE.

Aux termes de la loi de 1910-1924, relative à l'immigration, le Gouverneur général peut interdire le débarquement au Canada d'immigrants de quelque origine qu'ils soient, ou limiter le nombre de ces immigrants autorisés à débarquer, si de telles mesures lui paraissent justifiées par la situation économique, industrielle, etc., existant à ce moment au Canada, ou par le fait que lesdits immigrants ne semblent pas convenir à ce pays, étant donné les conditions climatiques, industrielles, sociales, etc., du Canada, ou les coutumes, habitudes, modes de vie ou méthodes de propriété des immigrants en question et l'inaptitude probable de ceux-ci, dans un délai raisonnable, à s'assimiler facilement, ou à assumer les devoirs et les responsabilités qu'entraîne la qualité de citoyen canadien (art. 38 c).

En vertu de ces dispositions, une ordonnance du 31 janvier 1923 interdit le débarquement de tout immigrant d'origine asiatique, à l'exception des personnes remplissant les conditions ci-après, qui peuvent être autorisées à entrer au Canada par les fonctionnaires de l'immigration :

a) agriculteur professionnel venant exercer sa profession au Canada et disposant de ressources suffisantes pour s'établir à son compte ;

b) travailleur agricole de bonne foi, ayant des assurances raisonnables de trouver un emploi à la campagne ;

c) domestique (femme) ayant des assurances raisonnables de trouver à s'employer comme telle ;

d) épouse, ou enfant de moins de dix-huit ans, de tout individu, légalement admis et domicilié au Canada, qui est en mesure de pourvoir à l'entretien des personnes à sa charge.

Les personnes, rentrant dans les trois premières de ces catégories, ne peuvent obtenir l'autorisation de débarquer que si elles possèdent chacune 250 dollars au minimum. Ce règlement ne s'applique pas aux ressortissants de tout pays avec lequel le Canada a conclu spécialement un traité, un accord ou une convention réglementant les migrations.

3. — CONDITIONS D'INSTRUCTION.

Aux termes de la loi d'immigration de 1910, modifiée en 1924 (art. 3 t), les personnes ayant plus de 15 ans, physiquement capables de lire et qui ne savent lire ni l'anglais, ni le français, ni aucune autre langue ou dialecte ne peuvent entrer ou débarquer au Canada.

La loi dispense de l'examen de lecture le père, ou le grand-père lorsqu'il est âgé de plus de 55 ans, la femme, la mère, la grand'-mère, la fille célibataire ou veuve, satisfaisant aux autres conditions d'admission, de toute personne admissible ou ayant été légalement admise à entrer au Canada ou étant de nationalité canadienne ou domiciliée au Canada ainsi que les personnes qui ne font que passer à travers le Canada et celles autorisées à y entrer, par le ministre compétent.

Afin de se rendre compte si les étrangers savent lire, les inspecteurs des immigrants se servent de formulaires uniformes préparés d'après les instructions du ministre du Travail et contenant chacun un minimum de 30 et un maximum de 40 mots usuels, imprimés en caractères très lisibles dans chacune des langues ou dialectes que chaque immigrant peut indiquer à son gré en vue de subir l'examen ; il est invité à lire les mots imprimés sur le formulaire.

4. — CONDITIONS DE FORTUNE.

La loi d'immigration de 1910-1924 contient certaines stipulations relatives à la situation financière des immigrants :

1. Somme que les immigrants doivent avoir en leur possession lors du débarquement :

Le Gouverneur peut publier des règlements relatifs à la somme d'argent que les immigrants et les non-immigrants doivent avoir en leur possession. Ainsi un ordre rendu en conseil le 31 janvier 1923 dispose que tout immigrant de race asiatique doit avoir en sa possession une somme de 250 dollars pour être admis à débarquer au Canada. La femme et les enfants âgés de moins de 18 ans de toute personne légalement admise au Canada et résidant dans ce pays, qui est en mesure de pourvoir à l'entretien des personnes à sa charge sont exemptés de cette mesure.

L'ordre 183 interdit, eu égard au chômage au Canada, l'immigration des personnes de toutes catégories ou professions, mais prévoit certaines dérogations dont les suivantes :

a) Les citoyens des Etats-Unis se rendant de ce pays au Canada et qui prouvent au fonctionnaire de l'Immigration du port d'entrée qu'ils ont des moyens suffisants pour subvenir à leurs besoins jusqu'à ce qu'ils aient trouvé un emploi ;

b) Les sujets britanniques se rendant directement ou indirectement de Grande-Bretagne ou d'Irlande, de Terre-Neuve, des Etats-Unis, de la Nouvelle-Zélande, de l'Australie ou de l'Union sud-africaine au Canada et qui prouvent au fonctionnaire de l'Immigration de service dans le port d'entrée qu'ils ont des moyens suffisants pour subvenir à leurs besoins jusqu'à ce qu'ils aient trouvé un emploi.

2. Mendiants et vagabonds :

En vertu de l' « Immigration » Act de 1910-1924, les mendiants professionnels ou vagabonds ainsi que toutes personnes susceptibles de tomber à la charge de l'Etat ne sont pas autorisés à débarquer (art. 3 *g* et *i*).

Les immigrants chinois sont visés par une loi spéciale de 1923 *(Chinese Immigration Act)* qui stipule que le débarquement ou l'entrée au Canada des personnes d'origine ou de descendance chinoise, sans égard à leur nationalité, n'est autorisé qu'en ce qui concerne les catégories suivantes :

a) membres du corps diplomatique ou autres représentants du gouvernement, avec leur suite et leurs serviteurs, et membres du service consulaire ,

b) enfants nés au Canada de parents de race ou de descendance chinoise, qui ont quitté le Canada pour des fins d'éducation ou autres, et qui prouvent dûment leur identité aux autorités du port, ou autre lieu, par lequel ils désirent entrer au Canada à leur retour ;

c) 1° marchands ; 2° étudiants venant au Canada dans le but de suivre des cours d'universités canadiennes ou d'écoles autorisées par l'Etat à conférer des diplômes ; lesdits étudiants doivent fournir des preuves satisfaisantes de leur qualité aux autorités de localités frontière déterminées *(Ports of entry)*, et l'autorisation de demeurer dans ce pays n'est valable que pendant la période de fréquentation effective desdites universités ou écoles.

Les personnes d'origine ou de descendance chinoise ne peuvent pénétrer au Canada que par les localités frontière déterminées constituant, aux termes des règlements, des « Ports of Entry » (art. 6).

Toute compagnie transportant des Chinois en transit, à travers le Canada, doit fournir, pour chacun de ces migrants, un cautionnement suffisant pour couvrir l'amende qui pourra être imposée en cas d'infraction aux règlements visant ce genre de transport.

Ledit cautionnement peut être remplacé par le dépôt d'une somme de mille dollars pour chacune des personnes transportées. Les compagnies transportant, à travers le Canada, des émigrants d'origine chinoise doivent garder ceux-ci, jusqu'au port de sortie du pays, dans les wagons dans lesquels ils sont montés au lieu d'entrée et, à l'arrivée au port de sortie, les émigrants seront détenus dans un local prévu à cette fin, jusqu'au moment où ils seront conduits à bord du navire devant les emmener.

Les règlements établis par le gouverneur général en date du 31 janvier 1923, qui permettent l'immigration de domestiques agricoles (femmes), d'ouvriers agricoles et de parents de personnes domiciliées au Canada, ne s'appliquent pas aux immigrants d'origine asiatique. Toutes les dispositions de la loi générale sur l'immigration, n'allant pas à l'encontre des dispositions de la loi de 1923 sur l'immigration chinoise, s'appliquent également aux personnes d'origine chinoise (art. 79 modifié par la loi de juillet 1924 relative à l'immigration).

L'immigration japonaise est réglementée par un « Gentlemen's Agreement ».

L'immigration de personnes originaires de l'Inde est, en fait, limitée par la nécessité imposée aux immigrants pour venir de ce pays au Canada de voyager sans interruption depuis l'Inde.

Par contre, des dispositions plus favorables que les dispositions générales concernant l'admission au Canada s'appliquent aux citoyens ou sujets de certains pays connus sous le nom de « pays préférés ». Ces pays sont actuellement : l'Allemagne, la Belgique, la France, les Pays-Bas, les pays scandinaves et la Suisse. Les citoyens et sujets de ces pays sont admissibles au Canada pourvu qu'ils répondent aux conditions suivantes : être de bonne santé physique et mentale, avoir un certain degré d'instruction, être de bonnes mœurs, arriver directement au Canada du pays où ils sont nés ou de celui dont ils sont actuellement citoyens, être en possession d'un passeport valide délivré dans le pays dont ils sont citoyens (ce passeport devant être utilisé dans l'année qui suit sa délivrance et porter l'indication que le porteur peut retourner en tout temps dans son propre pays) ;enfin, être pourvu d'un emploi assuré, non nécessairement agricole, ou posséder des ressources suffisantes pour subvenir à ses besoins en attendant de trouver un emploi.

5. — CONDITIONS PHYSIQUES.

L'entrée du territoire est interdite aux personnes atteintes de tuberculose d'une forme quelconque, ou d'une maladie contagieuse ou infectieuse pouvant présenter des dangers pour la santé publique, que ces personnes aient l'intention de s'établir au Canada ou qu'elles désirent simplement traverser ce pays en transit. Cependant, lorsque la maladie dont il s'agit est susceptible de guérison dans un délai relativement court, ces personnes peuvent, en se conformant aux règlements, être autorisées à rester à bord d'un navire s'il n'existe pas d'hôpital à terre, ou à quitter le bateau pour suivre un traitement médical.

L'entrée au Canada est refusée aux personnes suivantes : les personnes atteintes d'alcoolisme chronique ; les personnes se trouvant en état d'infériorité psychopathologique chronique, les faibles d'esprit, les épileptiques, les aliénés et les personnes ayant été atteintes d'aliénation mentale à une époque précédente ; les muets, les aveugles ou personnes atteintes d'une autre infirmité physique ; les personnes qu'un médecin du gouvernement certifie, après examen, être atteintes d'une infirmité mentale ou physique à un degré susceptible d'entraver leur capacité de pourvoir à leur existence, à moins qu'un Conseil d'enquête ou un fonctionnaire agissant comme tel, n'estiment qu'elles possèdent des ressources suffisantes ou aient un moyen légitime de gagner leur vie, les empêchant de tomber à la charge publique, ou à moins qu'elles ne fassent partie d'une famille les accompagnant ou se trouvant déjà au Canada, qui fournit au ministre des garanties suffisantes pour éviter que les immigrants en question ne tombent à la charge de la collectivité. (The Immigration Act, 10-24, art. 3 *a, b, c, k, l, m.*).

Toute compagnie de transport amenant au Canada un immigrant de ce genre commet une infraction et est passible d'une amende pour tout immigrant ainsi introduit s'il peut être démontré que l'existence de la maladie, de l'invalidité ou du défaut incriminé aurait pu être décelée au port d'embarquement par un examen médical approprié. (*Idem,* art. 48, 3° et 4°.)

A leur arrivée au Canada, les immigrants sont tenus de se soumettre à un examen médical destiné à vérifier que leur état de santé n'est pas susceptible de présenter des dangers pour la santé publique ou de les mettre à la charge de la collectivité. (*Idem*. art. 28.)

§ 4. — LA STERILISATION.

La stérilisation des anormaux a été étudiée au Canada depuis plusieurs années.

En 1928, la province d'Alberta a voté une loi instituant cette mesure. Cette loi prévoit la stérilisation de tous les faibles d'esprit que l'on a l'intention de relâcher des asiles provinciaux et des hôpitaux pour maladies mentales.
Les principales clauses de la loi sont les suivantes :

Lorsqu'il est proposé de rendre la liberté à un aliéné enfermé dans un asile, le superintendant médical peut obtenir que le dit aliéné soit examiné par un conseil ou en présence d'un conseil.

Si, après cet examen, le conseil estime que le malade peut être libéré sans danger, les risques de procréation avec ses menaces de transmission du mal à la descendance étant écartées, un ordre écrit de stérilisation peut être adressé à un chirurgien compétent qui accomplira cette opération d'après les indications mentionnées dans la dite ordonnance.

Une telle opération ne sera exécutée qu'avec le consentement du malade, si, d'après l'avis du conseil, le dit malade peut donner un tel consentement; dans l'hypothèse contraire, le consentement du mari ou de la femme du malade sera demandé; s'il est non-marié celui de son plus proche parent ou de son tuteur; et s'il n'a ni mari, ni femme, ni tuteur, ni parent résidant dans la province, le consentement du ministre sera requis.

Le conseil qui décide du sort des sujets de cette loi se composera de deux médecins praticiens nommés par le Sénat de l'Université d'Alberta et le collège des médecins d'Alberta et de deux autres personnes nommées par le Cabinet provincial.

La loi n'est pas passée sans une grande opposition. Ses adversaires, en effet, ne pouvaient admettre que les malades des asiles fussent forcés d'être stérilisés pour recouvrer leur liberté; ils firent valoir que la Société américaine d'Hygiène mentale avait récemment déclaré son opposition au principe de la stérilisation. Ils invoquèrent encore l'incapacité des hommes de science de prouver la transmission des maladies mentales, particulièrement lorsque les causes de celles-ci sont dues à des accidents et non à l'hérédité ; enfin ils ajoutèrent que cette loi était injuste parce qu'elle ne pourrait toucher tous les aliénés de la province. Ils demandèrent plutôt une inspection plus grande des immigrants et le développement de la politique de ségrégation.

Par contre, l'argument principal que le Gouvernement invoquait en faveur de la loi était que le nombre des faibles d'esprit allait toujours croissant et qu'il était impossible de subvenir aux frais occasionnés par les asiles. Il fit valoir qu'il n'y avait que deux alternatives : ou la stérilisation proposée ou le complet internement des malades qui était une solution beaucoup plus cruelle. Il énonça l'opinion d'une douzaine d'autorités anglaises à l'appui de sa politique.

Dans l'Ontario, des projets de loi tendant à établir la stérilisation ont été introduits à plusieurs reprises. La province de Manitoba a également mis un projet à l'étude.

Dans les provinces de Québec et de Saskatchewan, la stérilisation comme mesure légale n'a encore reçu aucune considération officielle.

Le Chief Medical Officer de New-Brunswick s'est opposé formellement à l'étude de la question.

Dans la Colombie britannique se développe un mouvement actif en faveur de la stérilisation. Le Conseil des Femmes de Vancouver travaille l'opinion en vue de l'établissement de cette mesure. Le département des enfants abandonnés est très favorable à la stérilisation et, chaque fois qu'il est possible de le faire, il soumet le problème à l'approbation du public par la voie de diverses organisations.

§ 5. — LA LIMITATION DES NAISSANCES.

Un mouvement en faveur du Birth-Control a pris naissance au Canada lors de la visite qu'a faite à Vancouver, Mrs. Marg.

Sanger. Sa présence a permis aux adeptes de la doctrine de former un noyau qui aboutit à la création de la *Canadian Birth-Control League*.

Des demandes d'avis et de renseignements arrivent journellement à la Ligue. Toutefois, l'action de celle-ci se voit limitée par la loi, qui classe la pratique de la contraception dans la section du code pénal relative à la propagande obscène et défend aux médecins d'enseigner les méthodes du Birth-Control.

A l'heure actuelle, les efforts de la Ligue se bornent à une action locale et à la création d'une *union canadienne*. Cette dernière comprenant les *social workers*, les hommes de science, les médecins de toutes les provinces du Canada, a pour but de préparer l'opinion et ensuite la législation à admettre les principes du Birth-Control (1).

La Canadian Birth-Control League a son siège à Vancouver. Elle est présidée par le Dr A. M. Stephen. De plus le Dr C. J. O. Hastings, Medical Officer of Health de Toronto préconise et soutient le mouvement (2).

---

(1) **A. M.** Stephen. *Activity in Canada* dans *International Aspects of Birth-Control*, p. 133.

(2) *One hundred years of Birth-Control.*

CHINE

CHAPITRE PREMIER.

Généralités.

On rencontre dans l'histoire de la Chine, dès les temps les plus reculés, certaines pratiques établies dans un but eugénique.

C'est ainsi que la culture prénatale par la protection de la mère a été depuis longtemps et est encore une des principales coutumes instituées en vue de la préservation de la race. Elle date de plus de 300 ans lorsque la mère du fondateur de la dynastie de Chow l'a pratiquée pour la première fois. A cette fin, elle évita durant sa grossesse d'assister à tout spectacle malsain ainsi que d'écouter toute musique vulgaire qui aurait pu agir défavorablement sur l'enfant destiné à être un grand chef. Dans le *Livre des Odes* on trouve de nombreux poèmes adressés aux descendants de la famille Chow dont on loue aussi bien les qualités que le nombre. La mère du fondateur de cette dynastie servit ainsi d'exemple à toutes les futures mères chinoises. Les femmes enceintes des classes supérieures imitèrent scrupuleusement ces pratiques, tandis que celles des classes inférieures, ayant moins de bon sens, tombèrent dans des croyances superstitieuses. C'est ainsi qu'elles évitaient de rencontrer des lapins, étant convaincues que cette vue engendrait chez leurs enfants des becs de lièvre.

Les Chinois ont toujours cru à l'influence des forces naturelles et météorologiques sur la conception. Il y a de nombreux jours pendant lesquels celle-ci ne peut avoir lieu. D'autre part, ils sont persuadés que dans l'opération de la conception, le père engendre le germe tandis que la mère offre le terrain dans lequel il se développera. Dans certaines régions on admet que le père contribue à former le squelette de l'enfant et la mère, le sang et la chair. Mais toutes ces superstitions commencent à perdre du terrain. La croyance à l'hérédité des caractères est aussi commune chez ce peuple que chez les autres.

Outre la culture prénatale on trouve encore chez les Chinois d'autres institutions eugéniques, telles que l'ostracisme et la déportation lesquelles ont été pratiquées dans toute l'histoire de la Chine et déjà au 23ᵉ siècle avant J.-C., lorsque quatre grandes familles criminelles furent exilées « aux quatre coins de la terre pour être dévorées par les monstres ». Le même principe semble se retrouver dans le système éducatif appliqué quelques siècles plus tard. On trouve en effet dans le *Livre des Rites* les détails suivants :

« L'Etat était divisé en deux parties. Toute personne qui ne réussissait pas à être éduquée convenablement dans une partie de l'Etat, en dépit de tous les efforts du public, était envoyée dans l'autre afin de subir une seconde épreuve. Si celle-ci échouait à nouveau, l'individu était transféré dans une région frontière où avait lieu une troisième épreuve.

» Enfin, au cas d'un nouvel échec, une quatrième et dernière épreuve devait être subie aux confins extrêmes du pays. Si celle-ci ne donnait aucun résultat, le cas était considéré comme sans espoir et la personne exilée du pays où il lui était défendu de rentrer et de s'associer jamais à ses compagnons à travers la vie. »

La famille a toujours eu en Chine une très grande importance. Elle était considérée comme sacrée ; la piété filiale et la vénération des ancêtres en étaient les corollaires. Un des premiers devoirs de chacun était d'avoir de bons enfants. Le plus grave de tous les péchés dit Mencius est de mourir sans postérité. Personne alors ne sera présent pour garder le souvenir des ancêtres.

Une autre tradition eugénique que l'on trouve chez les Chinois est l'exogamie. Elle a été sanctionnée par la loi depuis le 10ᵉ siècle avant J.-C. Cette coutume jointe à la tendance raciale propre à ce peuple de se mêler aux autres a contribué largement à lui donner son caractère d'hétérogénéité.

Signalons encore la pratique qui voulait qu'un certain jour, au milieu du printemps, sous l'autorité de l'Etat, tous les jeunes gens et les jeunes filles fussent mis en présence et pussent se choisir librement. Cette coutume qui laissait jouer les lois de la sélection sexuelle était essentiellement eugénique.

Il faut toutefois remarquer qu'à côté de cette institution existait une réglementation légale du mariage. Mais chaque fois que le pays avait souffert d'une épidémie ou de la famine et que la population s'était éclaircie, les lois ordinaires du mariage étaient simplifiées et des encouragements étaient accordées en vue de les multiplier.

Comme on le voit on travaille depuis longtemps en vue de développer la population. Au 14me siècle déjà, des prix étaient accordés aux parents de jumeaux et de trijumeaux.

Pour des raisons eugéniques, le mariage contracté entre personnes de rangs différents a toujours été déconsidéré. De même, la loi défendait d'épouser les prostituées, les actrices ou toutes personnes apparentées à un criminel. On a voulu ainsi protéger les éléments nobles de la population.

Dans le *Livre des Rites*, il est statué que l'homme doit se marier vers la trentième année et la femme vers la vingtième (1).

Enfin, l'infanticide constitue encore, en Chine, un moyen de sélection eugénique. Une grande proportion d'enfants indésirables, surtout du sexe féminin sont mis à mort par les parents. A cet effet, à Hong-Kong spécialement, on place les enfants dans une île, à marée basse afin qu'ils soient emportés par la marée montante (2).

A l'heure actuelle, on ne travaille plus en Chine au développement de la population. Le pays est en effet, véritablement surpeuplé. D'après les statistiques fournies par le *China Continuation Committee*, établis en 1918-19, la population chinoise s'élevait à cette époque à 440,925,000 habitants. D'autre part le *Post*

---

(1) Quentin Pan. *Eugenical News*, nov. 1923.

(2) Lt-Col. W. E. Mc. Kechnie. *The New Generation*, avril 1924.

Office Census de 1920 donne un chiffre de 427,679,000. On peut donc dire que la Chine compte en moyenne 400 millions d'âmes.

Si l'on examine maintenant la densité de la population par mille carré dans les différentes provinces, on constate qu'elle est la plus élevée du monde.

Elle atteint en effet :

873,5 habitants par mille carré dans la province de Kiangsu ;
612   »   »   »   »   »   »   »   » Chekiang ;
526,5   »   »   »   »   »   »   »   » Shantung ;
466,5   »   »   »   »   »   »   »   » Honan.

Le professeur Roxby, de l'Université de Liverpool, compare ces chiffres à ceux des autres pays. La Belgique, qui est la contrée d'Europe à la population la plus dense, ne compte cependant que 657 habitants par mille carré ; l'Angleterre et le pays de Galles, 618 ; Rhode Island, qui est l'endroit le plus peuplé de l'Amérique du Nord, n'en compte que 508 (1).

Toutefois, il faut reconnaître que l'énorme natalité chinoise est contrebalancée par une presque égale mortalité. La perte de vies en Chine est beaucoup plus grande que dans n'importe quel autre pays. Les épidémies, la famine, les inondations, les guerres et autres désastres sont communs dans ce pays (*China Year-Book*, 1922). A toutes ces causes il faut ajouter les mauvaises conditions d'hygiène dans lesquelles vit la population. On peut dire que 700,000 personnes par an meurent de la tuberculose.

---

(1) Sur le problème de la population en Chine, voir .

1. C. G. Dittmer. « An Estimate of the Standard of Living in China ». *Quarterly Journal of Economics*, vol. 33, november 1918, pp. 107-128.

2. Percy M. Roxby. « The Distribution of Population in China. Economic and Political Significance ». *The Geographical Review*, vol. 15, n° 1, january 1925, pp. 1-24.

3. Ta Chen. « Chinese Migrations, with special Reference to Labor Conditions ». *Bulletins of the V. S. Bureau of Labor Statistics*, n° 340.

4. Ta Chen and others. « An Experiment in Social Research ». *The Tsing Hua Journal*, vol. I, n° 2, december 1924, pp. 305-338.

5. Chao and Chang. « A study in the Living Conditions of Servants Employed by Tsing Hua College ». *The Tsing Hua Journal*, vol. I, n° 1, pp. 128-140.

Mais si l'adulte paie un lourd tribut à la maladie, son taux de mortalité est peu de chose comparé à celui de l'enfant : On ne pense pas assez à cette réalité quand on se hâte de vanter le chiffre élevé de la natalité. Plus de la moitié des enfants en Chine disparaissent dans le premier âge.

En dehors du manque de soins dû à la misère, de l'insuffisance de l'allaitement par des mères débiles ou malades on attribue cette excessive mortalité aux affections très fréquentes et très meurtrières comme la méningite, la tuberculose, la phtisie mésantérique, la variole, l'entérite, la syphilis héréditaire, le rachitisme, etc.

Les causes de la grande mortalité chinoise ont en outre des répercussions profondes sur la santé de la race.

Un des plus grands fléaux qui frappe toutes les classes de la population est la toxicomanie par l'usage de l'opium et de l'alcool. Il y a plus à dire de l'alcool qui est consommé en Chine en quantités énormes. La Chine fabrique, toutes proportions gardées, autant d'eau-de-vie que nos pays ; elle ne l'exporte nulle part et la consomme entièrement. Depuis quelques années, elle importe même d'Europe des cognacs et des whiskies. Quant à l'eau-de-vie, très nocive par sa richesse en éther, elle est absorbée pure. De cet alcoolisme, que la suppression de la culture du pavot ne fera qu'aggraver, surtout chez les artisans et les coolies qui ont besoin de stimulant, les méfaits sont manifestes pour le médecin : en dehors des stigmates de dégénérescence, on note la fréquence du rachitisme, de la scrofule, de l'épilepsie et autres névroses, de l'infantilisme, états morbides relevant d'hérédités lamentables.

Une autre cause de dégénérescence de la race, particulière aux pays d'orient, consiste dans les mariages précoces et les maternités prématurées.

Il n'y a pas que l'enfant qui pâtit de pareille habitude sociale : la mère en souffre presque autant et paie à la maladie un tribut beaucoup plus lourd qu'en nos pays.

Les mariages précoces ne peuvent que diminuer la valeur physique d'une race et lui conférer des tares de débilité malgré la forte sélection naturelle qui se fait par la maladie et la mort. Ces tares constituent un terrain tout préparé pour les terribles maux que sont la tuberculose et l'avarie, celle-ci surtout, si commune en Chine, plus encore qu'en Europe, et si mal soignée. Nombreux sont les témoins de leur action : les stigmates de dégénérescence. La scrofule et le bec-de-lièvre sont d'une fréquence qui étonne en certaines provinces. Mais, de non moindre fréquence sont les asymétries craniennes et faciales, les malformations osseuses du thorax et des membres, l'infantilisme.

Enfin, les épidémies, les famines, les guerres si elles n'entraînent pas toujours la mort de ceux qui en sont victimes laissent toujours des traces profondes sur la santé de la population.

CHAPITRE II.

Institutions eugéniques et moyens préconisés.

Il existe à l'heure actuelle en Chine, un véritable mouvement eugénique scientifique. Quentin Pan est le grand promoteur des idées eugéniques dans son pays. Homme de science distingué, B. A. de Dartmouth College, A. M., en zoologie de Columbia University, gradué de l'Université de Tsing-Hua, Péking, il a travaillé à l'Eugenics Record Office Training Corps.

Quentin Pan a organisé à l'Institut national de Politique de Woosung un cours sur l'évolution organique et la biologie humaine. Il s'adonne encore à des recherches sur l'eugénique et l'anthropologie chinoise (1).

Ci-dessous le programme eugénique applicable à la Chine tel qu'il a été établi par lui. Il comprend :

1° Une éducation eugénique générale pour tous ;

2° Une revalorisation de toutes les institutions sociales et le développement de celles qui tendent à l'amélioration de la race ;

3° L'institution d'études et de recherches sur le problème de la population aux points de vue généalogique et anthropologique ;

4° La réforme des méthodes existantes concernant l'élevage des animaux et la culture des plantes ;

5° La préservation de la population rurale (2).

Il existe à Péking une Société d'Anatomie et d'Anthropologie ; elle a entrepris, depuis 1921, des recherches anthropologiques sur le peuple chinois.

L'Université de Nanking possède un cours très suivi de génétique et d'eugénique.

Des efforts sont tentés pour former une société d'eugénique

---

(1) *Eugenical News*, juillet 1926.

(2) *Eugenical News*, novembre 1923.

parmi les étudiants qui s'intéressent aux questions de génétique, d'anthropologie et d'eugénique (1).

*
* *

Un non moindre intérêt est attaché en Chine aux doctrines du Birth-Control depuis la campagne de propagande qu'y a faite Mrs. Sanger, en 1922. Les conférences qu'elle a données ont été suivies avec le plus grand intérêt par toutes les classes lettrées de la population. Ces conférences étaient organisées sous les auspices de l'Université gouvernementale de Péking.

Une Ligue du Birth-Control a été fondée à Péking par les soins de Mrs. Sanger. Une autre s'est ensuite créée à Shanghaï (2).

Tous les chefs de parti, les professeurs, les étudiants s'occupent de propager en Chine les principes de la limitation des naissances. La presse favorise également le mouvement.

Celui-ci se trouve aidé en Chine par certains facteurs qu'il nous a paru intéressant de mentionner ici :

1° L'absence d'opposition religieuse. La religion de ce pays étant essentiellement individualiste, chacun est laissé libre de prendre soin de son âme ;

2° Le mouvement de *la Nouvelle Pensée* appelé aussi la *Renaissance Intellectuelle Chinoise,* qui a été introduit en Chine par les étudiants chinois ayant fait leurs études en Europe et en Amérique et qui consiste surtout dans le développement de l'esprit de libre discussion et dans un désir intense de savoir.

Ce mouvement a été accéléré par les visites qu'ont faites dans le pays des représentants de la pensée du monde entier tels que : Mr. Bertrand Russel de Grande-Bretagne, les professeurs John Dewey et Paul Monroe de la Columbia University, le professeur Hans Driesch d'Allemagne, Mrs. Sanger, Miss Jane Addams de Chicago et le grand philosophe hindou Tagore ;

3° L'émancipation de la femme. Celle-ci est due en grande partie au mouvement précité. Les femmes demandent en Chine

---

(1) *Eugenical News,* septembre 1924.

(2) *The New Generation,* juin 1922.

la reconnaissance de leurs droits sociaux et politiques. Elles fréquentent les universités et elles tendent à se mêler aux hommes dans la société, ce qui leur a toujours été interdit par les traditions ;

4° Les conditions économiques désastreuses dans lesquelles doivent vivre certaines classes de la population.

D'autre part il est des circonstances en Chine qui s'opposent à l'introduction du Birth-Control. Ce sont :

1° L'ostracisme dont font l'objet toutes les questions sexuelles et de la reproduction ;

2° L'inaction du Gouvernement et le caractère conservateur des autorités ;

3° L'ignorance dans laquelle se trouve la masse de la population relativement à ses propres intérêts.

CUBA

CHAPITRE PREMIER.

Généralités.

Cuba fut le berceau du grand Finley à qui l'on doit la découverte de la transmission de la fièvre jaune.

Le mouvement eugénique s'y développe d'une manière remarquable. C'est aux professeurs Drs Eusebio Hernandez et Domingo F. Ramos, de l'Université de la Havane, que revient l'honneur d'avoir créé la nouvelle science de l'homiculture qui complète définitivement l'œuvre de l'eugénique. Alors que l'eugénique a pour but une amélioration de la natalité, l'homiculture vise à une survivance meilleure.

La Havane fut le siège de la première Conférence pan-américaine d'Eugénique et d'Homiculture, en décembre 1927. Cette ville a été choisie comme siège permanent du Bureau pan-américain d'Eugénique et d'Homiculture. Le Congrès précité qui avait été organisé par les autorités cubaines groupait 15 pays.

Cuba était représenté par les personnalités suivantes : Dr Francisco M. Fernandez, secrétaire de la Santé, Dr J. A. Lopez del Valle, Dr Eusebio Hernandez, Dr Domingo F. Ramos,

Dr Cesar Muxo', Dr Antonio Barrera. C'est la délégation cubaine qui présenta le projet qui devait servir de base à l'élaboration du code international d'eugénique et d'homiculture dont les principes furent approuvés par la dite conférence (1).

Un cours d'eugénique a été établi par le professeur Lopez à l'Institut Finlay.

---

(1) Compte rendu de la 1re Conférence pan-américaine d'eugénique et d'homiculture de la Havane.

CHAPITRE II.

Différents moyens eugéniques préconisés.

Les principaux moyens eugéniques envisagés à Cuba sont :

1. — Les mesures d'hygiène sociale ;
2. — La réglementation du mariage ;
3. — La limitation des naissances ;
4. — La réglementation de l'immigration.

Cette énumération n'est toutefois pas limitative.

§ 1. — LES MESURES D'HYGIENE SOCIALE.

Cuba fut la première nation du monde à établir un Secrétariat de Salubrité publique et de Bienfaisance. Elle possède une organisation et une législation sanitaire des plus parfaites.

Le général Gerardo Machado, président de la République vient d'accorder douze millions de pesos pour la création de nouveaux hôpitaux, asiles et sanatoria et pour le perfectionnement de ceux existant déjà.

Le Département de la Salubrité publique a entrepris une campagne active en vue de l'amélioration de la race. Il mène, avec un zèle extraordinaire, la lutte contre la fièvre jaune, contre le péril vénérien et les autres maladies infectieuses. Il s'est occupé également ment de la question de l'hygiène sexuelle.

Il existe à Cuba un organisme central d'hygiène infantile qui dirige, oriente et contrôle les services d'eugénique et de puériculture de la République. Ce service se divise en deux sections :

1° Le service d'hygiène infantile de La Havane ;

2° Les services d'hygiène infantile dans les localités de l'intérieur de la République.

Le service d'hygiène infantile de La Havane comporte, en premier lieu le Dispensaire central pour les consultations pré- et post-natales ; les bureaux de consultation pour enfants de moins de deux ans, et le service des infirmières-visiteuses.

Il existe à présent des services d'hygiène infantile dûment organisés, dans les localités suivantes : Pinar del Rio, Matanzas, Cardénas, Colón, Santa Clara, Cienfuegos, Camagüey, Ciego de Avila, Gibara et Santiago de Cuba. A La Havane, l'Hôpital de la Maternité donne aux femmes enceintes, une assistance parfaite. Il y a aussi des services d'accouchement et des salles pour l'assistance aux enfants malades, dans les hôpitaux « Notre-Dame de las Mercedes », « Calixto Garcia » et « Emergencias », ce dernier de caractère municipal.

Le service d'hygiène infantile de La Havane, le plus complet, joue le rôle d'une école maternelle.

Dans le district oriental, fonctionne, analogue à l'Hôpital de la Maternité de La Havane, l'Institut de Puériculture, destiné aussi à l'assistance aux femmes enceintes et aux enfants nouveaunés. A Pinar del Rio, est établi un Hôpital de la Maternité et de l'Enfance, très bien monté.

La Direction de la Bienfaisance, dont dépendent les Hôpitaux de la Maternité et de l'Enfance, s'occupe de tout ce qui concerne la protection de l'enfance abandonnée. Il existe de nombreuses institutions destinées à cette assistance.

Signalons surtout le « Preventorio Marti », à Cojimar, près de la mer, en pleine campagne, édifice splendide, pour les enfants prétuberculeux. Le secrétariat dispose d'une subvention annuelle de 146,000.00 $ pour les asiles, les crèches et autres institutions analogues. La Direction a aussi à sa charge diverses institutions de caractère privé, mais largement aidées par le Gouvernement, par exemple la Commission nationale pour la Protection de la Maternité et de l'Enfance. Elle organise des colonies infantiles d'eté, se propose de fonder un hôpital de femmes. Elle organise tous les ans le grand « Concours de l'Enfant » destiné non seulement à distribuer des prix aux plus beaux bébés, mais aussi des récompenses en espèces aux femmes pauvres qui se distinguent le plus dans le soin hygiénique de leurs enfants et de leurs foyers, qui observent le plus fidèlement les conseils des médecins du service d'hygiène infantile et qui fréquentent le plus régulièrement les bureaux de consultations.

On accorde aussi des prix de fertilité eugénique, de préférence

aux ménages pauvres ; la sélection s'établit sur les bases suivantes : nombre d'enfants ; état de santé desdits enfants ; développement physique ; fidélité à observer toutes les règles établies par les ordonnances sanitaires pour la protection au moyen
de vaccins ; assiduité à fréquenter les établissements scolaires. Le
ménage qui concourt pour le prix doit présenter les documents
prouvant qu'il a fait inscrire ses enfants aux livres de l'Etat civil,
pratique trop souvent négligée à Cuba.

Ces concours d'eugénique, de puériculture, de fertilité eugénique, d'hygiène du foyer, ont éveillé un grand enthousiasme
dans toute la République, si bien que des fêtes en l'honneur de la
maternité se célèbrent jusque dans les localités les plus reculées.

On distribue annuellement plus de 16,000.00 $ en prix natio-
naux.

§ 2. — LA REGLEMENTATION DU MARIAGE.

La matière du mariage est régie par le code civil espagnol,
modifié par différentes lois.

L'article 83 fixe à quatorze ans accomplis pour les garçons et
à douze ans accomplis pour les filles, l'âge auquel ils peuvent contracter mariage.

La consanguinité constitue un empêchement au mariage.

A Cuba comme dans la plupart des pays à tendances eugénistes,
on s'est préoccupé de la question de l'examen médical prénuptial.
Le Dr J. A. Lopez del Valle a, depuis de longues années déjà,
envisagé le problème. Il voudrait voir établir l'examen prénuptial
facultatif qui deviendrait obligatoire par la suite. Au point de
vue scientifique, dit-il, cet examen ne peut être considéré que
comme un grand pas en avant.

« Si l'on parvient à persuader, ajoute-t-il, aux enfants et aux
jeunes gens qu'il importe pour le bonheur et le bien-être du foyer
ainsi que pour la prospérité et le développement de la famille que
les futurs époux soient en bonne santé et issus de familles
dépourvues de tares héréditaires, il ne sera plus nécessaire
d'imposer cette mesure ni de promulguer de lois spéciales à ce
sujet, car les jeunes gens et les jeunes filles les plus robustes, les

plus sains et les mieux préparés pour la vie se choisiront alors librement et volontairement. »

Le distingué eugéniste, dans un rapport présenté au Conseil national cubain de l'Hygiène et de l'Assistance, résume de la manière suivante son opinion sur la question du certificat prématrimonial :

« 1° Pour que l'examen prénuptial ait l'effet désiré, il convient qu'il vise trois groupes de maladies :

» a) les affections héréditaires ;

» b) les maladies contractées avant la naissance ;

» c) les maladies contractées pendant le premier âge ;

2° L'examen des candidats, quelque minutieux et complet qu'il soit, ne permet pas de dépister les maladies héréditaires. Il est nécessaire d'étudier également les antécédents familiaux des sujets examinés ;

» 3° Une seule visite médicale ne suffit pas. Une étude détaillée de l'individu est nécessaire pour déterminer exactement son état de santé et le degré de développement de certaines maladies. Nous savons par exemple que la tuberculose peut être latente ou « fermée » au moment de l'examen, et, quelques heures ou quelques jours après, devenir « ouverte ». Bien qu'il soit difficile de prévoir ce changement, nous pouvons cependant obtenir des résultats satisfaisants en examinant à fond le sujet, en étudiant son mode de vie, les risques de réinfection auxquels il peut être exposé et les autres facteurs qui contribuent souvent à rendre aiguë une maladie chronique.

» Les mesures préliminaires suivantes paraissent s'imposer :

» 1° On entreprendra d'une façon intensive un enseignement populaire de l'hygiène, basé sur la préparation spéciale des maîtres de l'enseignement primaire et secondaire, afin qu'ils puissent prêcher chaque jour le nouvel évangile à leurs élèves et les instruire de l'importance et des avantages de l'eugénique. Des conférences sur ce sujet seront faites dans les divers centres et associations, dans les usines et les ateliers, bref partout où cette œuvre éducative peut donner de bons résultats. Des brochures et des affiches seront éditées pour attirer l'attention du public sur la valeur pratique de l'amélioration de la race en ce qui concerne l'individu et la nation ;

» 2° Toutes les personnes sur le point de se marier seront engagées à se soumettre à l'examen médical afin de se renseigner sur leur état de santé, et le public sera averti que les vénériens, les tuberculeux, les lépreux ne doivent pas se marier pendant la période contagieuse. Il en est de même des personnes atteintes d'épilepsie, de chorée et d'autres affections nerveuses graves ;

» 3° On organisera dans les bureaux d'hygiène un service gratuit desservi par des médecins chargés de procéder à l'examen médical prénuptial. Les certificats délivrés par des médecins privés seront naturellement valables. Le professeur Ruzicka, de la Société tchécoslovaque d'Eugénique, a rédigé un projet d'après lequel ces certificats devraient être fournis par des praticiens qualifiés, c'est-à-dire par des médecins ayant fait des études spéciales d'eugénique (1). »

§ 3. — LA LIMITATION DES NAISSANCES.

Il existe à Cuba un mouvement en faveur de la limitation des naissances. Ce mouvement est dirigé par certaines personnalités féministes.

La question du Birth-Control a été introduite devant le *Congrès national des Femmes* d'avril 1926.

L'enseignement des méthodes anticonceptionnelles se fait clandestinement par certaines adeptes de la doctrine dans les centres de protection pour futures mères. Mais, vu l'opposition rencontrée dans le pays, ces avis sont donnés aux femmes pauvres sans que celles-ci sachent qu'il s'agit de pratiques anticonceptionnelles (2).

§ 4. — LA REGLEMENTATION DE L'IMMIGRATION (3).

Il existe à Cuba une réglementation de l'immigration établie en vue de la protection de la race.

---

(1) Résumé du rapport présenté au Conseil national cubain de l'Hygiène et de l'Assistance publique en mai 1927.

(2) *Birth-Control Review*, janvier 1926, p. 31.

(3) *La Réglementation des Migrations*. Bureau International du Travail.

Cette réglementation subordonne l'entrée des immigrants aux conditions suivantes :

1. — Conditions de police et de moralité ;

2. — Conditions de race et de nationalité ;

3. — Conditions de fortune ;

4. — Conditions physiques.

1. — CONDITIONS DE POLICE ET DE MORALITE.

D'après l'ordre du 15 mai 1902, section I, l'entrée du territoire est interdite aux condamnés pour délits ou crimes infamants sans caractère politique ou pour fautes contre la moralité, aux polygames et aux prostituées.

Le décret n° 384 du 2 mars 1925 prend des mesures très sévères pour prévenir l'entrée à Cuba des personnes capables de pratiquer la traite des blanches ou de se livrer à la prostitution. L'article 1 décrète le rembarquement de celui qui tente de faire entrer une femme pour une fin immorale, l'article 3 n'autorise le débarquement de toute femme voyageant seule qu'avec des précautions particulièrement strictes. L'impresario qui fait venir des artistes doit verser une caution, et, en outre, déposer au commissariat d'immigration une relation complète sur elles, leurs photographies avec indication des engagements précédents, cette mesure tendant à éliminer les contrats apparents qui ne seraient qu'un prétexte à l'introduction de prostituées.

D'autre part, ce même décret (art. 8) prononce l'exclusion comme indésirables des vagabonds (*trotamundos*), et réserve le droit de la Commission d'immigration de soumettre tout nouvel arrivant au sujet duquel elle le jugerait à propos à la prise des empreintes digitales pour identification.

2. — CONDITIONS DE RACE ET DE NATIONALITE.

Le décret n° 570 du 27 avril 1926 fixe les conditions d'entrée et de résidence des Chinois dans la république cubaine, au sujet desquels le décret du 11 novembre 1915 avait causé des difficultés d'interprétation. D'accord avec l'ordre militaire n° 155 du 15 mai 1902, ce décret affirme la prohibition d'entrée pour tous les sujets de la Chine et pour tous les individus d'origine chinoise qui ne sont pas compris dans les exceptions suivantes :

a) les fonctionnaires diplomatiques et consulaires du Gouvernement chinois ou de tout autre gouvernement, qui voyagent pour les affaires de leur gouvernement ;

b) les secrétaires et les domestiques de la maison des fonctionnaires cités plus haut ;

c) les commerçants chinois qui retournent à Cuba pour y exercer le négoce qu'ils y ont établi en justifiant de leur qualité, de l'existence, de la nature et de la valeur de leur commerce au Commissariat d'Emigration ;

d) les voyageurs de commerce chinois ou les marchands qui viennent pour leurs affaires ; dans ce cas, ils doivent exposer les raisons qui justifient leur voyage de même que la nature et la valeur de leur commerce et le numéro d'inscription de leur maison ; la Commission d'Emigration est compétente pour autoriser leur entrée en fixant la durée de séjour qui leur est accordée, ainsi que la caution à verser qui ne peut dépasser 1,000 pesos en métal ;

e) les artistes dramatiques chinois peuvent entrer à Cuba temporairement s'ils prouvent l'existence d'un contrat rédigé en espagnol, anglais ou français, légalisé devant le consul de Cuba, et s'ils versent une caution de 1,000 pesos en monnaie métallique et qu'ils accomplissent les diverses conditions exigées pour l'admission des artistes dramatiques ;

f) les commerçants et travailleurs chinois qui se trouvaient à Cuba lors de la première loi d'exclusion le 14 avril 1899 et ont continué d'y vivre.

Les Chinois des catégories *c* et *f* ont droit de sortir et de rentrer librement à Cuba munis des certificats nécessaires établissant leur situation, à condition que leur absence ne soit pas supérieure à 18 mois. Les Chinois établis à Cuba avec une autorisation régulière postérieure à la date du 15 mai 1902 perdront, s'ils s'absentent, tout droit à la résidence. Par le décret du 2 avril 1927 exception est faite toutefois en faveur des travailleurs agricoles ou industriels, venus sous le régime de la loi du 3 août 1917 qui, après l'expiration de leur contrat et avant la promulgation du décret n° 570, se seraient établis comme commerçants, et de tout

autre Chinois venu en conformité de la section VIII de l'ordre
n° 155 de 1902 qui se serait établi comme commerçant avant le
même décret.

Les Chinois, admis exceptionnellement, à titre temporaire,
à condition de ne se livrer à aucun travail manuel et de ne demeurer pas plus de six mois sur le territoire cubain, qui ont manqué
à leur engagement soit en ce qu'ils font un travail, soit en excédant le temps fixé, sont réembarqués et le prix du voyage prélevé
sur la caution versée par eux, la somme en excédant étant conser-
vée à titre d'amende.

Les individus de race chinoise qui sont trouvés sur le territoire
par suite d'une entrée illégale sont obligés de se réembarquer pour
leur pays de provenance aux frais du gouvernement après qu'ils
ont comparu devant un tribunal correctionnel dans le cas où ils
n'ont pu prouver leur droit d'entrer et de demeurer à Cuba. Si
une personne les a fait venir à Cuba ou a contribué à leur entrée,
elle est déclarée responsable et doit répondre des frais occasionnés
par l'enquête ou par le réembarquement.

Les Chinois qui arrivent sur le territoire cubain en possédant
le certificat délivré par le département d'Immigration et qui,
cependant ne peuvent être autorisés à débarquer, parce qu'ils ne
se trouvent pas dans les autres conditions légales d'admission,
sont réembarqués pour leur pays de provenance et leur voyage
payé sur le montant de la caution qu'ils ont déposée ou aux frais
du navire qui les a transportés.

Les Chinois appartenant aux catégories qui peuvent être
admises exceptionnellement ou temporairement sont inscrits sur
un registre spécial où sont consignées les conditions de leur admission pour la durée de leur séjour. Un certificat leur est remis contenant les mêmes indications et muni de leur photographie. Ils
doivent le présenter à toute réquisition. (Décret n° 570 du 27 avril
1926.)

3. — CONDITIONS DE FORTUNE.

L'entrée du pays est interdite aux mendiants et aux personnes
qui pourraient tomber à la charge de l'assistance publique. (Ordre
n° 155 du 15 mai 1902, art. 1.)

D'après l'article 2, alinéa 2, de la loi du 3 août 1910, tout immigrant, pour être admis sur le sol cubain, doit présenter une personne physique ou morale qui s'engage vis-à-vis du gouvernement à pourvoir aux soins de l'immigrant en cas de maladie, à supporter éventuellement les dépenses de ses funérailles et à le réembarquer dans le cas où il deviendrait inapte au travail ou, par manque d'occupation, serait susceptible de tomber à la charge de l'assistance publique.

4. — CONDITIONS PHYSIQUES.

Sont exclus les immigrants idiots, imbéciles et les personnes atteintes de maladies répugnantes, graves ou contagieuses. (Ordre n° 155 du 15 mai 1902, art. 1.)

DANEMARK

CHAPITRE PREMIER.

Généralités.

La principale organisation eugénique du Danemark est la Société anthropologique fondée en 1903 par le Dr Laub.

Le but de la société a été tout d'abord de faire des recherches sur les questions raciales auxquelles se sont ajoutées des recherches sur les problèmes génétiques.

La Société a pour président le Dr Sören Hansen. En font également partie : le Dr Johannsen, M. A. Jensen, le Dr A. Wimmer, etc.

Depuis ces dernières années, la société vient d'établir une section d'eugénique qui a été reconnue par le Gouvernement et subventionnée par lui.

Cette société s'est préoccupée jusqu'ici de l'enregistrement de tous les sourds-muets, faibles d'esprits et dégénérés du pays, y compris leurs ascendants et leurs descendants (1).

Il a été créé à l'Université de Copenhague un cours sur « la génétique et l'eugénique » ; il est donné par le professeur W. Johannsen.

Le principal ouvrage publié au Danemark sur des questions plus ou moins connexes à l'eugénique est celui du professeur Johannsen : *Arvelighed* (2).

---

(1) *Eugenical News*, juillet 1925.

(2) *Eugenical News*, juillet 1925.

Le Dr A. Wimmer, professeur de psychiatrie à l'Université de Copenhague, est l'auteur d'études sur l'hérédité des maladies mentales. Il a présenté un rapport remarquable sur la question, lors de la réunion de la Commission Internationale d'Eugénique de 1922.

Un journal : *Nyt Tidsskrift for Abnormvoesen* consacre une partie de ses feuilles à l'eugénique.

Outre la Section d'eugénique de la Société anthropologique, il a été fondé encore à l'Université de Copenhague un Département de la Physiologie des Plantes qui s'occupe de génétique.

Le Danemark est représenté à la Fédération internationale des organisations eugéniques par les Drs Aug. Wimmer et Sören Hansen ; ce dernier est président de la Société danoise d'Anthropologie.

CHAPITRE II.

Différents moyens eugéniques préconisés.

Nous envisagerons successivement au Danemark les moyens suivants qui y ont été étudiés :

1. — La réglementation du mariage ;
2. — Le contrôle des naissances ;
3. — La stérilisation ;
4. — Les mesures d'hygiène sociale.

§ 1. — LA REGLEMENTATION DU MARIAGE.

On s'est préoccupé, avec une attention particulière, au Danemark de la législation du mariage.

Les différents points qui ont fait l'objet de réglementations spéciales, du point de vue de l'intérêt de la race sont :

A. — L'âge du mariage ;
B. — Le degré de consanguinité ;
C. — L'état physique et mental des parties ;
D. — Le certificat médical prématrimonial ;
E. — La dissolution du mariage.

A. — L'AGE DU MARIAGE.

La matière du mariage est actuellement régie par la loi du 30 juin 1922.

Aucun homme de moins de vingt-et-un ans et aucune femme de moins de dix-huit ans ne peut contracter mariage, à moins qu'une autorisation royale ne lui soit accordée conformément aux dispositions applicables en l'occurence (art. 6).

B. — LE DEGRE DE CONSANGUINITE.

La consanguinité constitue au Danemark comme dans les autres pays un empêchement au mariage.

C. — L'ETAT PHYSIQUE ET MENTAL DES PARTIES.

Le § 10 du chapitre II de la loi du 30 juin 1922 stipule que celui qui est atteint d'une maladie mentale ou de faiblesse d'esprit ne doit pas se marier.

Le § 11 ajoute que celui qui est atteint de maladie vénérienne à un degré qui présente un danger de contagion ou de transmission aux enfants ou d'épilepsie, ne peut contracter mariage sans que l'autre partie ait été avertie de l'existence de la maladie et sans que les futurs conjoints aient été verbalement renseignés, par un médecin, des dangers pouvant en résulter.

D. — LE CERTIFICAT MÉDICAL PREMATRIMONIAL.

La loi du 30 juin 1922 institue au Danemark l'obligation du certificat médical prématrimonial :

Le § 21 stipule en effet :

Avant qu'il soit procédé à la publication, les futurs doivent fournir les pièces suivantes :

4. — S'il y a des raisons de supposer qu'un des futurs est atteint d'une maladie mentale ou de faiblesse mentale prononcée, celui-ci doit présenter un certificat émanant d'un médecin qualifié à cet effet, attestant qu'aucune maladie mentale ni faiblesse mentale prononcée n'est décelable chez l'intéressé, soit une dispense royale délivrée dans les conditions prévues au § 10.

5. — Les futurs doivent, chacun en ce qui le concerne attester par écrit, en honneur et conscience, qu'il n'existe au mariage aucun empêchement pour le motif indiqué au § 11.

Quiconque est ou a été atteint antérieurement d'une maladie vénérienne ne peut faire cette attestation que s'il présente un certificat écrit établi, pour lui, par un médecin dans les 14 jours qui précèdent et d'où il résulte qu'un danger de contagion ou de transmission à la descendance est extrêmement peu vraisemblable; ou bien si l'autre futur a été averti de l'existence de la maladie, et si lui-même et l'autre futur ont été verbalement renseignés, par un médecin, sur les dangers pouvant en résulter.

Des règles de détail pour la délivrance des certificats médicaux susvisés pourront être établies par le ministre de la justice, qui pourra également, sur la proposition de l'Administration de la Santé publique, retirer à un médecin, qui se serait rendu coupable d'abus dans la délivrance desdits certificats, le droit à la prise en considération de ses certificats par application de la loi.

Deux arrêtés subséquents sont venus déterminer les formes d'application de la loi :

1° *Arrêté du 20 novembre 1922, concernant la forme de la déclaration prévue au § 21, n° 5, de la loi du 30 juin 1922 sur la conclusion et la dissolution du mariage.*

En vertu du pouvoir conféré au ministre de la justice par le § 21 de la loi sur la conclusion et la dissolution du mariage, il est arrêté par les présentes que la déclaration prévue au § 21, n° 5, de ladite loi devra être conforme au modèle ci-joint.

. . . .

Déclaration pour servir à la célébration du mariage.

Je soussigné (nom en entier), déclare ici, sur mon honneur et ma conscience, pour l'usage de l'autorité publique, qu'il n'existe, pour les motifs visés au § 11 de la loi du 30 juin 1922 sur la conclusion et la dissolution du mariage, aucun empêchement au mariage que j'ai l'intention de contracter avec (nom en entier)..
le...................................... 19......

    Nom.......................... Profession..........................

    Domicile......................................

2° *Arrêté du 28 novembre 1922, concernant la qualification des médecins pour la délivrance des certificats sur l'état mental des personnes, pour servir à la conclusion du mariage et dans les affaires se rapportant au mariage, et concernant la détermination de la forme de certains certificats médicaux.*

§ 1. Le Ministre de la Justice arrête par les présentes que les médecins désignés ci-après seront considérés comme qualifiés pour délivrer les certificats prévus au § 22, n° 4, de la loi du 30 juin 1923, sur la conclusion et la dissolution du mariage, dans le cas de maladie mentale ou de faiblesse mentale prononcée chez l'un des futurs époux; il en sera de même pour les certificats relatifs à la maladie mentale de l'un des conjoints prévus au § 453 de la loi du 11 avril 1916, sur l'administration de la justice, et dans la loi n° 300 du 30 juin 1922 :

1° Médecins de district et médecins de cercle;

2° Médecins en chef, médecins chefs de service et premiers médecins suppléants dans les hôpitaux pour maladies mentales; médecins en chef et médecins directeurs de sections spéciales pour aliénés;

3° Médecins en chef dans les établissements destinés aux malades atteints de débilité mentale.

L'Administration de la Santé publique pourra conférer, après enquête, une autorisation semblable aux médecins possédant, à son avis, l'instruction nécessaire pour délivrer valablement les certificats dont il s'agit.

§ 2. En vertu du pouvoir conféré au Ministre de la Justice par le § 21, n° 5, de la loi du 30 juin 1922 sur la conclusion et la dissolution du mariage, il est arrêté par les présentes que le certificat prévu au même paragraphe, attestant que la maladie vénérienne dont est atteint actuellement, ou a été atteint antérieurement, le sujet examiné est dénuée de tout danger de contagion ou de transmission à la descendance, devra être établi conformément au modèle ci-joint.

Les formules de déclaration sont imprimées par les soins de l'Administration de la Santé publique et remises gratuitement aux médecins, à la première demande, pour Copenhague au Bureau du médecin de la ville et, en dehors de Copenhague, chez le médecin de cercle lesdites autorités se les procureront à l'Administration de la Santé publique.

Certificat médical pour servir à la célébration du mariage.

Je soussigné, déclare par le présent certificat, qu'en raison des indications données ci-après et des résultats de l'examen médical pratiqué par moi ce jour sur la personne de...,
né le........................... à..........................., la maladie vénérienne dont cette personne est atteinte ne me paraît plus présenter aucun danger de contagion ou de transmission à la descendance.

........................., le....................... 19......

Le médecin :...............................
(Signature)

Au médecin soussigné ladite personne, ..., a répondu comme suit au questionnaire ci-dessous :

1° Quelle ou quelles maladies vénériennes avez-vous eues ?

....

....

2° Quand avez-vous été contaminé ?

....

....

3° Par quel médecin ou dans quel hôpital avez-vous été traité la première fois ?

....

....

4° Quel traitement vous a-t-on fait et combien de traitements avez-vous suivis ?

....

....

5° Quand le traitement a-t-il cessé ?

....

....

6° Quand avez-vous noté pour la dernière fois des signes de maladie et quels étaient ces signes ?

....

....

(Les réponses précédentes sont faites sur l'honneur et en conscience.)

Le médecin :
(Signature)

Je soussigné, à la suite de l'examen médical pratiqué en date de ce jour sur la personne de.., ai constaté : comme symptômes de maladie vénérienne :..; comme marques consécutives à des manifestations antérieures :............

....

...., le........................ 19......

Le médecin :
(Signature)

E. — DE L'ANNULATION DU MARIAGE, DE LA SÉPARATION ET DU DIVORCE.

La loi du 30 juin 1922 contient également, dans les chapitres V et VI, des dispositions à tendances eugéniques, relatives à la dissolution du mariage.

CHAPITRE V. — *De l'annulation du mariage.*

. . . .

§ 44. Le mariage est encore annulé, sur la demande de l'un des conjoints :

1° Lorsque, au moment de la conclusion du mariage, celui-ci se trouvait dans un état passager de dérangement d'esprit ou autre analogue, lui ôtant la capacité d'agir avec discernement;

... 3° Lorsque, à l'insu du conjoint demandeur, l'autre conjoint, au moment de la conclusion du mariage, était atteint d'une maladie vénérienne présentant encore un danger de contagion, d'épilepsie avec crises fréquemment répétées, de lèpre ou de tout défaut corporel le rendant impropre au mariage;

... L'action en annulation du mariage ne peut plus être intentée après que six mois se sont écoulés depuis la cessation de l'état visé en 1, ou depuis que le conjoint demandeur, dans les cas prévus en 2, 3 et 4, a eu connaissance du fait susceptible de motiver l'annulation, ou depuis qu'a pris fin la violence visée en 5. Dans tous les cas, l'action ne peut être intentée au plus tard trois ans après la conclusion du mariage. L'action en annulation ne peut pas non plus être intentée : *a*) pour cause de maladie vénérienne, si le conjoint n'a pas été contaminé et si la maladie ne présente plus de danger de contagion; *b*) pour cause d'une autre maladie, si celle-ci est guérie.

. . . .

§ 47. Si le mariage est annulé par application du § 42, et si, lors de la conclusion du mariage, l'un des conjoints était de bonne foi, l'autre non, le premier a droit à une indemnité fixée équitablement selon la situation de l'un et de l'autre au point de vue économique, et selon les autres circonstances.

Pareil droit existe en faveur du conjoint qui obtient l'annulation du mariage par application du § 43, premier alinéa, ou du § 44, si le motif sur lequel est fondée l'annulation était connu de l'autre conjoint.

Le droit à l'indemnité, laquelle peut être accordée sous forme de prestations périodiques, doit être réclamé dans la demande en annulation.

.   .   .   .

CHAPITRE VI. — *De la séparation et du divorce.*

.   .   .   .

§ 60. Le mariage peut être dissout par jugement, sur la demande de l'un des conjoints, si l'autre conjoint, se sachant ou pouvant se supposer atteint d'une maladie vénérienne présentant encore un danger de contagion a, par des rapports sexuels, exposé le premier à l'infection à moins que celui-ci n'ait eu connaissance du danger de contagion et ne s'y soit volontairement exposé.

La demande doit être présentée dans les six mois après que le conjoint demandeur a su qu'il avait été exposé à la contagion; elle ne peut pas l'être si le conjoint n'a pas été contaminé et si la maladie n'offre plus de danger de contagion.

.   .   .   .

§ 2. — LE CONTROLE DES NAISSANCES.

Une campagne en faveur du contrôle des naissances a été entreprise au Danemark depuis 1924, par Fru Thit Jensen. Il existe actuellement une Ligue danoise de Birth-Control. Celle-ci publie et distribue des brochures du nom d' « *Information* ». L'une d'elles a été écrite par le Dr J. H. Leunbach, directeur de la Clinique malthusienne de Copenhague ; elle renferme un exposé des méthodes contraceptives. Une autre est la traduction d'un livre d'un médecin berlinois, Dr Max Hodann, destiné aux enfants de 12 ans et plus ; elles les initie au phénomène de la génération. Enfin, une troisième, qui a pour auteur Thit Jensen, a pour titre *Limitation des Naissances. Comment et pourquoi?* (1).

§ 3. — LA STERILISATION.

On pratique la stérilisation au Danemark pour des motifs médicaux, mais elle n'est pas autorisée pour des fins eugéniques.

H. O. Wildenskov, premier assistant médical de l'Institut

____

(1) *Birth-Control Review*, mai 1928.

Kellers pour aliénés à Brejning, relate dans le *Mental Welfare* (G. B.) du 15 juillet 1927, l'histoire de la stérilisation eugénique au Danemark. Il existe actuellement une loi punissant la stérilisation sexuelle d'un emprisonnement ne dépassant pas 12 ans. En 1920 et en 1924, le Gouvernement nomma une Commission dans le but d'étudier les mesures sociales à prendre envers les dégénérés. La Commission qui était composée de treize membres comprenant des psychiatres, des membres du corps législatif, de l'administration des prisons et des asiles, et des étudiants sur les questions d'hérédité, tint une série de réunions et élabora un rapport en décembre 1926. Le problème de la stérilisation y est étudié sous tous ses aspects ; il y est tenu compte des expériences des Etats-Unis et de la Suisse. La Commission conclut en faveur de la stérilisation eugénique appliquée aux personnes souffrant de désordres mentaux et se trouvant dans des asiles, avec leur consentement ou celui de leur tuteur, de même que celle des criminels sexuels qui le demandent. Dans les deux cas, la décision doit être soumise à un comité spécial.

La Commission accompagnait son rapport d'un projet de loi (1).

§ 4. — LES MESURES D'HYGIENE SOCIALE.

On considère au Danemark que les mesures d'hygiène sociale sont à la base de l'action eugénique.

Le Dr Sören Hansen, dans le remarquable rapport qu'il a fait au premier Congrès italien d'Eugénique, déclare que l'eugénique ne sera rien sans l'hygiène et que c'est une grave méprise, de négliger cette dernière pour l'étude de problèmes théoriques.

Tout le monde sait, dit-il, que l'hygiène combat avec beaucoup de succès les maladies ou les états morbides par un traitement individuel appliqué aussitôt que possible et guidé par un diagnostic rationnel. Le nombre des défectueux diminue sensiblement au fur et à mesure que s'effectue la retraite de nombreuses maladies par suite du développement constant des sciences médicales et de l'amélioration des conditions sanitaires. L'eugénique n'ignore pas non plus de combien elle est redevable à l'hygiène et

---

(1) *Eugenical News*, décembre 1927.

les jours où l'on pensait que la génétique possédait la pierre philosophale sont passés. On avait oublié, il y a quelques années, que la science génétique n'existait pas au moment où Galton formula sa célèbre définition du mot eugénique et que l'eugénique elle-même est beaucoup plus âgée. Elle date d'un temps où l'on confondait les qualités seulement congénitales et les qualités héréditaires proprement dites. Nous savons maintenant que la syphilis congénitale est due à l'infection, qui gagne le fœtus avant la naissance, que la tuberculose congénitale n'est pas héritée mais acquise de très bonne heure, que l'intoxication alcoolique ne se transmet pas à la progéniture, tandis que le penchant à l'abus de l'alcool peut passer à cette dernière.

Les différentes mesures d'hygiène sociale que nous envisagerons au Danemark se grouperont sous les chefs suivants :

A. — Protection de l'enfance ;
B. — Lutte contre la tuberculose ;
C. — Lutte contre le péril vénérien ;
D. — Lutte contre l'alcoolisme.

A. — PROTECTION DE L'ENFANCE (1).

L'expression « protection de l'enfance au Danemark » doit s'entendre comme s'appliquant à toutes les mesures prises, soit par la Couronne soit par la charité publique, soit sous la surveillance exercée par l'Etat, en faveur d'enfants de moins de 18 ans — ou, dans des cas exceptionnels, de jeunes gens jusqu'à 21 ans — ayant besoin de soins spéciaux que n'exigeraient pas des enfants en général.

Les mesures prises par le Danemark pour la protection de l'enfance sont les suivantes :

I. — Mesures prises en conformité de la loi du 12 juin 1922 par les Conseils de protection des enfants (Conseils de tutelle), ou de la loi sur l'enfance de 1905. Ces deux lois prévoient le cas où des enfants doivent être élevés hors de chez eux ; elles ont aussi pour but d'aider les parents à élever leurs enfants.

II. — Mesures en faveur d'enfants atteints de certaines infir-

---

(1) Extrait de *l'Organisation sanitaire du Danemark*. **Société des Nations.**

mités, notamment les estropiés, les aveugles, les sourds-muets, les faibles d'esprit, les épileptiques, les aliénés et les tuberculeux.

III. — Dispositions prises par l'Assistance publique en faveur d'enfants nécessiteux et lorsque les circonstances exigent qu'ils soient élevés hors de chez eux (loi du 9 avril 1891 sur l'assistance publique).

IV. — Règles à suivre pour la participation de l'Etat à la protection de l'enfance (lois relatives aux versements en cas de paternité démontrée et règles légales sur l'assistance aux enfants de veuves).

V. — Dispositions prises par les associations ou institutions privées, en faveur d'enfants et de jeunes gens sous la surveillance des autorités publiques.

Il convient de mentionner, en outre, les dispositions suivantes :

VI. — Dispositions en faveur d'enfants en nourrice et autres enfants placés sous la surveillance des autorités depuis le 1ᵉʳ janvier 1924 (loi du 28 mars 1923).

VII. — Règlements sur la protection des enfants et jeunes gens employés dans l'industrie et le commerce ; à signaler surtout la loi sur les fabriques du 29 avril 1913, la loi sur l'apprentissage du 6 mai 1921, la loi (même date) relative aux rapports juridiques entre patrons et employés et la loi du 10 juillet 1922 sur le travail des enfants et des jeunes gens.

VIII. — Règlements sur la répression des actes de cruauté commis sur des enfants.

I. — *Les Conseils de protection des enfants et leur activité.*

A la fin de 1922, les Conseils avaient à leur charge 4374 enfants. Ce chiffre ne comprend que les enfants éloignés de leur famille en vertu des décisions du « Conseil de protection des enfants ». Leur nombre n'a cessé d'aller en décroissant au cours des dernières années. Il n'est pas possible d'indiquer le nombre d'enfants qui reçoivent chez eux l'assistance de visiteurs, etc., désignés par le Conseil. Les chiffres ci-après indiquent le nombre des enfants qui ont été élevés hors de chez eux et à la fin des cinq années 1918 à 1922 inclusivement.

1918	5226
1919	5144
1920	4895
1921	5687
1922	4374

Voici dans quelles conditions les enfants sont confiés à la surveillance et aux soins des « Conseils de protection des enfants » (Conseils de tutelle) :

Le Conseil peut décider d'éloigner de sa famille tout enfant de moins de 18 ans, si cette mesure apparaît nécessaire dans l'intérêt de l'enfant et pour les raisons suivantes :

a) S'il fait preuve d'un caractère exceptionnellement difficile ou d'une très mauvaise conduite ;

b) Si, par suite de l'immoralité, de l'incurie ou de l'incapacité des parents ou des tuteurs, il se trouve exposé à la corruption ou à la négligence ;

c) S'il est maltraité par ses parents ou par ses tuteurs, ou traité d'une manière susceptible de compromettre son développement intellectuel ou physique.

Lorsque l'enfant a dépassé l'âge de la responsabilité pénale, c'est-à-dire l'âge de 14 ans, et qu'il s'est livré à un acte tombant sous le coup de la loi lorsqu'il est commis par un adulte, il n'est effectué aucune espèce de poursuites, ou bien l'exécution du jugement est ajournée ou entièrement suspendue, à condition que l'enfant soit confié au « Conseil de protection des enfants ».

Les Conseils peuvent donc être invités à prendre à leur charge aussi bien des enfants indociles que des enfants élevés dans un mauvais milieu, maltraités ou exposés à la corruption ou au manque de soins.

Il existe un « Conseil de protection des enfants » dans chaque municipalité. Ces Conseils disposent de « Foyers d'éducation » où sont élevés les enfants.

Voici un certain nombre de détails sur les différents « Foyers d'éducation » qui sont à la disposition des Conseils de protection des enfants, ainsi que sur le nombre des enfants qui sont élevés dans ces maisons. Pour commencer par les enfants les plus âgés, nous citerons les « Foyers de correction », où sont reçus les enfants les plus difficiles de plus de 14 ou 15 ans.

On compte cinq foyers de correction pour garçons :

Foyers de correction d'Etat : 3 pouvant recevoir 186 enfants ;
    »   »   »   privés 2 »   »   102   »

et six foyers de correction pour jeunes filles :

Foyer de correction d'Etat : 1 pouvant recevoir 25 jeunes filles ;
Foyers »   »   privés 5   »   »   161   »   »

En tout, 11 Foyers de correction pouvant recevoir 474 jeunes gens.

Des « Ecoles industrielles » (Foyers d'école) reçoivent les enfants difficiles de 7 à 14 ou 15 ans :

Ecoles industrielles pour garçons. — On en compte cinq, qui sont toutes des institutions privées et qui peuvent recevoir 440 garçons ; toutefois, l'une d'elles, qui peut recevoir 60 garçons, sera sans doute prochainement fermée.

Ecoles industrielles pour filles :

Foyer d'Etat : 1 pouvant recevoir 36 filles ;
Foyers privés : 3   »   »   110   »
Au total : 9 foyers pouvant recevoir 586 enfants.

Depuis bien des années, le Danemark est connu pour ses nombreux petits « Foyers d'enfants » spécialement destinés aux enfants délicats ou aux enfants qui, pour d'autres raisons, par exemple, pour énurésie, ne peuvent être placés dans des familles, mais pour lesquels une école industrielle ne pourrait convenir ; ces foyers reçoivent également des frères et sœurs qu'il y aurait inconvénient à séparer si on les plaçait dans des familles. Il existe actuellement, au Danemark, 112 foyers d'enfants, autorisés à se charger de pupilles des Conseils de protection des enfants. Ils sont répartis dans tout le pays ; les plus grands peuvent recevoir 80 enfants, mais la majeure partie sont des petits foyers pouvant recevoir de 7 ou 8 à 20 ou 25 enfants. On compte, en tout, dans les foyers 2,550 places.

Il existe 18 foyers destinés exclusivement ou en partie à des enfants en bas âge. Ces foyers peuvent recevoir 425 enfants. Quelques-uns admettent les mères en même temps que les enfants ; toutefois, il existe également, pour la protection des enfants en bas âge, un certain nombre de garderies où l'on reçoit les bébés, et parfois les mères, pendant des périodes plus courtes. Ces derniers foyers sont au nombre de quatre et peuvent recevoir 62 enfants ; en outre, un nombre de foyers pour enfants plus âgés comportent une section distincte pour les enfants en bas âge.

Depuis 1900, on a utilisé au Danemark les « Garderies » et les maisons de mise en observation pour y recevoir momentanément des enfants qui viennent d'être éloignés de leur famille. Les autorités sont ainsi en mesure de se faire une opinion sur les enfants et de décider s'il convient de les placer dans des familles, de les mettre en service, de les mettre en apprentissage dans une industrie, ou de les placer dans un foyer d'enfants, dans une école industrielle ou dans une maison de correction. Les garderies et les maisons de mise en observation sont régies par la loi de 1922 sur les Conseils de protection des enfants ; ces établissements sont au nombre de 46 autorisés à recevoir les pupilles des Conseils de protection des enfants. Sur ce nombre, on compte une Garderie d'Etat. Ces établissements qui peuvent recevoir en tout 1700 enfants, sont loin d'être complets, et on y compte, à l'heure actuelle, plus de 200 places vacantes. Ils ne sont d'ailleurs pas à la disposition exclusive des Conseils ; d'après une enquête récente, la moitié seulement des enfants était constituée par les pupilles des Conseils ; le reste avait été placé dans les foyers par des institutions de bienfaisance ou par l'Assistance publique.

Le fait que l'on a recours dans une si grande mesure à des garderies et à des maisons de mise en observation peut passer pour un trait caractéristique du Danemark, et l'expérience continuera certainement à démontrer qu'il est, dans bien des cas, très commode de commencer par s'adresser à ces établissement, ; en tout cas, dans les grandes villes, les Conseils de protection des enfants ne sauraient s'en passer (1).

---

(1) Pour tout ce qui concerne la protection de la petite enfance et de la maternité voir mon ouvrage : *De l'organisation des Consultations prénatales et de nourrissons et de la surveillance des enfants placés en nourrice.*

B. — LUTTE CONTRE LA TUBERCULOSE (1).

La lutte contre la tuberculose, au Danemark, remonte à une date très ancienne. C'est grâce surtout au professeur Sophus Engelsted que la science médicale de ce pays s'est, de bonne heure, rendu compte que cette maladie pouvait être prévenue et traitée avec succès. C'est grâce à lui également que le Danemark fit installer dès 1875 son premier hôpital marin pour enfants (à Refsnoes), destiné au traitement des scrofuleux et des tuberculeux. Aujourd'hui encore, cet hôpital continue à offrir d'excellentes facilités de traitement et fonctionne à la satisfaction de tous.

En 1896 fut créé le « Finesn's medecinske Lysinstitut », qui devait, dans la suite, devenir si important et si connu. L'institut sert actuellement, non seulement de centre de traitement des malades atteints de lupus pour l'ensemble du pays, mais traite également par l'héliothérapie, dans une large mesure, d'autres formes de tuberculose (larynx, os, articulations, etc.). Au cours de la même année, le premier sanatorium marin pour enfants scrofuleux fut ouvert à Hellebaek, sur l'initiative de l'association « Bornesanatorierne for Kœbenhavn og Omegn » (sanatorium pour les enfants de Copenhague et des environs), fondée par Mme Harbœ, épouse du général Harbœ.

En 1897, une disposition supplémentaire fut ajoutée à la loi actuelle sur les épidémies ; d'après cette disposition, les décès par tuberculose pulmonaire doivent faire l'objet d'une déclaration et être suivis d'une désinfection aux frais de la caisse publique. Le Danemark est donc le premier pays scandinave qui ait institué un système régulier de déclaration de la tuberculose.

Dans les dernières années du XIXe siècle, les médecins du Danemark ont entrepris une vaste campagne éducative en distribuant des brochures, des affiches, etc., éveillant ainsi partout l'intérêt du public dans la lutte contre la tuberculose. Le 1er mars 1900, sur l'initiative du professeur Chr. Saugman, fut ouvert le premier sanatorium danois pour tuberculeux, le sanatorium de

---

(1) Extrait de *l'Organisation sanitaire du Danemark*, op. cit.

Vejlefjord. Ce sanatorium est destiné aux malades aisés. Dix-huit mois plus tard fut construit le premier sanatorium national pour tuberculeux « Boserup at Roskilde ».

L'institution « -Association nationale pour la lutte contre la tuberculose » a pris une part très importante dans l'organisation de cette lutte générale contre la tuberculose. Elle fut fondée le 16 janvier 1901, sur l'initiative de deux médecins : le Dr H. Roerdam et le D^r en médecine Carl Lorentzen, avec le concours d'un grand nombre de médecins et hommes politiques. L'Association s'est d'abord préoccupée de renseigner le public sur la tuberculose en tant que fléau national, et, par une campagne habile et énergique, a réussi à provoquer dans tous les milieux un vif intérêt à l'égard de la question. Au moyen de fonds considérables qui, en peu de temps, furent mis à sa disposition, elle se mit immédiatement à l'œuvre et n'a cessé depuis, sous une direction habile, de prendre l'initiative de toutes sortes d'améliorations. On peut citer, comme preuve de l'activité de cette association, le fait qu'avant la fin de 1903, les sanatorium nationaux étaient prêts à recevoir des malades, tant dans le grand sanatorium pour hommes de Silkeborg, que dans les deux petits sanatoriums pour femmes de Ry et de Haslev.

Grâce au mouvement d'opinion provoqué par l'Association nationale, le Gouvernement nomma, le 18 novembre 1901, une commission chargée de rechercher comment l'Etat pourrait, soit par voie de législation, soit par des subventions appropriées, appuyer cette campagne contre la tuberculose. Avant la fin de l'année suivante, la commission, dont le Comité exécutif était présidé par le professeur Knud Faber, put déposer un rapport complet et très utile qui comportait les propositions d'ordre législatif. Sur la base de ce rapport, furent élaborées les lois danoises sur la tuberculose, adoptées par le Rigsdag du 14 avril 1905. L'adoption de ces lois marque une date très importante dans la campagne contre la tuberculose au Danemark. Ces lois constituent l'armature et la base de toutes les mesures de si grande envergure qui, au cours des années suivantes, furent rapidement prises et qui contribuèrent à donner au Danemark la situation extrêmement favorable qu'il occupe sous ce rapport.

Ces lois furent amendées en 1912, 1918, 1919 et 1922 ; mais, dans l'ensemble, on en retint la forme originale et elles doivent encore être considérées comme des lois types.

*
* *

Les subventions de l'Etat pour la création d'un grand nombre d'institutions destinées au traitement de la tuberculose (hôpitaux, sanatoria, hôpitaux maritimes, sanatoria maritimes, maisons de santé, etc.) sont dignes d'être signalées ; mais beaucoup plus importantes encore sont les subventions considérables accordées pour l'administration de ces institutions. Actuellement, le prix du traitement et des soins dans ces divers établissements est fixé aux chiffres suivants : sanatoria, hôpitaux et hôpitaux maritimes antituberculeux : 4 kroner par jour ; sanatoria maritimes, maisons de santé et de convalescence : 3 kroner par jour. Sur ce montant, l'Etat accorde, pour le traitement de tous les malades indigents, les indemnités suivantes : 3 kroner par jour aux sanatoria, hôpitaux et hôpitaux marins ; 2.50 kroner par jour aux sanatoria marin ; 2.5 kroner aux maisons de santé et de convalescence. L'Etat paie donc ainsi des trois quarts aux cinq sixièmes du montant total.

Des subventions publiques considérables sont prévues pour les stations pour antituberculeux reconnues par l'Etat (dispensaires). L'Etat contribue pour un tiers aux frais d'administration, à condition que la municipalité en verse un autre tiers, l'initiative privée n'ayant à fournir que le dernier tiers. Lorsqu'une municipalité crée un dispensaire, la subvention de l'Etat s'élève à la moitié des frais d'administration.

Outre ces importantes mesures économiques, les lois comportent un certain nombre de dispositions détaillées d'ordre prophylactique et sanitaire.

Afin de recueillir des renseignements statistiques dignes de foi sur l'incidence de la tuberculose et de permettre aux fonctionnaires médicaux de suivre les cas individuels, il est exigé une déclaration sur formulaire spécial : 1° de tous cas de tuberculose pulmonaire ou laryngée (déclaration fournie par le médecin) et, 2° de tout décès dû à la tuberculose, quel que soit le siège de la maladie. Les mesures de préservation contre la propagation de cette maladie infectieuse d'un individu à un autre ont, bien entendu, une importance considérable. Dans les cas très contagieux, la Commission des épidémies peut ordonner des mesures spéciales soit chez l'habitant, soit à l'atelier. Au cas où les mesures ainsi prescrites ne seraient pas observées, la Commission pourra ordonner également un isolement obligatoire. Tout individu qui est, au cours de son service militaire, reconnu atteint de tuberculose infectieuse, peut être traité aux frais de l'Etat ; les malades contagieux, atteints de tuberculose pulmonaire ou laryngée, sont isolés pendant leur séjour dans les établissements publics, tels que les prisons, hôpitaux pour maladies mentales, asiles d'indigents, hospices de vieillards, foyers d'enfants, etc.

Comme les enfants sont certainement très sujets à la contagion tuberculeuse, toute une série de dispositions ont été prévues à leur égard. Aucune femme ne peut entrer en service comme nourrice, si elle n'est munie d'un certificat médical constatant qu'elle n'est pas atteinte de tuberculose ; les personnes souffrant de tuberculose infectieuse ne doivent pas être employées dans les foyers d'enfants, crèches ou pouponnières, etc. ; aucune maison privée n'est autorisée à prendre des enfants en pension, sans certificat médical constatant qu'aucune personne de la maison n'est atteinte de tuberculose infectieuse et, si des enfants se trouvent dans la maison, que l'enfant mis en pension est lui-même indemne.

Diverses dispositions ont été prévues pour la protection des écoliers, notamment des règlements détaillés sur la propreté des écoliers et l'exclusion d'enfants atteints de tuberculose infectieuse. Il incombe à la fois au médecin et aux institutions de faire une déclaration aux autorités locales, lorsque des cas de ce genre sont portés à leur connaisance. Le ministère de l'instruction publique doit prévoir pour ces enfants une instruction appropriée.

Afin d'empêcher la propagation de la maladie parmi les instituteurs et institutrices, il a été décidé, par décret, que s'ils sont atteints de tuberculose pulmonaire infectieuse ou de tuberculose laryngée, ils ne peuvent exercer leurs fonctions dans les écoles publiques. Toute demande de poste doit être accompagnée d'un certificat médical attestant que l'intéressé n'est pas atteint de tuberculose infectieuse. Tout instituteur ou institutrice contractant la maladie ultérieurement, peut être mis à la retraite et recevoir une pension correspondant aux deux tiers de son traitement afin de lui permettre de vivre après son renvoi et d'éviter de sa part toute tentative de dissimulation du mal.

Au cas où, chez une institutrice ou un instituteur tuberculeux, l'évolution de la maladie prendrait un caractère nettement infectieux, les médecins doivent faire une nouvelle déclaration aux autorités intéressées, même si le cas a été déclaré lorsque la maladie était à son premier stade. L'Etat a également pris des mesures pour empêcher que les fonctionnaires employés à son service, ainsi que les fonctionnaires municipaux, ne propagent, dans l'exercice de leurs occupations, la tuberculose parmi la population. Ces mêmes mesures s'appliquent aux membres du clergé, aux sages-femmes de district, aux infirmiers des hôpitaux pour maladies mentales et, dans certaines conditions, aux facteurs, cheminots et employés des postes, etc. Il peut être exigé, avant la nomination de ces fonctionnaires, un certificat médical attestant qu'ils ne sont pas atteints de tuberculose infectieuse. Lorsqu'un fonctionnaire contracte une tuberculose infectieuse après sa nomination, une enquête est instituée dans chaque cas, sur les conditions spéciales dans lesquelles il a travaillé. Si, à la suite de cette enquête, le fonctionnaire est mis à la retraite, il lui est accordé une pension s'élevant aux deux tiers de son traitement.

Il y a lieu de mentionner brièvement ici les diverses dispositions visant la tuberculose, que l'on rencontre dans d'autres lois et règlements. Un règlement très sévère, pour prévenir l'infection chez les bovins, a été établi dans une série d'arrêtés sanitaires relatifs au traitement du lait ; en vertu de la loi sur les boulangeries, les personnes atteintes de tuberculose infectieuse ne doivent se livrer à aucun travail dans les boulangeries et les pâtisseries.

Conformément à la note publiée par le ministère de la justice, les praticiens peuvent gratuitement, faire analyser les crachats pour constater la présence du bacille de Koch. Dans tous le pays, il a été créé des stations de diagnostic auxquelles ces crachats peuvent être expédiés aux fins d'analyse.

C'est sur la base de ces lois qu'a été organisée, au Danemark, la lutte contre la tuberculose. Cette organisation a pris un développement si rapide que l'on peut dire que le Danemark est maintenant prêt, sous tous les rapports, à lutter contre la maladie. Ce résultat ressort de l'examen sommaire de l'œuvre entreprise, qui est donné ci-dessous.

Sanatoria pour tuberculeux. — Le nombre total des sanatoria nationaux reconnus par l'Etat, au Danemark, est de 12. Outre les sanatoria nationaux, il existe quatre sanatoria particuliers destinés surtout à recevoir les malades fortunés.

Les enfants atteints de tuberculose pulmonaire sont traités dans un établissement spécial, à savoir le Julemaerkesanatorium à Kolding Fjord. Ce sanatorium pour enfants a été construit grâce à des ressources tirées de la vente du « Julemaerket » (« Timbres de Noël », idée danoise conçue et réalisée par M. Holboell).

Hôpitaux pour tuberculeux. — Alors que les sanatoria sont construits grâce à l'initiative privée avec le concours financier de l'Etat, les comtés ont créé un grand nombre d'hôpitaux pour tuberculeux. Ces hôpitaux sont surtout destinés à recevoir les malades d'un secteur restreint, à savoir le comté, afin que ces malades suivent un traitement sans être trop éloignés de chez eux. Les hôpitaux admettent de préférence ceux qui se trouvent à un stade de maladie trop avancé pour que leur santé s'améliore à la suite d'un traitement au sanatorium ; toutefois, ils admettent également, dès que le mal a été reconnu, les malades atteints de la maladie à son premier stade, si le manque de place empêche leur admission immédiate dans un sanatorium.

Le nombre d'hôpitaux pour tuberculeux, reconnus par l'Etat, est actuellement de trente. Des services spéciaux pour tuberculeux ont également été créés dans trois établissements destinés aux malades faibles d'esprit et dans deux hôpitaux pour maladies mentales. Un service spécial de tuberculeux a été créé dans la prison de Nyborg pour les prisonniers phtisiques : ce service comporte un abri en plein air ou les prisonniers peuvent suivre un traitement régulier.

Hospices pour infirmes. — La législation visant les hospices pour infirmes a pour but d'assister les tuberculeux infirmes qui n'ont pas besoin de suivre un traitement dans un hôpital ou sanatorium, mais dont les moyens pécuniaires et la capacité de travail sont si réduits qu'ils ne peuvent vivre sans assistance. Il a été construit quatre hospices de ce genre.

Hôpitaux maritimes et sanatoria maritimes. — Il existe trois hôpitaux maritimes pour le traitement des malades atteints de scrofule à un stade avancé, de tuberculose chirurgicale et de lupus.

Il a été construit neuf sanatoria maritimes pour le traitement d'enfants scrofuleux, de préférence dans les premiers stades de la maladie. Ces sanatoria, à l'exception d'un seul, sont ouverts toute l'année.

Il existe à Copenhague et à Frederiksberg, deux écoles pour tuberculeux où sont instruits les enfants atteints de tuberculose infectieuse. Dans ces écoles, ils passent la plus grande partie de la journée, prennent leurs repas, suivent les cours et, dans l'intervalle, se reposent dans des abris en plein air.

En ce qui concerne l'ensemble des établissements pour tuberculeux, qui existent dans ce pays, dont la population est de 3,300,000 habitants, le nombre de lits s'élève à 3458, dont 2603 sont réservés exclusivement au traitement des malades atteints de tuberculose pulmonaire et laryngée. En d'autres termes, on compte 107 lits par 100,000 habitants.

C. — LUTTE CONTRE LE PERIL VENERIEN (1).

Les lois actuellement en vigueur au Danemark et destinées à lutter directement contre les maladies vénériennes comportent les dispositions suivantes :

1° Quiconque, sachant ou ayant motif de se croire atteint de maladie vénérienne, continue à avoir des relations sexuelles sera emprisonné ou enfermé dans une maison de correction ; de plus, si l'infection a été transmise, les personnes contaminées qui n'avaient pas eu connaissance du risque qu'elles couraient ont droit à des dommages-intérêts. Les personnes qui, dans ces conditions, transmettent l'infection à la suite de relations sexuelles à leur mari ou à leur femme sont passibles de sanctions, si la personne contaminée présente une demande en dommages-intérêts dans le délai d'un an ;

---

(1) *Organisation sanitaire du Danemark*, op. cit.

2° Quiconque est atteint de maladie sexuelle a droit, sans aucune réserve, au traitement et aux soins gratuits ; il est tenu de suivre un traitement, soit à titre privé, soit aux frais de l'Etat et il peut être obligé à entrer dans un hôpital, aux conditions fixées par les lois ci-dessus mentionnées ;

3° Afin de s'assurer que les vénériens suivent le traitement ou se soumettent à l'examen prescrit par le médecin, et afin d'éviter que ceux qui désobéissent à cet ordre ne puissent s'excuser, sous prétexte que notification ne leur a pas été faite, il a été décidé que la dite notification serait imprimée sur un formulaire spécial.

Si une personne atteinte de maladie vénérienne cesse volontairement de se présenter pour suivre le traitement, le médecin traitant doit informer du fait les médecins d'arrondissement qui adressent à l'intéressé un ordre officiel d'avoir à se présenter, et ont recours, le cas échéant, à l'assistance de la police. Tous les malades ainsi traités reçoivent du médecin un avis imprimé expliquant le caractère contagieux de la maladie, ainsi que les conséquences légales qui en résultent pour l'intéressé au cas où il transmettrait ou s'exposerait à transmettre sa maladie a autrui. Il le met également en garde contre les risques qu'il court à contracter mariage, tant que dure le danger d'infection ;

4° Les médecins traitants doivent tous, dans leurs rapports hebdomadaires aux médecins de district, déclarer le nombre de personnes auxquelles ils ont délivré un ordre d'avoir à se présenter pour traitement. Ils doivent également déclarer que le règlement a été observé ;

5° Les enfants syphilitiques ne doivent être nourris que par leur mère ; les nourrices qui se savent ou ont motif de se croire syphilitiques ne doivent plus donner le sein aux enfants d'autrui. Toute infraction à cette disposition est punissable et donne droit pour la partie lésée à dommages-intérêts.

Des dommages-intérêts peuvent également être réclamés à tous ceux qui, dans des conditions analogues, font nourrir un enfant syphilitique ou le mettent en nourrice, sans avertir les parents nourriciers du danger d'infection. Si d'autres enfants sont exposés à contracter la maladie, il est interdit de mettre l'enfant en nourrice. Est considéré comme suspect de syphilis, pendant les trois premiers mois de son existence, tout enfànt dont le père ou la mère a été atteint de cette maladie au cours d'une période minima de sept ans avant la naissance de l'enfant ;

6° Toute personne se livrant à la prostitution ou au racolage en vue de la prostitution, qui sont atteintes ou soupçonnées d'être atteintes de maladie vénérienne et enfreignent les dispositions prescrites par la loi, peuvent être contraintes de passer une visite médicale. Cette visite peut être faite par les médecins d'arrondissement ou par un médecin visiteur spécialement nommé à cet effet. L'intéressé (e) a le droit de demander à être examiné (e) par un médecin du même sexe que lui (elle) s'il en existe un dans le district.

Les médecins d'arrondissement et les médecins visiteurs ne peuvent se refuser à traiter tous les malades atteints de maladie vénérienne qui s'adressent à eux. Ils ne peuvent recevoir de ces malades aucun honoraire pour leurs services. Toutefois, ils ont le droit d'exiger que les malades se présentent à la consultation à heures fixes et dans un lieu déterminé. Au cas où le malade s'y refuse, le médecin a le droit de réclamer des honoraires ;

7° Les malades qui entrent à l'hôpital pour y être traités aux frais de l'Etat ne peuvent quitter l'hôpital sans ordre écrit d'un médecin ;

8° Sous la rubrique « maladies vénériennes » peuvent être classées : la syphilis, la blennorrhagie et les ulcères vénériens. Les manifestations tardives de la syphilis entrent aussi dans la même catégorie et donnent droit pour le malade au traitement et aux soins gratuits — la cure comprend également la fourniture des médicaments — ; par contre, l'arthrite blennorrhagique et la téno-synovie ne sont pas comptées parmi les maladies qui donnent droit au traitement gratuit.

D. — LUTTE CONTRE L'ALCOOLISME.

Il existe au Danemark une propagande intense en vue de lutter contre l'alcoolisme.

Les principales institutions créées à cette fin sont :

1. — Landesverband der dänischen Abstinenzvereine ;
2. — Dänisches Abstinenzekretariat ;

3. — Die dänische Abstinentzbibliothek ;
4. — Dänische Abstinentenvereinigung ;
5. — Nordischer Guttempler-Orden ;
6. — Internationaler Guttempler-Orden ;
7. — Abstinenzverein ;
8. — Evangelischer Abstinentenbund ;
9. — Dänischer Guttempler-Orden ;
10. — National-Dänischer Guttempler-Orden ;
11. — Das Blaue Band ;
12. — Templer-Orden ;
13. — Abstinenzabteilung der Baptistenkirche ;
14. — Dänischer Verein abstinenter Eisenbahner ;
15. — Verein abstinenter Studenten ;
16. — Das Internationale Weisze Band ;
17. — Verein dänischer abstinenter Ærtzte ;
18. — Das Blaue Kreuz (dem Internationalen Verband ange-
      gliedert) ;
19. — Das Nationale Weisze Band (dem Internationalen Ver-
      band angegliedert) ;
20. — Das Weisze Kreuz ;
21. — Vereinigter Ausschusz der Nüchternheitsfreunde.

ESPAGNE

CHAPITRE PREMIER.

Généralités.

Le mouvement eugénique est très peu développé en Espagne. Certaines préoccupations raciales commencent à se faire jour dans le corps médical.

La Comision del Instituto de Hijiene Social, dont le Dr A. Navarro Fernandez est secrétaire, a entrepris de donner des informations et d'établir une propagaude sur les questions d'hygiène sociale et d'eugénique (1).

D'autre part, Madrazo, dramaturge espagnol, a tenté d'enseigner le public sur l'eugénique par le moyen du théâtre. Il a écrit dans ce but dix drames et a donné, en 1923, à l'Athæneum de Madrid cinq conférences dans lesquelles il démontrait la nécessité de l'eugénique. Ces conférences ont été dans la suite publiées ; elles forment un volume sous le nom de : *Introduccion a las obras dramaticas. Conferencias dadas en el Ateneo de Madrid.*

Au début de 1928, une série de cours sur l'eugénique fut organisée à la Faculté de médecine de l'Université San Carlos de Madrid. Ces cours étaient réservés aux étudiants et aux professeurs ; le public n'y était pas admis.

Le programme était établi comme suit :

Dr Sebastien Recasens, gynécologue, doyen de la Faculté de

---

(1) *Eugenical News*, septembre 1924.

médecine de Madrid : *Eugénique et procréation.* (Préconise la stérilisation des dégénérés.)

Dʳ Luis Jiménez de Azua, professeur de Droit pénal : *L'aspect juridique de la maternité consciente.* (Admet le droit pour la mère de limiter sa progéniture en employant des moyens anti-conceptionnels.)

Dʳ José Estella, professeur de Pédiatrie : *Les enfants dans nos hôpitaux. Mesures eugéniques que réclament les pédiatres.*

R. P. José A. de Laburu, s. j. : *La pensée catholique et les problèmes eugéniques.* (Cette conférence n'a pas été donnée.)

Dʳ Joaquin Noguera, avocat, professeur de Littérature : *La maternité et l'infanticide devant le droit.* (Préconise le certificat médical prénuptial et une certaine limitation des naissances ; défend les droits de l'enfant illégitime.)

Dʳ José Sanchis Banus, neurologue de l'hôpital provincial de Madrid : *Névroses produites ou influencées par la procréation excessive ou pathologique dans la pauvreté du milieu.* (S'élève contre la stérilisation des anormaux et réclame seulement leur internement. S'oppose également à la limitation des naisances.)

Dʳ Luis de Hoyos Sainz, professeur de physiologie : *Bases et preuves démographiques de l'eugénique. Fécondité et natalité en Espagne.*

R. P. Francisco Surreda, du « Vicariato Castrense » : *Causerie ethico-psycho-religieuse sur les tendances de la sensualité.*

Dʳ Gregorio Maranon, médecin interne de l'hôpital provincial de Madrid : *Le problème de la maternité en Espagne.*

Dʳ Angel Ossorio y Gallardo, avocat et ancien ministre : *Aspects sociaux de la procréation, mesures eugéniques de bon gouvernement applicables en Espagne.*

Les trois dernières conférences n'ont pas été données par suite d'une campagne menée par le parti catholique (1).

---

(1) *La Medicina Argentina*, juin 1928, pp. 238 et ss.

CHAPITRE II.

Différents moyens eugéniques préconisés.

Les différents moyens eugéniques dont il a été tenu compte
en Espagne sont :
  1. — L'examen médical prénuptial ;
  2. — Les mesures d'hygiène sociale ;
  3. — La stérilisation.

§ 1. — L'EXAMEN MÉDICAL PRÉNUPTIAL.

La question de l'examen médical prénuptial a été envisagée
en Espagne. La *Enciclopedia Universal Illustrada* mentionne
que le juriste espagnol Gutierrez y Fernandes, dans ses
Codigos o Estudios Fundamentales sobre el derecho civil espanol
(Etudes sur le droit civil espagnol) déplore l'absence de lois destinées à éviter la propagation des maladies contagieuses qui nuisent
à la race, et condamne en termes sévères « l'homme qui, poussé
par un égoïsme presque criminel, contracte mariage, bien qu'il
possède la certitude que cet acte diminuera la durée de sa vie et
qu'il laissera après lui une descendance maladive et dégénérée ».

A l'heure actuelle, l'examen médical prénuptial est réclamé
par les eugénistes espagnols.

§ 2. — LES MESURES D'HYGIENE SOCIALE.

Nous examinerons, parmi les mesures d'hygiène sociale en
Espagne, celles relatives à la protection de l'enfance et à la lutte
contre les maladies mentales.

A. — PROTECTION DE L'ENFANCE.

Les principales lois relatives à la protection de l'enfance en
Espagne sont :
Ley de Proteccion a la Infancia, 12 agosto 1904 ;
Reglamento de la Ley del 12 agosto 1904, 24 enero 1908 ;

Real Decreto reorganizando los trabajos del Consejo Superior y de las Juntas provinciales y locales, 25 julio 1911 ;

Real Orden reglamentando las exhibiciones cinematograficas en los espectaculos publicos, 27 noviembre 1912 ;

Real Orden reproduciendo las disposiciones dictadas en 27 de noviembre de 1912, sobre las exhibiciones cinematograficas en los espectaculos publicos, 31 diciembre 1913 ;

Ley autorizando al Gobierno para publicar una ley sobre Organizacion y atribuciones de los Tribunales para Ninos, 2 agosto 1918 ;

Ley sobre Organizacion y atribuciones de los Tribunales para Ninos, 25 noviembre 1918 ;

Reglamento Provisional para la aplicacion de la Ley de 2 de agosto 1918, 10 julio 1919.

B. — LUTTE CONTRE LES MALADIES MENTALES (1).

Un Institut d'orientation professionnelle a été fondé à Barcelone, en 1919 ; y est réalisée la sélection psycho-physiologique des travailleurs.

S. Vivès a préconisé, en 1922, la « création d'une ligue analogue à celles qui existent, dit-il, en Amérique et en France, avec les dispensaires nécessaires, la Catalogne ne pouvant pas se désintéresser de la lutte en faveur de l'hygiène et de la prophylaxie mentales ». Cette ligue a été fondée à Madrid, en 1922 (Sanchez Banus, Lopez Albos, R. Arias). D'ailleurs, il existe à Madrid, depuis 1921, un Institut de médecine sociale où sont étudiés les problèmes psychologiques et psychiatriques relatifs à l'hygiène mentale. Alzina Melis s'est occupé de l'assistance aux enfants anormaux et moralement abandonnés de Barcelone ; Cordova, des « cliniques psychologiques, Gélabert, de l'enseignement spécial donné aux enfants déficients à l'Institut de Vilajoana.

§ 3. — LA STERILISATION.

La stérilisation a fait en Espagne l'objet de certaines études et recherches.

Il nous paraît intéressant de signaler ici les travaux du pro-

---

(1) Extrait du livre : *L'Hygiène mentale*, du Dr Potet.

fesseur Recasens, doyen de la Faculté de médecine de Madrid
Il estime, à propos des nouvelles applications de la radiothérapie
en gynécologie que celle-ci peut fournir une castration temporaire
susceptible, dans certains cas, de sauvegarder la santé de la
femme et dans d'autres, de réaliser une mesure eugénique d'intérêt social.

En effet, dit-il, avec une dose radiothérapique de 25 % de la
dose érythémateuse arrivant aux ovaires, on détruit la fonction
du corps jaune, ainsi qu'un grand nombre de follicules qui sont
déjà en état d'activité et la conséquence de cette destruction est la
suppression temporaire de la menstruation.

Cette suppression momentanée peut devenir dans les états
inflamatoires des annexes, une ressource de premier ordre pour
obtenir la guérison complète des malaises et des douleurs qui
affligent alors les femmes. Elle serait indiquée, d'après le
Prof. Recasens, dans les cas de tuberculose pulmonaire ou laryngée, dans certaines maladies de cœur, etc.

La castration temporaire aurait aussi de nombreuses indications au point de vue social. Les femmes mariées avec des fous,
avec ceux atteints de folie intermittente surtout, peuvent donner
naissance à des enfants complètement dégénérés. Les femmes
mariées avec des syphilitiques en activité pourraient également
être l'objet de la même mesure eugénique. Tant qu'un homme a
une syphilis virulente ou transmissible, il n'a pas le droit, dit
l'auteur espagnol, de donner la vie à des êtres qui peuvent devenir
des dégénérés, mais comme la syphilis est une maladie guérissable
si on la soigne bien, on peut, en attendant la guérison du mari,
empêcher la grossesse.

La castration temporaire est donc un moyen qui peut être appliqué comme mesure prophylactique de nature sociale et qu'on
peut utiliser toutes les fois qu'on craint la venue au monde
d'êtres dégénérés. Cette mesure est destinée à sauvegarder les
droits de la société, en même temps que ceux de la femme. Aussi
faut-il bien veiller à ne pas réaliser une castration définitive, car
la femme mariée avec un fou, un alcoolique, un syphilitique, etc.,
peut être libérée de la chaîne qui la retient à son mari et peut
devenir la femme d'un autre homme sain et, partant, la mère
d'enfants bien portants.

ESTHONIE

Avant la guerre mondiale, seules quelques personnes avaient parlé ou écrit sur l'eugénique en Esthonie. Ce sont : Joan Tônissen, le publiciste bien connu et rédacteur en chef du journal « Postimees », et le professeur Willem Ridala. Ce dernier publia dès l'année 1913, une monographie sur l'eugénique intitulée *Tôn Küsimus* (Hygiène de la race).

Pendant la grande guerre et pendant la guerre de Trois Ans esthonienne (1918-1920), le mouvement s'arrêta, mais il reprit en 1924 avec une nouvelle force.

Une société eugénique, la « Festi Eugeenika Selts Toutervis », a été fondée, en 1924, à Tartu, la ville universitaire d'Esthonie. Cette société groupe des médecins, des juristes et divers intellectuels. Son président est le Dr A. Lüüs, professeur de clinique infantile à l'Université de Tartu.

Des conférences d'eugénique ont été organisées dans les diverses provinces du pays.

La Société publie, en collaboration avec la Ligue de Tempérance, un périodique : *Tulev Eesti* (l'Esthonie de demain). Des appuis financiers sont accordés à la Société par le président de la République et par la Ligue de Tempérance esthonienne.

Les publications esthoniennes relatives à l'eugénique sont encore peu nombreuses. Mais il existe à présent quelques ouvrages portant sur des questions connexes.

Au commencement de 1928, la Société d'Eugénique a publié un livre intitulé *Pariuris ja walik* (Hérédité et sélection) qui est un manuel de la question eugénique.

La Société a organisé des conférences populaires et gratuites sur l'eugénique.

Les 2 et 3 janvier 1928 s'est réuni, à Tartu, un Congrès du Mouvement national, organisé par la Société d'Eugénique. L'ordre du jour portait en grande partie sur des questions d'hygiène de la race. Plus de 400 personnes y assistèrent. C'étaient pour la plupart des professeurs, ecclésiastiques, médecins, juristes, officiers.

Aux termes de la nouvelle loi esthonienne sur le mariage, en date de 1922, il est interdit aux hommes au-dessous de 18 ans et aux femmes au-dessous de 16 ans, de contracter mariage; le mariage est également défendu lorsque les futurs conjoints sont proches parents, atteints d'une maladie mentale incurable, épileptiques, lépreux ou atteints d'une maladie secrète à un stade contagieux.

Dès le 8 novembre 1927, la Société d'Eugénique de Tartu a ouvert dans cette ville le premier Office de consultations pour mariages. Le second Office sera bientôt ouvert à Tallinn (Reval) par les soins de la filiale de la Société.

FINLANDE

CHAPITRE PREMIER.

Généralités.

Le mouvement eugénique se confond en Finlande avec le mouvement d'hygiène sociale.

En 1911, une donation de Fmk. 100,000 a été faite par Mlle Jenny Florin dans le but de promouvoir la science médicale. Un comité composé de huit membres : la Florinska Kommissionen fut institué. Il était chargé de *l'examen scientifique de la santé physique et mentale des populations suédoises de Finlande et de toutes les circonstances de nature à l'influencer. Une attention toute particulière devait être accordée à l'étude du facteur hérédité dans la santé des populations susdites.*

La population de trois communes de Finlande fut ainsi examinée. Plus de 23,000 personnes subirent un examen, au point de vue des maladies nerveuses et mentales et de la tuberculose ; les conditions anthropologiques ainsi que les conditions d'habitation et d'alimentation furent également étudiées.

Pendant la grande guerre, le seul travail réalisé fut l'établissement de statistiques sur la fréquence des mariages, des naissances et des morts dans la population suédoise de Finlande. Ces recherches furent menées par le professeur E. Lindelöf.

Lorsque la Finlande acquit son indépendance, un nouvel essor vers l'amélioration de la santé des populations prit naissance et de nombreux fonds furent mis à la disposition de la Commission.

Le revenu d'une de ces donations, s'élèvant à Fmk 750,000, fut consacré à la propagande et à l'étude des questions eugé-niques. Dès lors, la Commission a publié une série de brochures dans lesquelles les sujets suivants ont été traités : *l'importance de l'hérédité dans la santé de la population; le soin des enfants; l'éducation familiale.* Ces brochures, distribuées par les soins de 180 sociétés, ont été tirées à plus de 30,000 exemplaires.

De plus, des personnes spécialisées dans ces questions propagent les principes de l'eugénique au moyen de conférences. Cette campagne d'information comprend la lutte contre la tuberculose, l'hygiène familiale, le soin des enfants, la lutte contre l'alcoolisme.

En mars 1921, la Commission se constitua en une société indépendante sous le nom de « Samfundet Folkhälsan i Svenska Finland » ou « Société pour l'amélioration de la santé publique en Finlande suédoise ».

Cette Société comprend deux sections, une section scientifique et une section pratique. Plus de la moitié des membres de la Société appartiennent au corps enseignant de l'Université d'Helsingfors.

Les principaux d'entre eux sont :

Amos Anderson, homme d'affaires ;

Robert Ehrström, professeur de médecine ;

Harry Federley, professeur de génétique, secrétaire de la Société ;

Jarl Hagelstam, professeur de neurologie, vice-président de la Société ;

Oskar von Hellens, professeur d'hygiène ;

C. M. Hohenthal, médecin, archiviste de la Société ;

Fanny Hult, présidente du Comité de la Société Martha ;

G. Landtman, professeur de sociologie ;

Albert Lilius, professeur de pédagogie ;

Ernst Linedlöf, professeur de mathématiques ;

Wilhelm Pipping, professeur de pédiatrie ;

Henrik Ramsay, docteur en philosophie ;

Emma Saltzman, membre du Comité de la Société Martha ;

Ossian Schauman, professeur de médecine, président de la
  Société ;

Robert Tigerstedt, professeur de physiologie ;

Wilhelm Udd ;

Axel Wallgren, professeur de pathologie générale et de pathologie anatomique.

Des sous-comités ont été fondés dans l'Aboland et dans l'Ostro-
bothnie.

La Société projette de fonder un institut pour l'étude de
l'hérédité.

Parmi les travaux entrepris par la section scientifique de la
société, il faut citer l'étude des caractères nationaux de la Finlande suédoise ainsi que l'étude anthropologique de la population
suédoise en Finlande.

La Société se préoccupe surtout de la lutte contre l'intempérance qui atteint gravement ce pays. Cette campagne est conduite
par le professeur R. Tiggerstedt, physiologue distingué.

Dès sa fondation, la Société a publié une proclamation contenant un certain nombre de commandements sur l'hygiène sociale
et qui a été envoyée à toute la population.

Cette proclamation était rédigée comme suit : .

HOMMES ET FEMMES !

De votre volonté, de vos forces, dépend en dernière analyse l'avenir
de la race suédoise dans notre pays. Un peuple mentalement et physiquement robuste peut tenir même contre une dure pression extérieure.

L'amélioration de l'hygiène populaire doit donc être notre préoccupation dominante, et avant tout les enfants réclament notre attention.
Qu'ils soient bien nés, bien entretenus, bien éduqués, voilà la plus sûre
base de futur bonheur.

Bonnes ou mauvaises, les caractéristiques des parents se reproduisent
chez les enfants. Ne vous mariez donc qu'avec un être bien portant et
de famille saine.

Prenez garde à la boisson et aux maladies sexuelles. Elle peuvent
nuire non seulement à vous, mais aussi à vos enfants et à leur postérité.
N'oubliez pas que les fautes des pères retombent sur les enfants jusqu'à
la troisième ou quatrième génération.

Soyez modestes et économes, mais non esclaves de la soif du gain, qui peut vous faire dévoyer. A quoi vous servira le monde si vous perdez votre âme? Le meilleur héritage que vous puissiez laisser à vos enfants, ce n'est pas l'or et l'argent, mais une âme saine dans un corps sain.

Si vous possédez une pièce de terre, ne la vendez pas, pour tentantes que soient les offres : comme vos pères avant vous, faites-vous une gloire de la transmettre améliorée à vos descendants. Souvenez-vous que le labeur agricole est le plus important et le plus sain de tous !

Et si, même sans être possesseur de terre, vous êtes né et avez grandi à la campagne, ne quittez pas votre lieu natal à moins d'y être vraiment forcé par les circonstances. Surtout, n'allez pas habiter la ville. Vous y trouveriez des tentations et des dangers qui pourraient être votre ruine et celle de vos enfants.

Prenez, dès leur naissance, grand soin de ceux-ci. Apprenez-leur à être obéissants, à aimer la vérité, à garder leur parole. Endurcissez leur volonté, accoutumez-les de bonne heure à un travail utile, adapté à leur force et à leur adresse. L'activité engendre la santé et le bien-être, et préserve des occasions du mal.

En un mot, tous les membres de notre race suédoise doivent être éduqués de manière à travailler avec assiduité pour leur lieu natal et leur patrie !

Il ne doit pas y avoir dans ce pays de mauvais suédois.

Obéissons à ces conseils, ayons conscience de notre responsabilité vis-à-vis des générations futures. Ainsi les jours de notre race suédoise seront longs ici-bas !

Comme on le voit la « Samfundet Folkhälsan i Svenska Finland » travaille uniquement en vue de la santé de la population. Dans un but eugénique, la Société consacre une de ses donations à accorder des primes aux mères appartenant à des familles saines et se trouvant elles-mêmes en bonne santé ; elles doivent en outre posséder au moins quatre enfants bien portants de quatre à quatorze ans. La région côtière, où vit la population suédoise, a été divisée en quatre secteurs, et dans chacun de ceux-ci l'allocation de primes a eu lieu, à tour de rôle, déjà une fois. Lors de l'allocation des dernières récompenses, un prix de Fmk. 800 a été distribué à des mères pauvres. 26 prix semblables ont été alloués.

A côté de l'organisation mentionnée, il faut citer encore la
« Gezellschaft Volksgesundheit », de Helsingfors, qui a créé, en
1922, une section d'eugénique dont la direction a été confiée au
professeur H. Federley.

Le professeur H. Federley est le principal protagoniste des
idées eugéniques en Finlande. C'est lui qui représente son pays
à la Fédération internationale des organisations eugéniques. A ce
nom, il faut ajouter celui du professeur Ossian Schauman, de
l'Université d'Helsingfors qui en mourant, a consacré toute sa
fortune à la fondation d'un Institut de génétique et d'eugénique (1).

(1) *Eugenical News*, mai 1923.

CHAPITRE II.

Différents moyens eugéniques préconisés.

Les principaux moyens eugéniques envisagés, en Finlande sont :

1. — Les mesures d'hygiène sociale ;

2. — La réglementation du mariage ;

3. — La stérilisation.

Nous faisons remarquer que cette énumération n'est pas limitative.

§ 1. — LES MESURES D'HYGIENE SOCIALE.

Comme nous l'avons vu plus haut, l'attention des autorités a surtout été attirée vers le développement de l'hygiène sociale. Il existe un grand nombre de sociétés qui travaillent en vue de la protection, des soins, de l'alimentation à donner à l'enfance. Les principales d'entre elles sont :

L'Association pour l'Education des Enfants abandonnés ;

L'Association des Chambres de Travail pour les Enfants pauvres à Helsingfors ;

L'Hôpital pour Enfants d'Helsingfors ;

L'Association des Boy-Scouts finnois ;

La Ligue de la Protection de l'Enfance ;

La Société des Cuisines pour Enfants ;

La Société pour l'hospitalisation des Enfants sans Abri.

En ce qui concerne l'hygiène mentale, il y a à Helsingfors un « Musée social » qui a pour but de travailler à la lutte contre les maladies mentales, de faciliter la guérison des psychopathes, de donner protection et soins aux convalescents ; un dispensaire avec assistance sociale y fonctionne (1).

-----

(1) D' Potet. *L'Hygiène mentale.*

La lutte contre les maladies vénériennes est également organisée. Il est à remarquer que, de tous les pays scandinaves, seule la Finlande possède des hôpitaux séparés pour les maladies vénériennes. Helsingfors en a deux avec respectivement 119 et 155 lits seulement pour les femmes. Depuis des années les soins à l'hôpital sont gratuits pour toutes les maladies vénériennes.

Notons également que le Code finlandais réprime la communication consciente des affections vénériennes.

Enfin l'alcoolisme qui malgré la prohibition, cause encore en Finlande de grands ravages est combattu vigoureusement. Le Gouvernement créa, en septembre 1924, un Comité chargé d'élaborer un plan pour le traitement des alcooliques et une législation appropriée.

Un grand nombre d'institutions sont fondées en vue de lutter contre l'alcoolisme. Ce sont :

1. — Sosialiministeriön Raittinsosasto ;
2. — Suomen Raitiustoimisto ;
3. — Raittinden Ystävät ;
4. — Kieltolakiliito ;
5. — Suomen Opettaiain Raittiusvhdistys ;
6. — Suomen Rautatieläisten Raittiusyhdistys ;
7. — Suomen Opiskelevan Raittiuslütto ;
8. — Suomen Sos- dem. Raittiuslütto ;
9. — Suomen Työväen Raittiuslütto ;
10. — Finlands Svenska Nykterhetsförbund ;
11. — Finlands Svenska Storloge av I. O. G. T. ;
12. — I. O. G. T. Suomalainen Suurlovsi ;
13. — Naisten Raittiuskeskus ;
14. — Suomen Valkonauhalütto ;
15. — Landsutskottet för kristligt nykterhetsarbete.

§ 2. — LA REGLEMENTATION DU MARIAGE.

L'âge du mariage : l'homme ne peut contracter mariage avant d'avoir vingt-et-un ans accomplis et la femme avant d'avoir dix-sept ans accomplis, à moins que l'empereur ou le grand-duc ne jugent bon de donner l'autorisation de se marier (ordonnance du 15 décembre 1911).

Il existe également des empêchements de consanguinité.

L'Etat peut prononcer le divorce en cas de maladie mentale.

§ 3. — LA STERILISATION.

En avril 1926, le Gouvernement finnois a nommé une commission qui a reçu l'ordre d'examiner la question de la stérilisation des faibles d'esprit, des aliénés et des épileptiques. La commission n'a tenu que peu de séances. Elle réunit des matériaux sur la diffusion des types humains qualifiés en Finlande et les mesures qu'ont prises les autres pays.

Il est à prévoir que la commission préconisera une stérilisation volontaire.

GRÈCE

Il n'existe pas en Grèce de dispositions législatives eugéniques proprement dites.

Toutefois dans la loi du 20 novembre 1926 créant un Institut national d'assistance infantile, il est prévu qu'un « musée d'eugénique et d'assistance infantile » sera fondé.

Ce musée comprendra tout ce qui intéresse l'enseignement de l'eugénique, de l'hygiène des grossesses et de l'assistance aux enfants en bas âge. Histoire et exposition des connaissances techniques y relatives. Principes de ces connaissances. Principes de l'hygiène des nourrissons et des mères. Développement de l'embryon, de l'enfant, etc.

Dans ce musée devront être envoyés, à leurs frais, par les institutions de maïeutique et de gynécologie du pays, et les sections des cliniques se rapportant à ces branches, les documents curieux y relatifs, avec l'histoire complète de chaque cas. (Art. 2 de la loi.)

L'article 1er de la dite loi assigne comme tout premier but à l'Institut précité *la découverte et l'application en Grèce des principes de l'eugénique* (interdiction des mariages entre lépreux, syphilitiques, phtisiques, personnes atteintes de difformité, sourds, aveugles-nés, idiots, crétins, imbéciles, etc.).

Les préoccupations eugéniques se manifestent encore dans le chapitre B de la loi, où il est traité des attributions du Conseil national de la protection des mères et des nourrissons. L'art. 17

stipule, en effet, que le Conseil national de protection aux mères et nourrissons est compétent « *pour proposer au Gouvernement toute mesure immédiate ou médiate de protection concernant l'eugénique*, l'hygiène de la femme enceinte ou accouchée et du nourrisson ». L'art. 39 ajoute que « *le Conseil organisera des concours avec prix, de manière à encourager l'enseignement de l'eugénique et des soins aux bébés en général, ainsi que les progrès scientifiques s'y rapportant* ».

Outre les différents points que nous venons de mentionner, nous tenons à faire remarquer le caractère éminemment eugénique de la nouvelle institution qui vise à la protection des deux êtres les plus essentiels pour l'avenir de la race, la mère et le petit enfant.

En effet, l'Institut national d'Assistance infantile a pour objet :

1° La découverte et l'application en Grèce des principes de l'eugénique ;

2° La protection de la mère. Enseignement et organisation de l'hygiène des grossesses et accouchements ; soins spéciaux aux mères indigentes ou dépourvues de protection ;

3° Contrôle immédiat et propagande de l'hygiène des nourrissons et enfants en bas âge. Garantie de quatre mois d'allaitement aux bébés de mères phtisiques, ou orphelins de mère, ou abandonnés. Soins de vaccination. Soins de pédiatrie. Lutte contre l'empirisme et établissement des bases de l'assistance infantile ;

4° Lutte contre les tumeurs.

Pour réaliser ces buts la loi prévoit les dispositions suivantes :

a) Surveillance dans tout le pays, par accord des autorités compétentes, de la fabrication du lait et des nourritures infantiles, propagande en faveur de l'hygiène des animaux producteurs de lait ;

b) Poursuite des buts scientifiques (maïeutique, gynécologie clinique, assistance infantile, installations en vue de cette assistance, cliniques pédiatriques, protection corporelle de l'enfant et de la mère, etc.) ;

c) Contact avec la science étrangère, écrits et institutions ;

d) Déploiement des plus grands efforts en vue de répandre les connaissances relatives à l'assistance infantile ;

e) Organisation dans l'Institut de :

A) Installation modèle d'assistance infantile, comprenant :

1° Section de nourrissons bien portants venus du dehors, dont les mères donneront aux autres des conseils et des directives en matière d'assistance infantile et de moyens prophylaxiques. Là aussi seront, autant que possible, distribués aux mères indigentes du lait, des aliments infantiles bien préparés, des langes, etc. ;

2° Asile modèle pour bébés de mères ouvrières ;

3° Pédiatrie pour les enfants débiles de toute l'installation d'assistance infantile ;

4° Clinique pour femmes enceintes, mères, femmes qui allaitent ;

5° Pharmacie pour les nécessités des femmes enceintes, accouchées, mères et bébés ;

6° Laboratoires d'étude de l'hygiène des mères, femmes qui allaitent et bébés ;

B) Musée d'eugénique et assistance infantile. (Voir page 291 ce qui en a été dit.)

C) La vérification chimique du lait et autres nourritures infantiles sera réglée par une loi spéciale ;

D) Section vétérinaire, pour l'étude de l'hygiène des animaux producteurs de lait ;

E) Bibliothèque pédiatrique et d'ouvrages sur l'assistance infantile ;

F) Etude des bases de l'assistance infantile dans toute son étendue et en rapport avec les autres activités officielles ;

G) Bureau de nourrices. Les hôpitaux pour accouchées, asiles d'enfants et autorités locales, se mettront d'accord pour la recherche et l'examen de nourrices à Athènes, au Pirée, et lieux circonvoisins. Là s'adresseraient les personnes qui désirent être nourrices, et les personnes qui désirent des nourrices pour leurs enfants et les nourrices seraient examinées au point de vue de la santé et de l'aptitude à leurs fonctions ;

H) Ecole d'assistance infantile, pour formation *a)* de méde-cins et d'employés, *b)* d'inspecteurs d'assistance infantile. L'éccle décernera des diplômes.

L'installation d'assistance infantile s'occupera spécialement : *a)* des bébés de l'hôpital d'accouchées d'Athènes ; *b)* des bébés de quatre mois de l'asile infantile communal ; *c)* de ceux confiés aux soins des bureaux de l'Institut ; *d)* des enfants des environs immé-diats d'Athènes.

La loi de 1926 établit encore d'autres mesures concernant la protection de la mère et de l'enfant. Elle détermine la compé-tence du Conseil national de Protection des mères et nourrissons. Les fonctions de ce dernier consistent :

a) à réunir toutes les forces du pays et à les unifier en vue de la lutte pour l'hygiène et la protection des mères et nourrissons en général ;

b) à proposer au Gouvernement toute mesure immédiate ou médiate de protection, concernant l'eugénique, l'hygiène de la femme enceinte ou accouchée, et du nourrisson. Il agit lui-même dans le pays par ses représentants, à Athènes par l'inspection, et par l'Institut d'assistance infantile, pour venir en aide aux femmes enceintes, accouchées ,mères et enfants dans le besoin. Il s'occupe spécialement des nourrissons se trouvant dans les éta-blissements de bienfaisance d'Athènes, ou des nourrissons aban-donnés se trouvant à Athènes ;

c) à protéger et aider l'œuvre de l'Institut infantile et de tout établissement poursuivant un but analogue, ainsi que les recherches concernant le progrès de cet Institut et de ces établis-sements ;

d) à contrôler spécialement les travaux scientifiques dudit Institut ;

e) à rechercher ce qui se rapporte à la paternité des enfants abandonnés et des autres enfants naturels, en conformité avec les lois existantes et en collaboration avec les autorités compétentes ;

f) à prendre les décisions nécessaires dans les circonstances où il importe de garder le secret pour la protection de mères non mariées ou clandestinement mariées, et en général dans tous les cas non prévus par les dispositions sur l'application de la loi ;

g) à décider sur les détails d'organisation ;

h) à proposer au Gouvernement certaines récompenses aux services importants rendus à la cause de la protection des mères et nourrissons ;

i) à appliquer la loi du 6 novembre 1926 sur l'Institut national infantile, en ce qui concerne l'organisation et le soutien des représentations locales du Conseil de protection aux mères et nourrissons ; à diriger l'activité de ces représentations locales ;

j) à poursuivre l'harmonisation des dispositions de l'art 68 de la loi A N Z' et de la loi 2435 ; au cours de cette adaptation, il sera examiné ce qui doit être décidé quant aux revenus de l'Institut prévus à l'art. 3 du décret N y relatif ;

k) à collaborer avec tout établissement du pays et de l'étranger poursuivant le même but de protection de la mère et de l'enfant ;

l) à veiller en général à la bonne application des lois du 16 avril 1926 sur la protection et l'allaitement des nourrissons, et du 6 novembre 1926 sur l'organisation de l'Institut national d'Assistance infantile.

Les autres mesures de la dite loi mentionnées plus haut concernent l'organisation de la surveillance de la protection des mères et nourrissons et des établissements y relatifs, la recherche des femmes enceintes ou accouchées, la recherche des nourrices etc.

En outre, la loi décrète que les mères protégées on soumises au contrôle qui pour motif de santé ne peuvent allaiter leurs enfants pourront entrer, à Athènes, à l'Institut infantile, dans les districts, à la clinique, dans les autres régions, dans les institutions des comités de protection, moyennant certificat de deux médecins, mentionnant :

a) la maladie ou l'affection qui rend la mère incapable de nourrir l'enfant ;

b) le temps que durera vraisemblablement cet état.

Elle prévoit encore la création d'installations locales pour bébés dans les fabriques, celles-ci empêchant un certain nombre de mères d'allaiter.

Elle institue des prix et récompenses aux mères et aux nourrices montrant les plus beaux enfants, et s'occupe de la propagande dans les villes et les villages, des principes de l'hygiène des mères et des nourrissons.

Pour finir, elle prévoit la création par les asiles infantiles de toute espèce, sauf l'asile municipal d'Athènes, de stations externes d'assistance infantile.

HONGRIE

Il existe une « Société hongroise d'Eugénique » dont le président est le comte Caieldenliz.

Le manque d'informations ne nous permet d'envisager pour la Hongrie que les mesures relatives à la limitation des naissances, à la réglementation du mariage et à l'hygiène sociale.

Les trois paragraphes suivants diviseront donc ce chapitre :

1. — Le contrôle des naissances ;

2. — La réglementation du mariage ;

3. — Les mesures d'hygiène sociale.

§ 1. — LE CONTROLE DES NAISSANCES.

Il y a vingt ans déjà, un petit groupe féministe avait organisé dans le pays des bureaux où des avis contraceptifs étaient donnés aux femmes. Une clinique de Birth-Control avait même, dès cette époque, été ouverte à Budapest, avec le concours de Rosika Schwimmer (1).

La limitation de la famille par les moyens anticonceptionnels, est largement pratiquée en Hongrie par les paysans, les petits propriétaires et, dans une moindre mesure, par les grands propriétaires.

Dans beaucoup de districts, les femmes qui possèdent une grande famille, et plus spécialement des jumeaux, sont traitées avec mépris par leurs voisins. Le système d'un enfant par famille

---

(1) *The New Generation*, mars 1926, p. 34.

(Hungarian egyke) devient de plus en plus populaire depuis·ces dernières années.

A l'heure actuelle, la Clinique fondée il y a 20 ans par Rosika Schwimmer à Budapest, est en pleine activité. On vient la visiter non seulement pour recevoir des avis anticonceptionnels, mais encore pour trouver la solution de nombreuses questions qui touchent à la vie de la femme dans le domaine moral, juridique, médical, financier, professionnel, etc.

La clinique possède des experts dans tous ces domaines. Les femmes qui veulent garder l'anonymat soumettent leur cas à la directrice laquelle le transmet à l'expert qualifié.

§ 2. — LA REGLEMENTATION DU MARIAGE.

Peu de restrictions en vue de l'intérêt de la race ont été apportées en Hongrie au mariage.

Toutefois, comme partout, il existe une réglementation relative à l'âge du mariage et au degré de consanguinité.

L'examen médical prénuptial tend également à entrer dans les mœurs.

Un projet de loi rendant obligatoire la visite médicale avant le mariage a été déposé à l'Assemblée nationale.

§ 3. — LES MESURES D'HYGIENE SOCIALE.

Il s'est fondé récemment à Budapest un Institut d'Etat d'hygiène sociale, sous les auspices du ministère de la santé. Le Dr George Gortvay en est le directeur. L'Institut comprend un département de statistiques médicales et d'eugénique administré par le Dr Schubert.

D'autres départements s'occuperont de la protection de l'enfance, de l'hygiène industrielle, de l'alcoolisme et des maladies vénériennes. On se propose d'établir également un département de propagande sous la direction du Dr Pollermann. Le musée social existant actuellement à Budapest sera incorporé dans le nouvel Institut dont le siège est situé : vi Eötvösutca, 3, Budapest (1).

---

(1) *Eugenical News*, septembre 1928.

Les principales mesures d'hygiène sociale que nous examine-rons plus spécialement en Hongrie concernent :

A. — La protection de l'enfance et de la maternité ;

B. — La lutte contre les maladies mentales ;

C. — La lutte contre la tuberculose ;

D. — La lutte contre l'alcoolisme ;

E. — La lutte contre le péril vénérien.

A. — PROTECTION DE L'ENFANCE ET DE LA MATERNITE (1).

La protection des mères et des nourrissons, en Hongrie, est assurée par l'Etat et par une association. En vertu de deux lois datant de 1901, qui ont subi depuis lors de nombreux amende-ments, le Gouvernement a le pouvoir de prendre, au profit des orphelins et des enfants abandonnés, des mesures en vue d'as-surer l'éducation et l'avenir de ces derniers. Le Gouvernement s'efforce de placer ces enfants chez des parents nourriciers. Des « inspecteurs » surveillent les enfants et leurs parents nourri-ciers, et sont responsables devant les directeurs des asiles d'en-fants. Ces asiles sont au nombre de 8 ; ils jouent également le rôle d'hôpitaux pour les enfants malades.

En 1925, la protection des enfants par l'Etat a marqué des progrès dans différentes directions.

Le Gouvernement s'occupe également de la protection des orphelins de guerre : il existe à cet effet six instituts de l'Etat pour les orphelins de guerre et 58 autres instituts entretenus par des œuvres sociales, des organisations paroissiales, etc. Le nombre des enfants dont s'occupent ces instituts atteint 2000 ; en outre, les orphelinats de l'Etat mentionnés plus haut s'occupent de 8333 orphelins de guerre ; 1200 orphelins de guerre reçoivent des allo-cations mensuelles et environ 2000 orphelins ou enfants d'inva lides, fréquentant les écoles secondaires ou les universités, sont titulaires de bourses.

L'association « Stephanâa » s'occupe de la protection des nourris-sons. Son activité s'étend à tout le pays et est soutenue par l'Etat.

---

(1) Extrait de l'*Annuaire sanitaire international*. Société des Nations.

L'association possède 83 instituts et 7 « Gouttes de lait » avec un personnel de 151 médecins et 354 infirmières ; elle a 80 filiales.

Le but principal de cette association est d'assurer, au moyen de ses instituts, la protection des mères et des nourrissons : dans toutes les villes de plus de 15,000 habitants, il existe un institut de ce genre. Les infirmières de l'association sont avisées officiellement de toutes les naissances ; elles visitent les mères, leur donnent les conseils nécessaires et, s'il y a lieu, une aide matérielle. L'association recherche également les femmes enceintes, leur offre des consultations médicales, leur accorde les secours, obtient pour elles l'admission dans les maternités et veille à ce que les accouchements aient lieu dans les conditions d'hygiène requises, en fournissant des accessoires d'obstétrique portatifs. Au moyen de consultations médicales données dans les instituts, on veille à ce que les enfants soient nourris comme il convient. Ces instituts sont pourvus de « Gouttes de lait ». L'association se propose, en outre, pour compléter son œuvre, de construire des foyers pour les mères et des maternités.

Les statistiques de l'association montrent les résultats obtenus dans la mortalité infantile. Le taux de la mortalité infantile pour tout le pays a été de 19,5 % en 1924 ; le taux de la mortalité infantile pour les enfants soignés dans les instituts a été de 17,2 % et, pour les enfants placés sous la protection des institutions, de 7,9 %. Les résultats obtenus par les instituts ressortent d'une manière encore plus évidente, si l'on considère les taux de mortalité infantile dans les parties du pays où il n'existe pas d'instituts de ce genre : dans ces districts, ce taux est de 20,2 %, c'est-à-dire de 3 % supérieur à celui des districts où fonctionnent ces instituts.

La Ligue nationale pour la Protection de l'Enfance joue un rôle important dans la protection des mères et des nourrissons. Cette organisation possède 6 foyers pour les mères et les nourrissons, 4 établissements d'éducation, 4 asiles pour les orphelins de guerre, 2 foyers pour les apprentis, 3 salles de consultation médicale (dont une d'orthopédie). Les colonies de vacanes d'été pour enfants, dans les pays étrangers, sont également dirigés par cette Ligue.

En outre, diverses œuvres et associations de bienfaisance prévoient également la protection des mères et des nourrissons.

Les principales institutions qui s'occupent en Hongrie de la protection de l'enfance sont :

Les Boy-Scouts hongrois ;
Le Conseil hongrois pour la Protection de l'Enfance ;
La Croix-Rouge hongroise ;
Les Homes juifs pour les Aveugles et les Sourds-Muets ;
La Ligue pour la Protection de l'Enfance ;
L'Association Stefania pour la Protection de l'Enfance et de la Maternité ;
L'Hôpital Stefania pour Enfants ;
L'Asile de la Croix-Blanche.

B. — LUTTE CONTRE LES MALADIES MENTALES (1).

La Hongrie est le pays qui a organisé le plus récemment (1924) une société nationale d'hygiène mentale, appelée « Ligue des Psychiatres et Neurologistes hongrois ». A la séance d'organisation, le sentiment fut exprimé que le temps était venu, en raison des progrès de la science, de modifier l'opinion courante à l'égard des maladies mentales ; la Ligue se propose d'entreprendre une campagne énergique pour un programme d'éducation populaire en ce qui concerne la nature, les symptômes et les causes des maladies mentales, pour la transformation des asiles d'aliénés en hôpitaux de traitement et pour la création de cliniques prophylactiques avec admission volontaire, en vue d'examens, de conseils et de traitement.

C. — LUTTE CONTRE LA TUBERCULOSE (2).

L'organisation de la lutte contre la tuberculose a commencé en Hongrie en 1898. Le Conseil d'hygiène élabora un avant-projet sur cette question. Ce travail servit de base au plan officiel d'organisation de la lutte contre la tuberculose. Une circulaire ministérielle recommandait aux municipes, d'une manière générale, l'application des mesures suivantes :

---

(1) Extrait du livre du D' Potet : *L'Hygiène mentale*, p. 25.

(2) Extrait de l'*Annuaire sanitaire international*. Société des Nations.

Dissiper avant tout le préjugé selon lequel la tuberculose est incurable, puis répandre des notions exactes sur la nature de la maladie, faute de quoi, toutes les mesures prises par les autorités ne peuvent servir de rien.

La propagation de la tuberculose et la prédisposition à cette maladie, étant favorisées par les habitations insalubres, le ministre appelait spécialement l'attention des municipes sur la nécessité d'améliorer les logements et, en particulier, ceux des ouvriers agricoles, alors encore très négligés.

La circulaire ci-dessus mentionnée invitait ensuite les autorités à faire leur possible pour améliorer l'alimentation de la population, déraciner les habitudes nuisibles et parer aux dangers que présentent aussi bien les animaux tuberculeux que leur produits, en particulier, le lait.

L'action sociale, elle aussi, progressait parallèlement.

Après cinq années de collectes, et grâce à l'assistance libérale de l'Etat, la Société du Sanatorium pour Tuberculeux indigents, de Budapest, fondée en 1897, ouvrit, en 1902, le premier sanatorium hongrois, le Sanatorium Elisabeth, au milieu de la magnifique forêt de Budakesz, près de Budapest. Quelques années plus tard, se constitua la deuxième grande association, la Société du Sanatorium « Prince-Joseph », qui fit construire, à Gyula et à Békésesaba, deux sanatoriums pour la région de l'Alföld (la grande plaine hongroise).

Outre ces deux grandes sociétés dont nous venons de parler, il s'est formé dans les provinces plusieurs petites associations qui, n'ayant pu se procurer les fonds nécessaires à la construction de sanatoria, ont concouru, par d'autres moyens, à la lutte contre la phtisie.

Par une propagande intense, elles attirèrent l'attention du public sur les risques de contagion et poussèrent à la création de dispensaires, aussi nombreux que possible, pour les tuberculeux.

La lutte contre la tuberculose s'est ressentie, à un haut degré, du contre-coup de la guerre. L'abaissement considérable du niveau du bien-être général a exercé une influence notable sur la propagation de la tuberculose.

La campagne antituberculeuse devient moins active et l'Etat

ne participe au mouvement que dans une mesure insignifiante. L'aide de l'Etat est actuellement concentrée sur l'entretien des dispensaires dont le nombre s'élève environ à 48.

D. — LUTTE CONTRE L'ALCOOLISME (1).

La lutte contre l'alcoolisme — abstraction faite de la participation de l'Etat, qui est peu importante — incombe exclusivement aux œuvres sociales. Il convient de mentionner notamment l'activité des organisations ci-après :

		membres	dans communes
Société antialcoolique des Ouvriers, comptant	600	....	2
Œuvre antialcoolique des Méthodistes, comptant	314	....	4
Œuvre antialcoolique des Baptistes, comptant	219	....	3
Société des Bons Templiers, comptant	62	....	2
Société hongroise de la Croix-Bleue, comptant	40		

Consultation de malades alcooliques : Consultation médicale, deux fois par semaine.

L'ensemble de ces sociétés constitue la « Ligue nationale des Sociétés antialcooliques ».

Il convient de mentionner encore l'activité du Musée d'Hygiène publique qui, par sa propagande éducative, cherche à détourner le peuple de la consommation excessive de l'alcool.

E. — LUTTE CONTRE LE PERIL VENERIEN.

La loi prescrit le traitement obligatoire des maladies vénériennes ; cependant, son exécution se heurte très souvent à des difficultés insurmontables ; c'est pourquoi le ministre du Travail et de la Prévoyance sociale engage les autorités à agir avec le plus de ménagements possible, et seulement dans les cas absolument démontrés, afin d'éviter tout risque d'erreur.

Pour empêcher la propagation des maladies vénériennes, les soldats, avant leur licenciement, doivent se soumettre à un examen médical et tous ceux qui sont trouvés atteints d'une affection vénérienne ne peuvent être renvoyés avant guérison complète. Lorsque des cas de maladies vénériennes se déclarent parmi les

---

(1) D' Alexandre de Dobrovits. *Les services d'hygiène publique en Hongrie.*

soldats, une enquête doit avoir lieu pour en découvrir l'origine, et l'autorité administrative avertie, prend les mesures nécessaires.

Le code pénal prévoit des punitions très sévères pour les femmes qui, se sachant atteintes de maladie vénérienne, exercent le métier de nourrice.

Selon la loi sanitaire, la prostitution doit être réglementée par des ordonnances ; en vertu de cette disposition, chaque municipe est tenu de promulguer des règlements sur cette question, en tenant compte, naturellement, des circonstances locales.

Entre autres sociétés ayant pour objet la lutte contre les maladies vénériennes, l'association « Teleia » facilite le traitement des malades pauvres, surtout par la distribution gratuite de remèdes et accessoires médicaux.

INDES ANGLAISES

Une société d'eugénique s'est fondée à Lahore en 1921 : « l'Indian Eugenics Society » ou « Hindustan Santatisudhar Sabha ».

Les buts de la société sont :

1° Développer l'étude des problèmes relatifs à la race, du point de vue indien, en tenant compte des traditions du pays ;

2° Propager la connaissance des questions sexuelles et de l'hérédité, dans la mesure où elles affectent l'amélioration de la race ;

3° Eduquer l'opinion publique et lui inculquer la notion de l'importance de la procréation ;

4° Etablir l'enseignement de l'eugénique dans les familles, les écoles, etc.

Le président de la société est le professeur Gopalji Ahluwalia. Son siège d'été se trouve à Simla.

La société a pris rapidement de l'extension. Peu de temps après sa fondation dix branches étaient créées. Delhi, Bombay, Calcutta, Madras et Bengalore constituent les groupements les plus actifs. Parmi les membres de ces groupements on compte dix membres du gouvernement et plus de cent gradués des universités. Tous appartiennent aux classes les plus lettrées.

Une bibliothèque eugénique a été installée à Lahore et à Delhi.

Tous les efforts sont faits pour propager les idées eugéniques dans le pays. Des brochures sont lancées parmi la population et une propagande active est faite dans les journaux. Des conférences sont organisées, et le professeur Gopalji Ahluwalia fait des tournées périodiques afin d'éclairer le public sur la question.

Parmi les sujets traités il faut citer :

L'Eugénique, la vraie base de la réforme sociale (au Law College de Madras) ;

L'Eugénique (à l'Y. M. C. A.) de Bangalore City) ;

L'Eugénique et le Birth-Control (à Bombay).

A signaler également une étude remarquable publiée par la société sur « *l'eugénique vue à la lumière des anciens Shastras hindous* » (1).

En résumé, on peut dire que le problème de l'eugénique est étudié dans les Etats suivants :

Peshawar, Punjab, Assam, Poona, Bihar, Orrissa, Madras, Burmah, Nagpur, Calcutta, Bangalore (2).

Parallèlement au mouvement eugénique proprement dit, il se mène aux Indes une campagne en faveur de la limitation des naissances.

Beaucoup de superstitions ont, de tous temps, entouré dans ce pays le problème de la procréation. Le mariage hindou n'est pas un contrat civil, mais une institution religieuse. Son principal but a toujours été la mise au monde d'enfants et spécialement d'enfants mâles. L'usage des contraceptifs a été considéré dès l'origine comme immoral, contre nature. Toutefois les anciens hindous possédaient dans les « kokashastra » des vues sur la psychologie sexuelle, l'union sexuelle, l'hygiène sexuelle, les méthodes propres à procréer des enfants du sexe masculin ou du sexe féminin, ainsi que les procédés de contraception. Beaucoup de ces anciens livres hindous recommandaient également la continence comme le plus sur moyen anticonceptionnel. A l'heure actuelle, il existe parmi les Hindous de grandes tendances pour le Birth-Control proprement dit. Les classes supérieures de la population le pratiquent de plus en plus. Elles voudraient l'enseigner aux classes moyennes et inférieures qui vivent dans la misère et les conditions les plus déplorables.

---

(1) *Eugenics Review*, 1921, p. 477.

(2) *Eugenics Review*, 1920, p. 143.

Aussi ont-elles fondé, en 1922, une ligue, l'*Hindusthan Ianan Maryada Society* ou *Indian Birth-Control Society,* ayant pour but de propager parmi la population les principes de la limitation des familles. Cette société qui a été établie par le professeur Gopalji Ahluwalia se trouve en rapports très étroits avec la Néo-Malthusian League et la Society for Constructive Birth-Control de Londres. Il se joint ainsi aux Indes, à la propagande eugénique, une propagande anticonceptionnelle. Une bibliothèque néo-malthusienne a été établie et des brochures et des circulaires sont envoyées en vue de faire connaître les doctrines de la limitation des familles.

La société s'est assurée la sympathie d'un certain nombre de médecins qui ont promis de donner aux pauvres des avis sur les méthodes anticonceptionnelles.

Comme ces médecins sont tous des hommes, et qu'il n'est pas dans les mœurs que les femmes aillent les consulter, ce sont les maris qui viennent demander des informations contraceptives et les font connaître ensuite à leur femme (1).

Une autre ligue s'est fondée à Bombay : *The Bombay Birth-Control League.* Cette ligue possède un organe hebdomadaire dans le supplément du journal de cette ville : *The Socialist.* Un autre journal, *La Tribune,* travaille également en faveur du mouvement.

La Bombay Birth-Control League vient d'installer une clinique de Birth-Control à Bombay où dix médecins donneront des consultations gratuitement. Une autre clinique a été ouverte également à Calcutta en 1925.

Il est à remarquer qu'il n'existe aux Indes aucune loi défendant la dissémination des informations anticonceptionnelles.

Avec le professeur Gopalgi Ahluwalia, Mr. Phadke est un des plus ardents protagonistes du Birth-Control aux Indes. Citons encore Jul. Pavey, fils d'un grand prêtre des Parsee qui travaille en vue d'établir dans son pays d'autres centres de Birth-Control, ainsi que Rabindranath Tagore et le Dr Prabbu Dutt Shastri, pro-

---

(1) **Mary Winsor.** *The New Generation,* **juin 1926.**

fesseur au *Presidency College* de Calcutta. A mentionner également le nom de Mr. N. N. Mukerji, de Calcutta, qui a écrit un
livre sur les aspects théoriques et pratiques du Birth-Control
à Bengali.

L'opposition existant aux Indes contre le Birth-Control est sus-
citée par les ministres de toutes les religions et particulièrement
par Mahatma Ghandi.

INDES NÉERLANDAISES

Une société d'eugénique, la « Eugenetische Vereeniging in Nederlandsch Indië », a été fondée aux Indes néerlandaises le 20 juin 1927. Cette association se propose d'organiser dans le pays des recherches quant à la possibilité d'exercer une influence amélioratrice sur la progéniture du peuple des Indes. Par influence amélioratrice l'association entend l'élimination des facteurs néfastes et le développement des facteurs favorables qui peuvent agir sur les caractères de la race tant au point de vue corporel, qu'intellectuel et moral.

Pour mieux réaliser leur but, les eugénistes des Indes se sont groupés en une association ayant pour premier objet l'étude des connaissances eugéniques et, dans la mesure où celles-ci sont applicables aux Indes, leur extension là où elles peuvent être. utiles. D'où résulte la nécessité de créer et d'entretenir dans les Indes une ou plusieurs stations eugéniques. Ces stations auront pour mission d'éclairer le public sur les questions d'hérédité, les règles d'hygiène sociale et les conséquences eugéniques qui en dérivent.

La Société d'eugénique des Indes néerlandaises a son siège à Weltevreden, Laan Trivelli, 21.

Origines de la Société.

En janvier 1927, M. J. Ch. van Schouwenburg attirait l'attention du monde scientifique sur la question eugénique dans une étude : *La tâche de la Hollande dans l'Inde,* publiée dans les *Etudes Coloniales.* Dans ce travail, l'auteur signalait le grand développement que prenait la science de l'eugénique depuis ces dernières années et son utilité pour l'avenir de l'Inde. Il donnait un court aperçu de la notion d'eugénique, des questions qu'elle traite, des solutions qu'elle a déjà obtenues, et résumait cette exposition dans la remarque du manuel de Baur, Fischer et Lenz d'après laquelle nos mesures sociales et politiques ne font que tâtonner dans l'ombre tant que nous ne savons pas de quels éléments raciques un peuple est constitué et comment ces éléments se comportent :

« Quand, continuait l'auteur, l'Inde aura-t-elle sa première association eugénique? la première en Indo-Malaisie? Il me semble que le temps est mûr, non seulement parce que les constellations économiques et politiques sont favorables, mais aussi parce que, dans ce pays, l'esprit scientifique est éveillé, et que la puissance financière de la société s'est énormément accrue. L'initiative particulière a, dans les derniers temps, énergiquement secondé l'Etat, comme en témoignent les stations d'expériences, les installations hygiéniques, l'observatoire astronomique de Bosscha, le « Treub-laboratorium », etc. Et il me semble que, quand l'importance scientifique et sociale des installations eugéniques sera pleinement reconnue, les fonds nécessaires afflueront. »

L'écrivain stipule ensuite les exigences auxquelles devrait répondre une station d'eugénique :

« La station doit étudier les principales publications eugéniques et se tenir en contact avec les spécialistes du pays et d'ailleurs ; l'attention des intéressés sera attirée sur les connaissances ainsi acquises, pour autant qu'elles aient une valeur pratique. En outre, la station se donnera comme tâche de rassembler et d'étudier les données spécialement utiles à l'Inde, de conseiller le Gouvernement ,les particuliers et les organismes, d'étudier pour eux les problèmes, de contribuer à la solution des questions à l'étude, ailleurs, et pour lesquelles la collaboration de l'Inde est nécessaire, etc.

» Je propose donc de créer une association et un laboratoire dirigé par l'initiative particulière, éventuellement soutenu par le Gouvernement, sans que toutefois sa liberté d'action soit entravée.

» Comme siège central de cette association, Batavia me semble tout désigné. C'est là qu'on obtiendra le plus facilement le contact avec les pouvoirs publics et les administrations des grands corps. C'est là aussi que les institutions scientifiques sont le mieux représentées. »

Trois semaines après la publication de cet appel, 45 adhésions étaient parvenues, la plupart provenant de personnes dont la position sociale était un gage de succès pour l'association projetée.

Une nouvelle étude intitulée : *Progrès national dans l'ordre biologique et comment le réaliser dans l'Inde néerlandaise* parut peu après dans la *Revue de Physique de l'Inde néerlandaise*. Dans ce travail l'auteur se préoccupe de la manière de fonder une station eugénique ainsi que des moyens de réaliser ce but. Avant tout, il estime qu'il faut établir une littérature. A Batavia, où il existe de bonnes bibliothèques, celle-ci peut être limitée à l'indispensable.

Il préconise que le contact entre le Gouvernement et l'Association soit réalisé par l'intermédiaire de l'Ecole supérieure de médecine récemment créée. Il propose dans le programme du nouvel organisme la propagande dans l'Inde, par la presse et les conférences, des notions de l'eugénique.

Après cette publication et de nombreuses discussions du plan qu'elle proposait, un projet de règlement intérieur de la future association fut rédigé, et une vingtaine de promoteurs se réunirent au domicile de M. J. C. van Schouwenburg. Le Directeur de l'Instruction publique et des Cultes se fit représenter à cette assemblée. Les plans et règlements projetés furent adoptés, et, avec un appel signé par 24 personnalités, envoyés aux adhérents (dont le nombre était alors de 70), et à des invités, en vue de la réunion de fondation du 20 juin 1927, dans l'édifice de l'Association royale d'histoire naturelle à Weltevreden.

La réunion du 20 juin 1927. — Etaient présents MM. Blaauw, membre délégué du Volksrad, Bloys van Treslong, Prins-archiviste ; Dr Hartogh, membre délégué du Conseil d'Enseignement ; M. Hijmans, Directeur de l'administration des Prisons ; Korpershoek van der Kooy, Directeur de l'Ecole pour jeunes gens Carpentier-Aalting ; Fr. Levert, Directeur du Service d'assainissement ; Van Schouwenburg ; Prof. Stibbe, Commissaire du Gouvernement pour la Réforme de l'Administration, et le Docteur Vrijburg, vétérinaire municipal.

Avaient envoyé leur adhésion : MM. Bosscha, Administrateur principal de l'entreprise de thé Malabar ; de Cock Buning, Chef-Comptable de l'Administration Preanger et de l'Incasso-Bureau ; Engelenberg, Directeur de l'Ecole Gouvernementale ; Kelling, second Administrateur des fonds de pension militaire ; van der Meulen, Président de l'Association des Entrepreneurs de l'Inde ; Général Nauta, Chef du Service sanitaire militaire ; Prof. Neeb, Professeur à l'Ecole supérieure technique ; Prof. Rodenwaldt, Directeur de la campagne contre la malaria ; Dr Stigter, Directeur de l'Asile pour malades mentaux, et Van Warmelo, Conseiller d'Agriculture.

Après adoption définitive des règlements, les membres du Bureau ont été nommés, à savoir : O. Deggeller, Médecin, Conseiller des Hôpitaux, Président ; J. Ch. Van Schouwenburg, Weltevreden, Laan Trivelli, 21, Secrétaire-Trésorier ; Dr W. F. Breyer, Prédicant ; Koesoemojoedo, Membre-Délégué du Volksraad ; Fr. Levert, Directeur du Service d'Assainissement ; Yo Heng Kam, membre du Volksraad, et Prof. D. de Waart, Professeur à l'Ecole supérieure de médecine, membres.

Lors de cette réunion il a été expressément stipulé que l'Association n'avait pas de couleur politique, et que les différences de culte et de race ne seraient pas un obstacle pour y être admis.

Statuts de la Société.

ARTICLE PREMIER.

1. L'Association eugénique des Indes néerlandaises, fondée le 20 juin 1927, est établie à Batavia et pour un temps indéterminé.

2. Elle ne peut être dissoute que par un referendum, et si trois quarts des voix se prononcent pour la dissolution.

3. En cas de dissolution de l'Association, il sera, d'accord avec les dispositions de l'art. 1665, B. W. décidé de la destination à donner aux biens de l'Association.

ARTICLE 2.

1. L'objet de l'Association est d'étendre la connaissance de l'eugénique dans l'Inde néerlandaise.

2. Elle s'efforce d'atteindre ce but, en éveillant l'intérêt pour cette science, et en favorisant son étude.

ARTICLE 3.

1. L'Association se compose de membres protecteurs, donateurs, membres d'honneur et membres correspondants.

2. Sont membres toutes les personnes que le Bureau nomme en cette qualité. Ils paient une cotisation dont le montant est fixé par le règlement d'ordre intérieur.

3. Sont protecteurs toutes les personnes physiques et morales qui sont acceptées comme telles par le bureau et qui octroient annuellement à l'Association une contribution dans les limites données par le règlement d'ordre intérieur.

4. Sont donateurs toutes les personnes physiques et morales qui font à l'Association un don, duquel le minimum est fixé par le règlement d'ordre intérieur et qui ne sera accompagné d'aucune condition contraire au but de l'Association, ce dont le Bureau de l'Association sera juge.

5. Sont membres d'honneur les personnes qui, par suite de services spéciaux, sont nommés comme tels, et sur proposition du Bureau, par l'Assemblée générale. Ils n'ont pas à payer de cotisation.

6. Les membres correspondants sont ceux qui, par suite de services se rapportant aux activités de l'Association, sont nommés en cette qualité par le Bureau.

7. Les membres protecteurs, membres d'honneur et correspondants, cessent de l'être par :

a) leur propre démission ;

b) décision du Bureau ;

c) la mort, s'il s'agit de personne physique, la dissolution s'il s'agit d'une personne morale.

ARTICLE 4.

1. L'administration de l'Association appartient au Bureau, qui a son siège à Weltevreden.

2. Le Bureau se compose d'au moins cinq membres, dont un président et un secrétaire-trésorier, à élire par les membres de

l'Association et parmi eux. Le mode d'élection est déterminé par le règlement d'ordre intérieur.

3. Pour l'expédition des affaires courantes, le Bureau choisit dans son sein un Comité d'au moins trois membres, dont le président et le secrétaire-trésorier.

Les membres de ce comité doivent habiter Weltevreden. Le Bureau détermine quelles affaires pourront être traitées par lui.

ARTICLE 5.

Les modifications aux statuts ne peuvent avoir lieu qu'en assemblée générale à cet effet, convoquée au moins un mois d'avance, par communication écrite aux membres.

Pour être effectuée une modification exige au moins les deux tiers des voix.

ARTICLE 6.

Dans tous les cas non prévus par les statuts, on se conformera au règlement d'ordre intérieur.

Activité de la Société.

Depuis sa fondation, plusieurs réunions générales du Bureau ont eu lieu. Les principales résolutions prises dans ces assemblées furent :

1° De demander un subside aux Conseils communaux ;

2° De publier un organe propre ;

3° De se mettre en rapports avec les autres associations anthropologiques du pays ;

4° De créer une bibliothèque eugénique.

En ce qui concerne la question des subsides, la Société ne s'est adressée qu'aux Conseils communaux favorables à l'eugénique. Elle leur a envoyé à cet effet une brochure intitulée : *De l'avantage qu'il y a pour nos Conseils communaux à posséder une bonne station eugénique dans l'Inde néerlandaise*, et rédigée par J. Ch. van Schouwenburg. Les Conseils communaux qui ont été touchés sont ceux de Batavia, de Solkaboemi, de Cheribon, de Pekalongan, de Soerabaja, de Makasser ; ont également été atteints les Conseils provinciaux de Pekalongan et de Kediri.

En 1928, la Société a commencé la publication d'un organe

propre : « Ons Nageslacht », spécialement consacré aux intérêts et aux études de l'Association, sans préjudice des écrits qui peuvent être publiés dans d'autres feuilles ou distribués aux membres. Cet organe paraît au moins deux fois l'an (en février et en octobre).

La Société comprend actuellement 140 membres se répartissant comme suit : médecins, 29 ; fonctionnaires européens (juristes compris), 17 ; juristes, 17 ; commerçants, 14 ; agriculteurs et forestiers, 14 ; membres de l'enseignement (enseignement inférieur et moyen), 17 ; ingénieurs, 9 ; pharmaciens, 4 ; biolologistes, 3 ; prédicants, 3 ; vétérinaires, 2 ; bibliothécaires, 2 ; fonctionnaires des prisons, 2 ; fonctionnaires de bureau, 2 ; militaires, 2 ; agents d'administration, 3. De plus 14 membres appartiennent au Volksraad et 14 aux Ecoles supérieures.

ITALIE

CHAPITRE PREMIER.

Généralités.

Comme dans tous les pays de langue latine, le mouvement eugénique est en Italie de date récente.

En 1913, il s'est constitué à Rome, au sein de la Société romaine d'Anthropologie, un *Comité italien pour les Etudes eugéniques*. Il avait pour objet « l'étude des facteurs qui peuvent améliorer ou détériorer les qualités des générations futures soit sous l'aspect physique, soit sous l'aspect psychique ». Les professeurs Corrado Gini, G. Sergi, S. de Sanctis, E. Mangiagalli, C. Artom, E. Niceforo, etc., en faisant partie. Ce Comité a pris part au premier Congrès international d'Eugénique de Londres où des mémoires furent présentés par les professeurs Gini, Giuffrida Ruggeri, Sergi, Loria, Marro, Morselli, Michels, etc. En 1914, le dit Comité a ouvert une enquête auprès des professeurs d'université afin d'étudier l'influence de l'ordre de la naissance sur les qualités physiques et psychiques. Le professeur Gini en a publié les résultats dans la *Rivista Italiane di Sociologia* (1914).

A la même époque, il fut décidé par un accórd avec la Société italienne pour l'avancement des sciences que les Congrès annuels de cette dernière comprendraient à l'avenir une section d'eugénique.

Après la guerre, le Comité italien pour les études eugéniques a été remplacé par la « Société italienne de Génétique et d'Eugénique », laquelle a étendu l'action du Comité.

On tend de plus en plus, dans les universités italiennes, à inscrire l'eugénique et l'étude de l'hérédité dans les programmes.

L'Université de Rome possède une chaire d'anthropologie occupée par le professeur Sergi Sergio ; à Padoue, la même chaire a pour titulaire le professeur E. Tedeschi ; à Florence, le professeur Mochi ; à Bologne, le professeur F. Frasseto ; à Naples, le professeur Sera.

A l'Ecole des sciences politiques et sociales de l'Université royale de Padoue, deux cours ont été institués en connexion avec l'Eugénique : « Biologie et Génétique », donné par le professeur Paolo Enriques et « Biométrie et Eugénique » donné primitivement par le professeur Corrado Gini et actuellement par le professeur Boldrini.

Le cours de Biologie et Génétique est obligatoire pour obtenir le diplôme en sciences sociales et celui de Biométrie et Eugénique pour obtenir le diplôme en sciences sociales et politiques.

Les étudiants des autres facultés et écoles peuvent également suivre ces cours.

Enfin, il s'est ouvert en décembre 1926, à Rome, un Institut central de statistique. La création de cet Institut contribuera au développement de la science démographique. La direction en a été confiée au professeur Corrado Gini.

Plusieurs périodiques se consacrent en Italie, en tout ou en partie à l'Eugénique. Ce sont : *Rassegna di Studi Sessuali e di Eugenica* ; *Metron,* revue internationale de statistique ; *Difesa Sociale*.

Le mouvement eugénique, à la tête duquel se trouve le professeur Gini, est représenté en Italie par les professeurs Antonini, Agostini, Alfieri (Milan), Cesare Artom (Pavie), Bompiani (Rome), Boldrini (Milan), le Dr Castrilli (Bari), les professeurs Enriques (Padoue), Francioni (Bologne), Frassetto (Bologne), Gemelli (Milan), Giusti (Rome), Ettore Levi, Livio Livi (Florence), Loria (Turin), Mochi (Florence), Maroi, Moretti (Milan), Pestalozza (Rome), Pizzagalli (Milan), Savorgnan (Pise), Santoliquido (Rome), Sera (Naples), Sergi (Rome), Tedeschi (Padoue) (1). ·

Lors du 37me Congrès international de la Fédération abolitionniste tenu à Rome en 1921, le professeur Rocco Santoliquido, conseiller de santé publique international, à la Ligue des sociétés de la Croix-Rouge, présenta un rapport sur *l'Eugénique en rapport avec la prophylaxie publique en général et spécialement avec la lutte antivénérienne* ». Il y examine le problème eugénique sous tous ses aspects.

---

(1) Principaux travaux eugéniques publiés en Italie :

Professeur CORRADO GINI :

    « The Contribution of Demography to Eugenics » (in *Problems of Eugenics,* London 1912).

    Edition italienne augmentée du précédent : Contributions statistiques aux problèmes de l'Eugénique (*Revue italienne de Sociologie,* 1912).

    La conscription militaire au point de vue eugénique (*Metron,* vol. I, n° 4).

    Les relations de l'Eugénique avec les autres sciences biologiques et sociales. (Communications au Congrès italien d'Eugénique sociale, Milan, septembre 1924.)

    The War from the eugenetic point of view. (2^d International Congress of Eugenics, held at New-York, 1921.)

Professeur M. BOLDRINI :

    « Sur les familles de fous et la variabilité du premier né ». (*Revue d'Anthropologie,* vol. XIX, fascicule III.)

    « Sur l'influence du mois de la naissance ». (*Revue italienne de Sociologie,* ann. 20, fascicule III, 14 mai-août 1916.)

    « Les fils de guerre ». Recherches sur la fécondité des soldats. » (*Journal des économistes,* juin 1919.)

    « Nouvelles contributions aux recherches sur l'action de l'ordre des naissances ». (*Metron,* vol. I, n° 2, 1er décembre 1920.)

    « Some disgenical effects of the war in Italy ». (*Social Hygiène,* vol. VII, n° 3, July 1921.)

    « L'époque de génération ». Contributions statistiques à la connaissance de la fécondité humaine. (*Revue d'anthropologie,* vol. 23, 1919.)

Le premier Congrès italien d'Eugénique, organisé par la Société italienne de Génétique et d'Eugénique et par la Société royale italienne d'Hygiène, s'est tenu à Milan, du 20 au 23 septembre 1924, sous la présidence du Prof. Luigi Mangiagalli, recteur de l'Université de Milan et sénateur, assisté des professeurs Ycilio Boni, président de la Société royale d'Hygiène, médecin-chef de l'Hôpital majeur de Milan ; Corrado Gini, président de la Société italienne de génétique et d'eugénique ; Ernesto Pestalozza, sénateur, vice-président ; Serafino Patellani, secrétaire général ;

« Doutes concernant quelques lois démographiques ». (*Metron*, vol. V, n° 2, 1er septembre 1925.)

« La sélection opérée par la guerre parmi les étudiants et universitaires en Italie ». (*Metron*, vol. II, n° 3, 1er janvier 1923.)

Dr L. MAROI :

« Alcoolisme et Eugénique ». (Acte du 1er Congrès italien d'Eugénique sociale, Milan, septembre 1924.)

Dr V. CASTRILLI :

« Sur la fréquence de l'éclampsie gravidique dans la période de guerre ». (Congrès de Milan, septembre 1924.)

« Nouvelles observations sur les problèmes de l'Eugénique. » « La distribution des professeurs universitaires suivant l'ordre de naissance. » (*Revue italienne de Sociologie*, 1914.)

« La guerre au point de vue de l'Eugénique ». (*Revue italienne de Sociologie*, 1921.)

« L'Eugénique et la Guerre ». (*The Eugenics Review*, 1922.)

« Eugenique ». (*Revue italienne de Sociologie*, 1914.)

« Génétique et Statistique relative à l'Eugénique ». (*Revue italienne de Sociologie*, 1914.)

« Birth-Control ». Documents des six conférences internationales néo-malthusiennes et du Birth-Control. (New-York, 1926.)

« Le problème de la Population ». (*Annales de l'Institut de Statistique*, 1927-28, vol. II.)

Professeur LIVIO LIVI :

« La Tuberculose en Italie : Comment et pourquoi elle a diminué dans la période antérieure à la guerre. » (*Réformes sociales*, mai-juin 1919.)

Enrico Moretti (de Milan) et Andrea Pagani Cesa (de Padoue), secrétaire.

De nombreuses questions ont fait l'objet de rapports et de communications, notamment : *Les relations de l'Eugénique avec les autres sciences biologiques et sociales.* Rapporteur : Prof. Corrado Gini de Padoue. *Religion et Eugénique,* rapporteurs : Professeurs Agostino Gemelli (de Milan) et Pizzagalli (de Milan). *Guerre et Eugénique,* rapporteur : Prof. Livio Livi (de Trieste). *Les indications opératoires du point de vue eugénique,* rappor-

---

« Emigration et Eugénique ». (Acte du Congrès d'Eugénique sociale, Milan, 1924.)

« Un nouveau criterium d'évaluation des effets de l'émigration sur la race ». (*Economie,* janvier 1925.)

« Une loi statistique sur la fréquence des accouchements suivant le nombre des engendrés ». (Acte de la Société des physiciens et mathématiciens de Modene, 1921.)

Professeur CESARE ARTOM :

« Pour les études de génétique et d'eugénique ». (Acte de la Société italienne de génétique et d'eugénique, Rome, typ. du Sénat 1920.)

« Union consanguine et croisement au point de vue de l'eugénique ». (Acte du Congrès d'eugénique sociale, Milan, septembre 1924.)

Professeur SAVROGNANT :

« La population et la guerre ». (Bologne, Zanichelli.)

« Démographie de la guerre ». (Idem.)

« L'augmentation de la morti-natalité en France pendant la guerre ». (*Metron,* vol. IV, n° 2.)

« La fécondité des aristocraties ». (4 articles parus dans *Métron,* vol. III, n°s 2 et 3-4, vol. IV, n°s 3-4, vol. V. n° 1.)

« L'agonie des races nobles ». (*Annuaire de Sociologie,* vol. I, Braun, Carlsruhe, 1923.)

Professeur ANTONINI :

« Alcoolisme et eugénique ». (*Pensée obstétrique,* 1925.)

Professeur AGOSTINI :

« L'influence des facteurs héréditaires dans la formation du caractère ». (*Annales de l'hôpital psychiatrique de Pérouse,* 1924.)

teur : Prof. Pestalozza (de Rome). *Les anomalies constitution-nelles et diathésiques de l'enfance et leurs rapports avec l'Eugé-nique,* rapporteur : Prof. Carlo Francioni (de Bologne), etc.

A l'occasion de ce Congrès, la Commision internationale d'Eugénique s'est réunie à Milan.

Il fut décidé en cette circonstance de créer à Rome, une bibliothèque internationale d'eugénique. Cette bibliothèque a pour but de faire connaître l'état du mouvement eugénique dans les principaux pays. Elle est établie sous les auspices de la Société italienne de Génétique et d'Eugénique.

Professeur BIANCHI LEONARDO :

« Eugénique, hygiène mentale et prophylaxie des maladies nerveuses et mentales ». (Naples, Idelson, 1925.)

ENRIQUES :

« L'hérédité chez l'homme ». (Typ. Novielli, Aversa, 1922.)

Professeur SANTOLIQUIDO :

« L'eugénique en rapport avec la prophylaxie publique en général, et spécialement avec la lutte anti-vénérienne ». (*Rapport présenté au 37ᵉ Congrès international de la Fédération abolitionniste, Rome 1921.*)

GAROFANO :

« L'hérédité des maladies chez l'homme ». (Typ. Novielli, Aversa, 1922.)

GRADENIGO :

« Contribution à l'étude de la surdité morbide chez l'homme ». (Typ. Sironi, Milano; édition française : Legrand, éditeur, Paris, 1921.)

BILANCIONI :

« Sur l'hérédité des maladies d'oreilles ». (Rome, Typ. Bardi, 1924.)

ALLARIO :

« Le problème eugénique après la guerre ». (*Dictionnaire de législation sociale, 1922.*)

PATELLANI :

« Problème de génétique sociale ». (Milan, Typ. Cogliati, 1925.)

Professeur BAGLIONI :

« Principes d'eugénique ». (*Petite bibliothèque de propagande eugénique,* Naples, édition de la *Pensée sanitaire.*)

Dans l'ensemble de l'Italie, et moyennant l'activité déployée par les savants sous forme de publications, d'intervention dans les congrès, d'institution d'établissements libres ,de consultations médicales, on cherche à influencer les classes cultivées et les masses, de façon à leur donner cette conscience hygiénique, qui permet de résoudre les problèmes fondamentaux de la génération et de l'éducation d'où dépendent le bonheur des familles et l'avenir de la race, sans pourtant entraver le développement de la population qui est à la tête du programme politique du Gouvernement national fasciste.

Hon. CAPASSO PIETRO :

    « Pression démographique, émigration et eugénique ». (Idem. Articles divers parus dans le journal *La Pensée sanitaire* pour soutenir la campagne sur la nécessité d'une législation eugénique sur le certificat prématrimonial.

LA LOGIA :

    « Le problème démographique ». (Édition *Alpes*, Milan, 1925.)

NAMIAS :

    « Principes de sociologie et de politique ». (Edit. Signorelli, Rome, 1923.)

Professeur PIO FOA :

    « Sur l'hygiène physique et morale de la jeunesse ». (Editions Léonardo da Vinci, Rome.)

Professeur DEL VECCHIO :

    « L'eugénique et le problème du paupérisme ». (Congrès de Milan, 1924.)

Professeur MICHELS :

    « De certains effets de l'émigration dans ses rapports avec l'eugénique ». (Idem.)

Professeur GEMELLI :

    « Religion et eugénétique ». (Idem.)

Professeur PASINI :

    « La syphilis latente dans ses rapports avec l'eugénétique ». (Idem.)

Professeur CERLETTI :

    « Sur l'hérédo-lue et ses manifestations dans la première génération et les suivantes ».

D'autre part, des voix autorisées n'ont pas manqué de mettre l'opinion en garde contre la difficulté des problèmes de l'Eugénique, et de signaler l'opportunité d'étendre et d'approfondir les recherches, avant d'en venir aux applications pratiques.

Mentionnons, à ce propos, le rapport du professeur Gini, directeur de l'Institut de statistique de Rome, au 1ᵉʳ Congrès de l'Eugénique prémentionné, rapport intitulé : *Les relations de l'Eugénique avec les Sciences biologiques et sociales* et publié par la *Revue statistique mensuelle de la commune de Rome* (1924). Le dit Congrès s'est prononcé nettement dans le sens de ce rapport.

Professeur H. GHIGI :

    a présenté au premier Congrès italien d'Eugénique différents travaux sur l'eugénique.

A. V. RUSSO :

    « Nuovi lineamenti di eugenica ».

    « Eugenica, diritto penale e scienza penitenziaria ».

GAETANO PIERACCINI :

    « La race des Médicis de Cafaggiolo ». (Etudes et recherches sur la transmission héréditaire des caractères biologiques.)

Consulter « Abstracts of Papers read at the first International Eugenics Congress ». (Eugenics education Society, London.)

Consulter les actes du 2ᵉ Congrès international d'Eugénique ,vol. 2. (William and Wilkins Cᵒ, Baltimore, 1923.)

CHAPITRE II.

Institutions eugéniques en Italie.

Les institutions eugéniques qui s'occupent en Italie soit directement, soit indirectement, du problème eugénique sont :

1. — La Société italienne de Génétique et d'Eugénique ;
2. — La Société italienne pour l'Etude des Questions sexuelles ;
3. — Le Groupe napolitain pour l'Etude des Questions eugéniques et sexuelles ;
4. — L'Institut d'Hygiène, de Prévoyance et d'Assistance
sociales ;
5. — Le Bureau de Consultation et d'Examen prénuptial de
Milan ;
6. — L'Institut d'Orientation professionnelle et de Visite prématrimoniale de Trieste.

§ 1. — **LA SOCIETE ITALIENNE DE GENETIQUE ET D'EUGE-
NIQUE.**

La Société italienne de Génétique et d'Eugénique a été fondée
à Rome en 1919, sur l'initiative des Prof. Corrado Gini, Pestalozza
et Artom. Comme nous l'avons vu, cette société a été créée pour
remplacer l'ancien Comité italien pour les Etudes eugéniques et
en même temps, étendre son action.

La présidence de la Société fut occupée, pendant la première
période de deux ans, par le Prof. Ernesto Pestalozza ; pendant la
seconde, par le sénateur Prof. Achille Loria ; pendant la troisième, par le Prof. Corrado Gini, président de l'Institut central
de statistique de Rome.

Récemment, le statut de la Société a été modifié de manière
à étendre à 5 ans, la durée du mandat présidentiel et, pour la première période quinquennale, le professeur Gini a été élu président.

Le Bureau a été complété comme suit : Vice-président, Prof. Artom ; secrétaire, Prof. Ugo Giusti ; secrétaire-adjoint, Prof. Bompiani.

La Société a son siège à l'Institut de statistique et de politique économique.

Outre les comptes rendus du Congrès de Milan, elle a publié un volume d'actes et de mémoires.

Elle dispose de deux organes officiels : *La Rassegna di Studi Sessuali*, dirigée par le Prof. Aldo Mieli, et la *Difesa Sociale*, dirigée par le Dr Carelli.

La Société a pour but de promouvoir et d'appuyer toutes les recherches et initiatives qui tendent à perfectionner les connaissances relatives aux lois de l'hérédité et à l'amélioration des races, en particulier de la race humaine (art. 1er du Statut).

L'action de la Société est coordonnée à celle des sœurs étrangères de la Fédération internationale d'Eugénique.

Depuis sa fondation, la Société a toujours activement participé aux plus importants congrès nationaux et internationaux d'eugénique ainsi qu'à la réunion des conférences internationales d'eugénique, où elle a été représentée par trois membres : Prof. Gini, Prof. Pestalozza et Prof. Artom.

En 1925, la Société comprenait 300 membres.

Les fonds qui permettent à la Société de subsister sont fournis par les souscriptions des membres.

§ 2. — LA SOCIETE ITALIENNE POUR L'ETUDE DES QUESTIONS SEXUELLES.

Cette Société qui se spécialise dans l'étude des questions sexuelles, a pour président, le Prof. Silvestro Baglioni, directeur de l'Institut de physiologie ; pour secrétaire, le Prof. Aldo Mieli, directeur de la *Rassegna di Studi Sessuali*, organe officiel de la dite Société.

Il existe au sein de la Société pour l'Etude des Questions sexuelles, une section d'eugénique.

§ 3. — **LE GROUPE NAPOLITAIN POUR L'ETUDE DES QUES· TIONS EUGENIQUES ET SEXUELLES.**

Ce groupement avait pour président le sénateur professeur Leonardo Bianchi ; il a actuellement comme secrétaire, le Prof. Pietro Capasso, directeur de la revue *Il Pensiero Sanitario*.

§ 4. — **L'INSTITUT D'HYGIENE, DE PREVOYANCE ET D'ASSIS· TANCE SOCIALES.**

L'Institut d'Hygiène, de Prévoyance et d'Assistance sociales a pour but l'amélioration morale et physique de la nation.

Il a eu pour fondateur le Dr Ettore Levi. Le siège de l'organisme se trouve à Rome, Via Minghetti, 17.

L'Institut apporte en Italie un concours très grand à l'œuvre des eugénistes. En effet, il offre aux services de la nation :

a) Un centre d'observation et d'études relatif :

1° aux phénomènes de la maladie et à la mortalité causée par les malades ainsi qu'aux conséquences qui en découlent au point de vue économique ;

2° à la législation s'occupant de prévenir et de secourir les malades ;

b) Un centre de propagande sociale qui atteindra les milieux industriels, les écoles, l'armée, les centres d'émigration, les ports, etc. ;

c) Un centre de coordination des associations déjà organisées ;

d) Un organe ayant pour but de stimuler les initiatives publiques et privées ;

e) Un bureau de consultation technique mettant à la disposition des organisations commerciales, industrielles et agricoles, un programme d'action en vue d'une campagne à mener contre les fléaux sociaux ;

f) Un centre d'études et d'expériences relatif aux nouvelles méthodes de travail social.

L'Institut organise des conférences dans les grandes villes, aux extensions universitaires, aux chambres de commerce, clubs de femmes, associations sociales, etc. (1).

---

(1) *Eugenics Review*, 1922, p. 557.

§ 5. — **LE BUREAU DE CONSULTATION ET D'EXAMEN PRE-NUPTIAL DE MILAN.**

Ce Bureau a pour directeur, le Prof. E. Alfieri, de l'Université de Milan. Il a été fondé en 1924.

§ 6. — **L'INSTITUT D'ORIENTATION PROFESSIONNELLE ET DE VISITE PREMATRIMONIALE DE TRIESTE.**

Cet Institut a été créé en 1926.

CHAPITRE III.

Différents moyens eugéniques préconisés en Italie.

Les principaux moyens eugéniques préconisés en Italie sont :

1. — La réglementation du mariage ;

2. — Les mesures d'hygiène sociale ;

3. — L'éducation eugénique et l'éducation sexuelle ;

4. — La rééducation des anormaux.

§ 1. — LA REGLEMENTATION DU MARIAGE.

La réglementation du mariage en Italie concerne l'âge des parties et leur degré de consanguinité.

Nous envisagerons séparément chacun de ces points et nous examinerons ensuite l'état de la question de l'examen médical prématrimonial en Italie.

A. — L'AGE DU MARIAGE.

Sous l'empire du Code civil italien, l'homme ne peut contracter mariage avant 18 ans accomplis et la femme avant 15 ans révolus (art. 56).

B. — LE DEGRE DE CONSANGUINITE.

D'après le Code civil italien, le mariage est prohibé entre les ascendants et les descendants en ligne directe, qu'ils soient légitimes ou illégitimes, et entre les parents par mariage dans les mêmes degrés. En ligne collatérale, il est interdit entre frère et sœur, légitime ou naturel ; entre parents par mariage du même degré ; entre oncle et nièce, tante et neveu.

C. — L'EXAMEN MEDICAL PREMATRIMONIAL.

Il existe en Italie un mouvement en faveur de l'examen médical prématrimonial. Déjà en 1912, dans son livre *Patologia e Profilassi mentale,* De Santis, professeur à l'Université de Rome, envisageait la question.

Le Dʳ Pasini, professeur à l'Université de Milan, a, dans une intéressante étude publiée par l'*Italia Sanitaria* (juin 1924, pp. 11 et 12), exposé son opinion. Le certificat médical prématrimonial offre, tant au point de vue moral qu'au point de vue hygiénique, une garantie réciproque de sécurité et de correction de la part des conjoints. Mais de ce certificat, ne devrait pas dépendre la permission de contracter mariage. Il serait seulement un moyen d'information eugénique sur la condition sanitaire respective des fiancés et une mesure de propagande en vue d'une amélioration de la connaissance de l'hygiène parmi le peuple.

Le Dʳ Mibelli de Parme s'est également préoccupé de la question dans ses rapports avec la syphilis. De son côté, le Dʳ Carlo Gasparini préconise d'édicter des mesures obligeant les futurs époux à produire des certificats médicaux avant leur mariage, dans le but de sauvegarder l'avenir de la famille et la prospérité de l'Etat (1).

Lors de la deuxième réunion nationale de la Société italienne pour l'Etude des Questions sexuelles (Naples 1924), l'ordre du jour suivant, présenté par le Prof. Ettore Levi, a été voté :

« Le Congrès approuve le rapport de l'honorable professeur Pietro Capasso sur les dispositions législatives réalisées depuis la guerre sur le terrain international en vue de fins eugéniques et attire l'attention du Gouvernement sur l'opportunité de l'instauration du certificat prématrimonial comme élément d'information et comme élément d'une harmonieuse refonte de la législation italienne pour la défense et l'amélioration des générations futures. » (2)

Le certificat prématrimonial n'est pas encore légalement obligatoire en Italie, mais une active campagne en vue d'une réforme législative à cet égard est dirigée spécialement par le Prof. Pietro Capasso au moyen de publications variées, réunies en un volume en cours d'impression, de projets de lois au Parlement et de rapports aux différents congrès.

En attendant, des institutions libres de consultations et de

---

(1) *Il Policlinico*, janvier 1922, p. 12.

(2) *Difesa Sociale*, mai 1924, p. 120.

.visite prématrimoniale se sont fondées. Il y a l'Institut de consultation hygiénique prématrimoniale de Milan, fondé en 1924, et l'Institut d'orientation professionnelle et de visite prématrimoniale de Trieste, fondé en 1926 par le Gruppo Sanitario Femminile des Fascio.

L'Institut de consultation de Milan, qui toutefois ne fonctionne pas encore, a été établi sous les auspices de la Croix-Rouge italienne. Les candidats au mariage pourront s'y présenter à leur gré ; le médecin les examinera et leur conseillera ou leur déconseillera le mariage, mais ne prononcera jamais d'interdiction formelle.

Les examens seront gratuits et le secret professionnel le plus absolu sera observé. Les candidats au mariage pourront même, s'ils le désirent, conserver l'anonymat.

Lorsque l'Institut a été fondé, le professeur Alfieri a établi et rédigé d'une façon claire, les principes sur lesquels reposerait le nouvel organisme. Nous croyons intéressant de les reproduire ici :

1° Les services doivent être rendus gratuitement, sauf dans les cas d'offrandes de la part des intéressés ;

2° La plus grande garantie de secret doit être assurée aux intéressés au point d'autoriser le consultant à taire son nom en le remplaçant par une marque ou un signe distinctif ;

3° La déclaration préliminaire du consultant d'être disposé à se soumettre à toutes les enquêtes nécessaires pour la vérification de son état de santé, y compris éventuellement l'autorisation de prendre des informations auprès de son propre médecin, doit être requise ;

4° En général, sans négliger les informations nécessaires à demander à ces médecins, le jugement devra spécialement se déduire des vérifications diagnostiques directes (cliniques, radiologiques, endoscopiques, sérologiques, bactériologiques, etc.), lesquelles doivent s'effectuer en tous cas par les médecins attachés à l'Institut et concerner spécialement les maladies vénériennes, la tuberculose et leurs conséquences ;

5° Un corps de médecins consultants, de compétence reconnue, aidera les médecins de l'Institut dans les cas spéciaux de maladie qui moins fréquemment peuvent exercer une action funeste sur la vie conjugale ou éventuellement influencer héréditairement la descendance, comme par exemple : les maladies mentales ou nerveuses, les maladies ou défauts des divers organes des sens, les maladies du cœur ou des vaisseaux, les affections gynécologiques, etc. ;

6° Le jugement sur l'état de santé de l'intéressé, en ce qui concerne spécialement son aptitude au mariage, sera donné par écrit chaque fois qu'il consentira à déclarer ses particularités, toujours sous le sceau du secret. Dans le cas où il voudra garder l'anonymat, la décision lui sera communiquée verbalement après avoir été inscrite dans le registre à ce destiné avec le signe particulier de reconnaissance convenu dans le cours des enquêtes.

La « Sezione Sociale de la Lega d'Igiene e Profilassi Mentale » s'est préoccupée également, sur la proposition du professeur De Santis, de la visite prématrimoniale et récemment, a envoyé un modèle de circulaire au médecin-directeur des cliniques publiques et privées afin de répandre quelques principes hygiéniques prophylactiques parmi les fiancés [1].

Au début de l'année 1927, la Difesa Sociale a ouvert une enquête afin de connaître l'avis des hommes de science italiens sur la question du certificat prénuptial. Les plus hautes autorités du monde médical et juridique répondirent au questionnaire [2].

C'est ainsi que le D^r De Sanctis de l'Université de Rome admet la visite des fiancés au médecin, suivie de la délivrance d'un certificat, mais est opposé à l'obligation légale du certificat médical prématrimonial duquel dépendrait la permission de contracter mariage.

Le professeur Mingazzini de l'Université de Rome reconnaît la nécessité de l'examen prénuptial, mais seulement dans les cas d'épilepsie.

L'avis du professeur Archangelo Ilvento est plus favorable à l'institution. Il préconise la déclaration sous serment du fiancé accompagnée d'un certificat du médecin de famille et la prohibition temporaire du mariage par le bureau de l'état civil ; le motif

---

[1] *Difesa Sociale*, mars 1927.

[2] Voir la *Difesa Sociale*, février, mars, avril 1927.

ne serait pas communiqué à la famille de la fiancée et serait couvert par le secret professionnel.

Le professeur Nicola Pende, de l'Université de Gênes, est opposé à l'obligation légale mais propose l'établissement, dans chaque localité, de consultations médicales prématrimoniales et le droit pour le conjoint lésé de demander l'annulation du mariage quand il s'estime trompé par l'autre partie affectée de graves maladies non signalées et préexistantes au mariage.

Les consultations prématrimoniales hygiéniques reconnues par l'Etat sont également préconisées par le professeur Arturo Donaggio de l'Université de Modène. Les intéressés s'y adresseraient librement. Les examens ne porteraient que sur les points qui sont le plus sûrement vérifiables ce qui, certainement, restreindraient leurs fonctions. En second lieu, il conviendrait que moyennant une propagande bien organisée, la presse quotidienne appelât sur ces bureaux l'attention du pays afin de répandre une saine préoccupation des conséquences des mariages ne répondant pas aux exigences sanitaires et afin aussi d'éduquer le public sur sa responsabilité raciale.

Ont encore donné leur avis, les professeurs C. Gini, Oddo Casagrandi, E. Pestalozza, Enrico Ferri, Giuseppe Montesano, E. Maragliano, etc.

§ 2. — LES MESURES D'HYGIENE SOCIALE.

Le mouvement d'hygiène sociale s'est considérablement étendu en Italie, grâce aux soins du gouvernement de Mussolini.

Une grande campagne de propagande et d'action est menée par l'Instituto Italiano d'Igiene Previdenza ed Assistenza sociale dont nous avons parlé plus haut et qui se porte spécialement vers l'amélioration de la race.

Nous allons examiner, dans ses grandes lignes, le mouvement de la protection de l'enfance et de la maternité, de la lutte contre l'alcoolisme et de la lutte contre les maladies mentales en Italie.

A. — PROTECTION DE L'ENFANCE ET DE LA MATERNITE.

Par la loi du 10 décembre 1925 a été instituée à Rome l'*Œuvre Nationale pour la Protection de la Maternité et de l'Enfance,* laquelle pourvoit, soit directement, soit par l'intermédiaire de ses organes provinciaux et communaux, à la protection et à l'assistance des mères enceintes, indigentes ou abandonnées, des enfants à la mamelle et sevrés jusqu'à la 5e année, appartenant à des familles indigentes, des enfants physiquement et psychiquement anormaux et des mineurs matériellement ou moralement abandonnés, délinquants, ou se trouvant en péril moral, jusqu'à l'âge de 18 ans accomplis ; elle favorise la diffusion des normes et des méthodes scientifiques d'hygiène prénatale et infantile, notamment par l'institution de cours itinérants, d'écoles de puériculture et de cours populaires d'hygiène maternelle et infantile ; elle organise l'œuvre de prophylaxie antituberculeuse de l'enfance et la lutte contre les maladies infantiles ; elle veille à l'application des dispositions législatives et réglementaires en vigueur pour la protection de la maternité et de l'enfance ; elle provoque la réforme de ces dispositions en vue de l'amélioration physique et morale des enfants et des adolescents.

Elle est autorisée à fonder des institutions d'assistance maternelle, caisses de maternité, etc. ; à subsidier les institutions dont les ressources patrimoniales seraient insuffisantes ; à coopérer avec les institutions publiques et privées pour l'assistance à la maternité et à l'enfance, et à en diriger les activités selon les besoins locaux.

Il y a en Italie, plusieurs institutions importantes pour l'enseignement de la maternité, et des centres pour la protection des futures mères sont répandus partout. On compte dans le pays plus de 33,000 fondations charitables dont beaucoup ont pour but, en tout ou en partie, la protection de l'enfance. La plupart de ces institutions sont organisées par les catholiques.

Depuis la grande guerre, la duchesse d'Aoste a fondé un grand nombre d'asiles pour enfants, à Bressanone, à Salerne, à Brennero, à Carporetto et ailleurs.

Des efforts particuliers ont récemment été faits par le département de l'Education dans le but de développer l'hygiène parmi les enfants des écoles. Ceux-ci sont soumis aux examens médicaux et des dispositions sont prises pour qu'ils soient instruits sur la physiologie générale, l'importance des sports et des exercices physiques, le danger de l'alcoolisme et de la tuberculose.

La Croix-Rouge de la jeunesse qui compte 1 million de membres est, en Italie, plus développée que dans n'importe quel autre pays. D'après un décret du 23 juin 1922, toutes les questions relatives à la protection et à l'assistance des enfants ont été placées sous la juridiction d'une organisation centrale pour la protection de l'enfance et de la maternité, laquelle fonctionne sous les auspices du Gouvernement. Cette organisation comprend dans ses attributions, la protection et l'aide aux mères durant la grossesse et les couches ainsi qu'aux mères nourrices, la protection physique et morale des enfants matériellement et moralement abandonnés, celle des enfants anormaux, vicieux et délinquants.

Des œuvres charitables pour l'enfance sont également entreprises par les « Opere Pie » et autres institutions similaires ainsi que par des organismes plus modernes tels que l'Istituto per la Protezione e l'Assistenza degli Orfani di Guerra et les Patronati » qui existent dans la plupart des grandes villes en vue de la protection de l'enfance. Ces derniers prennent soin également des enfants délinquants.

Les « asili » ou pouponnières de jour qui ressortissent de l'initiative privée, pour enfants de 2 à 6 ans, sont largement répandus dans toute l'Italie et, dans les provinces du Nord, il n'y a probablement pas une commune qui n'en possède. Les mères y laissent leurs enfants pour y être soignés, nourris et instruits pendant qu'elles sont au travail. Dans quelques cas, la fréquentation des « asili » est gratuite, tandis que dans d'autres, une certaine redevance est requise.

Les principales lois qui, en Italie, ont trait à la protection de l'enfance et de la maternité sont :

La loi défendant l'emploi des mineurs dans les professions itinérantes, 1873 ;

La loi relative au travail des femmes et des enfants, 1907 ;

La loi relative à l'institution d'une caisse maternelle, 1910 ;

Décret concernant l'émigration des mineurs, 1911 ;

Loi combattant l'alcoolisme, 1913 ;

Décret modifiant la loi sur la caisse maternelle, 1917 ;

Loi sur l'émigration et la tutelle légale des enfants, 1919 ;

Décret relatif à la protection et à l'assistance des enfants, 1922 ;

Décret concernant la création d'une caisse maternelle d'Etat, 1923 ;

Loi convertissant les décrets de la caisse maternelie en une loi, 1923 ;

Décret relatif à l'organisation d'écoles privées et publiques pour l'enseignement industriel, 1923 ;

Loi défendant l'emploi des femmes et des jeunes personnes la nuit dans certains commerces, 1923.

Les principales institutions ayant pour but en tout ou en partie, la protection de l'enfance, en Italie, sont :

Asilo Corradini, Firenze ;

Associazione Pediatrica Piemontese, Torino ;

Associazione per la Donna, Roma ;

Associazione Scontistica Cattolica Italiana, 70, via della Scrota, Roma II ;

Cassa di Assistenza per la Maternità, Firenze ;

Crose Rossa Italiana, 12, Via Toscana, Roma ;

Federazione Romana fra gli Istituti di Assistenza al Minorenni, 26, Piazza San Stefano del Cacco, Roma ;

Infanzia Sofferente, Firenze ;

Istituto Evangelico Femminile, Firenze ;

Refettorio Materno, Firenze ;

Refugio, Firenze ;

Senola Magistrale Ortofrencia, Roma ;

Società della Donne di Carità, Firenze ;

Società Italiana di Pediatria, Roma ;

Unione Italiana di Assistenza all'Infanzia, 12, via Toscana, Roma ;

Unione Nazionale delle Giovinette Volontarie Italiana, Roma.

B. — LUTTE CONTRE L'ALCOOLISME.

La lutte contre l'alcoolisme en Italie est menée par les organismes suivants (1) :

1. Comitato Centrale italiano contro l'alcoolismo ;
2. Segretariato Nazionale Italiano contro l'alcoolismo ;
3. Comitato di propaganda provinciale contro l'alcoolismo, Udine ;
4. Lega contro l'alcoolismo di Vicenza « Antonio Fogazzaro » ;
5. Lega contro l'alcoolismo di Como ;
6. I. O. G. T. Ordine internazionale dei Buoni Templari ;
7. Bianco Nastro ;
8. Commissionne per la Lotta Antialcoolica presso la Lega d'Igiene Sociale della Ligura ;
9. Associazione Padovana contro la tuberculosi ;
10. Istituto italiano di igiene e previdenza sociale ;
11. U. O. E. I. Unione operaia escursionisti italiano ;
12. Associazione italiana per l'Igiene ;
13. Gruppo di Verona della Lega antialcoolica italiana ;
14. Gruppo di Venezia della lega antialcoolica italiana ;
15. Gruppo di Noto della Lega Antialcoolica Italiana ;
16. Gruppo di Firenze della Lega Antialcoolica Italiana ;
17. Gruppo di Padova della Lega Antialcoolica Italiana ;
18. Gruppo di Penne (Teramo) della Lega Antialcoolica Italiana ;
19. Gruppo di Mariano Comense della Lega Antialcoolica.

---

(1) Une loi contre le commerce illicite des stupéfiants a été mise en vigueur en décembre 1923.

1°Elle vise les catégories des personnes responsables, en leur appliquant des peines de plus en plus graves, à mesure que leur responsabilité apparaît plus élevée.

2° Les peines sont variées : réclusion, amende, confiscation, suspension de l'exercice, publication de la condamnation dans un journal choisi parmi les plus répandus.

3° Les peines sont aggravées en cas de récidive et plus encore, en cas de vente à des mineurs. (D' Potet. *L'Hygiène mentale*, p. 495.)

C. — LUTTE CONTRE LES MALADIES MENTALES.

A l'Institut d'Hygiène, de Prévoyance et d'Assistance mentale, l'hygiène mentale occupe depuis plusieurs années, une part importante. Il existe dans cet institut des laboratoires d'orientation professionnelle et une école de service social. Tomasini, Torizzi, ont cherché à modifier, dans leur pays, l'assistance aux psychopathes suivant les données récentes (hôpitaux psychiatriques avec service libre), tout en faisant les réserves sur ces systèmes, que Tomasini regarde comme pouvant être dangereux au point de vue médico-légal ; F. Kiesow a fait au Congrès de Psychologie de Florence une communication sur « la psychologie individuelle et la psychologie des peuples » ; De Santis et Corberi y ont parlé sur la « courbe du travail intellectuel » ; Pesce-Maineri a montré le danger du cinématographe pour l'état psychique des prédisposés.

Signalons les travaux de Rossolimo sur les « profils psychologiques » (1911) et sur les « élèves insuffisants » (1914) ; de Iacono, sur « La Mémoire » (1914) ; de Gemelli, sur les « aviateurs » (1918) ; Masciotra a étudié les « faibles d'esprit » (1918). En 1919, a paru le manuel de Tamburini, Ferrari et Antonini sur « l'assistance des aliénés en Italie et dans les diverses nations » ; Modena, Mondio, Flamberti, Sano, Bravetta et Inversini ont étudié des questions diverses (1922-1924) ; Giovani, Viola, Pende, del Creco, « la constitution en psychiatrie clinique » (1924) ; enfin, sont à citer les travaux du Congrès de Psychologie de Naples 1922 (de Sarlo, Benusi, Kiesow, Ferrari, Corberi, etc.).

La Ligue italienne d'Hygiène mentale, née à Bologne en 1924, a pour président et membres principaux : Bianchi, Morselli, Medea, Pellacani, etc. ; son organe périodique est *La voix sanitaire* devenue récemment *L'hygiène mentale* ; elle a des sections lombarde, ligure, émilienne, toscane, abruzzienne, etc., et est rattachée à l'Institut italien d'hygiène, de prévoyance et d'assistance sociale.

Des cliniques, des dispensaires, des services ouverts pour psychopathes ont été, peu à peu, fondés en Italie.

D. — LUTTE CONTRE LA TUBERCULOSE.

Les dispensaires anti-tuberculeux constituent en Italie un des moyens de lutte les plus efficaces contre la tuberculose. Le nombre a passé, de 28 avant la guerre, à 110 en 1922 et 168 en 1924.

Leur principal objet est de dépister les cas de tuberculose, de donner aide matérielle et morale aux malades et à leur famille et de coopérer avec les institutions philanthropiques privées ou publiques et les œuvres de propagande antituberculeuse.

Les hôpitaux et les sanatoria sont également un moyen de lutte très efficace, particulièrement pour les classes pauvres, chez lesquelles la seule mesure prophylactique véritablement efficace consiste à enlever le malade à son foyer généralement étroit et surpeuplé.

L'Italie dispose actuellement de 8000 lits pour tuberculeux, dont 1400 dans les 12 sanatoria populaires suivants :

Biraghi di Vische (Turin) ;

Groppino (Bergame) ;

Cuasso al Monte (Côme) ;

Presomaso (Sondrio) ;

Organo (Milan) ;

Ponton (Verone) ;

Arco (Trente) ;

Ancarano (Trieste) ;

Buorio (Bologne) ;

Umberto I (Livourne) ;

Cesare Bittisti (Rome) ;

Cervello (Palerme).

Depuis le mois de juillet 1917, 9,665,600 lires de subventions ont été distribuées pour la construction et l'aménagement d'hôpitaux et de sanatoriums pour le traitement de la tuberculose.

Il existe 18 « ospizi permanenti » établissements pour le traitement d'enfants rachitiques ou atteints de tuberculose de forme chirurgicale. Ces établissements disposent ensemble d'environ 3900 lits.

Aux dispensaires anti-tuberculeux sont attachés des sanatoria de jour pour l'héliothérapie.

Des écoles de plein air pour les enfants d'âge scolaire et des écoles pour enfants atteints de tuberculose cutannée ont été créées, bien qu'en nombre encore insuffisant, dans la plupart des grandes villes.

On organise également dans les villes des préventoriums, destinés à protéger les enfants de la 1re et de la 2de enfance en les séparant des membres tuberculeux de leur famille (1).

Par la loi du 23 juin 1927 a été institué dans chaque chef lieu de province le Consortium provincial antituberculeux afin de provoquer et de favoriser l'institution des œuvres nécessaires pour la lutte contre la tuberculose, de coordonner et de discipliner le fonctionnement de toutes les œuvres existant à cette fin dans la province, de veiller à la protection et à l'assistance sanitaire et sociale des tuberculeux, de compléter par ses propres moyens l'action des institutions antituberculeuses.

En outre, par la loi du 27 octobre 1927, a été rendue obligatoire l'assurance contre la tuberculose, pour toutes les personnes des deux sexes qui sont assurées contre l'invalidité et la vieillesse. L'assurance a pour but de fournir aux assurés et aux membres de leur famille le séjour dans des lieux spéciaux de cure, du type sanatorium, hôpital-sanatorium, et post-sanatorium, ainsi que dans les institutions hospitalières légalement reconnues, qui ont des locaux à même de garantir l'isolement convenable.

E. — LUTTE CONTRE LE PERIL VENERIEN.

L'œuvre de réorganisation des services de prophylaxie antivénérienne a été amorcée par le décret royal du 25 mars 1923. Le nombre des dispensaires s'élève à 187 et celui des salles de consultation à 164. L'Administration a commencé à établir la statistique du mouvement des malades en 1924 dans les dispensaires et les salles de consultations et on crée constamment des nouveaux centres pour la lutte contre les maladies sexuelles. Des postes d'inspecteurs syphilographes ont été créés et on songe à intensifier cette surveillance sanitaire en nommant de nouveaux inspec-

---

(1) Extrait de l'*Annuaire sanitaire international* 1925. Société des Nations, p. 334 et suivantes.

teurs dans les provinces où le besoin s'en fait sentir. On a commencé la création de dispensaires pour le traitement gratuit des ouvriers et des gens de mer de toutes nationalités dans les principaux ports de mer (1).

§ 3. — L'EDUCATION EUGENIQUE ET L'EDUCATION SEXUELLE.

L'éducation eugénique proprement dite fait l'objet des études des eugénistes en Italie.

Lors de la 2ᵉ réunion nationale de la Société italienne pour l'Etude des Questions sexuelles (Naples 1924), la motion suivante présentée par M. Leonardo Bianchi et par le Prof. Ettore Levi, a été approuvée :

« Le Congrès, sur le rapport du Prof. Scuri affirme que l'édu-
» cation morale et biologique doit constituer le fondement de
» toute méthode éducative dans toute espèce d'école, et signale
» la nécessité de compléter cette éducation par l'éducation
» sexuelle, celle-ci devant être donnée à l'école, surtout à l'âge de
» la puberté. Ces vœux impliquent, pour le personnel enseignant,
» la préparation correspondante. » (2)

La question de l'éducation sexuelle est étudiée en Italie, comme nous l'avons vu plus haut, par la Société italienne pour l'étude des questions sexuelles. Elle l'est également des points de vue hygiénique, psychologique, social, économique, juridique, moral, pédagogique, par l'association romaine qui travaille sous la présidence de Mingazzini (3).

La Croix-Rouge italienne a créé, depuis 1922, les cours spéciaux du dimanche pour les ouvriers et les cours pour les professeurs des écoles (gymnase et lycée, école technique). Ceux-ci à leur tour, vont enseigner aux élèves de 16 à 18 ans la nécessité de la lutte anti-vénérienne.

---

(1) *Annuaire sanitaire international* 1925. Société des Nations, p. 336.

(2) *Difesa Sociale*, mai 1924, p. 120.

(3) Dʳ Potet. *Eygiène mentale*, p. 312.

§ 4. — **LA REEDUCATION DES ANORMAUX.**

Le système en vigueur en Italie est celui de Mme Montessori. Il fut d'abord expérimenté sur des anormaux et, suivant les résultats obtenus, appliqué aux enfants normaux.

Il y a dans ce pays, de nombreuses « maisons d'enfants (case dei bambini) » parfois fondées par les municipalités, où sont employées les méthodes Montessori. La liberté en est le premier principe : on y laisse l'enfant agir à sa guise en ne l'empêchant que de mal faire ; mais on ne l'astreint à aucune discipline conventionnelle, à aucune étude théorique ; tout, dans l'éducation de l'enfant, y est du domaine pratique (1).

L'école de Milan pour enfants anormaux est remarquable ; elle est la première de cette espèce qui ait été établie en Italie.

Le problème de l'éducation des anormaux a fait l'objet des études de savants italiens de valeur.

Citons, parmi ces études : à Rome, celles du professeur Sancte de Santis, directeur de l'Institut de Psychologie expérimentale de l'Université, lequel a fondé récemment un Institut de consultations médico-pédagogiques pour mineurs anti-sociaux ; du professeur Giuseppe Montessano, directeur de l'Ecole ortho-phrénique de Rome ; à Milan, celles des professeurs E. Medea et Ferreri qui dirigeaient le journal *L'Enfance anormale*, aujourd'hui supprimé ; à Gênes, celles du docteur Giuseppe Vidoni.

Le Gouvernement de Rome, pour donner une solution définitive au problème des enfants qualifiés en général d'anormaux, a institué (1926) des classes différencielles, asile-écoles et instituts médicaux-pédagogiques destinés à recueillir et à éduquer les enfants que l'examen médical démontre anormaux ou pas complètement normaux.

APPENDICE.

Il nous a semblé intéressant de signaler ici le mouvement qui existe actuellement en Italie en faveur du développement de la population.

---

(1) Dr Potet, op. cit., p. 459.

Des mesures sont prises qui ont pour but de :

1° Réprimer toute propagande malthusienne ;

2° Frapper de certaines charges ceux qui n'apportent à la société aucun concours dans le domaine envisagé ;

3° Limiter l'émigration.

Sur la proposition du ministre de l'intérieur, M. Federzoni, une commission gouvernementale a été nommée à Rome, en vue de s'occuper des moyens de combattre le néo-malthusianisme. Cette commission est présidée par le sénateur Pestalozza, célèbre clinicien ; en font également partie : le directeur général de la Sûreté, M. Crispo Mondada ainsi que de nombreuses personnalités officielles.

A la fin de 1926, une loi contre la propagande anticonceptionnelle fut promulguée.

Cette loi déclare, entre autres mesures, que la distribution et la publication de journaux ou de copies manuscrites ayant pour but d'enseigner les pratiques anticonceptionnelles constituent des infractions pénales. Il est également défendu aux journaux et aux périodiques de publier des annonces relatives à ces méthodes.

L'article 113 établit encore que, au regard de la loi, tout écrit, journal, gravure, lithographie, figure, dessin, inscription, objets en plâtre ou autres, divulguant les pratiques contraceptives ou abortives ou fournissant des indications aboutissant aux mêmes résultats soit directement, soit indirectement, sous des prétextes médicaux, sont considérés comme portant atteinte aux bonnes mœurs.

Un impôt sur les célibataires a été établi en Italie. Il les frappe à partir de 25 ans. La taxe s'élève à 25 lires par an pour les hommes de 25 à 35 ans, à 35 lires pour ceux de 35 à 50 ans et à 25 lires pour ceux de 50 à 65 ans.

On estime que 1,700,000 célibataires seront touchés par la loi. Les bénéfices de cette nouvelle institution seront alloués à la Maternité nationale et à l'Institut pour la protection de l'enfance.

On escompte, dans un avenir éloigné, étendre ces impôts aux mariages stériles.

JAPON

Il existe au Japon un mouvement eugénique à côté duquel est venu se greffer une forte propagande en faveur de la limitation des naissances.

Un des grands fléaux dont est menacé le Japon à l'heure actuelle est, sans contredit, la surpopulation. L'accroissement de la population japonaise a été en l'année 1925 de 875,385 habitants, ce qui constitue un surplus de 125,000 habitants sur l'augmentation annuelle ordinaire qui est évaluée à 750,000.

Le nombre de naissances enregistrées pendant la même année s'est élevé à 2,086,091 parmi lesquelles il y avait 1,060,827 garçons et 1,025,264 filles.

Les mariages ont atteint le nombre de 521,438, soit une augmentation de 8,308 sur l'année 1924.

Si l'on examine les chiffres fournis par les dépendances japonaises de Corée, Formose, Saghalin, South Seas Islands, Kwantung Province, on constatera qu'ils ne sont pas moins significatifs. Les statistiques accusent pour ces contrées 525,181 mariages et 2,127,437 naissances, pour l'année 1925.

Pour se rendre compte de l'accroissement total de la population réalisé depuis 1920, il suffira d'examiner les statistiques suivantes :

	Octobre 1925	Octobre 1920	Accroissement
Japon	59,736,704	55,963,053	3,773,651
Corée	19,519,927	17,264,119	2,255,808
Formose	3,994,236	3,655,308	338,928
Saghalin	203,504	105,899	97,603
Total	83,454,371	78,988,379	6,465,990(1)

---

(1) *Eugenics Review*, janv. 1927, p. 338.

Les dirigeants japonais s'inquiètent de la situation démographique alarmante de leur pays. Le comte Michimasa Soyejima, ancien membre du Parlement, déclarait que si le Birth-Control n'était pas appliqué, la seule issue qui resterait à cet état de choses serait la guerre d'ici dix ans. En effet, disait-il, les ressources de l'île seront bientôt insuffisantes pour nourrir et habiller un peuple qui s'accroît dans de telles proportions. Cette mesure, ajoutait-il, est d'autant plus urgente que l'émigration est fermée aux japonais (1). Le chômage, de ce fait, devient un péril menaçant pour les classes ouvrières ; le recensement de 1926 accuse pour Tokio un chiffre de 40,000 chômeurs.

De son côté, le Dr Kato, qui se trouve à la tête du Département des affaires médicales, ne craint pas de déclarer que son Gouvernement est convaincu que le Birth-Control doit être établi immédiatement, si la génération qui va suivre veut éviter une guerre agressive (2).

Le mouvement eugénique est mené au Japon par la « Société Eugénique du Japon », Morigu, Korven, Hyago. Elle a pour but de répandre les idées eugéniques parmi le public japonais.

Le président de la Société est R. Goto.

Une revue mensuelle, qui comprend une partie anglaise, intitulée *Eugenics*, est publiée par la Société.

Il a été fondé, à l'Université impériale de Kyoto, un département de génétique et d'eugénique dirigé par Seigo Funaoka (3).

Le Prof. B. Miyazawa s'est signalé au Japon par ses travaux relatifs à l'hérédité mendelienne.

*
* *

Comme nous l'avons vu plus haut, il existe au Japon un mouvement assez accentué en faveur du Birth-Control.

Celui-ci date de la campagne qu'a entreprise dans ce pays Mrs. Marg. Sanger, en 1922.

---

(1) *Birth-Control Review*, février 1926, p. 68.

(2) *The Malthusian*, 15 mai 1920.

(3) *Eugenical News*, août 1925.

Des journaux et des revues publièrent dès cette époque des articles sur le contrôle des naissances écrits par des pédagogues, des représentants du monde politique et du monde religieux. Bientôt toute l'opinion au Japon s'intéressa à ce nouveau problème et le nom de Mrs. Sanger devint plus connu que celui de n'importe quelle autre femme américaine ou anglaise. Ses livres furent traduits en japonais, et, quelque temps après, un périodique, organe du mouvement, fut fondé à Kyoto par le professeur Senji Yamamoto, de l'Université Doshisha.

Deux journaux très puissants, le Asahi et le Hocki, réservent une large place dans leurs colonnes au problème de la population et du Birth-Control.

Les principaux protagonistes de la cause sont : le Dr T. Kaji, le Dr Ogawa, le Prof. Senji Yamamoto, la baronne Ishimoto. Cette dernière a fondé une ligue : la « Ligue japonaise du Birth-Control ».

Cette Ligue mène une propagande intense dans toutes les classes de la population. Des circulaires sont envoyées dans tout le pays, des conférences organisées dans les principales villes telles que Tokyo, Nagoya, Kyoto, Kobe, etc., ainsi qu'en Corée.

L'Université de Kyoto manifeste un intérêt tout spécial à l'étude du contrôle des naissances. De nombreuses associations en faveur de la libération de la femme soutiennent également le mouvement. Le Gouvernement lui-même, qui au début montrait de l'hostilité envers les nouvelles doctrines, commence à reconnaître la nécessité qu'il y a pour le Japon à les admettre. Il a envoyé aux Etats-Unis des délégués japonais chargés d'étudier sur place l'organisation du contrôle des naissances sous la direction de Mrs. Sanger.

Il est à remarquer que l'avènement de l'enseignement du Birth-Control au Japon est considéré par les malthusiens anglais comme une des plus grandes garanties de la paix du monde, car l'exemple du Japon sera suivi par les autres nations asiatiques (1).

---

(1) *The New Generation*, janvier 1927, p. 11.

LES CLINIQUES DU BIRTH-CONTROL.

Des centres d'information des méthodes de la limitation des naissances ont été établis à Tokio, Osaka et dans d'autres villes.

Le Dr T. Kaji, qui possède un hôpital dans le quartier des affaires à Tokio, donne à tous ceux qui le désirent des avis sur les moyens anticonceptionnels.

La Fédération japonaise du Travail, qui comprend plus de trente mille membres, considérant la nécessité de propager ces connaissances parmi les ouvriers, a ouvert un « Bureau de Consultation » dans les trois grandes villes de Tokio, Osaka et Kobe.

On a constaté qu'au centre d'Osaka 60 % des visiteurs qui venaient s'instruire étaient des sans-travail.

Le Dr W. T. Ogawa a fondé également un Bureau de consultation dans sa propre maison à Tokio. Il est aidé par une sage-femme, une infirmière et un pharmacien ; des journaux féminins très influents font connaître à toutes les femmes l'existence de ce centre.

En février 1926, mille mères étaient déjà venues le consulter. 70 à 160 demandes parviennent chaque jour au Bureau. Environ 30 % des femmes qui le visitent se sont fait enrôler comme membre et payent une cotisation. Une brochure expliquant les différentes méthodes du Birth-Control est distribuée seulement aux femmes qui payent une redevance.

LE BIRTH-CONTROL ET LA LOI.

Bien qu'il soit permis de parler et de discuter du Birth-Control du point de vue scientifique, la loi défend toute propagande anti-conceptionnelle auprès du public.

La loi sur les publications exige qu'aucun livre ni aucune brochure ne soit lancée sans qu'elle ait été soumise préalablement à l'approbation des autorités.

Contrairement à la loi américaine, on est autorisé à envoyer par la poste des brochures éducatives. Mais, préconiser l'application pratique du Birth-Control dans des meetings publics est considéré par le Gouvernement comme attentatoire à la décence.

En mai 1927, des brochures publiées par le Gouvernement de Tokio faisaient savoir que, étant donné l'accroissement considérable de la population japonaise, le Birth-Control allait être officiellement préconisé et que des instructions seraient données (1).

(1) *Birth-Control Review*, July 1927, p. 211.

LUXEMBOURG

CHAPITRE PREMIER.

Généralités.

Il s'est fondé dans le Grand-Duché de Luxembourg une Commision d'Eugénique qui travaille surtout à l'amélioration des conditions du mariage relatives à la santé de la race.

Elle se propose, en attendant que la loi Blum sur le certificat médical prénuptial soit votée, de faire distribuer par les grandes communes du pays des avis aux fiancés dans lesquels il leur est recommandé de prendre le conseil d'un médecin avant de se marier.

Le président de la Commission d'eugénique luxembourgeoise est M. Salentiny, juge au Tribunal civil de Luxembourg.

De leur côté la Commission gouvernementale pour la lutte anti-vénérienne et le Comité de la Société d'Hygiène sociale ont proposé aux autorités compétentes de faire distribuer, dans les secrétariats des communes, à toutes les personnes qui y passent pour faire leur déclaration d'arrivée ou de départ, ainsi qu'aux membres des caisses-maladies qui sont au total de 70,000 (le 1/4 de la population) des feuilles illustrées, où leur attention est attirée sur le danger des maladies vénériennes. Des crédits sont alloués en vue de la réalisation de ce vaste projet qui, s'il réussit, sera suivi d'autres mesures de portée plus directement eugénique.

CHAPITRE II.

Différents moyens eugéniques préconisés.

Les mesures eugéniques auxquelles nous nous arrêterons plus particulièrement sont :

1. — La réglementation du mariage ;
2. — Les mesures d'hygiène sociale.

§ 1. — LA REGLEMENTATION DU MARIAGE.

Nous examinerons la réglementation du mariage au Luxembourg aux points de vue suivants :

A. — L'Age du mariage ;
B. — La consanguinité ;
C. — Le certificat médical prématrimonial ;
D. — La dissolution du mariage ;

A. — L'AGE DU MARIAGE.

La matière du mariage est régie par le code Napoléon de 1804, modifié par des lois subséquentes, dont la principale est celle du 12 juin 1898.

L'homme avant dix-huit ans révolus, la femme avant quinze ans révolus ne peuvent contracter mariage (art. 144).

Néanmoins, il est loisible au Grand Duc d'accorder des dispenses pour motifs graves (art. 145).

B. — LA CONSANGUINITE.

Le mariage entre consanguins est interdit.

C. — LE CERTIFICAT MEDICAL PREMATRIMONIAL.

Comme nous l'avons vu plus haut, une proposition de loi ayant pour but d'introduire le certificat médical prénuptial a été déposé le 20 janvier 1927, à la Chambre des députés par M. Blum, député, ancien président de la Chambre. Ce projet a été rédigé par M. Salentiny en collaboration avec M. Blum:

Etant donné le caractère particulier de cette législation, nous pensons qu'il est intéressant de reproduire l'extrait de l'exposé des motifs de ce projet.

EXPOSE DES MOTIFS (1)

« Comme les facteurs publics se rendent de jour en jour davantage compte de l'importance de toutes les questions se rattachant à la santé publique, en soutenant efficacement les œuvres ayant trait aux questions hygiéniques, le moment semble venu de se demander, s'il n'est pas opportun que la protection de l'Etat s'étende aux enfants qui vont naître, à tous les êtres humains qui ne sont pas encore conçus.

« L'Etat a le plus vif intérêt à s'opposer à la réunion de couples tarés, pour les empêcher de donner le jour à une descendance dégénérée qui lui tombera à charge un jour, soit qu'il faille l'hospitaliser dans ses maisons de santé ou dans ses prisons.

« Dans une question d'aussi haute importance, il n'y a plus de place pour la politique du laisser faire et il est du devoir des Pouvoirs publics de faire leur possible pour améliorer la race humaine.

« Comme l'une ou l'autre maladie est de nature à porter atteinte à la progéniture par la transmission de tares héréditaires ou de maladies contagieuses, l'examen médical avant le mariage prend une importance toute particulière.

« La Société a, en effet, le plus vif intérêt à savoir si les personnes qui se proposent de contracter mariage, ne sont atteintes d'aucun mal vénérien et ne souffrent, en général, d'aucune maladie infectieuse.

« On ne saurait toutefois méconnaître qu'il s'agit, en l'occurrence, d'une question fort délicate, où un système de trop de contrainte risquerait de ne pas atteindre le but visé; il s'agit, au contraire, d'agir avec circonspection, en prenant égard aux idées de liberté de notre époque et de notre population.

---

(1) N° 115. Chambre des Députés. Session ordinaire de 1926-1927. Proposition de loi ayant pour but d'introduire le certificat médical avant le mariage.

Dépôt (M. Blum) et renvoi aux sections pour l'autorisation de lecture, 20 janvier 1927. Lecture, prise en considération et renvoi au Conseil d'Etat, 21 janvier 1927.

« Le fait d'exiger des futurs époux la production d'un certificat médical, constatant qu'aucun d'eux ne porte de traces d'une maladie contagieuse, serait certes un moyen radical pour protéger les enfants contre les fautes de leurs auteurs et pour les préserver des suites terribles de ces contagions pernicieuses; il échet cependant de se demander si des dispositions légales aussi rigoureuses ne seraient pas vouées à un échec certain, à cause du caractère vexatoire d'une attestation pareille et si des mesures pareilles ne devraient pas avoir des conséquences directement prohibitives relativement à la conclusion des mariages, comme ne répondant pas aux idées d'indépendance de nos concitoyens (proposition française).

« Toutefois, comme on vise à faire contracter mariage avec moins de légèreté et avec un sens plus prononcé de responsabilité, l'Etat doit viser à des mesures appropriées pour atteindre ce but de la façon la plus discrète et la moins blessante possible.

« C'est dans cet ordre d'idées que l'Etat pourra exiger que les futurs conjoints passent chacun, avant la célébration de leur mariage, une visite médicale, sans qu'il soit nécessaire que ce certificat relate le genre éventuel de maladie dont souffre l'un ou l'autre d'eux; il suffit qu'ils aient été consulter un médecin en vue des conditions d'hygiène de leur union.

« Le médecin se fera un cas de conscience d'éclairer ceux d'entre eux qui se seraient trouvés malades; avec le tact et les ménagements nécessaires, il les éclairera sur les suites du mal dont ils sont atteints et sur les possibilités de guérison; c'est pour cet homme un devoir moral d'exposer aux futurs conjoints combien la santé est nécessaire au bonheur des familles.

« Une visite pareille sera de la plus grande utilité chez tous ceux qui ne sont pas manifestement de mauvaise foi et chez tous ceux qui s'imposeront en honnêtes gens, les devoirs exigés par la moralité publique.

« Ce projet a pour but de sauvegarder les droits de la Société, en tant qu'elle est intéressée à l'hygiène publique, tout en conciliant ces droits avec les idées de liberté de ses citoyens et il démontre combien ce certificat prénuptial est souhaitable. »

TEXTE

Aucun officier de l'état civil ne pourra procéder à la célébration du mariage, sans exiger la production d'un certificat médical, ne remontant pas à plus de trois jours et constatant la consultation des futurs époux.

L'officier de l'état civil qui aura contrevenu à cette disposition et les conjoints qui ne se seront pas conformés à cette prescription seront passibles des peines prévues par les articles 156 et 192 du Code civil.

D. — LE DIVORCE ET L'EUGENIQUE.

Le divorce peut être prononcé pour cause d'alcoolisme et de cruauté.

§ 2. — LES MESURES D'HYGIENE SOCIALE.

Un grand progrès a été réalisé dans le Luxembourg en matière d'hygiène sociale par la loi du 27 juin 1906, copiée presque complètement sur la loi française du 15 février 1902.

Elle oblige les municipalités à édicter des règlements sanitaires d'après deux modèles-types (villes et communes rurales) ; impose des règlements d'office aux municipalités récalcitrantes ; rend obligatoires la vaccination et la revaccination antivariolique ; oblige les étrangers qui se fixent dans le pays à se faire revacciner ; réglemente la protection de l'enfance, la désinfection, le transport des cadavres, la protection des sources, etc.

Un nouveau projet de loi prévoit une intervention plus directe de l'Etat. La lutte contre les maladies transmissibles étant d'ordre national, voire international, le Gouvernement se fera autoriser à prescrire les mesures générales de prophylaxie sanitaire et de salubrité des habitations. L'obligation imposée par la loi de 1906 aux municipalités continuera à subsister pour tout ce qui est d'intérêt purement local, et non repris et réservé par le nouveau projet.

La déclaration des principales maladies contagieuses est obligatoire pour le médecin traitant ; il reçoit pour chaque déclaration une prime de 1 fr. 50 ; l'ommission de la déclaration est punie d'une amende de 25 à 50 fr. Là loi du 3 février 1866 autorise des visites domiciliaires pour assurer l'exécution des mesures sanitaires en cas d'épidémie ; la loi du 12 août 1875 autorise le Gouvernement à interdire l'importation, l'exportation et le transit des marchandises dans l'intérêt de la santé publique. La loi du 25 mars 1885 permet l'établissement de cordons sanitaires, l'isolement des malades, la désinfection ou la destruction des objets suspects d'être contaminés, ainsi que la visite et la mise en observation des personnes venant des régions contaminées.

L'inspection des cadavres et la statistique des causes de décès sont comprises dans les projets de réforme de la loi sanitaire déjà mentionnée.

Le Grand-Duché a adhéré aux différentes conventions sanitaires et il adhère à l'Office International d'Hygiène publique à Paris. Des arrangements spéciaux ont été conclus avec les pays environnants pour la notification directe de cas de maladies transmissibles observés dans les régions frontières.

Hygiène scolaire. — L'inspection scolaire est facultative. Les grandes communes l'ont introduite. Un arrêté ministériel du 21 janvier 1919 a publié un règlement-type destiné à rendre l'inspection uniforme. Le nouveau projet la rendra obligatoire.

Les principaux organismes ayant inscrit l'hygiène sociale à leur programme sont :

La Société d'Hygiène sociale du Luxembourg.

La Société luxembourgeoise de la Croix-Rouge. Elle s'est formée en août 1914 et, après la guerre, s'est transformée en Croix-Rouge de la Paix. La personnification civile lui a été conférée par la loi du 16 août 1923. Elle a pour mission de réaliser dans le Grand-Duché, en temps de paix et en temps de guerre, les buts de la Convention de Genève, ainsi que ceux de la Ligue des Sociétés de la Croix-Rouge à Paris.

La Ligue luxembourgeoise contre la tuberculose. Elle fut fondée le 5 avril 1908 et reconnue d'utilité publique le 19 mars 1910. Elle a pour but de combattre la tuberculose par :

a) la création de dispensaires et de sanatoria ;

b) la création d'œuvres de préservation de l'enfance ;

c) l'attribution de secours en vue de guérison ou de prophylaxie ;

d) l'organisation de cours, de conférences et d'expositions pour vulgariser la connaissance de la tuberculose et les moyens propres à l'éviter et à la combattre ;

e) le dépistage et la surveillance des malades, avec leur consentement, afin d'éviter toute contagion directe ou indirecte.

Les Ligues contre le cancer, des colonies scolaires, de l'hygiène populaire et scolaire, etc., sont affiliées à la Société de la Croix-Rouge, dont elles font partie intégrante.

Les Œuvres de protection de l'enfance sont :

La Charité maternelle ;

La Crèche de Luxembourg ;

La Fédération nationale des Eclaireurs du Luxembourg, 7, rue Bourbon, Luxembourg ;

Le Foyer de l'Enfant ;

Les principales dispositions relatives à la protection de l'Enfance au Luxembourg sont :

Arrêté grand-ducal du 7 juillet 1907 ;

Loi du 6 décembre 1876 et les arrêtés des 26 août 1877 et 7 janvier 1891 ;

Loi scolaire du 10 août 1912.

En matière d'hygiène mentale, citons l'œuvre si intéressante réalisée par l'Institut Emile Metz. Cet Institut est organisé pour lutter contre le mécontentement, le désintérêt vital, la diminution ou le ravalement de la personnalité ; il cherche à améliorer le sort de l'ouvrier, tout particulièrement à relever son niveau intellectuel et physique ; à éveiller les intelligences latentes ; pour cela, il emploie trois principaux centres d'action :

1° L'école professionnelle ;

2° L'atelier d'apprentissage ;

3° Le laboratoire psychophysiologique, où sont d'abord enregistrées puis étudiées les capacités de travail de l'individu, en les faisant converger vers le maximum de bonheur individuel (1).

______

(1) D' Potet., *L'Hygiène mentale.* ,

MEXIQUE

CHAPITRE PREMIER.

Généralités.

L'attention est attirée de plus en plus au Mexique sur la question eugénique. Celle-ci a fait l'objet de nombreuses discussions dans tous les congrès et conférences relatifs à la protection de l'enfance. C'est ainsi qu'au II° Congrès mexicain de l'Enfance, tenu à Mexico en 1923, une section entière, présidée par le Dʳ Angel Brioso Vasconcellos, a été consacrée à l'eugénique. On y a étudié notamment :

1° La biologie de la génération des plantes et des animaux considérée comme source de connaissance de l'eugénique humaine ; les causes des défauts de l'embryon et de la mortalité prénatale ; la détermination du sexe ; l'origine et l'influence des caractères sexuels secondaires ;

2° Les facteurs qui exercent une influence sur la famille mexicaine et la manière de contrôler leur importance dans les diverses classes sociales du Mexique ; le contrôle social et·légal de la fécondité ;

3° Les caractères et l'adaptation biologique des métis issus de mexicains et d'autres races ;

4° L'importance et la valeur pratique de l'eugénique pour la Société et l'Etat. Son importance pour l'éducation, spécialement au point de vue des défauts congénitaux. L'influence de l'éducation de la femme mexicaine par rapport à l'eugénique et les moyens appropriés pour faire cette éducation.

La nécessité des concepts eugéniques pour l'interprétation de la morale et de l'histoire.

La manière d'éviter le mariage des personnes atteintes de maladies transmissibles.

L'examen du problème de l'hérédité familiale, normale et pathologique pour mieux connaître les dégénérescences et les maladies et ainsi les combattre ;

5° Les caractères physiologiques de l'enfant mexicain au point de vue de l'eugénique ;

6° L'influence de la femme comme facteur eugénique.

Il y a au Mexique une Société de Biologie à la tête de laquelle se trouve le Dr Antonio F. Alonso.

S'occupe également du problème eugénique le *Département d'Anthropologie* établi en 1917 par la République du Mexique sous la direction de Don Manuel Gamio. Ce département a entrepris en 1918 un important travail ayant pour but l'étude des différentes populations du Mexique et des moyens de les améliorer. A cette fin, on s'est appliqué à :

1° Etudier les caractéristiques de la race, de la culture matérielle et intellectuelle, des langues et des dialectes, de la situation économique, des conditions biologiques des différentes populations régionales du Mexique, passées et présentes ;

2° Rechercher les meilleurs moyens que les corps officiels (fédéraux, locaux et municipaux) aussi bien que les institutions privées (scientifiques, sociales, religieuses, etc.) devront employer en vue du développement intellectuel, moral et économique de ces populations ;

3° Travailler à l'unification des différents groupements : unification linguistique, unification économique, unification des cultures, afin de former une seule nationalité homogène et cohérente (1).

Parmi les promoteurs des idées eugéniques au Mexique, il faut citer le Dr Angel Brioso Vasconcellos ; le Dr Isidro Espinoza qui s'est préoccupé de la vie prénatale de l'enfant et de sa protection ;

---

(1) *Eugenics Review*, 1923, p. 330.

le Dr Antonio F. Alonso, connu pour ses travaux scientifiques sur la biologie. Une de ses études : *L'hérédité eugénique et l'avenir du Mexique,* a contribué à l'avancement de cette science dans la République. Il examine le problème du croisement des races, de l'amélioration de l'intelligence humaine, etc. Enfin, les Drs Ochoterana, Ramirez et Castaneda ont envisagé le problème de la stérilisation des criminels et des dégénérés. Cette question a donné lieu à des discussions très vives lors du Premier Congrès mexicain de l'Enfant en 1921. Elle a fait l'objet d'une résolution qui a été adoptée par une majorité de sept voix.

CHAPITRE II.

Différents moyens eugéniques préconisés.

Parmi les principaux moyens eugéniques préconisés au Mexique citons :

1. — Le certificat médical prématrimonial ;
2. — La limitation des naissances ;
3. — La réglementation de l'immigration.

§ 1. — LE CERTIFICAT MEDICAL PREMATRIMONIAL.

Les cas de contagion syphilitique et de tuberculose entre époux et les cas d'hérédité alcoolique étant devenus d'une fréquence extrême au Mexique, surtout depuis la dernière guerre, une loi a été introduite obligeant les futurs époux à présenter à l'état civil un certificat médical attestant leur état de santé et prouvant que la réaction de Wasserman a donné chez eux un résultat négatif. Sans cette condition réalisée, le mariage n'est pas autorisé. Les prêtres ou les officiers d'état civil qui auront célébré des mariages sans le dit certificat seront sévèrement punis.

La nouvelle loi du mariage du Yucatan prévoit l'enseignement des pratiques anticonceptionnelles dans les licences de mariage.

§ 2. — LA LIMITATION DES NAISSANCES.

La propagande en faveur du Birth-Control est très intense au Mexique. Elle est soutenue par le Gouvernement. La brochure de Marg. Sanger sur le Birth-Control dont la distribution est interdite aux Etats-Unis a été imprimée et publiée officiellement au Mexique.

Les Mexicains s'intéressent au Birth-Control tout d'abord parce que celui-ci permettra aux femmes de leur pays de conserver leur beauté et leur jeunesse en leur évitant les fatigues des accouchements répétés. Ce motif a été mis en valeur par le Gouverneur de Yucatan dans une réponse officielle à une attaque faite par les ennemis du Birth-Control. Le document a été publié dans une feuille gouvernementale.

Une autre raison invoquée par les partisans du Birth-Control est le taux élevé de la mortalité infantile au Mexique.

Les médecins mexicains travaillent en général en faveur du mouvement.

A Mérida, dans l'Etat de Yucatan, des cliniques de Birth-Control ont été ouvertes grâce aux efforts de l'American Birth-Control League et en particulier de Mrs. Kennedy. Deux femmes médecins y donnent toutes les informations sur le Birth-Control et procurent aux intéressés les produits anticonceptionnels. Les consultations se donnent gratuitement. La seule condition imposée est d'appartenir au parti travailliste. Notons que l'Etat de Yucatan est socialiste.

La Drug Clerks Union de Mexico City vend officiellement aux prix les plus bas les produits anticonceptionnels.

Dans l'œuvre de reconstruction que s'est assignée la nouvelle République, le Birth-Control est considéré comme un des moyens les plus importants (1).

§ 3. — LA REGLEMENTATION DE L'IMMIGRATION.

Les lois sur l'immigration au Mexique établissent, dans l'intérêt de la race, certaines conditions à l'entrée des immigrants. Ces conditions peuvent se grouper sous les chefs suivants (2) :

1. — Conditions de police et de moralité ;
2. — Conditions de race et de nationalité ;
3. — Conditions d'instruction ;
4. — Conditions de fortune ;
5. — Conditions physiques.

---

(1) **Roberto Haberman**. *The Labour problem in Mexico* dans *International Aspects of Birth-Control*, p. 115.

(2) Extrait de *La Réglementation des Migrations*. Bureau International du Travail.

1. — CONDITIONS DE POLICE ET DE MORALITE.

Est interdite l'entrée au Mexique :

a) de ceux qui tentent d'échapper à la justice ou qui n'ont pas accompli leur peine ainsi que de ceux qui sont poursuivis pour délits et qui, conformément aux lois mexicaines ou à celles du pays dans lequel le délit a eu lieu, sont passibles d'une peine corporelle de plus de deux ans. Les délits politiques sont exceptés ;

b) des prostituées, de ceux qui vivent à leurs dépens, de ceux qui les accompagnent, de ceux qui les exploitent ou qui favorisent la prostitution et de ceux qui ont une profession, un métier ou une manière de vivre malhonnête ;

c) des toxicomanes, des alcooliques chroniques, de ceux qui s'adonnent au trafic des stupéfiants ou le facilitent et, d'une manière générale, de ceux qui exercent une profession interdite au Mexique.

Sont exclus encore les individus qui appartiennent à des sociétés anarchistes ou qui propagent ou professent une doctrine approuvant la destruction violente des gouvernements ou l'assassinat des fonctionnaires publics.

Pour obtenir la carte individuelle d'identité délivrée par un consul du Mexique et nécessaire pour l'entrée dans le pays, le futur immigrant doit présenter à ce fonctionnaire des documents dûment légalisés prouvant sa moralité et rédigés de telle sorte qu'ils montrent, non seulement que la conduite de l'immigrant n'a fait l'objet d'aucune plainte, mais encore qu'elle est bonne. (Loi d'immigration du 12 mars 1926, art. 15 et 29 ; circulaire 97 du 19 septembre 1925 et art. 72 du Code sanitaire, 27 mai 1926.)

2. — CONDITIONS DE RACE ET DE NATIONALITE.

En vertu des pouvoirs qui lui sont confiés par l'article 65 de la loi des migrations, le ministre de l'Intérieur a suspendu à partir de septembre 1927 et jusqu'à la fin de 1929, l'admission des « travailleurs-immigrants » d'origine syrienne, libanaise, arménienne, palestinienne, arabe ou turque. Sont toutefois exceptées de l'application de cette prohibition les personnes de même origine dont le conjoint ou un parent, ascendant ou enfant, a antérieurement

immigré au Mexique de façon régulière, à condition que le parent
en question mène dans le pays une existence honorable et dispose
de ressources, ainsi que les personnes qui, à leur arrivée au
Mexique, possèdent un capital d'au moins 10,000 pesos. Les consuls mexicains à l'étranger doivent s'abstenir durant cette période
de viser des passeports ou de délivrer des cartes d'identité pour
les requérants qui tombent sous le coup de cette interdiction temporaire. (Arrêté du 8 juillet 1927.)

3. — CONDITIONS D'INSTRUCTION.

La loi du 12 mars 1926 interdit l'entrée du Mexique aux
ho.umes d'âge majeur qui ne savent ni lire ni écrire pour le moins
dans une langue et un dialecte. Toutefois, cette exclusion ne concerne pas les ascendants et les descendants au premier degré des
immigrants légalement admis, ni les étrangers résidant déjà dans
le pays.

4. — CONDITIONS DE FORTUNE.

La loi du 12 mars 1926 interdit l'entrée au Mexique des personnes capables de devenir une charge pour la société, et des travailleurs-immigrants qui ne produisent pas un contrat de travail
ou qui ne prouvent pas qu'ils possèdent des ressources pécuniaires suffisantes pour suffire à leurs besoins personnels et
familiaux pendant trois mois à partir de leur date d'entrée, indépendamment de la somme nécessaire à couvrir leurs frais de transport et d'entretien jusqu'à leur lieu de destination (art. 29, 8°).
Une taxe d'entrée est exigée.

5. — CONDITIONS PHˑSIQUES.

D'après la loi des migrations du 12 mars 1926 (art. 2), ne peuvent entrer les individus inaptes au travail, rachitiques ou
infirmes (manchots, boiteux, bossus, paralytiques, aveugles ou
estropiés de quelque autre façon). Toutefois, ces infirmes peuvent
être admis avec l'assentiment du Gouverneur fédéral s'il est
prouvé qu'ils ne constitueront pas une charge pour la société.

Le Code sanitaire promulgué le 27 mai 1926 interdit l'entrée
du territoire aux étrangers compris dans les catégories suivantes :

a) Les personnes atteintes de peste bubonique, choléra, fièvre jaune, méningites de toutes sortes, fièvre typhoïde, typhus exanthématique, érésypèle, rougeole, scarlatine, variole, diphtérie, polymiélite infantile ou paralysie infantile, paralysie spinale aiguë de l'adulte, poly-encéphalite aiguë ou sous-aiguë, ou toute autre maladie aiguë considérée comme transmissible ;

b) Les individus souffrant de la tuberculose, de la lèpre, du béribéri, du trachome, de la gale, d'encéphalite chronique de l'enfance, de fulariose ou de toute autre maladie chronique considérée par les autorités comme contagieuse ;

c) Les épileptiques et aliénés ;

d) Les alcooliques chroniques et toxicomanes.

Des règlements postérieurs pourront déterminer des cas d'exception pour les individus compris dans les catégories 2 et 3, et aussi en faveur d'un parent ou de la famille, de parents ou de la femme d'un étranger résidant déjà au Mexique, qu'il pourra faire venir auprès de lui.

Les individus suspects sont tenus en observation à leur arrivée. Tous les immigrants sont revaccinés, à moins qu'ils ne présentent un certificat de vaccination vieux de moins de 5 ans, visé par le consul mexicain et délivré par un médecin autorisé (art. 72 et 77).

NORVEGE

CHAPITRE PREMIER.

Généralités.

Les idées eugéniques furent introduites en Norvège par le
Dr Gustaf Guldberg, professeur d'anatomie. Il fut aidé dans ses
travaux par le Dr Axel Johannessen qui déjà, en 1908, montrait
un grand intérêt pour le problème de la race. De leur côté, tant par
leurs écrits qu'oralement, les Drs Joh. Scharffenberg et R. Vogt
(ce dernier professeur de psychiatrie), chefs du mouvement prohi-
bitionniste norvégien, développèrent plus d'un argument en
faveur de l'eugénique. R. Vogt publia, en 1914, un livre sur
l'hérédité et l'hygiène de la race. A signaler aussi le Dr Axel
Holst, ancien recteur de l'Université, professeur d'hygiène, connu
pour son opposition à tout principe de limitation des naissances.

Beaucoup de juristes norvégiens commencent à tenir compte
des points de vue biologiques dans l'administration de la justice.
C'est le cas pour l'ancien ministre des affaires sociales, Lars
Abrahamsen et pour Harald Norregaard, avocat à la Haute Cour,
membre du Comité d'Eugénique.

Le psychiatre Dr Sigurd Dahlstrom s'est spécialisé dans les
travaux sur la stérilisation des éléments inférieurs de la race. Les
D[rs] stadsfysikus Bentzen, stadsfysikus Geirsvold et Birger
Overland se sont fait connaître par leurs études sur l'hygiène et
la médecine préventive. Le Dr Halfdan Bryn a contribué puissamment à faire avancer la science de l'anthropologie, particulièrement par son dernier livre : *L'histoire du développement de la*

race humaine ; le Prof. Oskar Hagen a étudié les questions de l'hérédité.

Le mouvement eugénique est relativement développé en Norvège. Ce pays a pris part aux différents congrès eugéniques internationaux ; il est représenté à la Fédération internationale des organisations eugéniques par le Dr Jon. Alfred Mjöen et le Dr Whilhelm Keilhau.

Les principales autorités en matière d'eugénique en Norvège sont :

Le Prof. Vogt, de l'Université d'Oslo ;

Le Prof. Kr. Bonnevie, idem ;

Le Prof. Otto L. Mohr ;

Le Dr Mjöen, du Winderer Laboratorium ;

Le Dr W. Keilhan, de l'Université d'Oslo ;

Le D^r Ch. Collin, idem ;

Le D^r Al. Guldberg, idem ;

Le Dr M. Haegstad, idem.

Il y a en Norvège deux périodiques consacrés à l'eugénique : *Den Nordiske Race,* fondé en 1920 par Cläre Greverus Mjöen et la *Revue de biologie, de psychologie et d'hygiène raciale,* dirigée par le Dr J. Mjöen. (Cette dernière paraît depuis 1908.)

Déjà en 1908, un programme eugénique très avancé avait été établi par le Dr Mjöen. Celui-ci en avait donné lecture pour la première fois à la Société de Médecine. Depuis, ce programme a été remanié et fixé de la manière suivante par le Dr Mjöen et ses collaborateurs :

Moyens négatifs (réduction du nombre des éléments inférieurs) :

a) La ségrégation ou colonisation appliquée aux faibles d'esprit, aux épileptiques et autres incapables physiques et mentaux. Elle serait obligatoire pour les ivrognes, les criminels habituels, les mendiants professionnels et tous ceux qui refusent de travailler ;

b) La stérilisation avec le consentement de l'individu ou de ses proches ; il ne pourra être mis en liberté qu'après que cette précaution aura été prise ;

Moyens positifs (augmentation du nombre des éléments supérieurs) :

c) L'éducation biologique. Etablissement d'un enseignement de biologie raciale dans les Universités. Création d'un institut pour les recherches généalogiques et d'un laboratoire d'hygiène raciale. Transformation de l'éducation des femmes dans les écoles et les universités. Substitution du système actuel qui est identique à celui des hommes par des méthodes plus conformes aux cerveaux féminins. C'est ainsi que la biologie envisagerait la régénération de la famille ; la chimie, l'alimentation de la famille ; l'hygiène, la protection de la famille. Toutes ces branches seraient obligatoires depuis les classes élémentaires jusqu'à l'Université ;

d) La réglementation de l'impôt, des salaires, dans un sens favorable aux familles. L'établissement d'assurances maternelles et d'autres mesures de protection prénatale ;

Mesures d'hygiène raciale prophylactique :

e) La lutte contre les poisons de la race : poisons industriels, poisons pathologiques, syphilis, toxicomanie, alcoolisme. L'institution du certificat médical avant le mariage. L'institution d'un impôt progressif sur l'alcool ;

f) Les croisements entre différentes races devraient être évités. Dans l'élaboration des lois relatives à l'immigration il devrait être tenu compte de ce principe ;

g) L'enregistrement biologique de toute la nation (1).

Ce programme eugénique a soulevé, au moment où il a été publié, une opposition dans le public. Mais peu à peu, les nouvelles idées gagnèrent du terrain et, à l'heure actuelle, certaines d'entre elles ont trouvé leur réalisation dans la législation.

En 1915, lors d'un Congrès du Parti démocratique norvégien, le programme susindiqué a été discuté officiellement pour la première fois, par les politiciens de Norvège. Les délégués votèrent en sa faveur grâce à l'intervention de Joh. L. Mowinckel,

---

1) Il est intéressant de constater que la Société d'Eugénique Russe a pris comme base de ses projets de réforme eugénique le programme norvégien.

président du Storting, et d'Haakon Loken, gouverneur du Comté
d'Oslo (1).

-----

(1) Une mesure qu'il nous paraît intéressant de signaler a été proposée par les
Drs J. Mjöen et J. Bö. Elle consiste en un livret di'dentité qui deviendrait une
mesure internationale (Das Kennebuch weg zum Schutz des Staatsburgers). Dans
ce livret se trouveront, à côté des signes biologiques d'identité de chaque individu,
tous les certificats possibles qui doivent accompagner l'homme à travers la vie:
certificats de naissance, de baptème, de mariage, de vaccination, de santé, de
bonne conduite, d'inscription aux registres de la population, certificats d'étude, de
participation aux mutualités; certificats concernant le droit à la pension de vieillesse, au fonds de chômage, etc. Ce livret contiendrait en outre, deux photographies
du porteur (de face et de profil), l'indication de la taille, de l'index céphalique, de
la couleur des yeux, des cheveux, de la peau ainsi que les empreintes digitales. De
plus, seraient encore ajouté un pedigree de l'individu et de son conjoint avec la
mention de toutes les maladies ou autres caractères spéciaux existant dans la
famille. Les livrets d'identité, rassemblés après la mort de leurs porteurs, présente-
raient de la sorte un matériel de grande valeur pour les travaux anthropologiques
et eugéniques. (C. Verchavert, *Revue d'Eugénique*, 1923, p. 59.)

CHAPITRE II.

Les institutions eugéniques en Norvège.

Les différentes institutions eugéniques en Norvège sont :

1. — Le Comité consultatif d'Eugénique de Norvège ;
2. — Le Winderen Laboratorium ;
3. — L'Institut de l'Université pour les recherches de l'hérédité.

§ 1. — LE COMITE CONSULTATIF D'EUGENIQUE DE NORVEGE.

Ce Comité constitue la Société d'Eugénique de Norvège. Il a été fondé en 1908 et est présidé par le Dr J. Mjöen.

Le philologue professeur Marius Haegstad, l'historien et généalogiste professeur Chr. Collin, le mathématicien professeur Alf. Guldberg, l'économiste Dr W. Keilhau, l'ancien leader socialiste Dr Alfred Eriksen font, depuis de nombreuses années, partie du Comité consultatif d'Eugénique.

Le Dr Wille, botaniste distingué, a été longtemps président du dit Comité.

§ 2. — LE WINDEREN LABORATORIUM.

Le Winderen Laboratorium est un laboratoire d'eugénique. Il est dirigé par le Dr J. Mjöen. Ce laboratoire a entrepris une série de recherches eugéniques fort intéressantes.

Le Winderen Laboratorium possède une revue biannuelle *Den Nordiske Race*. Cette revue est rédigée par les personnalités suivantes : Prof. Dr Erwin Baur, Dr Reinhard Carrière, Dr Leonard Darwin, Prof. Ch. B. Davenport, Prof. Dr H. Nilsson-Ehle, Dr Alf. Eriksen, Prof. Dr Eugen Fischer, Prof. Dr A. Forel, Prof. I. Gonser, Dr K. A. Heiberg, Prof. Marius Haegstad, Prof. Dr W. Johannsen, Dr Wilhelm Keilhau, Prof. Vernon Kellogg, Prof. Dr Fritz Lenz, Prof. Dr Lindsay, Prof. Dr Lundborg, Prof. Dr Sir Thomas Oliver, Prof. Henry Fairfield Osborn, Dr Alfred

Ploetz, Prof. Dr Hans Virchow, Cand. okon. Erling Winsnes, Dr A. Funke, Dr Fridtjof Mjöen, Cand. math. Hans Koch.

§ 3. — L'INSTITUT DE L'UNIVERSITE POUR LES RECHERCHES DE L'HEREDITE.

Cet institut est situé à l'Université d'Oslo. Il est dirigé par le professeur Kr. Bonnevie.

CHAPITRE III.

Différents moyens eugéniques préconisés en Norvège.

Les principaux moyens eugéniques préconisés en Norvège
sont :

1. — Le contrôle des naissances ;
2. — La réglementation de l'immigration ;
3. — La réglementation du mariage ;
4. — Les mesures d'hygiène sociale.

§ 1. — LE CONTROLE DES NAISSANCES.

Le mouvement en faveur du contrôle des naissances date en
Norvège de 1921,. époque à laquelle pénétra dans ce pays
l'influence de Marie Stopes. Son livre, *A letter to endeavouring
mothers how to get healthy children and avoid more weakening
pregnancies,* fut traduit en norvégien par Katti A. Möller.

Peu après sa parution, cette publication fut envoyée au directeur du service de santé. Celui-ci fit un appel à la Faculté de
médecine de l'Université d'Oslo afin de la consulter pour lui
demander son avis sur le problème du Birth-Control.

La Faculté répondit par un rapport détaillé dont les principaux
articles sont les suivants :

ART. 1. — Considérant les risques que les trop nombreuses grossesses
peuvent faire courir à la santé et à la vie de la mère, ainsi qu'au développement de l'enfant, il semble utile que les femmes mariées menacées
dans leur santé, ou dans leur vie soient mises dans la possibilité de recevoir des avis sur les méthodes anticonceptionnelles.

ART. 2. — On ne peut en aucune façon recommander que les autorités
médicales fassent connaître ces méthodes dans des publications. Elles
devront être enseignées par les médecins.

ART. 3. — Certaines de ces méthodes, quand elles sont pratiquées avec
soin, peuvent ne présenter aucun danger pour la santé; d'autres, au
contraire, sont nuisibles et constituent même un risque pour la vie.

Art. 4. -- Les informations anatomiques et physiologiques données
dans le livre prémentionné sont entièrement correctes. Toutefois, la
publication de brochures à l'usage du public est à déconseiller (1).

Cette décision contribua beaucoup à faire admettre le Birth-
Control en Norvège.

Les principaux protagonistes des principes du Birth-Control
en Norvège sont M. Mohr, professeur d'anatomie à l'Université
d'Oslo, et Mme Tove Mohr.

Leur programme consiste à introduire dans la population les
doctrines de la limitation des naissances, et à arriver à abolir
les lois réprimant l'avortement et l'infanticide, lorsque celui-ci
est commis dans les 24 heures qui suivent la naissance.

Ce dernier point du programme a été adopté par une résolution
votée au meeting du Parti communiste féminin de 1925 sur la
proposition du Dr Tove Mohr et proposé à la Commission de la
répression criminelle dont Mme Mohr est membre (2).

Une autre propagandiste du mouvement est le Dr Katti Anker
Moller qui écrivit, vers 1923, deux brochures dans le but de faire
connaître les idées du Birth-Control : *L'émancipation de la mère*
et *Les droits de la femme sur le contrôle des naissances*.

La même année, a été ouvert, dans le quartier des affaires
d'Oslo, un centre appelé « Office d'hygiène maternelle ». Une
infirmière qualifiée s'y trouve en permanence et des livres sur le
Birth-Control, les questions sexuelles et la protection de l'enfance, ainsi que des produits anticonceptionnels, des vêtements
d'enfants et toutes les choses nécessaires à la future mère y sont
délivrés. Les personnes consultant la clinique sont envoyées à
des médecins qui leur accordent des consultations et leur délivrent
des avis sur les pratiques contraceptives.

Le parti ouvrier racheta l'installation en 1925 et en assuma lui-
même l'organisation. Le centre est, à l'heure actuelle, administré
par un comité représentatif de toutes les opinions travaillistes et
socialistes, sous la présidence de Fru Anker Möller. Il s'est

---

(1) **Katti A. Möller.** *The New Generation,* août 1923, p. 93.

(2) *Commentaries to the Norvegian program for race hygiene.*

occupé à faire une propagande intense et à distribuer des livres dans toute la Norvège. Une succursale du centre a été ouverte à Bergen.

Dans ces deux endroits, les avis sont donnés gratuitement et les produits anticonceptionnels vendus à des prix très bas (1).

Il est à remarquer que l'on n'instruit sur le Birth-Control que les femmes mariées et jamais les jeunes filles.

Il n'y a, en Norvège, aucune loi défendant en soi l'enseignement et la pratique du Birth-Control, mais on considère généralement cet enseignement comme relevant des interdictions relatives à la propagande et aux publications indécentes (2).

§ 2. — **LA REGLEMENTATION DE L'IMMIGRATION.**

Le problème de l'immigration et du mélange des races est un de ceux qui préoccupent le plus les autorités eugéniqres de Norvège.

La Norvège, bien que ne pouvant supporter une grande population, est un pays d'immigration. En effet, depuis que l'Amérique a établi des barrières à l'entrée des immigrants, beaucoup de sud-européens se dirigent vers la Norvège.

Déjà, dans le programme norvégien d'hygiène de la race, adopté en 1913 à la Conférence eugénique de Paris, le mélange des races était considéré comme néfaste à la population.

Il était souhaité qu'on défende à certains groupes d'individus ainsi qu'à certaines races de s'établir d'une manière permanente dans le pays. La femme de l'avenir, était-il dit, sentira autant d'aversion pour l'homme d'un sang étranger qu'elle en éprouvait jusqu'à présent pour celui de naissance inférieure.

En mai 1923, le Dr J. A. Mjöen, du Winderen Laboratorium, présenta un rapport devant le Kristiania Handelstands Forening, sur l'*Eugénique et l'Immigration*. Une grande discussion eut lieu à cette occasion à laquelle prirent part Arne Omsted, direc-

---

(1) F. W. Stella Browne. *The New Generation*, février 1925, p. 15.

(2) *International Child Welfare Book*, 1925, p. 316.

teur du Bodsfaengslet (prison d'Oslo), le D' Wilhem Keilhau,
membre du Comité norvégien pour l'hygiène de la race, etc. (1).

Le D' Mjöen a également étudié le problème du croisement des
races en Norvège dans ses travaux : *Croisements harmoniques et
inharmoniques* et *Croisements des races en Norvège du Nord*.

Dans ces ouvrages, il considère le croisement des races comme
néfaste pour une nation et engendrant toutes sortes de maladies
physiques et mentales ainsi qu'un accroissement de la criminalité.
Il montre qu'est nuisible non seulement le mélange de races étrangères mais encore le mélange d'éléments de même race mais de
caractères opposés.

Il a constaté, en effet, un taux très élevé de mortalité par tuberculose dans les populations mixtes de Norvège. Les chiffres sont
de 1,1 à 1,5 dans les parties de la Norvège où la race est pure et
de 3,6 à 4,0 dans les parties où la race est mélangée (Finmarken).

Le D' Mjöen déplore les encouragements que son pays donne
aux Lapons en vue de les faire pénétrer en scandinavie (2).

D'autres membres du Winderen Laboratorium ont aussi entrepris des travaux sur la question. Ces travaux sont :

*La question de l'immigration envisagée comme un problème bio-
logique*, par Werner Engel ;

*Les déplacements de la population envisagés comme un problème
mondial*, par Fridtjof Mjöen ;

*L'immigration envisagée comme un problème métaphysique et
psychologique*, par Arvid Brodersen ;

*Les recherches statistiques par rapport au problème de la popu-
lation*, par Hans Koch.

Le Comité consultatif d'Eugénique de Norvège a, de son côté,
discuté, à plusieurs occasions, le problème de la réglementation
de l'immigration comme un moyen de s'opposer à l'intrusion
d'immigrants indésirables. Le Comité a également envisagé la
question de l'enregistrement de la population au point de vue biologique. Un système d'enregistrement biologique étudié au Win-

---

(1) *Eugenical News*, septembre 1923, p. 88.

(2) D' J. A. Mjöen. *Eugenics Review*, 1922, p. 35 et suivantes.

deren Laboratorium a été présenté au Ministère de la Justice lequel prépare une loi d'immigration pour la Norvège.

Certaines dispositions du projet visent l'enregistrement des étrangers à la police, le permis d'établissement pour une période définie n'exédant pas une année, le renouvellement du permis pour une nouvelle période suivant certaines conditions, l'élimination des inaptes mentaux ou physiques, l'établissement d'un chiffre minimum d'étrangers à qui permission est donnée de résider dans le pays pour une période indéfinie (1).

Le Comité consultatif d'Eugénique de Norvège estime qu'une loi sur l'immigration devrait comprendre l'exclusion des catégories de personnes suivantes :

1° Les idiots, les imbéciles, les épileptiques, les fous ainsi que les personnes de constitution physique et psychique inférieure ;

2° Les prostituées et les personnes de moralité douteuse ;

3° Les mendiants professionnels et les vagabonds ;

4° Les personnes souffrant d'alcoolisme chronique ou de maladies à un stade contagieux ;

5° Les criminels, à l'exception de quelques types bien définis.

Le Comité consultatif d'Eugénique de Norvège émet le vœu que la Fédération internationale des organisations eugéniques nomme un comité qui étudierait les questions relatives aux rapports de l'eugénique et du problème de l'émigration et de l'immigration.

*
* *

Une loi du 22 avril 1927 déclare inadmissibles sur le territoire les gitanes et autres vagabonds (art. 3). Elle déclare, en outre, que peuvent être refoulés du pays les étrangers qui ont subi, moins de 5 ans auparavant, une peine d'emprisonnement d'au moins 6 mois, les délits d'ordre politique exceptés (art. 16).

---

(1) *Eugenical News*, septembre 1926.

§ 3. — LA REGLEMENTATION DU MARIAGE.

La réglementation du mariage dans l'intérêt de la race vise spécialement, en Norvège, les questions d'âge, de consanguinité et les conditions physiques.

Nous examinerons successivement chacun de ces différents points, sans omettre les dispositions concernant le certificat pré-matrimonial et celles autorisant le divorce pour des raisons eugéniques.

A. — L'AGE DU MARIAGE.

Un homme au-dessous de vingt-et-un ans et une femme au-dessous de dix-huit ans ne peuvent contracter mariage sans l'autorisation du roi ou de celui auquel ce dernier délègue ses pouvoirs à cette fin (art 1er, loi du 31 mai 1918) (1).

B. — LE DEGRE DE CONSANGUINITE.

La parenté par le sang et par alliance constitue un empêchement au mariage.

C. — L'ETAT PHYSIQUE ET MENTAL DES PARTIES.

La loi du 1er janvier 1919 interdit le mariage aux personnes atteintes de maladies mentales ou de syphilis à la période contagieuse.

Elle le défend encore aux sujets atteints d'une autre maladie vénérienne, d'épilepsie ou de lèpre, s'ils n'ont pas averti leur futur conjoint de l'existence de leur maladie.

D. — LE CERTIFICAT PREMATRIMONIAL.

La Norvège a promulgué le 1er janvier 1919 une nouvelle loi matrimoniale qui comprend 81 paragraphes et impose le certificat d'aptitude au mariage.

Ainsi que nous l'avons vu, cette loi interdit le mariage à toute personne atteinte d'une maladie mentale ou de syphilis à la

---

(1) **Dr Pierre Nisot.** *Etude historique et de droit comparé sur l'âge en matière de capacité nuptiale.*

période contagieuse. Elle n'autorise, d'autre part, le mariage des sujets atteints d'une autre maladie vénérienne pouvant être encore contagieuse, d'épilepsie ou de lèpre, que si le futur conjoint a été mis au courant de leur existence et que si les deux candidats ont été informés par un médecin des dangers qu'ils encourent pour eux et pour leur descendance.

La législation norvégienne va encore plus loin : elle délie le médecin du secret professionnel dans les cas précités et l'oblige à déclarer aux autorités compétentes l'existence de l'une ou l'autre des maladies visées chez tout sujet sur le point de se marier.

Pratiquement tout candidat au mariage, homme ou femme, doit répondre par écrit au questionnaire suivant :

1° Existe-t-il entre vous et votre futur conjoint des liens par naissance ou mariage interdits par les art. 7 et 8 de la loi matrimoniale?

2° Avez-vous été marié précédemment et, si oui, avec qui?

3° Avez-vous des enfants nés hors du mariage et, si oui, combien?

4° Etes-vous atteint : a) de syphilis à une période contagieuse ; b) d'une autre maladie vénérienne encore contagieuse, d'épilepsie ou de lèpre?

Toute fausse déclaration entraîne une pénalité de deux années d'emprisonnement. De plus, elle ouvre pour l'autre conjoint le droit à l'annulation du mariage.

Comme on le voit (1), n'étant pas partisans de l'examen médical obligatoire, mais désireux de sauvegarder néanmoins les intérêts sanitaires des époux et de leurs enfants, les norvégiens ne font intervenir le médecin que pour enregistrer les déclarations

---

(1) Dans un article publié en 1913 dans l'*Eugenics Review*, M. A. Mjöen signale qu'en Norvège l'opinion publique est hostile au principe de l'obligation de l'examen médical prénuptial. Il estime, par ailleurs, que cet examen est impuissant à révéler l'existence de la syphilis en période latente et il lui paraît délicat de soumettre de jeunes fiancées à des procédés d'examen que dans certains pays on se refuse à appliquer aux prostituées.

des futurs conjoints relatives à leur état de santé. Faites sous la foi du serment, ces déclarations ont pour effet d'éveiller les con-sciences au sentiment des responsabilités sexuelles ; en outre, elles peuvent fournir aux pouvoirs publics dans certains cas bien déter-minés des éléments précis pour sévir judiciairement contre les individus qui se seraient rendus coupables sciemment du délit de contamination (1).

E. — LE DIVORCE ET L'EUGENIQUE.

D'après une loi de 1909, le divorce peut être obtenu à la demande de la partie lésée, lorsqu'il existait chez son conjoint, au moment du mariage, une déficience physique le rendant impropre au mariage, ou lorsque ce dernier est atteint d'épilep-sie, de lèpre ou d'autre maladie vénérienne ou mentale, ignorées de l'autre conjoint.

La dissolution du mariage peut encore être obtenue lorsque l'une des parties a été malade mentalement pendant trois ans sans qu'il y ait espoir de guérison, de même lorsque elle s'adonne à un alcoolisme incurable (2).

§ 4. — LES MESURES D'HYGIENE SOCIALE.

Le programme de la protection de l'enfance et de la maternité, de la lutte contre la tuberculose, contre les maladies vénériennes, contre l'alcoolisme en vue de l'amélioration de la race se développe de plus en plus en Norvège.

Nous envisagerons successivement ces différents points.

A. — PROTECTION DE L'ENFANCE.

Les principales lois relatives à la protection de l'enfance en Norvège sont :

Loi du 6 juin 1896 sur les conseils de tutelle pour les enfants abandonnés ;

---

(1) D' Schreiber. *L'examen médical en vue du mariage*, p. 15.

(2) A. Wood Renton. *The comparative law of mariage and divorce.*

Loi relative à la protection des travailleurs dans les entreprises industrielles, 18 septembre 1915, modifiée le 11 juillet 1919 ;

Loi relative à la protection de l'enfance du 10 avril 1915 ;

Lois relatives aux assurances maladies, 1915, 1917 et 1920 ; .

Loi relative aux allocations familiales et aux assurances maladies, 23 juillet 1918.

Les principales institutions ayant inscrit à leur programme la protection de l'enfance sont :

La Croix-Rouge norvégienne, Oslo ;

Le Comité norvégien de l'Association internationale « Save the Children Fund », Oslo ;

La Ligue de la Santé des Enfants norvégiens, Oslo ;

L'Association des Boys-Scouts norvégiens, Oslo ;

L'Association des Girl-Guides norvégiennes, Bergen.

B. — LUTTE CONTRE LA TUBERCULOSE (1).

La loi du 8 mai 1900 exige que les médecins déclarent au président du Conseil sanitaire tout cas de tuberculose ouverte ; en outre, le Gouvernement peut édicter toutes les ordonnances utiles concernant les modalités de ces déclarations.

Sanatoria. — On entend en Norvège par sanatorium un hôpital spécialement équipé, dirigé par un spécialiste et s'occupant uniquement de médecine curative. Il y a actuellement en Norvège douze sanatoria pour le traitement de la tuberculose pulmonaire ; quatre d'entre eux appartiennent à l'État, deux à la ville d'Oslo, deux à l'ancienne fondation des hospices religieux, une à une société de bienfaisance et quatre à des médecins privés.

Les malades traités dans des sanatoria privés paient entièrement leurs frais d'hospitalisation. Ceux qui sont traités dans les autres sanatoria bénéficient d'un prix très réduit, l'Administration sanitaire centrale se réservant le contrôle de l'administration de ces établissements et couvrant leur déficit annuel.

---

(1) Extrait des *Services d'Hygiène publique en Norvège*, par le D' H. M. Gram.

A part ces sanatoria, la Norvège possède un grand nombre de petits hôpitaux pour le traitement de la tuberculose pulmonaire, dont la plupart appartiennent aux petites villes, aux communes rurales, aux sociétés de bienfaisance, telles que l'Union sanitaire des femmes norvégiennes et l'Union nationale contre la tuberculose, et parfois même, comme dans le département de Finmarken, à l'Etat.

Ces hôpitaux sont destinés aux tuberculeux qui doivent être isolés en vertu des dispositions de la loi du 8 mai 1900. Les frais d'hospitalisation des malades traités dans ces établissements sont payés pour quatre dixièmes par l'Etat et pour six dixièmes par le département, qui peut en mettre les deux dixièmes à la charge de la commune de domicile du malade.

La plupart des grands hôpitaux possèdent des salles ou des services spéciaux pour le traitement de la tuberculose. Il existe également en Norvège trois hôpitaux pour le traitement de la tuberculose chirurgicale ; deux d'entre eux sont la propriété de l'Etat et le troisième appartient à une société de bienfaisance. L'Etat fait actuellement construire un quatrième hôpital de ce genre. Les malades traités dans ces établissements paient un prix d'hospitalisation très réduit et le déficit est couvert par l'Etat.

*
* *

En dehors des sanatoria, des hôpitaux spéciaux pour le traitement de la tuberculose et des subventions de l'Etat et des communes, un autre facteur important dans la lutte contre la tuberculose est représenté par les Caisses d'assurance contre la maladie ; elles rendent de grands services en payant les frais de traitement d'un grand nombre de malades, qui seraient, sans ces prestations, à la charge de l'assistance publique.

Deux grandes sociétés de bienfaisance, l' « Union nationale contre la Tuberculose » et l' « Union sanitaire des femmes norvégiennes », ont consacré leurs efforts à la lutte contre la tuberculose.

C. — LUTTE CONTRE LE PERIL VENERIEN (1).

La loi de 1860 classe les maladies vénériennes au nombre des maladies à déclaration obligatoire. Les vénériens indigents ont donc droit à la gratuité des traitements et les Conseils sanitaires peuvent exiger leur isolement et procéder à la recherche des sources d'infection. Les Conseils sanitaires des villes importantes ont fondé des dispensaires antivénériens.

La Norvège a aboli le régime de la réglementation de la prostitution ; ce sont les Conseils de santé qui prescrivent toutes les mesures législatives relatives à la lutte contre les maladies vénériennes. Les autorités de police sont tenues de leur prêter leur concours, mais on s'efforce généralement de procéder sans leur aide et avec la plus grande discrétion possible.

L'isolement des vénériens se heurte à certaines difficultés. La loi impose, en effet, aux Conseils sanitaires des communes l'obligation de traiter gratuitement tous les vénériens qui y ont leur domicile ; malheureusement, les communes rurales et les petites n'étant généralement pas en mesure d'organiser des dispensaires ou des hôpitaux spéciaux, leurs malades émigrent fréquemment, sans en prévenir le médecin officiel de leur commune de domicile, vers les grandes villes qui leur offrent de plus grandes facilités de traitement. Comme la charge du traitement des malades incombe à la commune de résidence, ces villes se trouvent à ce moment dans l'obligation d'assumer la responsabilité du traitement. D'autre part, les médecins des petites communes peuvent être tentés de profiter de cette circonstance pour décharger leur commune des frais afférents au traitement des vénériens. Cet état de choses amène naturellement certaines frictions entre les autorités des communes intéressées, surtout dans les cas où le malade avoue que c'est sur le conseil du médecin de sa commune qu'il est allé se faire traiter en ville. On se demande donc s'il n'y aurait pas lieu de confier à l'Etat la responsabilité du traitement des vénériens, et un projet de loi à cet effet est actuellement à l'étude. Parmi les sociétés de bienfaisance, ce sont les « Oddfellows norvégiens » (société maçonnique) qui s'occupent du trai-

---

(1) Extrait des *Services d'Hygiène publique en Norvège*, par le Dr H. M. Gram.

tement des syphilitiques ; ils ont fondé deux asiles pour enfants atteints d'hérédo-syphilis.

D. — LUTTE CONTRE L'ALCOOLISME (1).

Le mouvement abstinent a des traditions assez anciennes en Norvège. Pendant longtemps, son action s'est bornée à un prosélytisme intense et à demander la répression des abus et la diminution graduelle de la consommation des boissons alcooliques. En 1912, il a inscrit à son programme la prohibition de la vente de l'eau-de-vie, de l'esprit de vin et des vins fortement alcoolisés (de 14 à 21°). Pendant la guerre mondiale, il a obtenu la prohibition de la vente de toute boisson contenant plus de 12 % d'alcool.

Les résultats de la prohibition n'ont pas été entièrement concluants. En 1913, la Norvège comptait parmi les pays où la consommation d'alcool, par tête de population, était la plus réduite ; la contrebande d'alcool et la distillation illicite y étaient tout à fait négligeables. Vers la fin de la guerre, cependant, l'abondance de numéraire dans une population dont une partie était encore très opposée à la prohibition, a amené un développement énorme de la contrebande et de la distillation illicite.

Le Parlement a récemment abrogé la prohition pour les vins d'une teneur en alcool supérieure à 14 % ; il n'existe actuellement aucune statistique précise de la consommation réelle d'alcool.

Les campagnes de propagande antialcoolique des sociétés d'abstinence sont subventionnées par l'Etat depuis de longues années ; ces subventions atteignent actuellement 75,000 couronnes par an et il est probable que les sommes consacrées à cet effet par les sociétés d'abstinence sont beaucoup plus considérables.

Le Code pénal norvégien admet le principe des peines conditionnelles et du sursis. Les alcooliques, au lieu de jouir du sursis pur et simple, font en son lieu un séjour obligatoire dans un établissement de cure pour éthyliques. L'Etat possède actuellement deux maisons de cure pour buveurs et il existe, en outre, deux établissements privés analogues, subventionnés par l'Etat ; l'un

---

(1) Extrait des *Services d'Hygiène publique en Norvège* par le D' H. M. Gram.

d'entre eux s'est spécialisé dans le traitement des buveurs criminels.

Aux termes de la loi du 26 juillet 1916, la consommation de boissons alcooliques de plus de 2,5 % est interdite :

a) Aux militaires ;

b) Aux wattmen et aux receveurs des tramways ;

c) Aux employés des chemins de fer ;

d) Aux chauffeurs d'automobiles,

pendant leurs heures de service et six heures avant de prendre leur service.

NOUVELLE-ZÉLANDE

CHAPITRE PREMIER.

Généralités.

Un mouvement eugénique commence à prendre naissance en Nouvelle-Zélande, et les questions qui y touchent sont discutées avec grand intérêt. On vise avant tout à préserver par le moyen du contrôle de l'immigration, la race, encore pure d'éléments défectueux (1).

Il existe à Auckland une « Society for Promoting Eugenics », fondée par Miss Lillian Macgeorge.

---

(1) *Eugenical News,* août 1924.

CHAPITRE II.

Différents moyens eugéniques préconisés.

Les différents moyens eugéniques préconisés en Nouvelle-Zélande sont :
1. — La réglementation du mariage ;
2. — Les mesures d'hygiène sociale ;
3. — La stérilisation ;
4. — Le contrôle des naissances ;
5. — La réglementation de l'immigration.

§ 1. — LA REGLEMENTATION DU MARIAGE.

L'âge du mariage, en Nouvelle-Zélande, est fixé à douze ans pour les femmes et à quatorze ans pour les hommes.

Le divorce est autorisé pour cause d'aliénation mentale.

§ 2. — LES MESURES D'HYGIENE SOCIALE.

Comme partout ailleurs, on se préoccupe en Nouvelle-Zélande de la protection de l'enfance, de la lutte contre le péril vénérien, l'alcoolisme, etc.

Les principales lois prévoyant la protection de l'enfance sont :
Administration Act, 1908 ;
Crimes Act, 1908 ;
Divorce and Matrimonial Causes Act, 1908 ;
Family Protection Act, 1908 ;
Infants Act, 1908 ;
Justice of Peace Act, 1908 ;
Destitute Persons Act, 1910 ;
Matters and Apprentices Act, 1920 ;
Coal Mines Act, 1921 ;
Factories Act, 1921 ;
Shops and Offices Act, 1921.

Les principales institutions ayant inscrit à leur programme la protection de l'enfance sont :

Boy Scouts ;

Girl Guides ;

Karitane-Harris (Baby) Hospital) ;

Karitane (Baby) Hospital ;

Karitane-Stewart (Baby) Hospital ;

King George V Hospital ;

New Zealand Red Cross, Junior Section ;

Royal New Zealand Society for the Health of Women and Children ;

Salvation Army (Children's Homes) ;

Save the Children Fund.

Afin de lutter contre le péril vénérien, la loi néo-zélandaise du 31 octobre 1917 impose aux malades atteints de maladie vénérienne l'obligation du traitement, et, aux médecins, des devoirs précis et spéciaux.

§ 3. — LA STERILISATION.

Un Comité d'enquête a demandé au ministère de la santé de Nouvelle-Zélande, la création d'un bureau eugénique qui aurait le pouvoir d'interner, de surveiller et éventuellement de stériliser les aliénés. Le vœu comprenait les propositions suivantes :

« Le bureau tiendra un registre où seront inscrits les malades ne se trouvant pas dans les asiles et les imbéciles considérés comme dangereux pour la société. Les enfants épileptiques et ceux qui sont jugés par le département de l'éducation comme incapables de recevoir l'instruction dans les écoles y seront également inscrits. Le bureau aura le pouvoir d'envoyer toute personne enregistrée dans les colonies industrielles et, dans certains cas, de les stériliser. Ces opérations toutefois ne pourront être accomplies sans le consentement des parents ou des tuteurs des sujets en question.

Ce sera une grave infraction que d'épouser une personne enregistrée. » (1)

---

(1) *Eugenical News*, juillet 1925.

§ 4. — LE CONTROLE DES NAISSANCES.

Il n'y a en Nouvelle-Zélande aucune loi interdisant l'enseignement ou la pratique des méthodes du Birth-Control. Celui-ci est en usage depuis quelques années déjà. Les résultats de son application ont été, selon les partisans du mouvement, favorables à l'ensemble de la population. Le taux de la natalité dans le pays est de 23,34 pour 1000 alors qu'en Angleterre il n'est que de 22,4. Le nombre d'enfants par famille se trouve être égal dans les différentes classes de la société. Où qu'ils se trouvent, les enfants sont élevés dans de bonnes conditions. La mortalité pendant la première année de la vie n'est que de 48 pour 1000 tandis qu'elle est de 83 en Angleterre. La mortalité totale en Nouvelle-Zélande est de 8,73 pour 1000 contre 12,1 en Angleterre (1).

§ 5. — LA REGLEMENTATION DE L'IMMIGRATION.

La réglementation de l'immigration est considérée en Nouvelle-Zélande comme un des premiers moyens de préservation de la race.

Cette réglementation établit à l'entrée des immigrants les conditions suivantes (2) :

1. — Conditions de police et de moralité ;
2. — Conditions de fortune ;
3. — Conditions physiques ;
4. — Conditions de race et de nationalité.

1. — CONDITIONS DE POLICE ET DE MORALITE.

La loi de 1908 restreignant l'immigration *(Immigration Restriction Act 1908)* revisée en 1910 (art. 14, *d*) interdit le débarquement de toute personne qui arrive en Nouvelle-Zélande avant l'expiration d'un délai de deux années à dater du moment où elle a purgé un emprisonnement pour un délit qui, s'il avait été commis en Nouvelle-Zélande, aurait été punissable de la peine de

---

(1) *The New Generation*, décembre 1923.

(2) Extrait de *La Réglementation des Migrations*. Bureau international du Travail.

mort ou d'un emprisonnement d'une durée de deux ans ou plus. Cette loi ne fait d'exception qu'en faveur des individus graciés de leur peine ou condamnés pour des crimes d'ordre purement politique.

En vertu de la loi de 1920 amendant celle de 1908-1910 *(Immigration Restriction Amendment Act 1920*, titre II), toute personne, autre qu'un sujet britannique, arrivant en Nouvelle-Zélande est tenue de prêter serment d'obéissance aux lois de ce pays. Les immigrants qui s'y refuserainet s'en verraient interdire l'entrée.

Le serment est obligatoire pour tout individu arrivant en Nouvelle-Zélande, même s'il y est domicilié ou s'il y retourne ou s'il a antérieurement prêté le serment exigé par la loi.

La loi de 1919 sur l'exclusion des immigrants indésirables *(Undesirable Immigrants Exclusion Act)* prescrit à son article 5 que le Procureur général *(Attorney-general)* peut, le cas échéant, interdire à toute personne de débarquer en Nouvelle-Zélande s'il est établi qu'elle n'y est pas domiciliée à titre permanent ou qu'elle fait preuve de sentiments inciviques ou antipatriotiques à l'égard du pays ou que sa réputation est telle que sa présence en Nouvelle-Zélande serait préjudiciable à la paix, à l'ordre et à la bonne administration de ce Dominion.

2. — CONDITIONS DE FORTUNE.

La loi de 1908 restreignant l'immigration (première partie) stipule que, pour tout passager susceptible de tomber à la charge de la collectivité ou d'une institution de bienfaisance, arrivant en Nouvelle-Zélande à bord d'un navire quelconque, l'armateur, l'affréteur ou le capitaine du navire en question devra fournir un cautionnement et rembourser tous les frais éventuellement occasionnés en Nouvelle-Zélande pour l'entretien desdits passagers par une institution de bienfaisance publique ou privée quelconque, dans les cinq ans à compter de la date du dépôt du cautionnement. Ces dispositions ne s'appliquent pas aux immigrants ayant pénétré en Nouvelle-Zélande partiellement ou totalement aux frais du Gouvernement, ni aux personnes régulièrement domiciliées en Nouvelle-Zélande.

3. — CONDITIONS PHYSIQUES.

Le débarquement est interdit à toute personne idiote, aliénée ou atteinte d'une maladie contagieuse repoussante ou dangereuse. *(Immigration Restriction Act, 1908,* art. 4 *b, c.)*

4. — CONDITIONS DE RACE ET DE NATIONALITE.

Aux termes de la loi relative à la restriction de l'immigration de 1920 *(Immigration Restriction Amendement Act, 1920),* aucune personne, si elle n'est de nationalité britannique de naissance ou par ses parents, ne peut entrer en Nouvelle-Zélande à moins d'être munie d'une autorisation à cet effet.

Toute demande d'autorisation de ce genre doit être adressée par la poste au ministre des douanes et doit être expédiée par l'intéressé de son pays d'origine ou de son pays de résidence, à condition, dans ce dernier cas, qu'il ait résidé dans ce pays une année au moins.

Une personne n'est pas considérée de nationalité britannique de naissance ou par ses parents, par le seul fait qu'elle-même ou ses parents ont été naturalisés anglais, ou par le fait qu'elle est un indigène aborigène ou descendant d'un indigène d'une colonie autre que la Dominion de la Nouvelle-Zélande ou d'une autre colonie ou possession ou protectorat de la Grande-Bretagne.

Le Gouverneur-Général peut, par une ordonnance rendue en Conseil, déclarer que les clauses relatives à l'autorisation ne seront pas mises en vigueur pour certaines nations ou certains peuples. Le ministre des douanes peut exempter des conditions d'entrée énumérées ci-dessus certaines personnes ou catégories de personnes se rendant ou désirant se rendre en Nouvelle-Zélande.

Aux termes de la loi de 1908, tout sujet chinois ayant l'intention de débarquer dans le Dominion doit être capable de lire un passage imprimé comportant au moins 100 mots en langue anglaise.

En vertu de la loi de 1919, aucune personne ayant été sujet de l'Etat allemand ou austro-hongrois, tels qu'ils existaient au 4 août 1914, ou née à un endroit qui, à cette date, se trouvait à l'intérieur des frontières européennes de l'empire allemand ou de la monarchie austro-hongroise, ne pourra débarquer en Nouvelle-Zélande que si elle a abtenu une autorisation spéciale de l'Attorney General (Procureur Général).

Cette disposition ne s'applique pas à un étranger qui, au moment de son arrivée en Nouvelle-Zélande, se trouve déjà avoir un domicile dans ce pays et ne pas s'en être absenté pour une période de plus de deux ans.

PAYS-BAS

CHAPITRE PREMIER.

Généralités.

Contrairement à ce que l'on constate dans les autres pays, le mouvement eugénique n'est pas, aux Pays-Bas, concentré, mais se trouve disséminé dans différentes institutions.

De nombreuses sociétés scientifiques s'intéressent à la question, et celle-ci a fait l'objet d'un grand nombre de travaux.

Les universités se préoccupent de cette science, et des cours s'y rapportant d'une manière plus ou moins directe, ont été institués. Il existe àl'Université d'Utrecht un cours sur l'hérédité donné par le Dr M. A. Van Herwerden.

A la même Université, des conférences sur l'hérédité humaine et l'eugénique sont organisées pour les médecins par le Dr Van Herwerden.

Le Dr Van der Spek a institué des cours sur l'eugénique aux extensions universitaires de Rotterdam. D'autres cours ont encore été établis à Amsterdam, sur l'hérédité et l'eugénique, par la Société hollandaise d'Anthropologie. IIs furent confiés aux professeurs Van Herwerden et Boeke.

Une chaire officielle de génétique a été créée à l'Université de Groeningue. Elle est occupée depuis plusieurs années par le Prof. Tammes.

Enfin, il existe encore, à la Volkuniversitas de La Haye, un cours d'eugénique donné par le Dr M. A. Van Herwerden.

La promotrice du mouvement eugénique en Hollande est le
Dr M. A. Van Herwerden, professeur d'embriologie à l'Université d'Utrecht. Ses ouvrages scientifiques sur la question font
autorité dans son pays. Les principaux d'entre eux sont :

1° *Georganizeerd onderzoek naar de verspreiding van erfelijke
eigenschappen en afwijkingen bij den mensch,* publié en 1923 ;

2° *Erfelijkheid bij den mensch en eugenetiek,* publié en 1926.
Cet ouvrage comprend 3 sections :

la première : de génétique générale ;

la seconde : de génétique humaine ;

la troisième : d'eugénique.

Les autres protagonistes de l'eugénique en Hollande sont :

Le Dr G. P. Frets, directeur de l'Asile d'aliénés de Maasvoord
(Rotterdam) ; le Dr Van der Spek, professeur à l'Université de
Rotterdam ; le Prof. Boeke, le Prof. Tammes, de l'Université de
Groeningue ; le Prof. Van Bemmel ; le Dr Hagedoorn.

La Hollande participe au mouvement eugénique international.
Elle a pris part aux différents congrès eugéniques organisés jusqu'ici et fait partie de la Fédération internationale d'Eugénique.
Elle y est représentée par le Dr M. A. Van Herwerden, déléguée
du « Nederlandsche Volk » et par le Dr G. P. Frets, médecin et
directeur de l'Asile de Maasvoord (Rotterdam).

Signalons encore que c'est à Amsterdam que s'est tenue en
1927 la réunion de la Fédération internationale des Organisations
eugéniques ainsi que le IIIme Congrès international d'Anthropologie.

CHAPITRE II.

Les institutions eugéniques aux Pays-Bas.

Il n'y a aux Pays-Bas aucune société d'eugénique proprement dite, mais il existe différentes institutions qui s'intéressent indirectement à la question.

Ce sont :

1° La Société de Génétique générale, qui comprend une section consacrée à l'étude de l'hérédité chez l'homme.

Cette société qui a été fondée en 1915 s'appelait à l'origine : la Société des Eleveurs néerlandais. Elle avait pour but de développer la connaissance de l'élevage scientifique. A son meeting de mai 1923, elle fonda la section prémentionnée de : l'hérédité chez l'homme, et changea son nom contre celui de Société de Génétique.

Cette société vient d'établir un Bureau de Consultation génétique dont le secrétaire est le Dr A. L. Hagedoorn. Le siège du Bureau se trouve à Soesterberg. Ce dernier fournit des renseignements de génétique et d'eugénique, non seulement aux membres de la société, mais encore au public en général ;

2° Le Bureau national néerlandais d'Anthropologie, qui a son siège à Amsterdam. Ce bureau est l'office national néerlandais de l'Institut international d'anthropologie. Il possède plusieurs sections.

Au meeting de 1923, il fut décidé que les trois sections : sociologique, génétique et eugénique se fusionneraient pour n'en former plus qu'une : la section de l'hérédité, de l'eugénique, de l'anthropologie sociale et de l'anthropologie spéciale.

Le Dr M. A. Van Herwerden en est la présidente ;

3° La Commission des Médecins, ayant pour but de propager l'étude de l'hérédité parmi leurs collègues.

Depuis 1924, ces trois institutions se sont combinées en un Comité central : le Comité central des organisations coopérantes pour les recherches de l'hérédité chez l'homme (Centraal Comité der samenwerkende organisaties voor erfelijkheids-onderzoek bij den mensch) ;

4° La Société pour l'Examen médical avant le Mariage (Vereeniging Geneeskundig Onderzoek voor het Huwelijk), dont le siège est à La Haye. Il s'est associé également avec le Comité central susmentionné.

Les principaux périodiques se préoccupant de l'eugénique sont :

1° *Mensch en Maatschappij*, organe trimensuel du Bureau national néerlandais d'Anthropologie ;

2° *Berichten van de Ned. Gen. Ver.*, organe de la Société de Génétique ;

3° *Genetica*, publié à La Haye, spécialement consacré à l'étude des questions de génétique et d'hérédité.

Il se publie encore des articles sur l'eugénique dans les périodiques littéraires et médicaux tels que le : *Haagsch Maandblad* (Prof. Van Bemmel) ; et le *Tijdschrift voor Geneeskunde* (Dr Hagedoorn).

CHAPITRE III.

Différents moyens eugéniques préconisés aux Pays-Bas.

On a étudié depuis longtemps aux Pays-Bas les mesures les
plus propres à contribuer à l'amélioration de la race. Certaines
d'entre elles ont déjà été appliquées et des résultats appréciables
ont pu être enregistrés dans la population. On s'est attaché surtout à la question de l'examen prénuptial, à celle du contrôle des
naissances, comme à tout ce qui concerne l'hygiène sociale et la
rééducation des anormaux. Nous examinerons successivement
chacun de ces différents points. A cet effet, le chapitre III sera
réparti comme suit :

1. — Le contrôle des naissances ;

2. — Les mesures d'hygiène sociale ;

3. — La rééducation des anormaux ;

4. — La réglementation du mariage ;

5. — Le certificat médical prénuptial.

La question du certificat prénuptial étant très avancée en Hollande, nous consacrerons un paragraphe spécial à son examen.

§ 1. — **LE CONTROLE DES NAISSANCES.**

Nous subdiviserons l'étude du contrôle des naissances en Hollande en quatre parties distinctes :

A. — Historique du mouvement ;

B. — La « Nieuw Malthusiaansche Bond » ;

C. — Les cliniques de Birth-Control aux Pays-Bas ;

D. — Les résultats du Birth-Control aux Pays-Bas.

A. — HISTORIQUE DU MOUVEMENT.

Le mouvement du contrôle des naissances ou malthusien
remonte en Hollande à l'année 1876, époque de la grande propagande Bradlaugh Besant.

Dès le début de la campagne, le Birth-Control a été envisagé dans ce pays du point de vue scientifique.

En 1876, le Dr S. Van Houten (ancien ministre de l'intérieur) écrivait un article en faveur du néo-malthusianisme dans le *Vragen des Tijds,* et Heldt, le chef du parti ouvrier, défendait énergiquement la doctrine.

Lors du Congrès médical international, tenu à Amsterdam en 1879, le Dr C. R. Drysdale (alors président de la Malthusian League anglaise) organisa un grand meeting public où furent défendues les idées nouvelles. Une ligue puissante fut aussitôt fondée : la Ligue néo-malthusienne néerlandaise ou « Nieuw-Malthusiaansche Bond ». Cette ligue entreprit une propagande intense et 30 membres du corps médical s'y joignirent dès les cinq premières années.

En 1882, Dr Aletta Jacobs, la première femme docteur en médecine en Hollande, épouse de M. Gerritsen, un des membres fondateurs de la Ligue, ouvrit une clinique gratuite pour les femmes et les enfants pauvres à Amsterdam où l'on enseigna les méthodes néo-malthusiennes.

Cette clinique a été la première clinique du Birth-Control du monde entier.

En 1883, le Dr Mensinga, gynécologue de Flensburg, fit faire au mouvement une sérieuse avance, par la publication d'une de ses découvertes anticonceptionnelles. Ses méthodes furent adoptées par la Ligue néerlandaise et sont actuellement usitées par les cliniques anglaises de Birth-Control.

Une brochure de propagande enseignant les pratiques anticonceptionnelles fut lancée par la Ligue en 1886.

En 1892, l'instruction des méthodes contraceptives était donnée aux femmes pauvres d'Amsterdam, de Rotterdam et de Groeningue.

Il est à remarquer que la Hollande est le seul pays où le Birth-Control a été enseigné dans toutes les classes de la population, et particulièrement dans les classes pauvres, par l'intermédiaire de médecins et d'infirmières qualifiées.

En 1910, eut lieu à La Haye le IIIme Congrès international du Birth-Control. Toutes les sociétés néo-malthusiennes se réunirent à cette occasion. Le Congrès fut présidé par Dr Alice Drysdale Vickerey, représentante de la Fédération universelle de la Régénération humaine.

Les principaux défenseurs du Birth-Control en Hollande sont actuellement le Dr Aletta Jacobs et le Dr Rutgers. Ce dernier a écrit un livre sur *la Limitation des Familles* qui a été traduit dans toutes les langues. Ses autres ouvrages sont : *Les Progrès de la Race* et *La Vie sexuelle dans sa signification biologique*. Le Dr Rutgers commença sa carrière en 1874 comme prêtre de l'église protestante, mais abandonna ensuite la théologie pour la médecine ; il s'occupa activement du mouvement social de son pays, et particulièrement du relèvement de la femme.

B. — LA « NIEUW MALTHUSIAANSCHE BOND ».

Comme nous l'avons vu plus haut, la Ligue néo-malthusienne néerlandaise fut fondée en 1882 par les Drs S. Van Houten, C. V. Gerritsen, et la femme de ce dernier, le Dr Aletta Jacobs.

Dès le début de sa fondation, la Ligue entra dans une période d'intense activité. Elle lança des brochures renfermant des instructions anticonceptionnelles et, dans la seule année 1892, il en fut distribué 35,000. Des sages-femmes qui avaient reçu un enseignement spécial furent chargées de donner des consultations gratuites.

La Ligue, en 1895, fut reconnue d'utilité publique par un arrêté royal.

En 1899, afin de la rendre plus populaire, on la réorganisa complètement, et le Dr Rutgers en devint le nouveau secrétaire.

Quelques années après son entrée dans la Ligue, il en devint président et fit prendre aussitôt à cette dernière un grand développement.

La Ligue comprend 7,700 membres, dans un pays qui ne compte guère plus de 7 millions d'habitants (1).

Sa principale activité, à l'heure actuelle, consiste dans l'enseignement des méthodes anticonceptionnelles, par l'intermédiaire des cliniques de Birth-Control.

---

(1) C. V. **Drysdale**. *Eugenics Review*, 1923, p. 472 et suivantes.

Une propagande néo-malthusienne est encore faite au moyen d'écrits et d'imprimés. Durant la seule année 1922, 65,736 publications relatives à la question virent le jour (1).

C. — LES CLINIQUES DU BIRTH-CONTROL AUX PAYS-BAS.

La Hollande est le pays où fut établie la première clinique de Birth-Control. Celle-ci fut fondée à Amsterdam, en 1882, par la Ligue néo-malthusienne néerlandaise et grâce aux soins de Dr Aletta Jacobs.

D'autres cliniques similaires furent créées dans la suite dans toutes les grandes villes de Hollande.

Ces cliniques s'adressent de préférence aux classes ouvrières. Les soins y sont gratuits pour les pauvres ; les autres personnes paient suivant leurs moyens.

Au début, des sages femmes salariées assuraient le service, mais comme elles ne donnèrent pas satisfaction, le Dr Rutgers instruisit des infirmières sur les questions auticonceptionnelles et ces dernières remplacèrent les sages-femmes.

A l'heure actuelle, l'enseignement du Birth-Control est donné en Hollande par quatre médecins et 55 infirmières qualifiées (2) (plus une pour la colonie de Java).

Il est à remarquer que cet enseignement anticonceptionnel se donne, non seulement dans les cliniques, mais encore au dehors. Des informations sont envoyées par la poste, et des brochures relatives aux meilleurs procédés anticonceptionnels ont été imprimées à cette fin. Le tout est expédié sous pli fermé à toute personne qui en fait la demande en mentionnant son nom et celui de sa femme, ou si c'est une femme, celui de son mari.

Durant l'année 1925, 5,600 exemplaires des brochures prémentionnées ont été délivrées en néerlandais ainsi qu'en langues étrangères.

Enfin, les cliniques donnent à tous ceux qui viennent les visiter des conseils généraux sur l'hygiène sexuelle.

------

(1) *The New Generation*, avril 1922, p. 6.

(2) C. V. Drysdale. *Eugenics Review*, 1923, p. 472 et suivantes.

D. — LES RESULTATS DU BIRTH-CONTROL AUX PAYS-BAS (1).

C'est vers 1876 que les premiers résultats du Birth-Control se sont fait sentir en Hollande. En effet, si on examine les statistiques du pays, on constate que, depuis cette époque, la natalité qui allait toujours croissant, a commencé à baisser progressivement et cette chute n'a pas cessé de se faire sentir jusqu'à ce jour.

D'un autre côté, si on considère les statistiques de la mortalité, on remarque qu'avant 1876, le taux des décès variait autour d'un chiffre de 26 pour 1000. A partir de cette date, il a baissé rapidement, et, en 1912, il n'était plus que de 12 à 14 pour 1000.

Les statistiques données pour la mortalité infantile ne sont pas moins significatives. Une chute rapide du taux de cette mortalité est constatée à partir de l'année 1876 (avec un léger arrêt durant la guerre). En 1920, elle atteint le chiffre de 73 pour mille qui est le plus bas de l'Europe.

Les malthusiens ont fait des études comparatives de la mortalité infantile des différentes parties de la Hollande ; ils ont opposé les districts urbains aux districts ruraux. Alors que généralement les centres urbains sont plus préjudiciables à la santé des enfants que les centres ruraux, en Hollande, c'est le contraire qui se produit depuis que le néo-malthusianisme a été établi.

Statistiques comparatives des différentes villes :

Hollande.

	1881-85	1905-10	1912	1921
Natalité	34.8	29.6	28.1	27.4
Mortalité	21.4	14.3	12.3	11.1
Mortalité infantile	182	114	87	76.2

Amsterdam (La Ligue néo-malthusienne commença son activité en 1881).

	1881-85	1905-10	1912	1921
Natalité	37.1	24.7	23.3	21.7
Mortalité	25.1	13.1	11.2	10.1
Mortalité infantile	203	90	64	53.2

---

(1) Nous tenons à faire remarquer que les résultats mentionnés dans ce paragraphe sont extraits des rapports de C. V. Drysdale à l'*Eugenics Review*, 1923, pages 472 et suivantes. Voir aussi l'article du D' Aletta Jacobs dans *Birth-Control Review*, mai 1926, p. 152.

La Haye.

Natalité	38.7	27.5	23.6	22.2
Mortalité	23.3	13.2	10.9	9.5
Mortalité infantile	214	99	66	45.3

Rotterdam.

Natalité	37.4	32.0	29.0	24.8
Mortalité	24.2	13.4	11.3	9.2
Mortalité infantile	209	105	79	52.6

Chiffres comparatifs des différentes provinces de Hollande :

PROVINCES classées par ordre de décroissance de la natalité.	NATALITÉ PAR 1000		Décroissance	MORTALITÉ INFANTILE PAR 1000		Décroissance
	1875-79	1911		1875-79	1907-11	
Hollande Nord. .	38.40	23.80	14.60	258.6	91.4	167.2
Hollande Sud . .	42.30	28.46	13.84	208.6	102.9	105.7
Zélande	39.60	27.61	11.99	221.9	132.2	89.7
Utrecht	37.50	27.16	10.34	232.2	115.6	116.6
Groningen . . .	36.40	26.92	9.48	150.8	97.6	53.2
Friese.	34.60	24.97	9.63	140.6	72.0	68.6
Gelder	33.30	27.93	5.37	150.7	116.6	34.1
Overijsel. . . .	33.60	28.30	5.30	145.0	112.3	32.7
Drenthe	34.10	32.14	1.96	206.1	173.6	31.5
Brabant Nord . .	33.70	31.81	1.89	122.6	105.1	17.5
Limbourg . . .	33.10	33.05	0.05	157.3	171.5	-14.2

Comme on le voit d'après ce tableau, la chute de la mortalité infantile correspond à une chute à peu près identique de la natalité. On remarquera encore que la Hollande du Nord qui a débuté avec la plus haute natalité et la plus haute mortalité est arrivée à la mortalité et à la natalité la plus faible tandis que le Limbourg (province où ne se pratique pas le Birth-Control), qui a débuté avec la natalité et la mortalité la plus faible, a gardé un chiffre constant de natalité mais a vu son chiffre de mortalité devenir le plus élevé de la Hollande.

Un autre avantage eugénique apporté par le Birth-Control ajoute C. V. Drysdale est la diminution du nombre des mort-nés, qui prouve un affaiblissement des maladies vénériennes et des avortements. Voici les chiffres qui ont été obtenus pour les dix dernières années :

Années	1910	1911	1912	1913	1914	1915
Morts-nés par 100 naissances	3,9	3,83	3,75	3,72	3,75	3,81

Années	1916	1917	1918	1919	1920
Morts-nés par 100 naissances	3,85	3,77	3,78	3,47	3,26

Si on examine maintenant les tables de mortalité des femmes qui meurent de fièvre puerpuérale dans les différents pays, on remarque que la Hollande accuse la plus faible mortalité du monde entier.

D'autre part, C. V. Drysdale constate que l'état économique et social du peuple hollandais se trouve dans de très bonnes conditions ; la moralité sexuelle y est élevée ; les maladies vénériennes peu développées. Il y a une grande uniformité dans l'étendue des familles des différentes classes de la société.

Il attribue tous ces heureux effets à la pratique constante du Birth-Control.

Le Birth-Control a encore amené en Hollande un accroissement dans le nombre des mariages depuis 1880, et l'âge des personnes qui se marient a sensiblement baissé. En 1880, sur 100 mariages, il y en avait 5,90 dans lesquels la femme était âgée de moins de 25 ans et en 1923, il y en avait 9,06. Le nombre de mariages était en 1880, de 7,5 par 1000 habitants et en 1923, de 8.

Le pourcentage des enfants naturels est très faible en Hollande. Dans ces dernières années, l'on comptait 19,1 enfants illégitimes par 1000 naissances, tandis que ce chiffre atteignait 43,4 en Angleterre et 70,9 en Écosse.

Lors du IIme Congrès international d'Eugénique, le Dr Soren Hansen présenta un rapport dans lequel il signalait encore d'autres conséquences du Birth-Control en Hollande : le peuple hollandais s'est considérablement amélioré tant au point de vue physique que mental depuis que s'est généralisée la pratique du Birth-Control adopté il y a 35 ans. La taille des Hollandais a augmenté de 4 pouces depuis les 50 dernières années et les renseignements donnés par l'armée confirment cette attestation. La proportion de jeunes gens de plus de 5 pieds 7 pouces de hauteur entrant à l'armée est passée de 24 % en 1865, à 47 % en 1911, tandis que la proportion de ceux ayant moins de 5 pieds 2 1/2 pouces est passée de 25 à 8 % pendant la même période. Lors de la mobilisation de l'armée, les statistiques ont démontré que 95 % des hommes étaient bons pour le service.

Enfin, la longévité moyenne des Hollandais s'est accrue : de 46 ans elle est montée à 51. Malgré le faible taux des naissances, la population en Hollande se trouve être en augmentation (1).

§ 2. — LES MESURES D'HYGIENE SOCIALE.

Les mesures d'hygiène sociale établies aux Pays-Bas dans l'intérêt de la race concernent :

A. — La protection de l'enfance ;

B. — La lutte contre la tuberculose ;

C. — Les maladies mentales ;

D. — Le péril vénérien ;

E. — L'alcoolisme.

Examinons chacun de ces points.

A. — PROTECTION DE L'ENFANCE.

Les principales lois relatives à la protection de l'enfance aux Pays-Bas sont :

Besluit houdende bekendmaking van den tekst der Arbeidswet 1919, zooals die wet sedert is gewijzigd ;

Wet van den 5en Juli 1921, houdende invoering van den kinderrechter en van de onder toezichtstelling van minderjarigen ;

Besluit van den 3en December 1921, ter bekendmaking van den tekst der Leerplichtwet — wet van 7en Juli 1900 — zooals die wet is gewijzigd bij de wetten van 31en December 1920, en 15en October 1921.

Les principales organisations ayant pour but la protection de l'enfance aux Pays-Bas sont :

---

(1) *International Yearbook of Child Welfare*, p. 308.

Kinderbescherming-Bureau, Amsterdam ;
Maatschappij tot Nut van 't Algemeen, Rotterdam ;
Maatschappij van Weldadigheid ;
Nationale Vrouwenraad, Den Haag ;
Nederlandsche Padvinders, 10, Servaasbolwerk, Utrecht ;
Nederlandsche Roode Kruis, 27, Princesjegracht, Den Haag ;
Nieuw-Malthusiaansche Bond, 22, Steengracht, Den Helder.
Onderlinge Vrouwenbescherming, Den Haag.

B. — LUTTE CONTRE LA TUBERCULOSE (1).

La lutte contre la tuberculose s'effectue aux Pays-Bas sous la direction et la surveillance de l'Inspectorat de l'Etat. Ce service a été combiné en avril 1924 avec l'Inspection pour l'hygiène de l'enfance et se compose d'un inspecteur en chef titulaire et de trois inspecteurs qui chacun ont un district sous leur surveillance.

Au 1er janvier 1924, le pays comptait 11 organisations provinciales pour la lutte contre la tuberculose auxquelles étaient jointes 519 sociétés locales et qui avaient sous leur surveillance, en 1923, 28,963 familles comprenant des tuberculeux.

Au 1er janvier 1925, il existait, outre les 42 dispensaires de sociétés locales et celui du personnel des chemins de fer, des dispensaires de district à Amsterdam, Alkmaar, Apeldoorn, Assen, Eindhoven, Groningen, Haarlem, Hilversum, Hoorn, Middelbourg et Utrecht, en plus, des dispensaires périphériques.

Le service des dispensaires s'est ainsi étendu sur la province de la Hollande septentrionale, une partie de la Gueldre, la province de Drenthe, une partie du Brabant septentrional, la province de Groningue, le Limbourg méridional et les provinces de Zélande et d'Utrecht.

On compte que, vers l'année 1930 environ, tout le Royaume des Pays-Bas sera semé de dispensaires pour la lutte contre la tuberculose.

---

(1) Extrait du livre du D' J. A. Putto. *Organisation sanitaire aux Pays-Bas.*

L'Etat a accordé, en 1924, 1,100,000 florins pour la lutte contre la tuberculose. Cette somme sert à assurer l'exploitation des services des dispensaires des organisations provinciales, et à subventionner des sanatoria. Une somme de 25,000 florins a été allouée à la Ligue néerlandaise centrale pour la lutte contre la tuberculose, qui s'est chargée, entre autres, de la propagande éducative (journal contre la tuberculose, conférences, musée, films, etc.). Les crédits sont encore utilisés pour la formation technique des visiteuses, l'encouragement à la participation aux travaux scientifiques, la direction de la vente, au profit de la lutte contre la tuberculose, d'une petite fleur appelée « fleur d'Emma » (Emma-bloem), du nom de la Reine-mère.

Le budget de la Ligue centrale se monte à 76,000 florins.

Chaque année, l'Inspection du Gouvernement établit une liste des établissements approuvés (sanatoriums, pavillons, hôpitaux) où les tuberculeux peuvent être admis avec subvention de l'Etat.

Etaient approuvés au 1ᵉʳ janvier 1925 : 17 sanatoria pour adultes, 7 sanatoria pour enfants, 3 pavillons, 30 hôpitaux, 44 stations de cure et 3 écoles en plein air (dont un internat).

En 1924 furent spécialement mises à l'ordre du jour les questions de la « cure de travail » et de l' « after cure » pour tuberculeux.

En 1925 furent établis, à Deventer et à Euschede, des établissements destinés aux ouvriers invalides et où les tuberculeux peuvent également travailler (cure de travail).

C. -- LUTTE CONTRE LES MALADIES MENTALES.

En 1921, ont été créées en Hollande la « Société chrétienne de Psychologie appliquée à la Pédagogie et à l'Orientation professionnelle » et le « Cercle de psychologues ». Déjà avait été fondée, en 1920, une « Société pour l'Etude de la Psychologie religieuse » (Bouman, Roels, Heymans), ainsi qu'en 1919 l' « Association néerlandaise pour l'Etude scientifique de la Thérapeutique des maladies nerveuses et mentales ». A Amsterdam, un Service ouvert pour Psychopathes fonctionne depuis 1922 sous la direction de Meijers ; ce service, qui est une partie de l'Université municipale, est une véritable clinique neuro-psychiatrique, avec dispensaire et service social ; de plus, il existe, à Amsterdam, une seconde clinique neuro-psychiatrique, édifiée par l'Université libre (1).

D. — LUTTE CONTRE LE PERIL VENERIEN.

La lutte contre le péril vénérien est dirigée dans les Pays-Bas par une organisation particulière : la « Société néerlandaise pour la lutte contre les maladies vénériennes », qui encourage l'établissement de dispensaires. Cette société a reçu de l'Etat, en 1924, une subvention de 10,000 florins. A Amsterdam et à Rotterdam existent des polycliniques municipales pour maladies vénériennes, destinées entre autres aux marins contaminés.

Il n'existe aux Pays-Bas ni législation contre les maladies vénériennes, ni système de réglementation, ni disposition classant parmi les délits la prostitution personnelle et privée des personnes majeures.

Il faut signaler dans la lutte contre la syphilis les travaux du Dr Van der Valk, professeur à l'Université de Groeningue, lequel a présenté au Congrès de la syphilis héréditaire de Paris, en 1925, une communication remarquable sur la question. Il s'est surtout spécialisé dans le traitement de la syphilis chez les nourrissons. De son côté le Dr J. '. Ter Maten, chef de la Clinique de Syphilis héréditaire d'Amsterdam, a obtenu des résultats surprenants dans ce domaine.

Enfin, l'on s'occupe encore aux Pays-Bas, d'initier les femmes du peuple sur les questions d'hygiène sexuelle. Des médecins et des accoucheuses en sont chargés ; ils éduquent ainsi les parents en vue de leur permettre de remplir leurs devoirs de procréateurs en connaissance de cause (2).

E. — LUTTE CONTRE L'ALCOOLISME.

Les principales organisations ayant pour but de lutter contre l'alcoolisme sont :

(1) Extrait du livre du Dr Potet : *L'Hygiène mentale.*

(2) Dr Jos. Gillon. *Rapport présenté au 2me Congrès international de la Protection de l'Enfance,* Bruxelles 1921.

1. Nationale Commissie tegen het Alcoholisme (N. C. A.) ;
2. Nationale Bond voor Plaatselijke Keuze ;
3. Sobriëtas ;
4. Eukrateia ;
5. Nederlandsche Vereeniging tot Afschaffing van Alcohol-houdende Dranken ;
6. Algemeene Nederlandsche Geheel-Onthouders Bond ;
7. International Order of Good Templars ;
8. Nationale Christen Geheel-Onthouders Vereeniging ;
9. Nederlandsche Christen Vrouwen Geheel Onthouders Unie ;
10. Nederlandsche Christelijke Geheel-Onthouders Bond ;
11. Gereformeerde Vereeniging voor Drankbestrijding ;
12. Predikanten Geheel-Onthouders Vereeniging ;
13. Artsen Geheel-Onthouders Vereeniging ;
14. Spoorweg Onthouders Vereeniging ;
15. Nat. R. K. Spoor- en Tramweg Onthouders Vereeniging ;
16. Interacademiale Geheel-Onthouders Bond ;
17. Nederlandsche Jeugd-Centrale voor Onthouding ;
18. Nederlandsche Bond van Abstinent Studeerenden ;
19. Jongelieden Geheel-Onthouders Bond ;
20. Jeugdbond voor Onthouding ;
21. Orde van Jonge Tempelieren ;
22. Volksbond tegen Drankmisbruik.

§ 3. — LA REEDUCATION DES ANORMAUX.

La Hollande possède différentes institutions d'enseignement et de traitement pour enfants anormaux soit physiquement soit mentalement.

A. — ANOMALIES PHYSIQUES.

En 1900, la Johannastichting fut fondée à Harnem. Elle peut recevoir une quarantaine d'enfants infirmes qui viennent de toutes les provinces du Royaume. Elle admet des élèves externes et internes. Cette institution sert exclusivement à l'instruction et à l'éducation professionnelle ; le traitement médical est fait dans des polycliniques chirurgicales et orthopédiques.

En 1914, l'Adriaanstichting, à Rotterdam, et la Corneliastichting, à Beetsterswaag, ont été ouvertes ; elles peuvent chacune contenir quarante enfants infirmes ; l'Institut de Rotterdam est placé sous la direction d'un médecin et l'élément curatif y prédomine ; une partie des enfants incapables de fréquenter l'école ordinaire y reçoivent l'enseignement élémentaire, une autre partie reçoit un enseignement spécial ; l'enseignement professionnel est adapté à la nature de l'infirmité et au genre de profession envisagé.

L'enseignement des sourds-muets est le plus ancien dont on se soit occupé en Hollande. Au XVIIᵉ siècle, le médecin Amman d'Amsterdam enseignait les sourds-muets par la méthode orale. En 1790 un internat fut ouvert à Groeningue où l'on employait le langage des gestes. En 1840 une institution fut créée à Saint-Michielsgestel et, en 1853, un externat pour sourds-muets fut établi à Rotterdam. En 1891, un internat s'ouvrit à Dordrecht, et en 1911 à Amsterdam ; dans ce dernier sont annexées des classes où les enfants sont admis dès l'âge de 3 ans. Il existe, depuis 1914, à La Haye et à Amsterdam, et depuis 1920 à Rotterdam, des écoles pour enfants à audition insuffisante. Il est constaté que 10 % des enfants admis peuvent, après un certain temps, retourner dans les écoles ordinaires.

En ce qui concerne les aveugles, un internat fut ouvert en 1805, à Amsterdam, qui compte actuellement 80 enfants. En 1880, on y a annexé des classes préparatoires situées à l'Ibristerheide.

En 1859, une institution catholique a été fondée à Grave et, en 1919, un établissement protestant Bartimeus à Zeist. Un enseignement aux arriérés aveugles est donné à l'internat pour faibles d'esprit de Groot-Emaus à Ermelo.

En dehors de l'école ordinaire, on enseigne la musique et le massage aux enfants qui s'y prêtent ; de plus ils apprennent tous à confectionner du cannage, nattes, tapis, etc.

Au Pays-Bas, la fondation d'écoles pour enseignement spécial est en grande partie due à l'initiative privée.

B. — ANOMALIES MENTALES.

Il existe dans les grandes villes des cours destinés surtout aux bègues.

Plusieurs établissements ont été fondés pour enfants nerveux. Outre l'internat Klein Warnsborn, il existe une école à La Haye et une école pour psychopathes à Rotterdam. Les institutions pour la jeunesse abandonnée et criminelle en reçoivent un grand nombre.

On a créé une commission permanente décidant de l'admission des enfants dans les écoles pour arriérés après un examen médical pédagogique et psychologique. Ces écoles existent dans la plupart des villes de quelqu'importance ; c'est à Rotterdam que fut ouverte la première, en 1896. Il y a, en outre, des internats tels l'institution Gnot-Ernans et l'institution Heye à Oosterbeck. En plus de l'enseignement ordinaire, on enseigne aux jeunes filles les travaux ménagers et aux garçons les travaux manuels. A Rotterdam on leur donne en outre des leçons de reliure et de cordonnerie. Quand le jeune homme quitte l'école, on lui cherche un patron bienveillant qui l'initie aux connaissances élémentaires d'un métier. Une enquête faite à Amsterdam a montré que sur 140 garçons et 62 filles ayant quitté l'école depuis 5 à 10 ans, 113 garçons et 20 filles étaient occupées à un travail extérieur. A Amsterdam, un ancien instituteur est chargé de s'occuper exclusivement de l'assistance post-scolaire des arriérés. Il leur cherche un patron approprié, sert de médiateur lorsque l'élève est menacé de prison ou risque d'être incorporé, bien qu'impropre au service militaire. Quand l'arriéré devient un danger social il le fait admettre dans un internat grâce à l'institution de la mise en curatelle ou à la condamnation avec sursis, ou à la tutelle qu'il peut assumer.

La stérilisation des faibles d'esprit trouve peu de partisans en Hollande.

Les faibles d'esprit, capables de recevoir une certaine instruction, doivent fréquenter la classe pour imbéciles : la Beginningsklas ; ils représentent un dixième du nombre total des faibles d'esprit. On essaye d'amener peu à peu les enfants à effectuer un travail productif ; cette école tend à devenir une maison de travail pour faibles d'esprit adultes, comme c'est le cas à Dordrecht. On occupe ces derniers à faire des nattes, des brosses, etc. Ils sont, en effet, impropres à vivre en société.

La plupart de ces institutions, bien que dues à l'initiative privée, ont dû, pour maintenir leur existence solliciter l'aide des autorités et subir l'ingérence des fonctionnaires. Le Gouvernement a placé un médecin à la tête de l'inspection de l'enseignement spécial ; des raisons d'économie empêchent cet enseignement de se développer dans la mesure des nécessités.

§ 4. — LA REGLEMENTATION DU MARIAGE.

Il n'existe dans la législation aucune autre réglementation du mariage établie dans l'intérêt de la race, que celle concernant l'âge et le degré de consanguinité. Jetons un rapide coup d'œil sur chacun de ces points. L'étude du certificat prénuptial fera l'objet du paragraphe suivant.

A. — L'AGE DU MARIAGE.

La loi fixe l'âge du mariage à dix-huit ans pour les hommes et à seize ans pour les femmes.

B. — LE DEGRE DE CONSANGUINITE.

Le mariage est défendu entre tous parents consanguins en ligne directe (ascendants et descendants) quelque soit le degré, entre les collatéraux jusqu'au troisième degré ; en ce qui concerne la parenté par alliance, il est défendu dans les mêmes degrés entre le mari et les parents de sa femme décédée, et entre la femme et les parents de son mari décédé.

§ 5. — LE CERTIFICAT MEDICAL PRENUPTIAL.

La question de l'examen médical prématrimonial fera l'objet de deux paragraphes distincts. Le premier envisagera les différents organismes se préoccupant de l'examen médical prénuptial. Le second, les bureaux de consultation prénuptiale.

A. — DIFFERENTS ORGANISMES SE PREOCCUPANT DE L'EXAMEN MEDICAL PRENUPTIAL.

Il y a quelques années, un projet de loi fut déposé devant la Chambre des Pays-Bas tendant à obtenir que les jeunes gens désireux de contracter mariage fussent obligés de se soumettre à un examen médical. La proposition fut soutenue énergiquement par les médecins, mais l'opinion publique se prononça en majorité contre elle. « Une telle loi, disaient les adversaires du projet, serait une atteinte grave à l'exercice de la liberté et à la pudeur publique. » Et le projet ne fut pas voté.

Toutefois, un Comité vient d'être nommé qui a pour but d'examiner la question de l'examen médical prénuptial obligatoire. Ce Comité comprend le Prof. Sleeswijk, de Delft, le Dr Van Herwerden d'Utrecht et le Dr Vos d'Amsterdam.

Récemment, des instances ont été faites auprès du Gouvernement par M. de Zeeuw, échevin de Rotterdam et par Mme Bakker-Nort, afin que la question soit étudiée.

D'autre part, l'Association des Femmes citoyennes a constitué une Commission qui a pour tâche de faire décréter une loi sur le mariage.

Dans son rapport, la dite Commission propose de définir comme suit les conditions à établir en vue du mariage :

« Les personnes qui désirent contracter mariage doivent, en même temps qu'elles en font la demande au fonctionnaire de l'Etat civil, présenter :

a) Un certificat d'un médecin, constatant qu'elles ont été visitées et éclairées quant aux suites éventuelles qui résulteraient de leur union ;

b) Une déclaration écrite de leur futur conjoint, disant qu'il — ou elle — a pris connaissance des résultats de la visite médicale.

Ce rapport a été adopté par l'Association des Femmes citoyennes dans son assemblée tenue à Leyde en juin 1924.

Plusieurs sociétés catholiques d'hommes et de femmes se déclarent ouvertement pour l'examen médical et demandent la coopération des prêtres à cet effet.

. Le Club d'Etudes de l'Association diocésaine des Femmes, à l'Archevêché, a également fait un rapport particulièrement important sur la question.

Ce rapport traite de l'enquête médicale prématrimoniale et conduit aux conclusions suivantes :

1° L'enquête médicale légalement obligatoire avant le mariage n'est jamais demandée, et jusqu'à présent l'expérience montre qu'elle n'est pas considérée comme efficace ;

2° L'enquête médicale volontaire avant le mariage est à recommander et mérite l'appui des particuliers comme des autorités ;

3° Les autorités doivent favoriser cette enquête — c'est l'opinion du Dr Th. Vlaming — par exemple, en obligeant le fonctionnaire de l'Etat civil à exiger, lors de la déclaration de mariage, en même temps que les autres pièces, une déclaration des futurs conjoints constatant qu'ils se sont réciproquement fait connaître leur état de santé.

4° Il est à souhaiter que les deux candidats au mariage soient éclairés par le médecin sur le but général de l'enquête.

Enfin le Conseil national des Femmes a pris l'initiative, avec le concours de nombreuses associations philanthropiques, féministes, industrielles, savantes, etc. de former une Société pour l'encouragement au certificat médical en vue du mariage. Cette Société a pris le nom de : « Comité ter bevordering van Geneeskundig Onderzoek voor het Huwelijk » ou « Association néerlandaise en faveur de l'Examen médical prénuptial ». Elle revêt, à l'heure actuelle, une importance considérable.

Nous allons examiner l'organisation et l'activité de ce Comité.

Fondé à La Haye en 1913, il a pour but :

a) La diffusion dans toutes les classes de la société des connaissances relatives à la question de l'examen médical et le réveil du sentiment de la responsabilité chez les parents,

1° par des conférences de caractère moral aussi bien que médical,

2° par la publication et la distribution à bas prix d'écrits et de feuilles volantes ;

b) La coordination avec des associations s'intéressant à la même question ;

c) L'emploi de tous autres moyens légaux pouvant être utilement considérés.

Le Comité travaille à faire comprendre au public que la consultation du médecin avant le mariage est un devoir moral qu'il est nécessaire de remplir, autant dans l'intérêt des personnes concernées, que dans celui de leur postérité ; donc une mesure de grande utilité pour toute la société.

Une propagande intense est organisée. Elle consiste surtout à distribuer largement et à bon escient le tract suivant :

CONSEILS IMPORTANTS POUR LES CANDIDATS AU MARIAGE.

Un corps sain renferme avec un esprit sain plus de puissance et de désir de travail. D'un corps sain émane une force physique et morale, facteur de bonheur conjugal et familial.

La maladie d'un des époux affecte l'autre et entraîne pour lui un surcroît de besogne; elle réduit les joies de l'existence; elle **apporte des troubles et des soucis à toute la famille. En outre la maladie de l'un peut** se transmettre à l'autre et la santé précaire des parents a sa répercussion sur les enfants. Le bonheur de ces derniers est compromis lorsque le père ou la mère jouissent d'une mauvaise santé et l'harmonie du foyer n'existe plus.

Mais la situation est plus dramatique encore lorsque la maladie des parents, à cause de son caractère spécial, est transmise aux enfants, au détriment de leur physique et de leur moral.

L'expérience nous montre d'ailleurs, que l'union des parents malades produit habituellement une progéniture faible et maladive ou que cette union reste stérile. C'est donc un devoir sacré pour celui qui veut se marier — aussi bien lui-même que pour sa future famille — de se rendre compte à temps de la possibilité pour lui d'accepter au point de vue physique la responsabilité de l'acte qu'il va entreprendre.

C'est le devoir des deux conjoints de considérer sérieusement, non seulement l'affection mutuelle et les conditions pécuniaires, mais aussi l'état de santé des deux parties, afin de réaliser une union heureuse et paisible. Cette responsabilité intéresse également les parents et les tuteurs dont le devoir est de prendre soin du bonheur de leurs enfants. Ils doivent eux aussi préconiser un examen consciencieux des conditions physiques des candidats au mariage. Souvenons-nous qu'il arrive souvent que quelqu'un souffre d'une affection qu'il ignore et que c'est le médecin seul qui peut découvrir une maladie secrète qui oblige à reculer le mariage, du moins pour quelque temps.

Si les conjoints sont d'avis de remplir leur devoir, ils devraient consulter un médecin qui a leur confiance et qui est toujours tenu par le secret professionnel. Et si le médecin se voit obligé de vous conseiller de remettre votre mariage à cause de votre état de santé, écoutez la voix de la sagesse et de votre conscience, et reculez votre mariage temporairement.

Votre désappointement sera grand, mais il serait bien plus grand encore et votre chagrin plus amer si le mariage dont vous attendiez le bonheur ne vous apportait que des désillusions à cause de votre propre imprudence.

Dans la majorité des cas, le médecin pourra vous donner un avis favorable et vous rassurer sur l'état de votre santé et sur les espérances que vous êtes en droit d'attendre du mariage. Mais s'il devait en être autrement, vous aurez encore l'avantage de bénéficier de ses conseils et de pouvoir tabler sur une guérison. Après un certain temps, avec une conscience tranquille et une espérance bien fondée de bonheur futur, vous serez en état de réaliser vos projets.

Avant que le mariage soit définitivement contracté, il est du devoir des jeunes gens de se communiquer directement ou indirectement l'opinion du médecin. Celui qui manque à ce devoir commet un crime contre son futur conjoint et contre les enfants qui naîtront de cette union.

Il commet également un crime contre sa patrie qui ne peut être servie que par une génération saine et vigoureuse.

Ces conseils sont remis aux fiancés dans un certain nombre de communes par le bureau de l'Etat civil au moment de la publication des bans. Ils permettent ainsi d'attirer l'attention des intéressés et du public en général sur l'importance de la santé des époux et sur les responsabilités inhérentes à la proclamation (1).

*
* *

Le Bureau du Comité est constitué comme suit :
Prof. Dr J. C. Sleeswijk, Président ;
G. J. Rolandus, Secrétaire ;
Mme V. d. Steen V. Ommeren-Hallo, Trésorière ;
Mme Dr M. A. Van Herwerden ;
Mme Van Italie-Van Embden ;
C. De Neef ;

---

(1) Dr Schreiber. *L'examen médical en vue du mariage.*

Mlle Dr Cato Van der Pijl ;

Dr I. H. J. Vos.

En 1924, 4 commissions sanitaires se sont affiliées à l'Association ; à savoir : celles de Enkhuizen, Gulpen, Harlingen et Warfum.

On trouvera ci-dessous le tableau des communes qui se sont déclarées prêtes à propager la brochure prémentionnée.

Provinces	*Nombre de communes*	*Habitants*
Brabant septentrional	—	—
Hollande septentrionale	9	134,000
Gueldre	3	30,000
Hollande méridionale	9	443,000
Zélande	1	24,000
Utrecht	3	172,000
Frise	2	47,000
Overyssel	2	61,000
Groningue	1	14,000
Drente	—	—
Limburg	11	93,000
	41	1,018,000

Les brochures atteignent de la sorte environ 8,000 couples, tandis qu'il se fait annuellement, en Hollande, 56,000 mariages.

Le Bureau du Congrès néerlandais d'Hygiène publique a invité l'Association à une réunion en vue d'examiner la possibilité de fonder une fédération d'associations dont l'objet se rapporte aux questions d'hygiène sociale.

L'Association eugénique néerlandaise l'a également invitée à son assemblée du 4 janvier 1924, à Amsterdam.

En 1924 a été fondée, à Leyde, une section de l'Association générale.

Cette section a aussitôt demandé au fonctionnaire de l'Etat civil de faire distribuer les brochures de l'Association aux personnes qui déclarent vouloir se marier.

Ce fonctionnaire s'est déclaré prêt à se conformer à ce vœu.

A l'assemblée annuelle de la Commission internationale d'eugénique tenue à Milan en septembre 1924, le Comité central néerlandais était représenté par le Dr Van Herwerden, d'Utrecht, qui, sur la demande de l'Association, a fait mettre à l'étude la question de savoir ce que la Commission internationale pense de la remise d'une brochure aux candidats au mariage — selon la pratique de la dite Association en Hollande — afin de populariser sous une forme simple l'idée eugénique dans toutes les classes de la population, et d'implanter dans l'esprit de chacun la notion du lien qui existe entre l'état intellectuel et corporel des parents et celui de leurs enfants.

Le Bureau a décidé de soumettre cette question au jugement personnel des membres de la Commission internationale, avec prière d'envoyer par écrit leur opinion au Dr Van Herwerden.

De nombreuses lettres sont arrivées au Comité qui témoignent de leur sympathie pour l'idée mise en avant.

Plusieurs de ces lettres sont signées d'hommes distingués en matière d'eugénique, tels que le psychologue A. Forel (Suisse), le major Dr Léonard Darwin, président de l' « Eugenics Education Society », l'eugéniste français bien connu, Prof. Apert, de Paris, et le Prof. H. Lundborg, Directeur de l'Institut de biologie raciale de l'Etat, à Upsal (Suède).

A l'heure actuelle l'influence de l'Association néerlandaise croît de plus en plus. 41 comités locaux ont été constitués dans les différentes villes de province.

B. — LES BUREAUX DE CONSULTATION PRENUPTIALE.

Il existe en Hollande deux Bureaux de consultation prénuptiale : à Amsterdam et à la Haye.

1° *Le Bureau d'Amsterdam :*

Il a été créé par l'Association néerlandaise en faveur de l'examen médical prénuptial. Il a son siège, 719, Keizersgracht. Son Comité est constitué comme suit :

Prof. Dr D. Van Embden, Président ;

Mme C. Pothuis-Smit ;

J. Ter Haar Jr. ;

Prof. A. H. M. J. Van Rooy ;

Dr B. Premsela, Secrétaire-Trésorier.

Lors de l'inauguration du Bureau, le 5 février 1925, en présence d'un petit groupe de personnes s'intéressant à l'œuvre, le Prof. Van Rooy prononça un discours où il insista sur les avantages théoriques et pratiques attachés à l'enquête médicale prématrimoniale. Il convenait que cela fût dit publiquement, car il existe parmi les médecins une certaine opposition aux efforts de l'Association.

Cette opposition s'appuie sur différents griefs qui à leur tour procèdent d'une certaine ignorance quant à la sphère d'action où ces efforts s'exercent.

Il a été ainsi répondu au reproche, adressé souvent aux membres de l'Association d'être les protagonistes de la prohibition du mariage. Au contraire, ils en sont les adversaires. Il a été également répondu au reproche adressé aux membres de l'Association de se hasarder imprudemment sur le terrain encore si mal connu de l'hérédité. Au contraire, les avis pratiques sont toujours donnés en dehors de ce terrain où règnent tant de difficultés et d'obscurité.

Les locaux du Bureau d'Amsterdam ont été fournis par le Comité d'assistance aux malades.

Cette consultation est ouverte à tous les candidats au mariage qui se présentent volontairement. Les honoraires varient suivant les salaires des visiteurs, mais les indigents peuvent la visiter sans frais. Les consultations ont lieu tous les mercredis à 5 heures.

Les investigations internes (cœur, poumons, urine, etc.) sont confiées pour les deux sexes, au Dr B. Premsela.

Le Dr R. Remmelts s'occupe des recherches concernant les affections du bassin chez les femmes.

Pour les cas où intervient la question de maladies sexuelles, on a recours à la collaboration du Bureau de consultations de l'Association néerlandaise contre les maladies sexuelles, dont les médecins, Dr Heilbron et Dr Penso, rendent sans cesse les plus grands services.

Du 11 février 1925 au 1ᵉʳ janvier 1926, le Bureau a été visité par 116 personnes, dont 62 hommes et 54 femmes.

Bien que, en principe, le Bureau se refuse à la visite de personnes mariées, il y a eu cependant cinq cas de gens mariés admis à la dite visite.

Des 116 personnes mentionnées, 101 étaient d'Amsterdam, les autres d'ailleurs.

Selon les professions, elles se distribuent comme suit :

Commis de magasin	4	Couturières	5
Commis de bureau	44	Electricien	3
Propriétaire	4	Instituteurs et institutrices	4
Fonctionnaire	5	Diamantaire	4
Coiffeur	2	Sans profession	15
Domestique	8		

Voici maintenant les résultats des examens :

Cinq cas étant à écarter, 111 personnes ont été conseillées. Les avis du Bureau se répartissent en cinq groupes :

Groupe I. — Conseil de ne pas se marier : N'a pas été donné.

Groupe II. — Conseil de retarder le mariage jusqu'après un traitement par le médecin de famille : A été donné *cinq fois* dont trois pour cause de maladie sexuelle.

Groupe III. — Pas d'obstacle au mariage, mais existence de certaines anomalies, sans importance quant au mariage, mais qui ne doivent pas être négligées, et sur lesquelles doit être appelée l'attention du médecin de famille : 37 fois.

Groupe IV. — Aucun obstacle au mariage : 58 fois.

Groupe V. — Ce groupe est à part. Il se compose de femmes, tout à fait saines, mais atteintes d'une légère déformation du bassin. Ce groupe comprend : *11 personnes*. Il leur a été communiqué, après mensuration du bassin, qu'il n'y avait pas d'obstacle au mariage projeté ni à la possibilité de mettre des enfants au monde, mais que la conformation de leur bassin rendait nécessaire, d'avoir recours au contrôle de l'art d'une façon rapide et soigneuse. Ces avis leur furent inculqués avec la plus grande insistance.

Dans l'ensemble, on trouve donc sur les 111 cas :

106 ne présentant pas d'obstacle ;

5 où le mariage a été remis à plus tard ;

0 où le mariage a été déconseillé.

Et ces chiffres n'expriment pas le nombre de fois où les candidats au mariage quittent le Bureau rassurés ,parce qu'ils peuvent regarder l'avenir avec confiance.

Signalons avec quelques détails certains cas éloquents à divers titres qui ont été publiés par le Bureau :

N° 16. — Voici un cas dont les résultats ont été tragiques. Une jeune fille de 27 ans se révèle atteinte de sérieuse faiblesse cardiaque. Elle reçoit le conseil de retarder en tout cas son mariage jusqu'après traitement médical approprié. Cinq semaines plus tard, on apprend sa mort. Si le mariage avait eu lieu, le malheur eût été encore plus grand.

N° 62. — Un jeune homme de 28 ans avait été en 1920 et 1922 atteint de maladie sexuelle. Lors de la visite par un spécialiste, des traces contagieuses de la dernière maladie se décèlent. Il reçoit le conseil de se faire traiter et de retarder le mariage. *Il suit ce conseil.* Après guérison, le consentement au mariage est donné. Sans la visite, il aurait pu, inconsciemment, contaminer sa femme.

N° 103. — Un jeune homme de 24 ans avait été atteint de pleurésie 3 ans auparavant, laquelle avait duré 5 mois. Il lui en était resté de la toux et des expectorations. A la suite d'une visite minutieuse certaines anomalies furent découvertes. Après en avoir délibéré avec le Bureau de consultation contre la tuberculose, il fut décidé de lui conseiller, avant de faire de nouvelles démarches en vue du mariage, de revenir dans trois mois, *ce qu'il fit.* Après ces trois mois, son état s'était tellement amélioré, que le mariage lui fut permis, moyennant de se laisser contrôler régulièrement.

2° *Le Bureau de La Haye :*

Ce Bureau est placé sous la direction du Dr Cato Van den Pijl, membre de l'Administration générale et du Dr A. Siegenbeck Van Heukelom.

Les candidats au mariage sont reçus tous les mercredis soirs, de 7 à 8 h., dans le local du Service médical scolaire communal.

Ont également assuré leur collaboration au Bureau, les spécialistes tels que le Dr M. Bakker (maladies cutanées et sexuelles) et le Dr J. K. W. Weygers (maladies des femmes).

Les honoraires varient suivant les salaires et il y a gratuité pour les indigents.

Le secrétariat du Bureau a son siège : Anna Paulownastraat, 49, La Haye (1).

---

(1) Le manque d'informations ne nous permet pas de nous étendre davantage sur l'activité de ce bureau.

POLOGNE

Le mouvement eugénique est particulièrement développé en
Pologne. Il est mené par la Société Eugénique Polonaise qui a
entrepris depuis ces dernières années un travail vraiment remarquable en vue de lutter contre la dégénérescence de la race.

CHAPITRE PREMIER.

La Société Eugénique Polonaise.

Au mois de décembre 1915 s'est constituée, au sein de la
Société d'Hygiène du nom de Boleslas Prus, une section pour la
lutte contre les maladies vénériennes et contre la prostitution.

Cette section était dirigée par le Dr L. Wernic, président actuel
de la Société Eugénique. On ressentait en Pologne depuis longtemps la nécessité d'une pareille institution, mais les conditions
politiques du pays étaient peu favorables à sa création. Toutefois,
la prolongation de la guerre, suivie de la misère, de la prostitution et de l'augmentation considérable des maladies vénériennes
la rendaient indispensable. Aussi commença-t-elle son travail en
1916 grâce aux efforts de Mme Meczkowska et de Mme Kolacz-
kowska qui organisèrent avec Mme Idzikowska en tête la section
des sœurs inspectrices.

Cette section avait pour fonction la protection des filles abandonnées et spécialement des filles-mères. Le terrain de son activité comprenait 9 stations régionales à Varsovie et dans la ban-
lieue.

Après une année d'existence, la dite section fut réorganisée en une société indépendante du même nom. Elle s'assura la collaboration du monde médical, de la magistrature, de l'instruction publique et des institutions sociales telles que celles relatives à la protection des femmes, catholiques, protestantes et israélites. Elle est entrée aussi en rapport avec l'Université Populaire.

Par les soins de la nouvelle Société, un projet de traitement moderne des maladies vénériennes dans les hôpitaux municipaux et privés et dans les dispensaires sociaux, fut élaboré et présenté aux autorités de l'Etat. La Société a publié et distribué, par milliers d'exemplaires, dans les hôpitaux, à la milice municipale et au public, des prescriptions concernant la prophylaxie des maladies vénériennes ; elle a lancé également une série de proclamations relatives à la lutte contre les maladies vénériennes et contre la prostitution. Des proclamations spéciales ont été destinées aux femmes, à la jeunesse, au clergé, etc. Un questionnaire sur les causes et les conditions de la prostitution a été élaboré et un projet de loi relatif à la lutte contre les maladies vénériennes et la prostitution rédigé.

Au mois de novembre 1918, la Société a organisé sous les auspices du ministère de la santé publique et sous la présidence du D' Wernic et du D' Krzywicki un Congrès national sur les causes de la dépopulation du pays. Les travaux du Congrès ont porté sur les questions les plus essentielles de la santé publique, comme :

1" L'alimentation de la population pendant la guerre ;

2° Les maladies vénériennes et la prostitution ;

3° La protection de la maternité et de l'enfance.

Depuis l'année 1919, la Société fait des efforts pour arriver à l'abolition complète des maisons de tolérance et elle a adressé un mémoire dans ce sens au ministère de la santé publique.

Au cours de 1919, on a organisé au sein de la Société une section médicale (de prophylaxie et de traitement). Cette section a organisé de nombreuses conférences publiques avec projections. Par les soins de cette section médicale a été rédigé le projet de traitement des maladies vénériennes spécialement applicable dans la lutte sociale contre ce fléau. On a créé pendant la même année

1919, une section légale en vue de la lutte contre les maladies
vénériennes par la voie de la législation. La nouvelle section s'occupe d'étudier le projet de loi relatif à la lutte contre les maladies
vénériennes et la prostitution, présenté au Parlement (Diète) par
le ministre de la santé publique. Cette section travaille en plus
à lutter contre l'alcoolisme par la voie légale. Dans ce but, elle a
organisé une série de conférences publiques qui ont été données
par les professeurs des écoles supérieures. Elle a tenté aussi d'en-
tamer la question de la loi sur le mariage.

La Société de la lutte contre les maladies vénériennes et contre
la prostitution créa, en 1920, une section d'eugénique qui a pour
but l'étude des conditions de la sélection et du développement le
plus favorable de l'homme au point de vue physique et intellectuel. En même temps, en rapport avec l'accroissement de ses différentes activités, la Société prit un nom nouveau, correspondant
mieux à son champ d'action agrandi, et devint : « La Société
pour la lutte contre la dégénérescence de la race ».

La Société ne limite pas son action au terrain de la capitale,
mais s'efforce d'organiser des sections provinciales. Au cours de
l'année 1919, des branches ont été créées à Czestochowa et à
Bialystok. En 1920, à Radom, à Piotrków, à Plock, à Lomza,
à Tomaszów, Rawski et à Lodz.

L'année 1921 a été remarquable par l'augmentation considérable du champ d'action de la Société, grâce à l'organisation de
nouvelles branches filiales à Poznagne, à Cracovie, à Lwów,
à Grudziadz et à Vilno. On peut dire qu'en 1922, la Société avait
couvert de son activité tout le territoire du pays.

Au cours de 1921, la Société a organisé le deuxième Congrès
d'eugénique auquel ont pris part un grand nombre de personnes.

Les travaux du Congrès étaient répartis en quatre sections
différentes : 1° la section d'eugénique ; 2° la section de la lutte
contre les maladies vénériennes et la prostitution ; 3° la section
de l'éducation sexuelle ; 4° la section légale (1).

---

(1) Compte rendu de M** Szczodrowska au Congrès des déléguées de la Société
Eugénique à Varsovie, le 30 décembre 1923.

Enfin, en 1922, la Société changea à nouveau son nom pour devenir la Société Eugénique Polonaise.

§ 1. — ORGANISATION DE LA SOCIETE.

La Société Eugénique Polonaise (Polskie Towarzystwo Eugeniczne) a son siège à Varsovie. Elle est dirigée par un Comité de direction composé comme suit :

Président :	Dr L. Wernic ;
Vice-Présidents :	Mme D^{me} T. Meczkowska ;
	Dr H. Szczodrowski ;
Trésorier :	Dr J. Jakimowicz ;
Secrétaire :	Dr J. Babecki ;
Membres :	Dr M. Szczodrowska ;
	Prof. Venulet ;
	le ministre Simon ;
	Dr Szulc ;
	Prof. Rapczewski ;
	l'avocat Jurkowski ;
	M. Krakowski ;
Suppléants :	Prof. Modrakowski ;
	Mme Kolaczkowska ;
	Dr Szewczykowski.

La Société Eugénique Polonaise a institué dans son sein, en 1926, un certain nombre de sections :

1° La section sociale et juridique : président : M. le juge Lopatto ;

2° La section de prophylaxie et de thérapeutique : président : Dr Reise ;

3° La section de propagande : président : M. Lichtenstein ;

4° La section d'éducation : président : Dr Gizy ;

5° La section d'eugénique : président : Dr Zakrzewski.

Les présidents de ces sections font partie du Comité de direction de la Société.

Une Commission de Révision comprend encore :

MM. Rapacki ;

Wyczolkowski ;

Dr Stypulkowski ;

Dr Bogucki ;

Dobraczynski.

La Société Eugénique Polonaise représente la Pologne dans l' « Union internationale antivénérienne » dont le Dr Wernic est membre permanent du Comité de direction.

La Société fait également partie de la Fédération internationale des organisations eugéniques.

La Société comptait, en 1926, mille membres.

§ 2. — BUTS DE LA SOCIETE.

La Société Eugénique Polonaise a pour but l'accroissement des forces, physiques, intellectuelles et morales de la nation polonaise ainsi que l'augmentation de sa force créatrice.

Pour réaliser son but, la Société s'occupe des problèmes suivants :

a) L'étude théorique et pratique des questions concernant l'hérédité, la grossesse, la maternité, la protection de l'enfance, la détermination des capacités (orientation professionnelle), la sélection sexuelle, le développement moral, etc. ;

b) L'étude des causes dégénératrices diminuant les forces créatrices de la nation telles que les maladies vénériennes, l'alcoolisme, les intoxications chroniques par le tabac et les stupéfiants, ainsi que la lutte contre ces fléaux ;

c) La recherche et la propagande des moyens en vue d'enrayer la prostitution et les autres maux sociaux ;

d) L'élévation du niveau moral de la jeunesse surtout dans le domaine des rapports sexuels ;

e) La propagande dans toutes les classes de la société des idées eugéniques par le moyen de travaux, de conférences, de cours publics, de brochures, de journaux populaires et spéciaux ainsi que par le théâtre et le cinéma.

§ 3. — PUBLICATIONS DE LA SOCIETE.

a) La Société Eugénique Polonaise publie un journal, paraissant tous les trois mois sous le titre (*Zagadmienia Rasy*) *Les problèmes de la race*, lequel est distribué gratuitement à tous les membres de la Société. Ce journal a été fondé en 1918. Il a pour but la propagande, parmi les classes intellectuelles, des notions de la santé publique, si importantes aux points de vue social et économique, ainsi que le développement des connaissances scientifiques concernant l'eugénique. Le Comité de rédaction du journal se compose des représentants des sections de prophylaxie et de thérapeutique, d'eugénique, d'éducation et des sections sociale et juridique, d'un rédacteur, le Dr L. Wernic, de deux secrétaires, les Drs Michalowski et Babecki, d'un aide, F. Sienko. L'administration, la publicité, le colportage sont placés sous la direction de M. E. Wasniewska.

Durant la seule année 1926, le journal a publié 12 travaux originaux, 7 comptes rendus des séances du Comité de Direction de la Société, 6 communications de la section de prophylaxie et de thérapeutique, 6 de la section eugénique, 6 de la section sociale, 5 de la section d'éducation ainsi que des comptes rendus des filiales : de Varsovie (4), de Bialystok (2), de Silésie (2), de Posen (1), de Cracovie (1). Des résumés de revues polonaises ont été insérés au nombre de 20 ; de revues italiennes au nombre de 2 ; de revues anglaises, de 10 ; de revues françaises, de 2 ;

b) La Société a organisé, depuis le Congrès de 1921, une « Bibliothèque Eugénique » (1) dont le premier ouvrage a été celui du Dr Osmolski : *Le sport et l'éducation éthique*. En 1925, six ouvrages avaient paru ainsi que trois feuilles de propagande,

---

(1) Signalons ici le très intéressant ouvrage théorique que vient de publier tout récemment le Dr Zofja Daszynska-Golinska : *Zagadnienia polityki populacyjnej*, dont une partie est consacrée à la politique de la race. Un exposé des théories biologiques de l'hérédité, de la descendance, du croisement des individus y est donné. L'auteur discute en particulier la conception de l'hérédité des caractères acquis et il se range à la théorie de Ch. Richet. Il propose comme moyen pratique de lutter contre les facteurs de dégénérescence : la misère, l'alcoolisme, la prostitution, et de propager la civilisation et l'hygiène sociale parmi le peuple.

qui ont eu jusqu'à 15 éditions et ont été distribuées à 2,000,000 d'exemplaires, ou achetés dans le même but par le Ministère de la Santé, la Caisse des Malades, le Département de l'Assistance publique, les hôpitaux de la ville de Varsovie et les dispensaires de l'hôpital St-Lazare.

Au cours de l'année 1926 d'autres brochures ont été publiées qui font également partie de la Bibliothèque eugénique, à savoir :

La syphilis et ses conséquences, par le Dr H. Szczodrowski ;

Hérédité et Constitution, par le Prof. Fr. Venulet ;

Sur les cellules sexuelles, par le Prof. M. Konopacki ;

L'enfant et la syphilis, par le Dr Regelman ;

Sur la genèse du sexe, par Stef..Blank-Weissberg ;

Sur la profession de médecin, par le Dr C. Wroczynski ;

Le sport comme profession, par le Dr Eug. Piasecki ;

La profession d'instituteur, par le ministre Lopuszanski ;

Sur la profession d'agronome, par le ministre Mikulowski-Pomorski ;

La profession d'ingénieur, par F. Bakowski ;

La profession d'officier, par T. Pslczynski ;

La profession de commerçant, par A. Morozewicz.

Un prix annuel a été fondé par feu le Dr Meczkowski pour récompenser le meilleur ouvrage de la Bibliothèque.

§ 4. — ACTIVITE DE LA SOCIETE.

Nous avons mentionné plus haut les principaux faits de la Société Eugénique Polonaise alors qu'elle n'était encore que la Société pour la lutte contre les maladies vénériennes et contre la prostitution, puis la Société pour la lutte contre la dégénérescence de la race.

Examinons maintenant quelle a été l'activité de la Société d'Eugénique Polonaise à partir de 1922.

La Société a pris part avec le concours du délégué polonais à la Section d'Hygiène de la Société des Nations, le Dr Chodzko, à l'organisation du Comité polonais pour la lutte contre la traite des femmes et des enfants — qui se constitua en mars 1923.

C'est depuis cette époque également que la Société fait partie de l'Union internationale de la lutte contre le péril vénérien à Paris.

Durant la même année, a été organisé par les soins de la Société un cours perfectionné pour les médecins sur les maladies vénériennes en collaboration avec la Société de Dermatologie.

En 1925, la Société Eugénique Polonaise, sous les auspices du ministère du Travail et de l'assistance publique a élargi son terrain d'action en instituant une propagande antivénérienne parmi les émigrants polonais à l'étranger. Pour atteindre ce but elle a choisi et complété un ensemble de clichés, elle a publié 5 brochures sur les maladies vénériennes et une affiche coloriée spéciale.

En 1925 également, la Société a créé un dispensaire eugénique (conseils pour les candidats au mariage, choix de profession, prophylaxie antivénérienne) ; elle a fondé un cinéma sous le nom d' « Urania » destiné surtout à la jeunesse. Elle a organisé un concours sur un ouvrage populaire relatif à la blennorrhagie ; le prix fut décerné au Dr Alex. Szerzeniowski pour sa brochure *Pour les fautes involontaires,* publiée par la Bibliothèque eugénique. Elle a fait donner une série de conférences aux adolescents dans la grande salle de l'Université sur les *héros nationaux* ainsi *que sur le choix de la profession* aux lycéens.

Dans les différentes sections de la Société Eugénique polonaise on a organisé dans le courant de l'année 1925, 27 conférences publiques de haute valeur données par des spécialistes et des professeurs.

Le Cinéma Urania a organisé 450 séances. Le nombre total d'admissions au cinéma a été de 115,800 dont 38,600 étaient des entrées gratuites (orphelinats, établissements d'assistance publique, sourds-muets, etc.).

En ce qui concerne le dispensaire eugénique prémentionné, il y a eu en 1925, 226 jours de réception ; 1540 consultants ont été admis. 10 médecins ont travaillé au dispensaire, pour la plupart à titre gratuit. Ont aussi apporté leur concours, un juriste et un pédagogue.

Quatre cent nonante trois consultations ont été gratuites, 207 à prix très réduit et 240 à très bas prix.

Il y a eu 245 consultations de jeunes gens en vue du mariage, 84 sur des questions de sport, 214 au sujet du choix d'une profession, 212 pour maladies vénériennes, 50 pour maladies des femmes, 30 pour intoxications alcooliques chroniques, 40 pour autres intoxications chroniques, 32 pour tuberculose.

Le programme de l'année 1926 n'a pas été moins chargé.

En effet, au cours de cette année, 21 conférences ont eu lieu au siège de la Société des Sciences à Varsovie dont voici les principaux sujets :

L'individualisation psychologique et ses rapports avec l'éducation, par Adolf Rondthaler ;

Cinq conférences historiques, par M. M. Arnold, Kamieniecki, Konarski, Mosciki et Roszkowski ;

Sur le choix d'une profession :

> *La profession de médecin*, par le Dr Wroczynski ;
>
> *La profession de juriste*, par M. Fleszynski ;
>
> *La profession d'instituteur*, par T. Lopuszanski ;
>
> *La profession d'ingénieur*, par M. Bakowski ;
>
> *La profession d'officier*, par M. Pelczynski ;

La tuberculose de la peau et les moyens de la combattre, par le Dr W. Olszewski ;

La mortalité des peuples ;

La genèse du sexe, par M. Weissberg ;

Le rôle des glandes endocrines et leur influence sur la vie humaine, par le Prof. Venulet ;

La responsabilité de la contagion vénérienne, par l'avocat Ettinger ;

Le suicide chez les enfants, par M. Grzywo-Dabrowski ;

Des conférences ont eu lieu au cercle des étudiants en médecine sur *l'eugénique et son influence sur l'avenir de la Pologne ;* à la prison, sur *les maladies vénériennes*, par le Dr Olszewski et le Dr Sienko ; à la Société d'obstétrique et de gynécologie, sur *l'avortement au point de vue eugénique.*

Des conférences ont été également organisées en province :

A Iwonicz, sur *les buts et les efforts de l'eugénique en Pologne ;*

à Weycherowo, sur *le rôle de l'eugénique et la puissance de l'Etat* ; à Wloclawek, sur *les buts de l'eugénique.*

A Varsovie a été donné le deuxième cours spécial de vénérologie pour les médecins ainsi que 8 conférences pour les bacheliers sur *le choix d'une profession.*

Des concours sportifs ont été organisés, spécialement à Agricola, Dynasy et Wierzbno.

La Société a pris part durant l'année 1926 à plusieurs congrès, tel que celui organisé par la Société internationale pour la lutte contre le péril vénérien auquel était délégué le Dr Szczodrowski. Elle était représentée au Congrès de Sexuologie à Berlin par le Dr Slonimski.

L'action de propagande pour les émigrants a été poursuivie. A cet effet, la Société, a organisé des conférences à Katowice, à Weycherowo et à Myslowice.

Afin de connaître les conditions de vie des émigrants en France elle a délégué dans ce pays le Dr Babecki grâce à une subvention du Service de la Santé.

La Société se propose de continuer son activité de la même manière dans les années qui vont suivre. Elle a l'intention de répéter dans les filiales de province la série des conférences *Sur le choix d'une profession,* d'organiser des conférences pour les directeurs des écoles primaires sur le même sujet et de fonder un cours pour jeunes gens *Sur le mariage.*

CHAPITRE II.

Différents moyens eugéniques préconisés en Pologne.

A côté des moyens mis en œuvre par la Société Eugénique Polonaise, on travaille en Pologne à l'amélioration de la race en développant les mesures de médecine préventive et d'hygiène sociale.

Nous allons examiner successivement :

1. — La protection de l'enfance et de la maternité ;

2. — La lutte contre la tuberculose ;

3. — La lutte contre le péril vénérien ;

4. — La lutte contre les maladies mentales ;

5. — La lutte contre l'alcoolisme.

§ 1. — PROTECTION DE L'ENFANCE ET DE LA MATERNITE (1).

Au tout premier plan on s'est préoccupé de la protection de la maternité et de l'enfance. L'œuvre d'assistance aux mères et de protection de l'enfance relève actuellement du ministère du travail et de la prévoyance sociale ; mais on se rend pleinement compte de la nécessité d'une étroite collaboration avec les autorités sanitaires de l'Etat, collaboration qui est d'ailleurs, une réalité effective.

Le plan de cette organisation est le suivant :

Conformément aux règlements édictés en 1920 par le ministère de l'hygiène publique, des commissions spéciales sont instituées dans chaque district, sous la présidence du fonctionnaire régional du service de santé. Ces commissions s'occupent de tous les problèmes qui ont trait à l'organisation de l'assistance aux femmes enceintes et à la surveillance médicale et sanitaire des enfants, et elles coordonnent les efforts de toutes les œuvres municipales sociales qui se rapportent à ce domaine. En 1924, 98 commissions dont 42 avaient été organisées au cours de l'année, fonctionnaient.

---

(1) Extrait de l'*Annuaire sanitaire international*, Société des Nations.

La surveillance des enfants en bas âge est confiée à des organismes spéciaux, chargés de la protection de la maternité et de la première enfance. Leurs ressources sont constituées par des subventions de la Croix-Rouge américaine, des Municipalités et de l'Etat. Leur rôle principal consiste à instruire les mères et à suivre l'enfant jusqu'à la fin de sa deuxième année. Ces organismes ne soignent pas les malades, à l'exception des enfants atteints de tuberculose, de syphilis, de rachitisme, d'anémie ou de troubles de nutrition. En 1924, ces organismes étaient au nombre de 94, et surveillaient 24,000 enfants.

La surveillance des orphelins de guerre, des enfants rapatriés de Russie, etc. constitue un autre problème fort important.

Le nombre des institutions subventionnées par l'Etat en 1924 était de 1,175 dont 847 recevaient des enfants en pension. Le nombre des enfants dont elles se sont occupées est de 83,712 dont 43,109 ont été hospitalisés. La nécessité de combiner l'instruction des enfants avec leur traitement médical a conduit à l'organisation d'établissements spéciaux pour enfants trachomateux et tuberculeux. Ces établissements étaient, en 1924, au nombre de 6, et ils s'occupaient de 1,150 enfants.

Les moyens d'organiser des dispensaires pour les enfants tuberculeux ont fait également l'objet d'un examen très sérieux. Un de ces établissements a été ouvert à Varsovie, et il s'en ouvrira prochainement 20 autres, dans d'autres régions du pays. La première école en plein air s'installe actuellement à Skolimowo, près de Varsovie.

En 1925, le ministère du travail s'est vivement préoccupé des questions législatives et notamment de l'élaboration d'un projet de loi relatif à l'assistance aux mères et à la protection de l'enfance, qui tient compte de tous les aspects du problème. Des règlements ont été édictés en ce qui concerne les nourrices, ainsi que les crèches de jour installées dans les usines pour la garde des bébés.

§ 2. — **LUTTE CONTRE LA TUBERCULOSE** (1).

La lutte contre la tuberculose se poursuit en Pologne dans

______

(1) Extrait de l'*Annuaire sanitaire international*, Société des Nations.

43 dispensaires (statistiques de 1924) établis par des gouvernements locaux et par des institutions de bienfaisance.

La Direction générale du Service d'hygiène publique a fait, au
cours de l'année 1924 des efforts considérables pour préparer et
organiser la lutte contre la tuberculose. Le plan, élaboré et
adopté par une conférence spéciale, réunie en septembre 1924,
prévoit, la coordination des efforts des institutions de bienfaisance, des gouvernements locaux et des institutions d'assurance
contre la maladie. Dans chaque province, ces organisations forme-
ront une association provinciale qui constituera une branche distincte de l'Association nationale pour la lutte contre la tuberculose. Les dispensaires seront les centres de l'action contre la
tuberculose.

§ 3. — LUTTE CONTRE LE PERIL VENERIEN (1).

Nous avons vu plus haut la campagne active que menait la
Société Eugénique Polonaise pour lutter contre le péril vénérien.
Le Service d'hygiène publique a réalisé également dans ce
domaine certains progrès. Pendant la seule année 1924, les
malades ont été examinés et traités gratuitement dans vingt cliniques subventionnées par l'Etat. La plupart des cliniques ont
été installées dans les centres où la syphilis sévit à l'état endé-
mique, dans les provinces de Cracovie et de Stanislawow ; huit
établissements ont été ouverts dans les provinces orientales.

Pendant la même année, la Direction générale du Service
d'hygiène publique a procédé à une inspection générale de la
population dans trois des districts les plus contaminés de la province de Stanislawow, afin de découvrir et de soigner les malades
atteints d'affections vénériennes. Le nombre des habitants examinés pendant les six premiers mois de 1924 a été de 25,640.

§ 4. — LUTTE CONTRE LES MALADIES MENTALES.

L'hygiène mentale a attiré également l'attention des sociologues. Une ligue polonaise d'hygiène mentale a été créée en 1921.
Cette même année, Mme Joteyko étudiait la valeur scientifique des
tests mentaux en psychologie, en pédagogie et en psychiatrie (2).

---

(1) *Annuaire sanitaire international*, Société des Nations.

(2) Dr Potet. *L'Hygiène mentale*, p. 26.

§ 5. — LUTTE CONTRE L'ALCOOLISME.

La lutte contre l'alcoolisme a fait naître en Pologne de nombreuses associations antialcooliques. Ce sont :

1. Association des prêtres abstinents ;
2. Association des sociétés catholiques d'abstinence ;
3. Ligue antialcoolique polonaise ;
4. Association des maîtres abstinents ;
5. Société des étudiants polonais contre l'alcoolisme ;
6. Société des gymnasiens abstinents ;
7. Société polonaise pour la lutte contre l'alcoolisme « Sobrietas » ;
8. Le Ministère de l'Intérieur à Varsovie ;
9. I. O. G. T. ;
10. Association pour combattre l'alcoolisme.

Signalons ici les mesures de prohibition qui ont été adoptées en Pologne par la loi de 1920, revisée en 1922 et qui contient les dispositions suivantes :

1° Interdiction absolue de vendre de l'alcool aux mineurs des deux sexes, âgés de moins de 21 ans ;

2° Interdiction de vendre et de consommer de l'alcool dans les débits publics les jours de fête, de même que la veille de ces jours à partir de trois heures de l'après-midi ;

3° Les mêmes restrictions sont prévues en cas de grèves, de cérémonies religieuses et d'élections ;

4° Suppression de la vente dans les gares, les usines et les casernes ;

5° Réduction du nombre des débits de boissons, dont la proportion est fixée à 1 par 2,500 habitants ; en outre, la teneur des boissons en alcool ne peut dépasser 45 % ;

6° Les communes sont autorisées à prohiber entièrement la vente des boissons alcooliques, par une décision prise à la majorité des voix (1).

---

(1) *Annuaire sanitaire international*, Société des Nations.

PORTUGAL

A la suite d'un legs laissé par Benta da Rocha Cabral, il s'est formé en 1923, au Portugal, un Institut de recherches biologiques et eugéniques dont le siège est à Lisbonne.

La Société portugaise d'Anthropologie et d'Ethnologie s'occupe également d'eugénique. Elle a publié un travail sur le problème eugénique ainsi que quelques travaux sur l'hérédité.

D'autres communications sur le sujet ont encore été faites à la « Sociedade de Sciencias Medicas ».

Le professeur Mendes Correa de l'Université de Porto s'attache à faire connaître l'eugénique au Portugal. Il voudrait établir dans son pays l'examen médical prénuptial et a intéressé le ministre de l'instruction publique et de la santé à la question.

ROUMANIE

CHAPITRE PREMIER.

Généralités.

La Roumanie ne possède pas encore de société d'eugénique mais l' « Institut d'Hygiène et d'Hygiène sociale » de l'Université de Cluj comprend une section où les problèmes eugéniques sont étudiés au point de vue expérimental et statistique.

Cet Institut s'occupe de recherches sur la question du sang. Les travaux scientifiques exécutés jusqu'ici ont été faits selon la méthode de l'isohémoaglutination en vue de l'étude de la biologie de la race, en utilisant le matériel de plus de 16,000 analyses sanguines faites parmi les diverses nationalités des districts. Les résultats de ces recherches ont été publiés dans les comptes rendus de la Société de Biologie (Manuila et Popovici).

Le Dr Voina, assistant à la section d'eugénique, s'est chargé des premières études généalogiques et génétiques systématiques.

Le Dr Sabin Manuila, du département de biométrique et de biopolitique de l'Université de Cluj (Klausenburg) travaille avec le Dr Reed aux questions biologiques.

L'Institut se propose également d'organiser des études sur l'eugénique nationale théorique et pratique (1).

Il existe à l'Université de Cluj des cours réguliers d'eugénique pour les étudiants (2).

---

(1) *Eugenical News*, septembre 1926.

(2) *Eugénique*, 1925, p. 253.

On travaille en Roumanie à créer une société d'eugénique. Des travaux sont publiés à cet effet dans les revues médicales ; ils ont pour but d'intéresser à la question non seulement le monde scientifique, mais aussi le public intellectuel. Des conférences publiques accompagnées de films et de projections lumineuses visent au même but. Les étudiants en médecine s'occupent d'éclairer par leurs discours les communes rurales.

On se propose également de fonder en Roumanie, sous le patronage de l'Etat, un institut d'eugénique qui servirait de base à une vaste organisation eugénique dont le siège serait à Cluj.

Il est à remarquer que l'eugénique en Roumanie revêt un caractère national. En principe, la prohibition du mariage des tarés n'occupe pas la première place mais l'on s'efforce d'inculquer dans l'esprit des enfants, par une éducation nationale raisonnée, la conscience de la responsabilité raciale comme principe fondamental. Cette conscience est alimentée et maintenue par l'éducation physique, celle du caractère et de l'intelligence (1).

____

(1) Prof. J. Moldavan. *Annales d'Eugénique*, septembre 1924, p. 24.

CHAPITRE II.

Différents moyens eugéniques préconisés.

L'absence de documentation ne nous permet pas de nous étendre longuement sur la question en Roumanie. Nous n'envisagerons donc que les deux points suivants :

1. — Les mesures d'hygiène sociale ;

2. — La rééducation des anormaux.

§ 1. — LES MESURES D'HYGIENE SOCIALE.

Les mesures d'hygiène sociale sont placées en Roumanie au premier plan du programme d'amélioration de la race.

A. — PROTECTION DE L'ENFANCE.

La protection de l'enfance est assurée : 1° par la Direction de l'Assistance sociale du ministère de la santé publique ; 2° par 159 sociétés particulières ; 3° par des dispensaires mobiles pour l'assistance médicale des nourissons. L'assistance des enfants trouvés, orphelins et pauvres relève de la Société pour la protection des orphelins de guerre avec ses 9 filiales.

La protection de l'enfant malade est assurée par 23 sociétés particulières et par des colonies scolaires de vacances à la campagne organisées dans toutes les villes. L'hygiène scolaire est du ressort de l'Etat et de 16 sociétés particulières. Une loi de 1923, sur l'éducation physique a pour objet le développement de la culture physique dans la jeunesse des deux sexes, de même que chez les jeunes gens en âge de service militaire (1).

B. — LUTTE CONTRE LA TUBERCULOSE.

Il existe actuellement en Roumanie trois sociétés de prophylaxie contre la tuberculose, subventionnées par l'Etat et qui administrent elles-mêmes leurs budgets :

___

(1) *Annuaire Sanitaire International*, Société des Nations.

1° La Société pour la prophylaxie de la tuberculose et l'assis·
tance des tuberculeux pauvres, fondée en 1901 ;

2° La Société pour l'isolement des tuberculeux, créée en 1913 ;

3° La Société pour la lutte contre la tuberculose chez les
enfants, fondée en 1909.

Ces sociétés possèdent les hôpitaux et asiles suivants :

1. *Société pour la prophylaxie de la tuberculose :*

Sanatoria ou asiles de :

Filaret .... avec 100 lits à Bucarest
Bisericani .... » 150 » Département de Neamtz
Bisericani (en construction).. » 150 » » » »
Barnova .... » 86 » » » Vaslui
Galatz .... » 35 » » » Covurli
Toria .... » 60 » » » Trei Scaume

Cette société possède en outre, à Bucarest, 9 dispensaires et,
dans tout le pays, 27 filiales avec 34 dispensaires.

2. *La Société pour l'isolement des tuberculeux possède un*
hôpital d'isolement à Zerlendi (Bucarest) avec 60 lits.

3. *La Société pour la lutte contre la tuberculose chez les enfants*
possède un sanatorium maritime à Tekirghiol, au bord de la Mer
Noire, avec 200 lits. Elle organise annuellement de nombreuses
colonies de vacances.

L'Etat possède les hôpitaux suivants, destinés exclusivement
à l'isolement des tuberculeux :

Carbunesti .... avec 80 lits (Gorj)
Nifon .... » 60 » (Buzan)
Arad .... » 60 » (Bihor)
Aiud .... » 55 » (Alba de Jos)

L'Etat possède, en outre, le sanatorium de Geoagiul de Jos
avec 100 lits, dans le département de Huniedora.

Enfin, il existe un sanatorium particulier à Brasor, avec 26 lits.
De plus, l'Ephorie des hôpitaux civils de Bucarest possède un
sanatorium pour le traitement de la tuberculose osseuse, à Tekirghiol, qui, détruit complètement pendant la guerre par l'ennemi,
est en cours de reconstruction et presque terminé aujourd'hui.

Les institutions antituberculeuses, ci-dessus décrites, organisent pendant les vacances des « colonies de vacances », avec 1800 lits (1).

C. — LUTTE CONTRE LE PERIL VENERIEN.

Des centres de traitement antisyphilitique ont été institués dans différentes régions du pays. Dans la majeure partie, on a utilisé dans ce but les hôpitaux ruraux dont le nombre est assez grand. La Croix-Rouge roumaine a fourni au ministère de la santé un concours très assidu pendant cette lutte (2).

§ 2. — LA REEDUCATION DES ANORMAUX.

L'organisation de la rééducation des anormaux est très avancée en Roumanie. Elle comprend les institutions suivantes :

1. — L'Institut médico-pédagogique, pour 130 anormaux comprenant une école médico-pédagogique et deux ateliers ;
2. — L'asile pour les sourds-muets de Timisoara, comprenant 80 places ,avec école médico-pédagogique ;
3. — L'Institut médico-pédagogique de Cluj pour 20 enfants avec école médico-pédagogique, plus une section pour les enfants vicieux ;
4. L'Institut pour aveugles de Cluj, comprenant 70 places, avec école médico-pédagogique et trois ateliers ;
5. L'asile pour adultes de Timisoara, comprenant 40 places, avec deux ateliers ;
6. L'asile pour femmes aveugles, comprenant 30 places, avec deux ateliers.

Tous ces instituts dépendent du ministère de la santé et de l'assistance publique.

---

(1) *Annuaire Sanitaire International*, Société des Nations.

(2) *Annuaire Sanitaire International*, Société des Nations.

RUSSIE

CHAPITRE PREMIER.

Généralités.

L'idée de créer à Moscou une organisation eugénique a été conçue à plusieurs reprises, depuis la guerre, par quelques travailleurs scientifiques, mais sa réalisation n'a été entreprise qu'en automne 1920 par un groupe de spécialistes travaillant d'après les indications de la *Section d'hygiène racique du Musée sociolo-hygiénique* de N. K. Zdrav. Parmi eux se trouvaient quelques académiciens, médecins et collaborateurs administratifs des établissements N. K. Zdrav et notamment des membres de la *Commission pour l'hygiène racique* : Bogoliavlenskii Victorov, Daougué, Zakharov, Koltsov, Martsinovokii, Molkov, Prokhorov, Syssine, Schifman, Ioudine. Au sein de cette Commission, on acquit rapidement la conviction qu'il était opportun de constituer une Société eugénique d'études.

Au cours d'une première réunion, qui eut lieu le 10 novembre 1921, à l'*Institut de biologie expérimentale*, un Bureau provisoire fut élu, composé de 3 membres : N. K. Koltsov (Président de la Société), T. I. Ioudine, V. V. Bounak ; puis un Bureau permanent fut constitué, comprenant ces mêmes personnes et, en plus, N. V. Bogoiavlenskii et A. S. Serebroskii. A partir de ce moment, la Société commença à fonctionner comme *Société eugénique russe*, au *Guinze* (Institut scientifique national de protection sanitaire).

A sa première séance, la Société comptait 30 membres. Elle

comprend aujourd'hui 82 membres participant plus ou moins activement aux travaux de la Société.

Au cours de la première année de travail, la Société a tenu 19 séances, dont une publique et une concurremment avec la *Section anthropologique de la Société des Amis des Sciences naturelles, de l'Anthropologie et de l'Ethnographie*. Des conférences publiques, au nombre de 26, ont eu lieu à l'*Institut de biologie expérimentale*. On y a traité plus particulièrement des problèmes de l'hérédité de l'homme.

La Société s'est en outre consacrée à des travaux de recherches. Ceux-ci ont été notamment facilités par la collaboration de la *section eugénique de l'Institut de biologie expérimentale*.

C'est ainsi que, d'accord avec cette section, elle a organisé deux expéditions eugéniques sous la direction du professeur V. Bounak :

1° dans les districts de la Volga pour la recherche des croisements entre les Slaves et les Finnois ;

2° dans le district de Minsk pour l'étude des caractères anthropologiques des juifs y établis (1).

De très importantes découvertes ont été faites par le professeur C. M. Kagan sur les moyens d'identification des races humaines. Par la réaction de Manoilov des expériences ont été tentées sur 140 enfants juifs et russes. 91 % des résultats ont été satisfaisants (2).

La Société eugénique russe est entrée en relations avec les organisations eugéniques d'autres pays.

Le professeur N. K. Koltsov a visité l'*Eugenics Education Society* de Londres et l'*Eugenics Record Office* américain. En 1922, la Société a été avisée par le *Comité eugénique international de Londres* qu'elle était admise à faire partie de l'*Association eugénique internationale* et qu'elle aurait à désigner son représentant au Comité permanent. N. K. Koltsov fut nommé à cet effet.

____

(1) Prof. N. K. Koltzov. *Science*, 6 juin 1924.

(2) *Eugenical News*, avril 1927.

La Société publie une revue : le *Journal eugénique russe* ou *Roussky Eugenichesky Journal*.

Au début de 1928, la Société a discuté, en vue de son adoption, le programme eugénique norvégien. Une commission fut chargée de l'examen de la question. Elle était composée des membres suivants : P. I. Ljublinsky, V. P. Osipoff, L. G. Orschansky et J. A. Philiptochenko (1).

Une section de la Société d'eugénique russe a été créée à Odessa, sous la présidence de Nicolas Kostiamin, professeur d'hygiène à l'Institut d'hygiène d'Odessa.

Le premier travail de la section d'Odessa a consisté dans des recherches généalogiques concernant les familles bien douées et talentueuses.

Une autre section est en voie de formation à Kiew. I. Klodnitzki, professeur de génétique à l'Institut de zootechnie de Kiew, s'en occupe activement (2).

Il s'est constitué, à Léningrad, un Bureau eugénique qui a déjà réuni de nombreux documents sur les hommes illustres de Russie : hommes de sciences, artistes, etc. Les résultats de ces recherches ont été publiés dans le *Nachrichten*.

A côté de la Société d'eugénique russe, il existe à Moscou un autre organisme : la *Section eugénique de l'Institut de biologie expérimentale* de Moscou, dont il a été fait mention plus haut. Cet Institut possède un laboratoire spécial où l'on étudie les problèmes eugéniques.

Les recherches scientifiques de cette section ont suivi jusque maintenant deux directions :

1° Travaux expérimentaux en anthropogénétique : recherches sur l'hæmagglutination et la catalase chez l'homme ; la classification de la couleur des cheveux par la méthode de spectrophotométrie (Prof. Bounak et G. Solobewa) ;

2° Etudes de la généalogie de quelques familles célèbres russes. (Tchulkoff a établi la consanguinité de deux des plus grands

---

(1) *Eugenical Review*, janvier 1928.

(2) *Eugenical News*, janvier 1925.

écrivains russes : Tolstoï et Pouchkine, de laquelle Tolstoï lui-même n'avait pas la plus petite notion.)

Un Institut analogue à celui de Moscou existe à Leningrad : le chef de cet Institut est le professeur Philipstchenko.

L'intérêt pour les questions génétiques et eugéniques se développe de plus en plus en Russie, malgré les conditions pénibles dans lesquelles se trouvent les hommes de science pour travailler. Des cours sur l'eugénique sont donnés aux universités de Leningrad et de Moscou par les professeurs Philiptschenko et Koltsov (1).

---

(1) *Eugenical News*, mai 1925.

CHAPITRE II.

Différents moyens eugéniques préconisés.

Les moyens eugéniques préconisés en Russie sont les mêmes que ceux des autres pays mais l'absence de documentation ne nous permet pas de les développer.

On s'est préoccupé des mesures d'hygiène sociale et spécialement de la protection de l'enfance. La Croix-Rouge russe, a organisé cette protection d'une façon remarquable. Des résultats notables ont déjà été obtenus en ce qui concerne l'enfance abandonnée et l'enfance tuberculeuse.

Le certificat prénuptial a également attiré l'attention de tous ceux qu'intéresse le problème eugénique.

En outre, on a institué en Russie, en vue de l'amélioration de la race, la légalisation de l'avortement et on tend à introduire de plus en plus dans les mœurs les méthodes contraceptives.

Examinons dans des paragraphes distincts chacun de ces trois derniers points.

§ 1. — LE CERTIFICAT MÉDICAL PREMATRIMONIAL.

L'accroissement considérable des maladies en Russie commence à alarmer le Gouvernement soviétique. Aussi, un projet de loi, élaboré par le Commissariat de la Santé en 1924 et qui doit avoir la ratification du Commissariat fédéral du Peuple, a-t-il été déposé eu vue d'établir le certificat médical prénuptial. Au moment de l'inscription en vue du mariage, les futurs époux ont à produire une attestation prouvant que l'échange des dits certificats a eu lieu (1).

Signalons, en outre, que l'aliénation mentale et la consanguinité sont les principaux empêchements au mariage établis jusqu'à ce jour.

____

(1) *Eugenics Review*, 1924, p. 621

§ 2. — LA LEGALISATION DE L'AVORTEMENT.

Le nombre toujours plus grand d'avortements qui se pratiquaient en Russie a déterminé les autorités soviétiques à prendre des mesures en vue de préserver la santé des femmes et, comme corollaire, celle de la race.

La dernière statistique évaluait le nombre des avortements à 500,000 (dont 90 % étaient des avortements criminels), pour 2,000,000 de naissances. Un taux de mortalité très élevé parmi les femmes s'en est suivi.

Les Commissariats de la Santé et de la Justice ont émis, en 1920, un décret autorisant l'avortement sous certaines conditions. Ce décret était ainsi libellé :

Article premier. — Toute femme enceinte désirant subir un avortement afin d'interrompre officiellement sa grossesse, peut obtenir l'accomplissement de cette opération à titre gratuit dans l'un quelconque des hôpitaux soviétiques, où le maximum de garantie peut être assuré.

Art. 2. — L'accomplissement d'une opération de ce genre est absolument interdit à quiconque ne possède pas le certificat de docteur en médecine.

Art. 3. — Toute sage-femme ou autre personne coupable d'avoir pratiqué une opération semblable sera traduite devant les tribunaux et, dans le cas d'une sage-femme, du droit d'exercer sa profession.

Mais le nombre des personnes désirant se faire avorter augmenta dans de telles proportions que les hôpitaux devinrent bientôt insuffisants pour les recevoir.

Aussi, en mars 1924, un décret du Commissariat du Peuple édicta-t-il de nouvelles prescriptions sur la matière. L'avortement n'était plus désormais absolument libre, mais devait être motivé pour des raisons médicales ou *sociales*.

Dans ce but, on institua des commissions (Trojki) formées d'un médecin (président), d'une déléguée de l'Association des Femmes et d'un délégué du Conseil des Travailleurs. D'après les nouvelles dispositions, toute femme qui voudra se faire avorter doit exposer à la Commission les raisons pour lesquelles elle désire agir de la sorte. La Commission devra, après avoir apprécié la légitimité des motifs (hygiéniques ou sociaux) et avant de donner l'autorisation de l'avortement, attirer l'attention de la postulante sur les points suivants : 1° le mal que l'avortement provoqué peut causer à sa santé ; 2° le danger de mort dont s'accompagnent les pratiques abortives ; 3° le tort que cause à l'Etat tout avortement consommé. Après quoi, la femme est envoyée, munie de la dite autorisation, dans un hôpital spécialisé pour cette opération. Si l'avortement est demandé pour des raisons hygiéniques, la requête doit être accompagnée d'un certificat médical. Dans ce cas, il n'est pas indispensable de recourir à la Commission spéciale pour obtenir l'autorisation, le certificat médical et l'appréciation favorable des deux médecins de la clinique où l'intéressée désire se faire avorter étant suffisants (1).

Il est intéressant de noter que le § 9 du **même décret** fait une obligation aux sections spéciales des associations pour la protection de la mère et de l'enfant de développer la propagande contre l'avortement.

Examinons maintenant quelques chiffres :

Dans les dix derniers mois de 1924, après la promulgation du décret, la Commission de Leningrad a enregistré :

450 cas en mars
463 » » avril
605 » » mai

---

(1) D'autre part, un correspondant du *Birth Control News*, de Londres, donne sur les hôpitaux russes, en 1926, les renseignements suivants :

« L'hôpital général de Minsk possède une salle d'avortement. Elle a été aménagée pour donner effet à la législation permettant l'interruption de la grossesse des femmes, après autorisation de la commission locale établie pour résoudre ces problèmes spéciaux. L'autorisation d'avortement dépend de la capacité de la femme de prouver à la commission : 1° qu'elle est physiquement inapte à mettre un enfant au monde ou à l'élever; 2° qu'un accouchement la mettrait en danger de mort; 3° que l'enfant hériterait d'une tare qui ferait de lui une charge pour la communauté. Un autre titre à l'autorisation, mais d'une admission plus difficile, consiste en ce que les parents n'ont pas les moyens d'élever convenablement l'enfant. Cependant, 72 % des permissions accordées jusqu'ici l'ont été pour le motif de « pauvreté extrême » de la mère. Les femmes qui ont subi l'avortement sont ensuite mises au courant des méthodes anticonceptionnelles par des instructeurs ou instructrices compétentes. » (*Manuel Devaldès*. La Maternité consciente.)

756 cas en juin
654 » » juillet
606 » » août
644 » » septembre
697 » » octobre
720 » » novembre
818 » » décembre

Comme on le voit le nombre de cas n'a pas cessé d'augmenter.

Les principaux motifs justificatifs invoqués le plus souvent étaient l'insuffisance des moyens économiques : environ 70 % des cas ; les états morbides 17 %, l'allaitement d'autres enfants 5 %, une trop grande famille 2 %.

La loi sur l'avortement en Russie n'a pas empêché les avortements clandestins de subsister. Avorteurs et avorteuses, dit M. Devaldès, opèrent aujourd'hui comme auparavant et comme ailleurs. En 1924, il fut traité dans les hôpitaux 150,000 femmes dont 40,000 étaient arrivées dans un état de grand affaiblissement dû à des manœuvres abortives illégales.

Il y a donc lieu de croire que la nouvelle loi n'a pas apporté tous les résultats que l'on en attendait. D'ailleurs la diversité de ton existant entre les dispositions de 1920 et celles de 1924 est assez significative.

§ 3. — LA LIMITATION DES NAISSANCES.

Le Commissariat de l'Hygiène a créé en 1924 une commission spéciale en vue d'étudier la question de la limitation des naissances.

Dans une conférence des obstétriciens de Moscou, en novembre 1923, il a été reconnu que l'enseignement des méthodes du Birth-Control constituait un facteur indispensable à la santé de la femme, que par conséquent, le médecin ne peut pas se refuser à donner des avis sur la question à celles qui ne peuvent supporter une nouvelle grossesse ou qui ne le désirent pas.

Le problème fut également discuté par deux autres sociétés médicales : l'Association des Gynécologues et Obstétriciens de Leningrad et la Société scientifique pour la Protection des Mères

et des Enfants. Des rapports furent lus par deux éminents gynécologues, les professeurs Lichkouss et Okinchiz.

Les principes de la limitation des naissances ont été propagés
en Russie par Alexandra Kollontcey qui était commissaire du
peuple pour la santé publique dans le premier gouvernement des
Soviets en 1918 (1).

Le Comité de la section de la Protection de la mère et de l'enfant du Département de l'Hygiène de Moscou a, dans sa session
de 1923, établi la liste des moyens préventifs et envoyé en même
temps une circulaire aux hôpitaux de Moscou ainsi que des
instructions aux médecins (2).

A la Conférence fédérale des Républiques soviétiques de la
Maternité et de la Protection de l'Enfance, tenue à Moscou en
1925, une résolution a été votée en faveur du Birth-Control. Elle
déclarait que la propagande contraceptive alliée à l'aide sociale
constituait le meilleur moyen d'enrayer l'avortement et qu'il était
désirable que les centres de maternité et les cliniques pour femmes
donnent aux femmes, par l'intermédiaire de médecins, des avis
sur le Birth-Control dans les cas de grossesses non désirées.

Aussitôt après le Congrès, des consultations furent établies.
La première a été fondée à Leningrad sous les auspices du
Centre de Maternité de Wassili-Ostrow, où, certains jours, les
avis en question sont donnés gratuitement par des gynécologues.
Une autre consultation a été organisée par l'Institut de la Mater-
nité et de la Protection de l'Enfance de Leningrad (3).

Le Département de la Santé de Leningrad a ouvert un certain nombre de cliniques où des informations sont données aux
femmes dont les moyens sont insuffisants pour entretenir une
famille ou qui sont considérées comme physiologiquement trop
faibles pour mettre au monde des enfants (4).

On peut dire que les avis contraceptifs sont donnés aux femmes
dans la plupart des maternités et des centres de protection de

(1) *The New Generation*, juin 1923.

(2) *Eugenical News*, août 1925.

(3) *Birth-Control Review*, mai 1926.

(4) *The New Generation*, août 1926.

l'enfance.. « Les ouvriers et les paysans sont invités à restreindre leur famille à un nombre convenable. On leur enseigne que, plutôt que de laisser leurs instincts naturels déterminer le nombre de leurs enfants, il est préférable de n'en élever que trois ou quatre qui soient sains et nés à des intervalles raisonnables, permettant à la mère de maintenir sa santé et de se consacrer à l'éducation de chacun. » (1)

(1) *The Manchester Guardian*, cité par *Birth Control News*, avril 1925.

SUEDE

CHAPITRE PREMIER.

Généralités.

Depuis Carl Von Linnè (Linnœus) (1707-1778), les études anthropologiques ont été en honneur en Suède.

Anders Retzius, Gustaf Von Düben, Gustaf Retzius illustrèrent de leurs travaux la science biologique. C'est sur l'initiative de Retzius que fut fondée à Stockholm, en 1873, la Société anthropologique de Suède, laquelle commença, en 1875, la publication du « Journal d'anthropologie ».

Peu après, la société devint « La Société anthropologique et géographique suédoise » et la publication prit le nom de *Ymer*, ou *Journal de la Société anthropologique et géographique suédoise*.

Mais, les études sur la biologie raciale datent de 1898, époque à laquelle le Prof. Lundborg commença ses recherches sur les origines d'une famille paysanne dans la province de Blekinge. Il continua ses travaux jusqu'en 1912, après quoi il dirigea ses enquêtes vers le nord de la Suède parmi les Lappons et les Finnois. A la même date, il observa attentivement les effets biologiques du croisement des races et des mariages consanguins. Dans différents articles publiés dans *Hygiea, Svenska Läkaresällskapets, Handeingar* et *Hereditas,* il arrive à la conclusion que la haute statue, la prédisposition à la tuberculose, ainsi que certains signes de dégénérescence sont la conséquence du croisement des races.

Au moyen d'expositions nationales des différents types raciques, organisées en 1914 dans toutes les parties de la Suède, et grâce à ses travaux populaires (sur les types suèdois) Lundborg est parvenu à éveiller l'attention du grand public sur les questions anthropologiques, biologiques et eugéniques.

C'est encore à ses efforts que l'on doit la fondation de l'Institut de biologie raciale.

Les principaux hommes de science qui, en Suède, s'occupent soit directement soit indirectement du problème de la race sont : le Prof. Lundborg, de l'Université d'Upsal ; Nillson-Ehle, idem ; Backman, idem ; Dr Bratt, de l'Université de Stockholm ; Prof. Fürst, de l'Université de Lund ; le Prof. Oscar Montelius, de Stockholm, connu pour ses travaux sur l'immigration ; le Prof. Otto Von Friesen, pour ses travaux sur l'émigration ; le Prof. Martin Ramström, d'Upsal, pour ses recherches d'anthropologie et de biologie raciale en Suède ; le Dr Hjalmar Anderson, de Bergirk ; le Prof. J. Vilhelm Hultkrantz, d'Upsal, pour ses travaux sur l'hygiène de la race ; le Prof. Arvid Edin, d'Upsal, pour ses travaux sur le problème démographique ; le Prof. Otto Rosenberg, pour ses travaux sur la génétique ; le Dr Hans Tedin, de Svalöf, le Dr Emanuel Bergman, etc.

La Suède fait partie de la Fédération internationale des organisations eugéniques. Elle y est représentée par les professeurs Herman Lundborg et H. Nilsson Ehle.

Une chaire sur l'hérédité humaine a été fondée à l'Université de Lund ; elle est occupée par le Prof. Nillson-Ehle. L'Université d'Upsal organise tous les ans une série de cours sur l'eugénique. De plus, dans les écoles secondaires et supérieures pour garçons et filles, une instruction élémentaire d'eugénique est donnée.

On peut dire que le mouvement eugénique en Suède est conduit par le Prof. Lundborg. Il est l'auteur d'un vaste programme qui reflète les buts et les principaux aspects des tendances eugéniques de son pays.

Le voici résumé en quelques points :

1° Une race saine est la plus grande richesse que puisse posséder un pays. La supériorité de la race dépend en grande partie de ses qualités héréditaires ; celles-ci varient suivant les nations ;

2° L'hérédité et la sélection sont les grands facteurs qui gouvernent la vie dans le monde. L'entourage a aussi sa valeur bien qu'il ne puisse pas développer de nouvelles qualités mais seulement modifier celles déjà existantes ;

3° La famille et les nations sont gouvernées par des lois strictes aussi bien que les individus. Une des premières tâches de chaque nation est d'étudier soigneusement les lois biologiques et de conformer les conditions sociales d'après ces lois. Si l'on va à l'encontre de l'une d'elles on aboutit à la dégénérescence ;

4° Les qualités de la race se perdent de jour en jour avec une grande rapidité à cause de :

a) la chute de la natalité parmi les classes moyennes ;

b) le progrès industriel ;

c) le grand mélange des races ;

d) le luxe et les habitudes sociales nouvelles qui détruisent la morale ;

5° Le système pour les classes supérieures de n'avoir pas d'enfants ou de n'en avoir qu'un ou deux tandis que les plus pauvres se reproduisent à outrance, conduit à la dégénérescence de la race ;

6° Les travaux industriels et agricoles demandent de temps en temps de nouvelles énergies qui nécessitent l'appel de la main-d'œuvre étrangère ;

7° Toutes les forces sociales, politiques et religieuses de la nation doivent s'unir pour défendre le pays contre la dégénérescence.

A ces fins :

1° Un travail énergique d'enseignement du sujet doit être mené dans les universités, les hautes écoles, les écoles professionnelles, de même des conférences et des écrits seront publiés dans le but d'éclairer le public.

Les médecins et les professeurs devront connaître la science de l'hérédité et la culture de la race.

Le sens de la responsabilité envers les générations futures sera développé. De même que le sens de la responsabilité parentale doit être acquis par toute personne ;

2° A l'exemple de la Suède, il faudrait établir des instituts de biologie de la race en vue de recherches et d'études sur les questions relatives à l'hérédité et à l'eugénique. Ces instituts devraient avoir une base généalogique, médicale, biologique et sociale-économique ;

3° Dans le peuple, l'alcoolisme, les maladies sexuelles, la tuberculose devraient être combattus énergiquement ;

4° Protéger la population rurale. Pour contrebalancer les effets nuisibles de l'industrialisme, l'Etat devrait construire, à la campagne, des maisons modèles. Développer les classes agricoles ;

5° Une vie simple et laborieuse de même que les exercices physiques devraient être enseignés à toutes les classes de la Société. Mener la lutte contre le luxe, les plaisirs, etc.

6° Réglementer l'émigration ;

7° La science de l'eugénique devrait recevoir le concours de toutes les sociétés ;

8° Des sociétés nationales devraient être fondées dans le but de travailler à la culture de la race, la santé des peuples et l'amélioration de la moralité (1).

C'est à Lund qu'a eu lieu, en 1923, sous les auspices de la Société Mendel, la réunion de la Fédération internationale des organisations eugéniques. Cette conférence qui eut un grand succès était présidée par le major Darwin.

En août 1925 s'est tenu, à Upsal, le I⁰ʳ Congrès de la race du Nord, auquel prirent part la Suède, la Norvège, le Danemark, la Finlande et l'Islande. On y discuta les problèmes relatifs aux races du Nord (2).

On tente en Suède de populariser de plus en plus les notions d'eugénique et de biologie raciale. Des conférences publiques sont organisées par des professeurs d'université et particulièrement par le Prof. Lundborg.

Les sociétés de tempérance, comme l'Association Abstinente des Etudiants suédois et la Société des Bons Templiers, contribuent largement à propager parmi la population le sens de la responsabilité raciale.

---

(1) Prof. Lundborg. *Eugenics Review*, 1922, p. 41.

(2) *Eugenical News*, novembre 1925.

CHAPITRE II.

Les institutions eugéniques en Suède.

Les institutions eugéniques en Suède sont :
1. — La Société suédoise d'Eugénique ;
2. — L'Institut suédois de Biologie raciale ;
3. — La Société Mendel ;
4. — L'Institut suédois de Génétique ;
5. — Le Centralförbundet för Nykterhetsundervisning.

§ 1. — LA SOCIETE SUEDOISE D'EUGENIQUE.

La Société suédoise d'Eugénique ou Svenska Sällskapet för Rashygien a été fondée en 1910 à Stockholm.

La Société fait paraître des brochures séparées sur son activité. Elle ne possède pas de périodique régulier.

§ 2. — L'INSTITUT SUEDOIS DE BIOLOGIE RACIALE.

L'Institut suédois de Biologie raciale a été fondé grâce à l'activité du Prof. Herman Lundborg. Depuis 20 ans, le distingué savant s'est entièrement consacré, au moyen de ressources financières minimes mais avec une énergie inlassable et un rare désintéressement, à préparer l'établissement de l'œuvre que le Gouvernement a définitivement consacrée en 1923 : la fondation de l'Institut suédois de biologie raciale. C'est sur la proposition du Prof. Lundborg, qu'un projet de loi, déposé par le Gouvernement en vue de créer cet institut, a été voté par les deux Chambres en 1922.

L'Institut est administré par un conseil de six membres nommés par le Roi. Le directeur est le Prof. H. Lundborg ; il est membre d'office, et le vice-directeur est F. J. Linders.

L'Institut comprend un statisticien, qui est aussi archiviste, un généalogiste, un médecin assistant, un assistant anthropologue, une dame assistante et un statisticien assistant ainsi qu'un photographe.

La somme allouée pour l'année 1923-24 a été de 50,000 couronnes suédoises, non compris le salaire du directeur.

L'Institut commença ses travaux en 1922. Il entreprit comme tâche immédiate de poursuivre les recherches concernant la population de Norrbotten qui avaient été commencées déjà par le Prof. Lundborg. Après cette province, les investigations se porteront sur celle de Gotland. On fera ensuite une étude comparative des données fournies par ces deux contrées.

L'Institut s'est préoccupé également de faire des recherches anthropologiques sur la jeunesse de Suède, sur les conscrits, les malades de sanatoria, prisonniers, hommes et femmes, etc.

A la fin de 1923, des renseignements sur 75,845 individus répartis comme suit, avaient déjà été obtenus :

	Hommes	*Femmes*	*Total*
Conscrits et membres de l'armée et de la marine	51,949		51,949
Elèves des écoles élémentaires et supérieures nationales	7,185	6,763	13,948
Elèves d'autres institutions d'éducation	1,668	3,463	5,131
Malades des sanatoria et des hôpitaux	1,277	1,532	2,809
Divers	1,080	928	2,008
Total	63,159	12,686	75,845

A côté de ces travaux, d'autres investigations concernant les jumeaux et les trijumeaux ont été entreprises.

Des recherches généalogiques ont encore été menées dans les régions où les races sont mélangées (Lappons, Finnois et Suédois) afin de connaître l'influence des croisements sur la longévité. Dans trois villages, par exemple, des généalogies ont été établies sur une période de 125 ans. Dans une autre commune, l'histoire de 1200 familles a été retracée pour la période s'étendant de 1781 à 1851 (1).

L'Institut organise chaque année des cours sur la biologie raciale à l'Université d'Upsal. Il publie un périodique sous le titre de *Rapports de l'Institut d'Etat de Biologie raciale* (2).

§ 3. — LA SOCIETE MENDEL.

La Société Mendel ou Mendelska Sällskapet a son siège à Lund. Elle s'occupe de questions d'hérédité et de génétique.

La Société a été fondée en 1910 et est présidée par le Dr H. Nilsson-Ehle. Elle compte parmi ses membres d'honneur les noms les plus réputés de la génétique, comme ceux des Drs W. Johannsen, de Copenhague; E. Bauer et C. Correns, de Berlin.

La Société publie un périodique : *Hereditas*. Le but de ce périodique est de propager les connaissances de l'hérédité en Scandinavie et particulièrement en Suède. Les articles sont écrits en anglais, en allemand et en français (pas en suédois).

§ 4. — L'INSTITUT SUEDOIS DE GENETIQUE.

L'Institut suédois de Génétique a été fondé en 1918, à Akarp, près de Lund. Il est avec l'Institut suédois de Biologie raciale une des rares institutions de génétique du monde qui soient subventionnées par un gouvernement. Le directeur de l'Institut est le Prof. Nilsson-Ehle.

Les recherches de l'Institut se limitent jusqu'à présent au règne végétal. Il possède de vastes hectares de terre où des expériences démonstratives sont faites l'été pour les étudiants de l'Université de Lund.

§ 5. — LE CENTRAL FÖRBUNDET FÖR NYKTERHETSUNDER-
-VISNING.

Cet organisme est une société de tempérance dont les buts tendent à l'amélioration de la race. Son siège est à Stockholm.

---

(1) *Eugenical News*, mars 1925.

(2) F. J. Linders. *Eugenical News*, février 1924.

CHAPITRE III.

Différents moyens eugéniques préconisés en Suède.

Les principaux moyens eugéniques pratiqués en Suède ou simplement préconisés sont :

1. — La réglementation du mariage ;
2. — La stérilisation ;
3. — La réglementation de l'immigration et de l'émigration ;
4. — Le contrôle des naissances ;
5. — Les mesures d'hygiène sociale ;
6. — La culture physique.

§ 1. — LA REGLEMENTATION DU MARIAGE.

La réglementation du mariage a, de tout temps, préoccupé le législateur suédois.

Nous allons examiner successivement les différents points qui ont fait l'objet, soit de restrictions spéciales proprement dites, soit de vœux de la part des eugénistes :

A. — L'âge du mariage ;

B. — Le degré de consanguinité ;

C. — L'état physique et mental des conjoints ;

D. — Le certificat médical prématrimonial ;

E. — L'eugénique et la dissolution du mariage.

A. — L'AGE DU MARIAGE.

La matière du mariage est actuellement régie par la loi du 11 juin 1920.

L'homme avant vingt-et-un ans, la femme avant dix-huit ans ne peuvent contracter mariage sans l'autorisation du Roi (chapitre II, article 1er).

B. — LE DEGRE DE CONSANGUINITE.

Le mariage est prohibé entre les ascendants et descendants en ligne directe et entre frères et sœurs (chap. II, art. 7).

L'oncle et la nièce, la tante et le neveu ne peuvent contracter mariage sans l'autorisation du Roi (chap. II, art. 8).

On ne peut contracter mariage avec les ascendants ou descendants en ligne directe de son ex-conjoint (chap. II, art. 9).

C. — L'ETAT PHYSIQUE ET MENTAL DES CONJOINTS.

Déjà, dans les préambules d'une loi de 1757 défendant le mariage entre épileptiques, il était stipulé : « Conformément au rapport du collège médical et à l'avis des médecins des temps les plus reculés, il est reconnu que la maladie appelée épilepsie idiopathique est communiquée par les parents aux enfants ainsi qu'aux enfants des enfants ; de plus, l'expérience quotidienne prouve que rarement quelqu'un est atteint de cette grave maladie quand aucun de ses ancêtres n'en a été affligé ; pour ces raisons nous défendons le mariage entre personnes — hommes ou femmes — frappées de ce mal. »

Dans les anciennes dispositions sur le mariage de 1734 qui ont été en vigueur jusqu'en 1915, il était déclaré que l'épilepsie était un empêchement au mariage, mais pratiquement toute affection mentale qui rendait le sujet incapable de contracter validement constituait également un empêchement au mariage. D'autre part, il était mentionné que toute maladie infectieuse incurable était un motif d'annulation du mariage ; par là toute maladie vénérienne présumée était comprise.

Depuis le début du siècle présent, de nombreuses voix ont fait l'apologie du devoir de la société envers la santé physique et mentale de la race et demandaient des mesures législatives prohibant le mariage aux personnes qui, médicalement et eugéniquement n'y étaient pas aptes.

La loi du 11 novembre 1915, puis celle du 11 juin 1920, sont venues réaliser une partie de ces vœux.

La loi du 11 juin 1920 interdit le mariage à tous ceux atteints d'aliénation mentale ou de faiblesse d'esprit (art. 5). L'article 6 l'interdit à ceux atteints d'épilepsie endogène ou d'une maladie vénérienne dans sa phase contagieuse, si le Roi ne donne son autorisation.

D. — LE CERTIFICAT MÉDICAL PREMATRIMONIAL.

La Suède a promulgué, le 11 novembre 1915, une loi imposant le certificat d'aptitude au mariage. Cette loi a été ratifiée et complétée par celle du 11 juin 1920. Elle stipule :

Chap. III, art. 2. — § 1. L'homme inscrit au registre d'une paroisse autre que celle mentionnée à l'article premier aura, en demandant la publication des bans, à présenter un certificat indiquant tout ce que les registres paroissiaux de sa paroisse contiennent relativement à son aptitude à contracter mariage (certificat de mariage).

Le fiancé, n'étant pas cu ne devant pas être inscrit au registre d'une paroisse suédoise, aura à présenter un certificat analogue qu'il pourra se procurer auprès d'un officier d'état civil étranger.

§ 4. S'il y a lieu de supposer que le fiancé est atteint d'aliénation mentale ou de faiblesse d'esprit, ou s'il a été atteint d'aliénation mentale dans les trois dernières années, il aura à prouver, par certificat de médecin, qu'il n'y a plus trace chez lui d'aliénation mentale ou de faiblesse d'esprit.

§ 5. Le fiancé réputé épileptique devra présenter un certificat de médecin attestant qu'il n'y a aucune trace chez lui d'épilepsie endogène, et même, s'il n'est pas réputé épileptique, une déclaration écrite affirmant en honneur et conscience qu'à sa connaissance il n'est pas atteint d'épilepsie.

Le fiancé devra aussi présenter une déclaration écrite affirmant en honneur et conscience qu'à sa connaissance il n'est pas atteint d'une maladie vénérienne dans sa phase contagieuse.

Ce qui est ci-dessus prescrit ne sera pas applicable au fiancé qui présente l'autorisation du Roi à contracter mariage malgré la maladie en question (1).

---

(1) La loi du 12 novembre 1915 prévoit des voies de recours contre certaines décisions relatives à la conclusion du mariage.

Si quelqu'un entend se pourvoir contre une décision relative à la publication

Les eugénistes suédois voudraient également interdire le mariage aux alcooliques, aux lépreux, aux tuberculeux avancés aussi bien qu'aux sourds-muets et à ceux atteints de défauts physiques graves.

E. — L'EUGENIQUE ET LA DISSOLUTION DU MARIAGE.

a) *De l'annulation du mariage.*

La loi du 11 juin 1920 stipule :

Chap. X, art. 2. — Si l'époux, au moment de la célébration du mariage, était atteint d'aliénation mentale ou de faiblesse d'esprit, le mariage sera, sur sa demande, déclaré nul. S'il n'a pas intenté l'action en nullité dans les six mois à dater de sa guérison, il sera déchu de son droit.

Si l'autre époux, au moment de la célébration du mariage, n'a pas eu connaissance de l'aliénation mentale ou de la faiblesse d'esprit de son conjoint, il pourra lui aussi, obtenir l'annulation, pourvu qu'il ait intenté l'action dans les six mois à dater du moment où il en a eu connaissance et, au plus tard, dans les trois ans qui suivent la célébration du mariage; toutefois, l'action en nullité à raison de l'aliénation mentale ne pourra être intentée après guérison.

Art. 3. — De même, le mariage sera déclaré nul, à la demande de l'un des époux :

1° si, au moment de la célébration du mariage, il a été atteint d'un accès de folie ou s'il s'est trouvé dans un autre état excluant sa capacité;

3° si, sans qu'il en ait connaissance, son conjoint, au moment de la

---

des bans, la lecture ou l'affichage en vue d'un mariage, à la délivrance d'un certificat de mariage ou à la célébration d'un mariage. il peut le faire, devant le Chapitre lorsque la décision a été rendue par un pasteur de l'Eglise suédoise. devant le préfet du Roi sous couvert du ministre compétent si elle a été rendue par une autorité hors du Royaume ou par le secrétaire général au ministère des affaires étrangères. Le pourvoi contre les décisions du Chapitre ou du préfet du Roi peut être fait devant le Roi et devra être communiqué ou envoyé au ministère compétent avant l'expiration de la trentième journée à dater de la signification de la décision du demandeur.

célébration du mariage, était atteint d'épilepsie endogène, de maladie vénérienne dans la phase contagieuse, de lèpre ou d'impuissance;

4° si le mariage n'a été que la conséquence de fausses déclarations ou de réticences de son conjoint, soit sur sa personne, soit sur son passé.

L'annulation n'aura pas lieu, à moins que l'époux n'en intente l'action dans les six mois à partir de la cessation de l'état dont il a été parlé au n° 1, ou du moment où il a eu connaissance des causes entraînant l'annulation prévues aux nᵒˢ 2, 3 et 4; et l'action en nullité ne sera, sous aucun prétexte, recevable lorsque trois ans se seront écoulés depuis la célébration du mariage.

L'action en nullité ne sera pas non plus recevable à raison d'une maladie vénérienne, si le conjoint n'a pas été contaminé et si la maladie n'est plus dans la phase contagieuse, ou en cas de guérison pour les autres maladies.

b) *De la séparation de corps et du divorce.*

La loi du 11 juin 1920 stipule :

Chap. XI, art. 2. — Si l'un des époux abuse de boissons alcooliques, de stupéfiants, le jugement de séparation de corps pourra être prononcé en faveur de son conjoint.

Art. 9. — Si l'un des époux, le sachant ou le soupçonnant, est atteint d'une maladie vénérienne dans sa phase contagieuse, expose, par des relations intimes, son conjoint au danger d'être contaminé, le divorce pourra être prononcé en faveur de ce dernier, pourvu qu'il ne se soit pas volontairement exposé au danger. Néanmoins, le divorce ne pourra être prononcé que si l'action est intentée dans les six mois à dater de l'époque où le conjoint s'est aperçu qu'il a été exposé au danger d'être contaminé; il ne pourra plus être prononcé si le conjoint n'a pas été contaminé et si la maladie, à l'époque où l'action est intentée, n'est plus dans sa phase contagieuse.

Art. 12. — Si l'un des époux s'est adonné à l'abus de boissons alcooliques ou de stupéfiants, le tribunal pourra, à la demande de l'autre époux, prononcer le divorce s'il estime qu'il y a des motifs graves.

Art. 13. — Si l'un des époux est atteint d'aliénation mentale, et si la maladie a duré trois ans pendant le mariage, et s'il n'y a pas lieu d'espérer le rétablissement durable du malade, l'autre époux aura droit au divorce.

§ 2. — LA STERILISATION.

Certains eugénistes sont, en Suède, favorables à la stérilisation des tarés. Ils estiment, en effet, que la reproduction des indésirables doit être évitée, non seulement par la prohibition du mariage, mais aussi par le moyen de la ségrégation et de la stérilisation. Ces moyens sont, d'après eux, beaucoup plus efficaces que le premier. Des voix très autorisées se sont levées, demandant que des mesures très sévères soient prises à l'égard des criminels d'habitude et particulièrement à l'égard des criminels en matière de mœurs.

Aucune disposition n'existe dans la législation **suédoise** sur la stérilisation.

La Faculté de médecine, de qui l'avis a été demandé, estime qu'une réglementation relative à la stérilisation **des déficients** physiques et mentaux, ne devrait être établie que si l'opinion publique a été suffisamment préparée à l'accepter.

La question a été discutée parmi les médecins, et les plus éminents de ceux-ci ont déjà, avec le consentement des patients, pratiqué cette opération à des fins eugéniques.

Les professeurs J. Vilh-Hultkrantz et E. Bergman d'Upsal considèrent que la stérilisation est un complément nécessaire à la réglementation du mariage et ils forment le vœu que le public peu à peu, grâce à l'enseignement qui lui sera fait, arrive à une compréhension exacte de cette grave question (1).

En 1922, le Dr Alf. Petren, inspecteur en chef des asiles d'Aliénés, introduisit un projet de loi demandant que le problème de la stérilisation des idiots, des imbéciles et des épileptiques soit porté à l'étude.

Ce projet fut voté par les deux Chambres et le Conseil de l'Institut de Biologie raciale fut chargé d'étudier la question. Il nomma dans ce but un comité composé des Prof[rs] Lennmalm, Quensel, Hultkranz et Lundborg.; les résultats de leurs travaux furent publiés. Ceux-ci étaient entièrement conformes au

---

(1) J. Vilh. Hultkrantz et E. Bergman. *The Swedish Nation in Race and Picture.* page 74.

vœu du Dr Alf. Petren. Le rapport concluait que, dans l'intérêt des malades, il valait mieux les stériliser plutôt que de les interner ou de leur interdire le mariage.

Ci-dessous les principaux points du rapport tel qu'il a été établi par le Conseil de l'Institut de Biologie raciale :

La stérilisation eugénique n'aura lieu que si, pour des raisons scientifiques, il y a lieu de craindre que la personne en question n'engendre une descendance tarée. Elle ne pourra être effectuée que si la Chambre médicale, après l'examen du cas, a donné son consentement. Pour pouvoir se prononcer, la Chambre médicale devra être en possession :

1° D'un rapport officiel d'un médecin ou d'un chirurgien compétent, relatif à l'examen mental et physique de la personne, en même temps que d'une enquête sur l'histoire de la famille et d'un procès-verbal sur les circonstances de la vie du sujet. Lorsque la personne est mariée ou fiancée, l'examen de l'autre partie devra être fait s'il est nécessaire ; -

2° Du consentement écrit du sujet, ou s'il a perdu l'usage de ses sens, de celui de son gardien ou de son tuteur, et s'il est marié ou fiancé, de celui de l'autre partie.

Si la personne est mineure, outre son consentement, celui de son tuteur est requis.

Dans tous les cas où la stérilisation aura été pratiquée, un rapport en sera fait au Comité Royal médical (1).

§ 3. — LA REGLEMENTATION DE L'IMMIGRATION ET DE L'EMIGRATION.

La question du croisement des races a été l'objet de nombreuses études en Suède. Les travaux du Prof. Lundborg tendent à prouver que ceux-ci ont toujours été néfastes à la population suédoise — sauf toutefois ceux qui ont été constitués par les mélanges wallons-suédois. En outre, il a été constaté, dans les centres industriels, que la tuberculose n'a que peu de prise sur les populations

---

(1) *The problem of eugenical sterilization in Sweden. Eugenical News*, 1924, février et mars.

non mêlées ou mêlées très peu (1). Aussi les eugénistes travaillent-ils en vue d'obtenir une réglementation plus grande de l'immigration. En effet, depuis que les Etats-Unis ont fermé leurs portes à un grand nombre d'immigrants, la Suède s'est vue envahie par toutes sortes d'indésirables. La guerre surtout a amené dans ce pays des fugitifs pauvres et malheureux dont la naturalisation a été accordée trop rapidement. Le nombre des immigrants s'élève annuellement à plus de 8,400.

S'il est important de réglementer l'immigration, les eugénistes estiment qu'une législation relative à l'émigration serait tout aussi désirable pour la race.

Sur les 6 millions d'habitants que possède la Suède, environ 20 à 30 mille émigrent chaque année. A l'heure actuelle, il existe à l'étranger de 2 à 3 millions de suédois.

Comme ce sont les plus forts qui généralement s'en vont par suite de la sélection faite par les Etats-Unis, il résulte que les éléments les moins désirables sont forcés de rester dans le pays.

Aussi travaille-t-on en Suède à remédier à cette situation. La Société Nationale contre l'émigration s'est mise à l'œuvre depuis 1907. Elle tend tout d'abord à instruire la population, et ensuite à lui procurer de petites habitations pour la fixer dans le pays (2).

§ 4. — LE CONTROLE DES NAISSANCES.

Déjà, dans la première moitié du XIXme siècle, quelques voix se faisaient entendre contre les dangers de la surpopulation. En 1833, un des poètes suédois, en même temps évêque de l'Eglise officïelle, écrivait les lignes suivantes dans un rapport sur les *Causes de la Pauvreté* :

« Avec l'aide de la Paix, du Vaccin et des Pommes de terre, la population a considérablement augmenté. Mais comme en même temps aucune nouvelle source de subsistance n'a été apportée à cette génération engendrée dans une serre chaude, les conséquences de cet état de choses ne tardent pas à apparaître partout.

---

(1) Dr A. Mjöen. *Eugenics Review*, 1922, p. 88.

(2) Prof. J. Vilhl. Hultkrantz. *The Swedish Nation in Word and Picture*, p. 74.

La population va en augmentant chaque année mais la pauvreté s'accroît également, dans la même proportion. »

La population, qui était alors de 3 millions d'habitants environ, s'est élevée en 1880 à 4 millions et demi. A partir de cette date, elle n'a pas cessé de décroître. On attribue cette chute à la propagation des idées malthusiennes. En 1878, en effet, le livre du Dr Drysdale *Eléments de Science sociale* avait été traduit en suédois ; il gagna aussitôt le grand public. Vers 1880, le Dr Knut Wicksell commença une propagande active néo-malthusienne. Devenu professeur d'Economie politique à l'Université de Lund, il poursuivit son action jusqu'à sa mort. A côté de lui, Hjalmar Ohrvall, professeur de Physiologie à l'Université d'Upsal, travailla également par ses écrits en faveur du mouvement. Celui-ci rencontra une grande opposition dans les milieux conservateurs et, en 1910, le Parlement vota une loi contre la propagande malthusienne. Depuis ce moment, des projets ont été introduits en vue d'abolir cette loi, mais toujours ils ont avorté.

La loi n'a pas empêché le mouvement de la limitation des naissances de se développer. Des livres et des brochures relatifs au Birth-Control sont imprimés et vendus en dépit des interdictions. La traduction de l'ouvrage de Marie Stopes : *Wise Parenthood*, par exemple, est très répandue, surtout parmi les classes ouvrières.

Aussi la natalité n'a-t-elle pas cessé de diminuer comme le démontrent les statistiques ci-dessous :

1906-10	25,4 ‰	1924	18,11 ‰
1911-15	23 ‰	1925	17,53 ‰
1916-20	21 ‰	1926	16,88 ‰

L'accroissement de la population était, pendant la période 1906-10, de 8 ‰ ; en 1924, elle était de 5,07 ‰, et en 1926, de 3,44 ‰.

Il résulte des enquêtes qui ont été faites par le Dr Karl Edin dans les différents quartiers de Stockholm que les méthodes contraceptives sont, à l'heure actuelle, connues et pratiquées, non seulement parmi les classes élevées, mais encore parmi les classes pauvres de la population.

Dans un rapport présenté en 1927 au Congrès mondial de la Population à Genève, le Dr Edin démontra que le taux de la natalité des meilleures familles de la région susmentionnée était plus élevé que dans les classes inférieures et que la mortalité infantile était plus faible dans les premières que dans les secondes. Il s'en suit que ce sont les classes supérieures qui contribuent à régénérer la population

L'opposition qu'avait rencontrée le mouvement de la limitation des naissances commence à s'affaiblir. Les étudiants en médecine reçoivent des avis sur les méthodes contraceptives, et celles-ci sont enseignées aux femmes, suivant ordonnance médicale, à la clinique obstétricale de l'Ecole de médecine de Stockholm.

Il y a quelques années, une femme médecin, Mme Ada Nilsson, a ouvert un « bureau de consultations pour parents » dans lequel on enseigne non seulement les moyens anticonceptionnels mais encore toute autre question utile sur l'hygiène sexuelle, l'hygiène de la grossesse, l'hygiène infantile. Grâce aux soins de l'office, des femmes souffrant de maladies graves, comme par exemple d'épilepsie, ont été envoyées dans les hôpitaux et stérilisées (1).

§ 5. — LES MESURES D'HYGIENE SOCIALE.

Les principales mesures d'hygiène sociale établies en Suède dans un but eugénique concernent :

A. — La protection de l'enfance et de la maternité ;

B. — La lutte contre les maladies mentales ;

C. — La lutte contre le péril vénérien ;

D. — La lutte contre la tuberculose ;

E. — La lutte contre l'alcoolisme.

A. — LA PROTECTION DE L'ENFANCE ET DE LA MATERNITE.

L'aperçu ci-dessous donne les grandes lignes de l'organisation de la protection de l'enfance et de la maternité en Suède (2).

---

(1) *Birth Control Review*, mai 1928. p. 146.

(2) Extrait de l'*Annuaire Sanitaire International*, Société des Nations.

Foyers pour mères. — Il existe, dans la plupart des grandes villes, des foyers pour mères avec enfants en bas âge. Le premier foyer a été créé à Stockholm, en 1901. A l'heure actuelle, il y a 14 foyers de ce genre contenant 212 places pour les mères et 273 pour les enfants.

Foyers pour enfants. — Il y a une quantité importante de foyers pour enfants, environ 270, contenant un grand nombre de places.

Gouttes de lait. — La première a été créée à Stockholm, en 1901, et il existe actuellement une quarantaine d'établissements de ce genre. Maintenant, ils sont en général organisés de façon à constituer, pour ainsi dire, une sorte de centre de protection de l'enfance, où sont contrôlés l'alimentation et les soins donnés.

Ouvroirs pour enfants. — Il y a une centaine de ces établissements où l'on enseigne les ouvrages manuels et les travaux domestiques. Ces ouvroirs sont particulièrement utiles pour les régions septentrionales du pays.

Colonies d'été pour enfants. — La première colonie proprement dite a été organisée à Stockholm, en 1884, et l'œuvre des colonies a rencontré ensuite le plus chaleureux accueil. C'est ainsi qu'un nombre de plus en plus grand d'enfants de villes, pauvres et chétifs, sont envoyés, chaque été, dans les colonies de la campagne. Plusieurs particuliers reçoivent également chez eux, à la campagne, des enfants en vacances.

Bureaux des soins de l'enfance. — Ces bureaux ont en vue d'agir par des renseignements et des conseils afin que des soins appropriés soient donnés aux enfants. Il y a maintenant 12 bureaux de ce genre, dont trois sont privés et neuf communaux.

Culture physique. — La question de la culture physique de l'enfance a fait l'objet d'un travail préparatoire actif. En 1918, déjà, un comité royal a remis un rapport concernant la création d'une école supérieure de culture physique, mais la question n'a pas encore été résolue, elle fait cependant toujours l'objet d'études.

B. — LA LUTTE CONTRE LES MALADIES MENTALES (1).

A Stockholm, une association d'assistance pour les malades psychiques a déjà organisé en 1918 un bureau d'assistance pour ces malades, bureau où sont également données des consultations gratuites.

En 1924, le nombre des consultations s'est élevé à 1,527. En collaboration avec cette association, le bureau de logement de la ville de Stockholm a loué un corps de logis à Lidingö (environs de Stockholm) et organisé une maison centrale pour les malades psychiques. En outre, des malades, au nombre de 80 environ, ont été mis en pension chez des particuliers, à la campagne (soins de famille).

A Gothembourg, on a nommé un curateur pour les malades psychiques.

Etablissements pour idiots et imbéciles.

Educables . —· Il y avait, le 31 décembre 1923, 30 établissements pour idiots éducables, avec 2,035 places. Les départements et les communes payent en grande partie les frais de ces établissements.

Non éducables. — Le 31 décembre 1923, il existait pour ces malades, 12 établissements rattachés aux établissements idiots éducables, avec un total de 633 places, et, en outre, 21 asiles indépendants avec 765 places.

Idiots dépravés. — L'Etat a organisé deux maisons d'éducation pour idiots de ce genre, l'une en 1922, pour garçons, avec 55 places, et, l'autre, en 1924, pour filles, avec 40 places.

Etablissements pour épileptiques avec allocation de l'Etat. — Il existe deux maisons d'éducation avec 110 places, 3 foyers de travail avec 129 places et un asile pour les idiots épileptiques non éducables avec 46 places.

Une étude se poursuit concernant la façon d'organiser d'une façon plus satisfaisante qu'auparavant les soins à donner aux idiots et aux épileptiques.

---

(1) **Extrait de l'*Annuaire sanitaire international*, Société des Nations.**

Établissements pour enfants antisociaux (dépravés) (maisons de protection). — Les départements et les grandes villes ont organisé 30 maisons de protection pour les enfants qui sont si dépravés que ni le foyer ni l'école ne sont en mesure de les élever. L'Etat accorde également une allocation pour le fonctionnement de ces établissements.

Pour les mineurs criminels, il y a deux maisons d'éducation instituées par l'Etat, une pour garçons, l'autre pour filles. Dans ces établissements on reçoit les enfants entre 15 et 18 ans. Les élèves prennent part aux travaux de jardinage, aux travaux agricoles, manuels domestiques.

C. — LA LUTTE CONTRE LE PERIL VENERIEN.

A partir de l'année 1918, une lutte énergique a été engagée contre les maladies vénériennes.

Une loi sur les maladies vénériennes a été promulguée cette même année. Elle rend obligatoire la déclaration de ces maladies. De plus elle oblige le médecin à rechercher le nom et l'adresse de la personne qui a contaminé son client et à les communiquer à l'inspecteur sanitaire lequel ordonne à la personne inculpée de lui envoyer un certificat prouvant qu'elle est indemne d'infection. S'il ne reçoit pas le certificat, l'inspecteur peut l'obliger à se faire soigner.

Le médecin qui sait qu'un de ses malades vénériens a l'intention de se marier doit en avertir le bureau d'état civil.

Une amende de 50 couronnes et une peine de deux ans de travaux forcés est imposée à ceux qui ont communiqué une maladie vénérienne.

D'autre part, la loi accorde à toute personne atteinte de cette maladie, ou croyant avec raison en être atteinte, le droit de se faire soigner gratuitement. En retour les patients sont priés de suivre les avis des médecins et de veiller sur eux-mêmes (1).

Il existe à Stockholm un institut « Welander » le premier de ce genre, pour enfants hérédo-syphilitiques. Ayant débuté avec 5 enfants, l'Institut peut maintenant en accueillir 40. Deux asiles

---

(1) *National Health*, janvier 1923.

analogues ont encore été créés en Suède : un à Göteberg, en 1917, et un autre à Malmoe, en 1922.

Le résultat de cette vaste organisation n'a pas tardé à se faire sentir en Suède.

Le taux des maladies vénériennes est passé de 51,6 par 10,000 habitants en 1919, à 34 par 10,000 en 1920. Dans la seule ville de Stockholm le nombre des malades a diminué de 60 % (1).

D. — LA LUTTE CONTRE LA TUBERCULOSE.

Afin de lutter contre la tuberculose qui cause en Suède d'assez importants ravages, il s'est fondé en 1904, une Société nationale suédoise contre la Tuberculose. Cette Société qui se donne pour tâche d'éclairer le public soutient toute la lutte contre la tuberculose en Suède. Elle s'est surtout attachée, durant ces dernières années à la prévention du fléau parmi la population infantile. La Société a établi des homes pour enfants prétuberculeux ainsi que des colonies à la campagne. L'Association Abstinente des Etudiants suédois a d'autre part, institué des établissements pour enfants sains venant de foyers infectés. Ceux-ci sont fortifiés afin de pouvoir lutter efficacement contre les germes du mal à leur retour chez eux.

Une Commission royale a travaillé à établir un programme d'ensemble en vue de la lutte antituberculeuse dans l'avenir. Celle-ci s'occupera spécialement de la prophylaxie antituberculeuse, particulièrement chez les enfants.

L'œuvre des dispensaires n'a cessé de progresser dans tout le royaume.

Le nombre des dispensaires antituberculeux recevant une allocation de l'Etat, était, en 1923, de 188. Les dépenses occasionnées par ceux-ci s'élevaient à 1,647,443 couronnes.

E. — LA LUTTE CONTRE L'ALCOOLISME.

Les principales organisations ayant pour but la lutte contre l'alcoolisme sont :

____

(1) *National Health*, 1923, p. 362.

1. Förbudsvännernas Landsförbund ;
2. Sveriges Nyterhetssällskaps Representantförsamling ;
3. Sveriges Nykterhetssällskaps Upplysningsbyraa ;
4. Riksutskottet för de Kristnas Förbudsrörelse ;
5. Centralraadet för Kvinnornas Förbudsarbete ;
6. Centralförbundet för Nykterhetsundervisning ;
7. Riksdagens Nykterhetsgrupper ;
8. Sveriges Storloge av. I. O. G. T. ;
9. Sveriges Blaabandsforening ;
10. Nationaltemplarorden N. G. T. O. ;
11. Verdandi-Order N. O. V. ;
12. Vita Bandet ;
13. Sveriges Studerande Ungdoms Helnykterhetsförbund ;
14. Sveriges Lärares Nykterhetsförbund ;
15. Järnvägsmännnens Helnykterhetsförbund.

§ 6. — LA CULTURE PHYSIQUE.

Une grande attention a été portée en Suède à la culture physique. Elle est considérée comme un moyen de perfectionnement de la race depuis de longues années déjà.

Henrik Ling (1776-1839) peut être regardé comme le père de la gymnastique suédoise. Il fonda, en 1835, l'Institut central de Gymnastique lequel exerça une grande influence sur le développement de la culture physique dans le pays. L'enseignement de la gymnastique suédoise a été propagé à travers le monde entier.

Il faut mentionner aussi le collège qui a été ouvert à Nääs en 1874 et qui a pour but de former les professeurs de gymnastique.

Enfin, il s'est créé une société de culture physique qui travaille depuis plusieurs années à l'avancement de cette science.

SUISSE

CHAPITRE PREMIER.

Généralités.

Il n'existe pas en Suisse de mouvement eugénique proprement dit, ni de groupement organisé. Toutefois, de nombreuses autorités scientifiques et médicales se.sont préoccupées d'étudier les différents moyens propres à arriver à l'amélioration de la race.

Déjà, en 1873, le botaniste genevois De Candolle, dans son *Histoire des sciences et des savants,* avait étudié tous les facteurs : milieu, race, religion, géographie etc... déterminant le génie. L'important pour une nation, écrivait-il, est d'avoir une élite.

Le professeur Forel, ex-directeur de l'Asile d'Aliénés de Zurich, s'est préoccupé des questions eugéniques proprement dites. Avec le Dr Berthelot de Lausanne, il s'est spécialisé dans l'étude de la détérioration des cellules reproductrices.

Le professeur Claparède a également dans ses travaux étudié le problème, du point de vue de la dégénérescence et de l'hérédité. A citer, de 1913, son étude sur *la protection des dégénérés et l'eugénique.* Il donne à l'Institut J.-J. Rousseau, dont il est le fondateur, un cours sur l'eugénique. Les deux grands moyens de résoudre le problème de l'amélioration de la race qu'il met en valeur sont : l'éducation et la sélection.

Mentionnons encore, les travaux scientifiques de Ad. Ferrière, professeur à l'Université de Genève et à l'Institut J.-J. Rousseau. Dans ses ouvrages : *La loi du progrès en biologie et en sociologie; Notice sur les problèmes de la psychologie génétique et sur les applications de cette science à l'éducation et à l'économie sociale ; La loi biogénétique et l'éducation*, il insiste sur l'importance de l'eugénique.

Il existe à Zurich un Institut de biologie raciale dont le professeur Dr Otto Schlaginhaufen est directeur. Ce dernier, ainsi que le Dr E. Hanhart, se sont fait remarquer par leurs recherches sur l'hérédité humaine.

Un groupe de professeurs travaillent à Genève en vue de créer un Institut de génétique et d'eugénétique. Parmi eux citons les noms de MM. Arnold Pictet, R. Chodat et Ad. Ferrière, Guyènot, Claparède et Pittard (1).

Les bases de cet Institut ont été déjà établies par eux et il nous semble intéressant de voir de quelle manière on envisage en Suisse l'organisation d'une telle institution.

La *Société académique de Genève est prête à appuyer la création* de cet Institut à côté de l'Université, et sous le contrôle des professeurs enseignants, celui-ci étant considéré comme une institution d'utilité générale dont les buts sont les suivants :

1° Constituer un centre d'information et de recherches relatives à l'hérédité en général, à l'hérédité humaine et à l'influence des milieux ;

2° Analyser les facteurs biologiques des transformations des populations ;

3° Collaborer aux recherches sur l'hérédité et l'eugénique, et assurer le contact et la collaboration entre toutes les institutions et personnes intéressées à l'eugénique.

La réalisation de ce programme serait répartie entre un certain nombre de sections : nous donnons ci-dessous le détail des 7 sections prévues.

---

(1) Genève d'ailleurs a déjà fourni, avec les De Candolle, les F. J. Pictet, les Vaucher, les Thury, les Fol, les Carl Vogt, une brillante école de génétique.

SECTION I

SCIENCES SOCIALES ET PEDAGOGIQUES

Vers une humanité plus apte.

La génétique, fondée sur l'observation comparée de faits précis, éclairée par les analogies biologiques et appuyée sur les connaissances actuelles en matière d'hérédité, est appelée à exercer une action déterminante dans le domaine des applications pédagogiques et sociales.

A. *En éducation*, la détermination des types génétiques (psychologiques) sera grandement facilitée par l'étude comparée des généalogies. Rattacher les éléments constituant le type d'un enfant donné aux caractéristiques qu'ont présentées ses ascendants, c'est être à même d'assurer à cet enfant une éducation appropriée, aussi bien à l'école que dans la famille. Des connaissances plus précises dans ce domaine ne manqueront pas de susciter des transformations heureuses dans les méthodes et les programmes d'enseignement, aussi bien que dans l'organisation tout entière des écoles — y compris et avant tout dans celle des écoles normales destinées à former les éducateurs.

B. *Dans l'orientation professionnelle.* — Celle-ci ne suppose pas seulement la connaissance de l'état du marché du travail et celle des aptitudes requises dans les différentes professions, mais surtout celle des aptitudes individuelles. Ici encore, la méthode habituelle d'investigation par le moyen de tests sera complétée avec avantage par la constitution, pour chaque cas, d'une fiche généalogique, appelée à diminuer les chances d'erreur. L'Institut de génétique travaillera, à cet égard, d'accord avec l'Institut J.-J. Rousseau (Ecole des Sciences de l'Education à Genève) et l'Office d'orientation professionnelle dont il a pris l'initiative.

C. *En sociologie.* — Les problèmes de l'eugénisme et ceux de l'hygiène publique sont étroitement apparentés. Tout ce qui intéresse l'étude des actions et réactions entre l'individu et le milieu ambiant, tous les éléments qui contribuent à former ou à déformer les groupes sociaux (villes et campagnes, classes sociales, conditions d'existence professionnelles, climat, répartition géographique des races) seront étudiés avec attention, car, en ces domaines, toute science théorique est susceptible de donner lieu à des applications pratiques d'une haute portée, non seulement économique, mais aussi politique, juridique et morale. D'où l'importance capitale de ces problèmes pour le philanthrope, et, de façon générale, pour tout homme que préoccupent les progrès dans les conditions d'existence de l'humanité et dans l'accroissement de sa valeur morale.

SECTION II

ANTHROPOLOGIE

Vers une humanité meilleure : La recherche de sa qualité.

Les méthodes : Etude des groupements humains; leur origine, leur constitution raciale, leur transformations dans le temps; les influences mésologiques sur les races humaines.

Anthropotechnie : Etude des caractères morphologiques et descriptifs; poids, grandeur du corps et de ses segments : makroskélie et brachyskélie; grandeur du crâne, poids du cerveau, etc. Discrémination de ces divers caractères selon l'âge, le sexe, la race, le milieu.

Le problème des races selon le point de vue eugénique. Peut-on tenter une classification et, partant, envisager une hiérarchie ? Existe-t-il des races inférieures ? Le mélange des races : avantages et inconvénients sociaux. La natalité, l'acclimatement, etc., considérées selon les groupes ethniques.

Dans les groupes européens, qui sont des complexes raciaux, déterminer, en vue d'une hérédité, les groupes ethniques socialement supérieurs. Le métissage à l'intérieur des groupes européens; leur nocivité ou leur utilité.

Recherches dans les lignées héréditaires, à la lumière de la critique anthropologique. Les lois de Naudin-Mendel sont-elles applicables à l'homme ?

Etude, selon la race, des mariages consanguins.

Hérédité des caractères morphologiques. Utilisation des caractères avantageux à la vie sociale et économique. Aide à l'orientation professionnelle et à la pédagogie.

La sélection humaine doit être le grand effort.

SECTION III

SCIENCES MÉDICALES

Vers une humanité plus saine.

Les lois de l'hérédité chez l'homme. — Toutes recherches concernant l'hérédité chez l'homme. Psychiatrie, médecine, hygiène.

Hérédité des maladies, des tares, des malformations, des altérations.

Hérédité des maladies mentales, folie héréditaire; les lois de l'hérédité dans la maladie.

Recherche des moyens de combattre ces hérédités; les connaître, c'est déjà en partie le moyen de lutter contre la propagation de ces tares qui constitue la plus grande entrave au développement de l'humanité; l'influence du médecin dans la famille peut être de toute importance sous ce rapport, en déconseillant, par exemple, certaines unions projetées avec des personnes dont l'ascendance comporte des malformés pathologiques héréditaires (cataracte, diabète sucré, cécité nocturne, brachy- et polydactylie, le bec de lièvre, la dégénérescence nerveuse, le nanisme vrai, l'épilepsie, la surdi-mutité, etc.).

Hérédité des tares professionnelles.

Hérédité de la bonne constitution physique, de la longévité.

SECTION IV

SCIENCES DU DROIT

Vers une législation mieux en rapport avec les conditions héréditaires humaines.

Législation basée sur les données de la génétique et de l'eugénique : l'homme considéré non plus comme individu, mais comme descendant d'une lignée, comme appartenant à une race, comme pouvant participer des défauts, des tares, des erreurs de ses ascendants.

Législation pour régler les mélanges de races, les mariages consanguins, pour lutter contre la propagation des maladies et des tares héréditaires.

Médecine légale. — La connaissance exacte de l'hérédité des caractères chez l'homme prend une grande importance en médecine légale. (Dans un jugement sur la recherche d'une paternité, en Norvège, le tribunal a pu déterminer scientifiquement la réalité de la paternité contestée d'après l'hérédité d'un cas de brachyphalangie — voir *Hereditas,* vol. II, p. 290, 1921.) Des cas analogues, certainement nombreux, montrent l'importance des recherches de génétique dans le domaine légal, et l'aide que peut apporter cette science dans certains cas que les législations actuelles ne peuvent déterminer.

SECTION V

SCIENCES HISTORIQUES

La génétique comme auxiliaire des recherches historiques.

La génétique est aussi une des bases sur lesquelles doivent s'appuyer les sciences historiques.

L'étude des familles d'un peuple — des populations, — leur caractéristique (peut se faire par les documents fournis par les archives d'Etat, les états civils, et par le moyen de généalogies), sont les questions essentielles de l'histoire que la génétique peut grandement aider à résoudre.

La génétique contemporaine dans ses rapports avec les recherches historiques : recherches sur la détermination des caractères d'un personnage historique donné ou de telle personne donnée, par la connaissance des caractères de ses ascendants ou de ses descendants. (Il apparaît maintenant que les données actuelles des lois de l'hérédité permettent d'envisager la possibilité d'arriver, dans une certaine mesure, à cette détermination.) Science nouvelle qu'il convient de chercher à perfectionner et dont il y a lieu de développer la pratique.

Généalogie, phylogénie.

Constituer un dépôt d'archives avec index analytique des caractères héréditaires des familles genevoises et d'autres pays.

SECTION VI

GÉNÉTIQUE ANIMALE ET VÉGÉTALE

(Station de génétique expérimentale du Bouchet) (1)

La connaissance exacte de la génétique chez les animaux et les plantes
est indispensable à l'eugénique humaine.

A. Recherches expérimentales, biologiques et anatomiques.

Les lois de l'hérédité. — Caractères et facteurs héréditaires, leur déterminisme; caractères individuels et spécifiques. Mutations. — Les races animales et végétales, leur différenciation, leur origine. — Ségrégation génétique. Hérédité dans le croisement. Hybridisme. Croisement entre variétés, entre races, entre espèces. Linkage.

Hérédité tératologique. — Hérédité des difformités, altérations et malformations. Hérédité morbide.

Evolution. — Origine des espèces. — Recherches des facteurs de l'évolution.

Variation. — Recherche des causes de la variation héréditaire, individuelle et spécifique. — Variations ontogéniques et phylogéniques. Aberrations, variétés, races, formes. — Variations lentes, brusques; mutations. Biométrie, courbes de variations.

Action du milieu et hérédité. — Hérédité des caractères acquis. Dimorphisme saisonnier et local. Sélection. Adaptation.

Hérédité du sexe. — Caractères sex-linked. Dimorphisme sexuel. Intersexualité.

Vers un rendement agricole et rural meilleur.

B. Recherches sur l'application pratique des lois de la génétique contemporaine dans le domaine agricole et rural.

Etude des races domestiques, valeur de leurs caractères et de leur rendement; étude de l'hérédité de ces caractères, dans le but d'éliminer les

---

(1) Une vieille famille genevoise, pour aider à la réalisation du projet, met gracieusement à la disposition de la *Société Académique* un terrain d'essais parfaitement approprié à toutes les recherches expérimentales.

Ces recherches seront pratiquées, sous le contrôle ou la direction des professeurs de zoologie et de botanique, au champ d'essais du Bouchet pour la partie purement expérimentale, et aux laboratoires de zoologie et de botanique pour les travaux anatomiques et microscopiques.

imparfaits et de sélectionner les meilleurs. Perfectionnement des races par croisements, ségrégation génétique et sélection. Amélioration du rendement. Races pures.

Toutes recherches susceptibles de perfectionner les races utilisées par sélection de leurs meilleurs caractères. Création de races perfectionnées par croisements et hybridation.

Enseignement universitaire pratique.

C. Relations entre la station de génétique expérimentale et les agriculteurs et producteurs pour développer les méthodes pratiques déjà connues et celles découlant des recherches entreprises; bureau de renseignements. Conférences dans les milieux intéressés.

D. Génétique expérimentale touchant a la sociologie. Recherches concernant l'hérédité possible des tares professionnelles, comme, par exemple, celles provenant de la fabrication de la céruse, de la naphtaline, etc. Hérédité des tares alcooliques.

E. Biométrie générale. Applications des mathématiques aux lois de l'hérédité. Calcul des probabilités, des courbes de variation. — Statistiques.

SECTION VII

BUREAU DE CENTRALISATION

et de récapitulation des documents concernant l'hérédité et l'eugénique et permettant de réaliser le programme ci-dessus. Fichiers. Bibliothèques.

Réunions inter-sections.

Le professeur Chodat, un des promoteurs de l'œuvre envisagée préconise encore que soient établis des carnets de famille (1) et

---

(1) Notons ici que la Société générale « Arda » a entrepris, sous le patronage du secrétariat romand d'hygiène sociale et morale, l'établissement de fiches sanitaires individuelles, réunissant toutes les observations médicales faites sur un individu depuis sa naissance jusqu'à sa mort. Il n'y a aucun doute que cette pratique ne fasse faire des progrès intéressants à la science de l'hérédité.

que soient données des instructions pour l'établissement de fiches personnelles qui resteraient dans les familles, mais qui, sous une forme anonyme, serviraient à des enquêtes sur l'hérédité des caractères humains : capacité de produire des jumeaux ; ressemblance physique ou morale des dits jumeaux ; transmission des signes familiaux, mèches blanches, couleur des yeux et des cheveux, idiosyncrasies, aversions natives, taille, doigts surnuméraires ; habitudes congénitales ; talents, etc. ; maladies héréditaires et moyens de les éliminer : folie, daltonisme, cécité, hémophilie, etc.

Il propose aussi l'organisation de conférences qui seraient données aux maîtres de l'enseignement primaire et secondaire et par lesquelles on arriverait à les entraîner à collaborer à diverses « enquêtes » de génétique générale et humaine.

La création de cet institut trouvera à Genève un accueil favorable car nul ne doute de la nécessité et de l'opportunité de l'action qu'il ne manquera pas d'exercer. A ce propos, le professeur Ferrière écrivait en 1923 : « Que sa fondation soit urgente, c'est ce que révèlent les statistiques de la criminalité et de la mortalité, celles qui marquent le déchet des naissances, la recrudescence de l'alcoolisme, toutes les misères-morales qui sont la conséquence directe de la misère physiologique. C'est pourquoi il convient de louer l'initiative clairvoyante et opportune de la Société Académique de Genève. Son intention de créer auprès de l'Université de la ville et de la Société des Nations un Institut de génétique est un signe des temps. »

Enfin, signalons en terminant l'existence à Genève, d'un centre de recherches scientifiques qui a pris pour base de ses travaux les méthodes de la psychologie génétique ; c'est l'Institut J.-J. Rousseau, ou Ecole des Sciences de l'Education, fondé en 1912 par le professeur E. Claparède et dirigé par M. Pierre-Bovet. Dans l'étude des problèmes de l'éducation familiale, de la transformation de l'école et de l'orientation professionnelle, l'Institut J.-J. Rousseau a déjà rendu des services qui sont universellement reconnus.

D'après les plans des promoteurs de l'Institut de génétique, l'Institut Rousseau deviendrait une section importante du dit institut. Dans le même ordre d'idées on aggrégerait les sociétés qui poursuivent comme but l'amélioration de la race humaine.

La Suisse fait partie de la Fédération internationale des organisations eugéniques. Elle y est représentée par le Dr Otto Schlaginhaufen, directeur de l'Institut de biologie raciale de Zurich et par le Prof. A. Forel, professeur de psychiatrie à l'Université de Zurich.

*
* *

Autant que partout ailleurs, le grand nombre de tarés et de dégénérés que possède la Suisse est un des motifs principaux qui militent en faveur de l'application des principes de l'eugénique.

Dans l'énumération des données que nous indiquerons dans cet exposé nous ne tiendrons compte que des rapports et des indications fournis par les hygiénistes et les eugénistes suisses eux-mêmes.

TUBERCULOSE.

Si l'on examine les tables de mortalité par tuberculose des années 1906 à 1910 on constate que le chiffre moyen s'élève à 189 pour la Suisse, tandis qu'il n'atteint que 153 en Allemagne, 118 en Belgique et 111 en Angleterre.

Si l'on compare maintenant les statistiques fournies pour les périodes 1881-1885 et 1906-1910 en Suisse et en Angleterre sous le rapport de la diminution de la mortalité par tuberculose, on constate que le chiffre en Suisse a passé de 271 à 247 et en Angleterre de 254 à 157.

Même contraste au désavantage de la Suisse pour la méningite tuberculeuse qui faisait, de 1881 à 1885, 7024 victimes en Angleterre et qui n'en a plus fait que 5,820 de 1906 à 1910 malgré l'accroissement de la population tandis qu'en Suisse les chiffres correspondant sont de 763 et 923. Recul en Angleterre et accroissement en Suisse.

Il ne fait aucun doute pour MM. A. Gigon et F. Kinzler que les conditions défecteuses de l'habitation en Suisse sont une des causes les plus urgentes à corriger dans ce pays (1).

______

(1) Dr Marcel Ney. *Gazette de Lausanne*, juin 1926.

Le Dr Marcel Ney ajoute :

« Notre seule excuse, c'est que le Suisse hospitalise un grand nombre de malades étrangers dans ses sanatoria ; *mais elle ne vaut guère car la plupart nous quittent se croyant guéris pour aller finir leur vie ailleurs.* »

On peut conclure en disant que la tuberculose en Suisse cause à elle seule plus de décès que toutes maladies infectieuses réunies (1).

GOITRE.

A côté des causes habituelles de dégénérescence, la Suisse en possède une qui lui est particulière : l'insuffisance d'iode qui se manifeste entre autres formes par le goitre et le crétinisme.

« Le goitre pèse sur les artères qui alimentent le cerveau, comprime la trachée, provoquant ainsi de l'asthme et de l'essoufflement. Les veines du cou se dilatent et dépassent la grosseur d'un crayon. Le sang qui y circule difficilement force le cœur à un travail exagéré et occasionne l'empoisonnement du muscle cardiaque et des nerfs qui le commandent, ce qui fait dire au Dr Zollikofer de St-Gall que le goitre emploie une grande partie de la force du peuple suisse. Le goitre a surtout une action nuisible sur les descendants. Quand des parents ou des grands parents en ont été atteints, leurs enfants et petits enfants présentent des modifications goitreuses de la glande thyroïde qui occasionnent soit des défauts de croissance soit une faiblesse d'esprit général : crétinisme goitreux.

Les crétins porteurs de goitre sont en général de grandeur ordinaire, mais ceux qui sont dégénérés au point que leur glande thyroïde ne peut même plus former un goitre restent de petite taille et méfaits. Le corps de ces crétins, écrivait en 1840, le médecin bernois Herman Demme, rappelle celui des gnomes des montagnes, petits et difformes. Leur peau épaisse comme celle des pachydermes est ridée, pâle, couverte de tâches. La lourde tête ballotte sur la poitrine ou l'une des épaules. Le crâne couvert d'une chevelure hirsute est aplati et asymétrique. La face a des

---

(1) *Revue d'Hygiène Sociale*, 1926.

proportions étranges et présente une physionomie bestiale. La mâchoire prédominante porte des dents mal placées et détériorées. Les traits dénotent, même au repos, les signes d'un parfait abrutissement. Les yeux au regard étrangement fixes et craintifs sont atones. Le reste du corps présente un ventre ballonné, des jambes cagneuses. Les mouvements sont incertains. La démarche est pesante et chancelante. Les mains pendent mollement, saisissent difficilement les objets et laissent tomber ce qu'elles tiennent. Les sens du toucher et de l'ouïe ont perdu toute sensibilité. Enfin, il y a absence complète de toute vie intellectuelle, spirituelle et morale. Toute intelligence a disparu et ils n'ont plus qu'une vie végétative. Ils sont violents, colères, portés à la volupté et à la goinfrerie, sales et sans aucune pudeur. Ils doivent être internés dans des asiles et surveillés de très près. Il faut reconnaître que ceux qui, goitreux, procréent des êtres semblables, sont criminels. » (1)

Le goitre est signalé en Suisse dès les temps les plus reculés. L'homme préhistorique montre par certaines parties de son squelette avoir été touché de crétinisme et porteur de goitre. Les Romains en parlent aussi. Juvénal dit en effet : qui ne s'émerveille pas des gros cous que l'on voit dans les Alpes. Au temps de la Réformation, Sébastien Munster écrit dans sa *Comosgraphie universelle sur la Suisse* : il est habituel que les hommes et les femmes de ce pays portent de gros goitres sous le menton. Stumpf, dans sa *Chronique suisse,* en parle à différents endroits. Félix Plater célèbre médecin et professeur à Bâle écrit encore en 1614 un livre sur les crétins de sa patrie. J. Wagner dit en 1680 que les nouveaux immigrés après quelques années sont atteints aussi du goitre. Au XVIII⁰ siècle, le savant genevois, Horace de Saussure, fit des recherches sur l'influence des montagnes sur le goitre et les déformations des crétins. Napoléon I fit faire une enquête, en 1811, sur les causes du goitre et sur les moyens de lutter contre le crétinisme dans le Département du Simplon où on faisait le recensement de 3,000 goitreux. Malgré ses efforts, il ne réussit pas à arrêter cette maladie qui sévit très fortement en Suisse.

(1) Dʳ C. Isher. *Croix-Rouge Suisse,* septembre et octobre 1925.

A l'heure actuelle, la Suisse qui possède une population égale à la moitié de celle de Londres, ne compte pas moins de 50,000 crétins d'un type bien défini.

D'après une enquête officielle faite par le Département de l'Instruction publique du canton de St-Gall sur les écoliers, 44,500 enfants ont été examinés; le 100 % des écoliers sont atteints de goitre. Dans le canton de Berne, on compte 50 % d'écoliers goitreux. Dans certains cantons, on compte un crétin sur mille âmes.

Les régions d'Estavayer et de Surpierre sont chargées de goitreux. On a constaté dans tout le pays que les gens de tout âge sont atteints de cette maladie.

Le Dr Wegelin, professeur d'anatomie pathologique à l'Université de Berne compte que 70 % des nouveaux-nés sont atteints de goitre-naissant. Les recherches microscopiques ont dévoilé chez *tous* les nouveaux-nés du canton de Berne dont on fit l'autopsie, une modification goitreuse de la glande thyroïde.

On doit libérer du service militaire chaque année 1400 recrues pour cause de goitre. Dans aucun canton on ne peut enregistrer une régression de cette triste affection. Bien au contraire, on signale pendant la croissance des jeunes gens des deux sexes, comme aussi pendant la grossesse, à tout âge, une modification goitreuse de la glande thyroïde.

Le Prof. Galli Valerio, de Lausanne, dit qu'on est surpris du grand nombre de malheureux que le goitre a rendu simples d'esprit, idiots ou sourds-muets.

Alors que dans d'autres pays d'Europe, on rencontre 5 sourds-muets par 10,000 habitants, en Suisse on en compte 24 du fait de leur ascendance goitreuse. Des miliers d'enfants faibles d'esprit dont on a fait le recensement en Suisse, la moitié sont des rejetons de goitreux, un quart sont nés de parents alcooliques.

Il faut signaler en plus les nombreuses formes légères de crétinisme suite du goitre que l'on rencontre dans ce pays. On reconnaît en général ces gens à leur petite taille, à leur mauvaise dentition, à la conformation défectueuse du bassin, à la faiblesse générale, au manque d'intelligence, au bégaiement, etc.

Le Dr Ganguillet, dans son travail sur la mortalité infantile des nouveaux-nés en Suisse arrive à la conclusion que si les enfants en bas-âge meurent si nombreux et si les grossesses et les naissances anormales sont si fréquentes cela tient aux suites du goitre.

Le Dr Peter Muller, de la Maternité de Berne, soulignait dès 1897 les relations existant entre les bassins étroits et un léger degré de crétinisme.

Des glandes thyroïdes dont le volume est augmenté du triple sont ordinaires en Suisse.

Il se pratique annuellement 4,000 opérations du goitre dans les hôpitaux suisses et l'on compte un décès sur 200 opérations. Malheureusement, le résultat n'est pas durable parce que le goitre réapparaît... et les opérations ne guérissent pas le crétinisme qui ne peut être modifié en aucune façon (1).

Il faut signaler encore en Suisse, la maladie de Basedow intimement liée au développement anormal de la glande thyroïde.

D'après ie Dr Stenlein, les facteurs de propagation sont avec l'hérédité, le mode de nourriture et les relations sociales. Les agglomérations situées à une altitude moyenne comptent plus de goitreux que celles qui se trouvent à haute et à basse altitude. L'hypothèse du Dr Bircher selon laquelle l'eau jouerait un rôle dans la formation du goitre n'est pas confirmée par l'enquête saint-galloise (2).

ALCOOLISME.

Plus que dans n'importe quel autre pays d'Europe, l'alcoolisme cause en Suisse des ravages considérables qui engendrent dans la population des tares et du déséquilibre.

Il ressort des rapports de tous les asiles d'aliénés de Suisse qu'un aliéné sur quatre est un alcoolique ; d'autres aliénés sont des descendants d'alcooliques. Une enquête officielle du pénitencier zurichois de Regensdorf a montré que 3/5 des détenus s'étaient livrés à l'abus de l'alcool. Le rapport médical de l'asile

---

(1) L'exposé ci-dessus a été extrait du travail du Dr Ischer, *Croix-Rouge Suisse*, septembre et octobre 1925.

(2) *La Croix-Rouge Suisse*, 1er mars 1923.

d'enfants faibles d'esprit St-Joseph à Bremgarten déclare que les 2/3 de ses idiots sont descendants d'alcooliques (1).

Alors que l'Angleterre peut fermer tous les ans plusieurs asiles devenus inutiles, la Suisse inaugure chaque année de nombreux asiles.

On compte que, de 1881 à 1920, 10,000 personnes en Suisse sont mortes d'alcoolisme.

Le directeur du pénitencier vaudois attribue 70 % des entrées à l'abus des boissons alcooliques. On constate dans tous les asiles d'aliénés suisses, une augmentation considérable du nombre d'admissions imputées à l'alcoolisme : 10 1/2 % en 1918, 23 1/2 % en 1922 (2).

Le quart des aliénés de l'asile de Céry sont des alcooliques (3).

Une enquête faite au Locle établit que 25 % des cas d'assistance étaient causés par l'alcoolisme et un municipal Shaffhousois indique une proportion analogue pour sa commune.

A Zurich, le tuteur d'office Sigg attribue 30 % des cas d'assistance à l'alcoolisme, et l'inspecteur d'assistance d'une commune bernoise faisait savoir que la moitié de ses assistés sont des alcooliques ou des proches parents d'alcooliques (4).

Le suicide sévit en Suisse à un plus haut degré que dans la plupart des autres pays. En 1920, on en comptait 876. L'alcoolisme là encore est complice. La statistique lui impute 17 % des suicides. La proportion des femmes qui se tuent a doublé depuis 1876. Les divorces ont également doublé.

Le taux des suicides est de 220 à 235 par million d'habitants alors qu'il est en Angleterre de 75 à 80 et en Italie de 50. Le nombre absolu des suicides a passé en Suisse de 540 en 1876 à 946 en 1913-14. Depuis lors, le chiffre oscille entre 800 et 900 chaque année.

En 1883, dans une réunion de médecins suisses à Bâle, le

---

(1) M. L. V. *Gazette de Lausanne*, avril 1927.

(2) *La Croix-Rouge Suisse*, février 1925, p. 27.

(3) M. Veillard. *Comment prévenir l'indigène des familles nombreuses?*

(4) M. Veillard, op. cit.

Dr Ladame faisait déjà remarquer le parallèle des courbes relatives à la fréquence des suicides et des divorces dans les différents cantons de la Suisse. Dans les deux cas l'alcoolisme est la cause réelle de ces maux.

Le même docteur Ladame faisait, en 1913, une communication à la Société française d'Eugénique sur les rapports existant entre l'alcoolisme et le divorce : *L'alcoolisme, cause de divorce à Genève, 1901 à 1910.*

Dans cet exposé il démontre la fréquence des divorces causés par la boisson à Genève pendant la décade précitée.

Il ressort des chiffres donnés par le Dr Ladame qu'il y a eu à Genève pendant les dix années susdites, 1812 jugements de divorces dont 876 ont eu pour cause l'alcoolisme ou l'ivrognerie, soit le 37,3 % de tous les divorces prononcés.

Et ce chiffre de 676 cas de divorce pour cause d'alcoolisme est un chiffre minimum. Il faudrait encore y ajouter les nombreux cas où le divorce a été prononcé pour attentat à la vie, sévices et injures graves, dans lesquels la cause des brutalités du mari n'est pas spécifiée, mais qu'il faut sans aucun doute chercher dans l'effet néfaste des boissons alcooliques sur des cerveaux plus ou moins pathologiques ou dégénérés (1).

Il n'y a pas à s'étonner de cette situation, si on considère la quantité énorme d'alcool qui est consommée chaque année en Suisse.

La Suisse est la contrée du pain le plus cher et de l'alcool le meilleur marché (2). C'est le pays où l'on boit le plus.

La consommation d'alcool y excède quatre fois les normes d'une consommation modérée, dit le professeur Milliet, le meilleur statisticien suisse de l'alcool (3).

On y importe trois fois plus de vin que le pays n'en produit. On a dépensé en 1926, 69 millions de francs pour acheter des boissons alcooliques étrangères. La Suisse avec ses 3 millions d'habitants dépense annuellement 700 millions de francs pour les bois-

---

(1) *Eugénique*, 1913, p. 185. .

(2) *Gazette de Lausanne*, mai 1927.

(3) *Revue annuelle d'Hygiène sociale et morale*, 1926.

sons alcooliques, somme égale à celle qu'elle dépense pour sa consommation de pain et de lait, alors qu'elle ne consacre que 150 millions à l'instruction publique. L'alcool ayant une affinité spéciale pour les cellules des glandes sexuelles ceci explique pourquoi les épileptiques, les idiots, les débiles mentaux et les dégénérés sont si nombreux (1).

D'après l'*Annuaire alcoolique international de 1925*, — observations se rapportant aux années 1919 à 1922 —, la Suisse tient la tête des nations européennes avec 7 litres 52 d'eau-de-vie par habitant, alors que l'Angleterre en consomme 2,17 et le Danemark 1,12 (2).

Il est à remarquer que la consommation de l'alcool ne fait qu'augmenter.

De 1896 à 1900...................... 4,86 par habitant
De 1906 à 1910...................... 3,82 »   »
De 1919 à 1922...................... 7,52 »   »

Il faut bien noter qu'il s'agit ici de la consommation de l'alcool sous forme d'eau-de-vie, la forme la plus nuisible.

L'eau-de-vie qui, en Angleterre, est imposée à fr. 18.65, au Danemark à fr. 10.48 par litre, ne l'est en Suisse, en 1924, que de 17 centimes.

A côté de l'alcoolisme, il faut signaler un autre mal dont la Suisse est atteinte et qui n'est pas moins grave quant à ses conséquences sur la race : la toxicomanie. La consommation moyenne d'opium y est considérablement élevée. Elle s'élève à 1,2 gr. par tête d'habitant alors qu'en Allemagne, par exemple, elle n'est que de 0,13 gr. et à Haïti de 0,3.

On ne peut mieux résumer l'état de la question de l'alcoolisme en Suisse qu'en citant le discours de M. Musy devant les Chambres Fédérales en décembre 1927. Nous le reproduisons ci-dessous tel qu'il a été donné par *La Gazette de Lausanne* du 23 décembre 1927 :

---

(1) Extrait de la *Requête de la Société vaudoise de Médecine au Conseil d'Etat du canton de Vaud.*

(2) *Revue annuelle d'Hygiène sociale et morale,* 1926.

Un torrent d'eau-de-vie.

La législation de 1885, qui nous régit actuellement, exonère du contrôle et de l'impôt toute la distillation du vin, des fruits et de leurs déchets. Elle établit la franchise de la distillation domestique comme de la distillation industrielle. A l'origine, cela semblait une concession inoffensive à l'agriculture.

Mais le verger suisse se développa rapidement. Il compte aujourd'hui plus de 12 millions d'arbres fruitiers. Des 50,000 wagons qu'il produit, la moitié va à la cidrerie, *laissant un million de quintaux de résidus destinés à la distillation. Actuellement 30,000 alambics échappent à tout contrôle, déversant chaque année 10 à 12 millions de litres de schnaps sur le pays.*

Cette distillerie prit pendant la guerre un développement prodigieux. Cette eau-de-vie est vendue à un prix sur lequel la **Régie** a perdu tout contrôle. Ce torrent d'eau-de-vie que la distillerie libre déverse chaque année sur notre marché, l'exonération fiscale complète d'une bonne moitié de la consommation indigène, l'impossibilité pour la Régie de pratiquer la politique déterminant un renchérissement de la vente au détail devaient aboutir à un développement excessif de la consommation.

Il y a vingt ans, nous avions le 8me rang en Europe comme consommateur d'alcool. Aujourd'hui nous sommes bons premiers avec 7,5 litres annuels par tête de population, avant la France qui en a 4,5 et l'Allemagne qui en a 2,5. Depuis 1914 nous n'avons presque rien fait pour combattre l'abus du schnaps.

Les misères morales et matérielles de l'alcoolisme.

On juge prudent, déclare M. Musy, de rappeler que le peuple suisse n'aime pas à s'entendre dire qu'il boit trop. Je me garderai de toute exagération, mais j'aurai le courage de la vérité. Sur les 3612 communes de la Suisse, 3000 ont au moins une distillerie, mais la plupart en comptent plusieurs, puisque nous avons un total de 35,000 distilleries. Les voyageurs de ces maisons vont faire l'article jusque dans les petits villages de montagne. On me citait dernièrement une petite vallée alpestre de la Suisse centrale où s'étaient rencontrés le même jour les représentants des trois distilleries différentes. L'eau-de-vie se distribue en Suisse par les producteurs, par nos 27,000 auberges, les épiceries, des drogueries et les débits à l'emporter qui sont légion dans certains centres. Et nous avons le schnaps le meilleur marché du monde.

Il paraît certain que l'alcoolisme joue en Suisse un grand rôle dans la fréquence du cancer, du goître, de la tuberculose et des affections mentales.

Le cancer a pris en Suisse les proportions d'un véritable fléau. Cette maladie serait due à l'irritation des cellules provoquées par les alcools concentrés. Les pathologistes signalent en outre la fréquence d'un cancer typique de l'œsophage chez les buveurs de schnaps.

Pour ce qui est de la tuberculose, on a constaté que si 7 % des enfants de parents sobres sont plus ou moins atteints de tuberculose, cette proportion monte à 26 % chez les enfants des alcooliques invétérés.

Autre constatation : les filles de buveurs ont généralement perdu la faculté d'allaiter leurs enfants. Si 9 % des femmes descendant de parents sobres sont capables d'allaiter, cette proportion n'est plus en Suisse que de 10 % chez les filles d'alcooliques. Il est établi que la mortalité est beaucoup plus fréquente chez les enfants allaités artificiellement. Or nous sommes actuellement le pays d'Europe où la natalité est la plus faible. Cette décroissance est en partie compensée par la prolongation de la durée de la vie. Mais les statistiques établissent que la mortalité alcoolique est surtout élevée dans les contrées où sévit la distillation domestique. L'alcoolique disparaît le plus souvent entre 40 et 50 ans, au moment où la famille aurait surtout besoin de son chef. L'alcoolique laisse la plupart du temps une descendance atteinte de tares physiques et mentales. Von Gruber, professeur d'hygiène à Munich, a écrit : « L'alcool fait beaucoup de mal surtout parce qu'il tue trop lentement ».

Une enquête récente établit que 20 % des internements dans les 23 asiles suisses d'aliénés sont attribués à la psychose alcoolique. Ce chiffre monte et descend suivant que l'alcool est bon marché ou cher.

De tout temps, les Suisses ont fait une consommation importante de boissons alcooliques et cependant nous sommes restés un peuple robuste et intelligent. S'il en est ainsi, c'est certainement que nos ancêtres ont bu du vin et non pas de l'eau-de-vie. Nous sommes déjà en danger de compromettre le sort des générations futures. L'état physique des recrues dans les régions où la consommation du schnaps est particulièrement développée laisse déjà beaucoup à désirer.

*
* *

Nous possédons dans notre petit pays 24 asiles cantonaux d'aliénés, 16 hôpitaux pour buveurs, 37 établissements pour faibles d'esprit,

100 classes spéciales pour enfants arriérés, 29 pénitenciers, 85 établissements pour enfants indisciplinés, 39 sanatoria et 216 hôpitaux. En 1924, l'assistance a coûté 71 millions au peuple.

Nous tenons à faire remarquer que le canton de Genève est moins atteint par le goitre et l'alcoolisme que les autres cantons. Les causes en sont dues à sa situation géographique qui l'isole du reste du pays et à l'absence presque complète de vignobles. De plus, l'influence des lois rigoristes du XVIme siècle continue à s'exercer dans les vieilles familles genevoises dont la haute tenue morale ne s'est pas relâchée.

CANCER.

La mortalité cancéreuse de la Suisse est une des plus élevées que l'on connaisse. Le cancer fauche annuellement 6,000 vies en Suisse sur 3 millions et demi d'habitants.

La mortalité cancéreuse est due dans une proportion très élevée — 75 % — aux cancers des voies digestives ; le cancer de l'estomac à son tour entre pour 5/9 dans la mortalité cancéreuse des organes digestifs. Ces taux dépassent ceux de la plupart des pays dont la mortalité cancéreuse est connue.

La répartition générale de la mortalité cancéreuse de la Suisse présente des différences locales très marquées. Ce sont les cantons du Nord-Est et du Centre qui présentent, d'une façon générale, les taux les plus élevés (de 13 à 18 décès pour 10,000 habitants), tandis que dans les cantons de l'Ouest et du Nord le taux se rapproche de la moyenne (10 à 12 décès pour 10,000 habitants) pour tomber à 9 dans le canton du Tessin. Ces différences sont trop marquées pour être le résultat du hasard, et il serait du plus grand intérêt d'en rechercher les causes.

MORTINATALITE.

Le professeur Dr Bernheim-Karrer (1), directeur de la pouponnière cantonale de Zurich, signale que le chiffre atteint par les mort-nés et les décès dans les quatre premiers jours de la vie est plus élevé en Suisse que partout ailleurs. Il s'agit de décès qui ne

---

(1) Extrait du rapport du Prof. Dr Bernheim-Karrer : *La protection des accouchées et des nourrissons en Suisse.*

sont pas dus à des fautes d'alimentation, mais bien aux difficultés de l'accouchement et aux accouchements prématurés, dont la proportion relative a moins diminué en Suisse qu'ailleurs au cours des quinze dernières années. En 1911, la proportion des mort-nés était de 3 pour 100 naissances ; en 1923 ,elle était encore de 2,7 % ; pour les mêmes années, la proportion des décès survenus pendant les 4 premiers jours de la vie était de 2,4 et de 2 % nés-vivant.

Il y a 20 ans, le Service fédéral de l'hygiène publique, dans un travail qui résumait les résultats d'une enquête sur les sages-femmes, avait déjà été amené à constater que, pour la natalité et la mortalité des cinq premiers jours, la Suisse présentait une situation moins favorable que la plupart des autres pays. Il en est encore de même aujourd'hui. Dans le même travail, le Service d'hygiène estimait qu'il fallait chercher les causes de cette situation dans les logements insalubres, dans le rachitisme et le crétinisme, facteurs de rétrécissement du bassin, et aussi dans l'insuffisance de l'instruction des sages-femmes (1).

---

(1) Signalons à ce propos le nombre considérable de charlatans pratiquant en fait la médecine sans posséder le moindre diplôme. Une statistique établie en 1921 en signale au moins 198. Le 17 août 1924, le canton de Bâle par une votation populaire de 5815 voix contre 3507 autorisait le libre exercice de l'art médical dans le canton. Le canton d'Appenzell reconnaît aussi cette liberté. On voit par là combien il faut se défier des annonces de soi-disant médecins qui sont dans les journaux suisses. (*Croix-Rouge*, janvier 1923 et octobre 1924.)

CHAPITRE II.

Différents moyens eugéniques préconisés en Suisse.

Les différents moyens eugéniques préconisés ou simplement envisagés en Suisse sont :

1. — La réglementation du mariage ;

2. — Le contrôle des naissances ;

3. — Les mesures d'hygiène sociale ;

4. — La stérilisation ;

5. — La rééducation des anormaux.

§ 1. — LA REGLEMENTATION DU MARIAGE.

Les empêchements au mariage établis en Suisse dans l'intérêt de la race concernent :

A. — L'âge du mariage ;

B. — Le degré de consanguinité ;

C. — L'intégrité des parties.

Après l'examen de ces différents points, nous envisagerons la question de l'examen prématrimonial ainsi que les causes de divorce.

A. — L'AGE DU MARIAGE.

Le code civil suisse, par son article 96, décrète que « l'homme, avant vingt ans révolus, la femme avant dix-huit ans révolus, ne peuvent contracter mariage. A titre exceptionnel et pour des raisons majeures, le gouvernement cantonal du domicile peut néanmoins déclarer une femme de dix-sept ans révolus et un homme de dix-huit ans révolus, capables de contracter mariage, si les parents ou le tuteur y consentent ».

B. — LE DEGRE DE CONSANGUINITE.

L'art. 100 décrète :

« Le mariage est prohibé :

» 1° Entre les parents en ligne directe, entre frères et sœurs germains, consanguins ou utérins, entre oncle et nièce, tante et neveu, que la parenté soit légitime ou naturelle. C. 20, 252 et s., 258 et s., 302, al. 2, 303, 323 ;

» 2° Entre alliés en ligne directe, même si le mariage dont résulte l'alliance a été annulé ou dissous par suite de décès ou de divorce. C. 21, al. 2 ;

» 3° Entre l'adoptant et l'adopté, ainsi qu'entre l'un d'eux et le conjoint de l'autre. C. 129, 204 et s. *Tit. fin.* 2, 59 (7 lit. *c*) ; *cfr.* C. 120 et s. »

C. — L'INTEGRITE DES PARTIES.

Dans le chapitre établissant la capacité requise pour contracter mariage, l'article 97 déclare que « les personnes atteintes de maladies mentales sont absolument incapables de contracter mariage ».

D. — L'EXAMEN MEDICAL PREMATRIMONIAL.

En Suisse, l'examen médical prématrimonial n'a pas fait jusqu'ici l'objet de campagnes particulières. Il convient toutefois de signaler un vœu émis en sa faveur, en 1919, par l'*Association bâloise pour le suffrage des femmes.* Dans un rapport à la *Ligue vaudoise contre le péril vénérien,* le D' Georges Cornaz s'en déclare également partisan, mais il prend nettement position contre le *certificat médical obligatoire* dont les inconvénients, à son avis, sont insuffisants à compenser les avantages (1).

E. — LE DIVORCE ET L'EUGENIQUE.

L'article 140 stipule que « chacun des époux peut demander le divorce, en tout temps, pour cause de maladie mentale de son conjoint ».

§ 2. — LE CONTROLE DES NAISSANCES.

Il n'existe aucune loi fédérale défendant l'enseignement et la pratique des méthodes de la limitation des familles, mais presque

----

(1) D' G. Schreiber. *L'examen médical en vue du mariage,* p. 21.

tous les cantons prévoient cette interdiction à l'exception des cantons de Bâle-Ville, Genève, Glaris, Schwyz, Vaud.

Le Grand Conseil de Zurich, dans une séance de mai 1927, a décidé, par 52 voix contre 30, de créer dans une des salles de l'hôpital des femmes une consultation où les principes du contrôle des naissances seront enseignés aux femmes des milieux populaires. Cette décision a été prise sur l'initiative du Dr Bruppacher et du conseiller Dr Häberlin. Elle était soutenue par la *Société pour l'avancement de l'hygiène* (1).

Mentionnons encore la proposition qui a été faite, en mars 1929, au Conseil national par M. Farbstein, député socialiste, tendant à admettre l'avortement, non seulement pour des motifs médicaux, mais encore pour des raisons eugéniques et juridiques. M. Farbstein réclame notamment l'impunité pour la mère faible d'esprit, aliénée ou qui a été victime d'un viol. Il expose, en outre, que dans plusieurs cas l'enfant illégitime est le produit de la misère ou d'une situation économique ne permettant pas le mariage. Il faut tenir compte aussi, ajoute-t-il, de la pénurie de logements qui fait obstacle à l'installation d'une famille nombreuse.

§ 3. — LES MESURES D'HYGIENE SOCIALE.

Une attention toute particulière est accordée en Suisse aux mesures d'hygiène sociale.

On considère, dans ce pays comme ailleurs, que, dans l'intérêt de la race, il est de toute nécessité, non seulement de lutter contre les maux sociaux existant, mais encore de les prévenir par une protection toute spéciale de l'enfance et de la maternité et par une éducation hygiénique préventive de la population.

Il existe en Suisse, une Société suisse d'Hygiène, présidée par le Dr Carrière, chef du Service fédéral d'hygiène publique.

De plus, il s'est fondé, en 1926, une *Alliance des Sociétés suisses d'Hygiène* sous les auspices de la Société suisse d'Hy-

---

(1) *Tagesanzeiger Zurich*, 19 mai 1927.

giène. Elle constitue un cartel qui groupe actuellement dix-sept grandes associations nationales s'intéressant directement ou indirectement à l'hygiène.

Il serait trop long d'énumérer ici les organisations d'hygiène d'ordre général, existant en Suisse depuis de nombreuses années. Nous nous contenterons de signaler l'importance que revêt le Cartel romand d'Hygiène sociale et morale par son activité dans tous les domaines de la santé physique et morale de la population. L'essor qu'a pris cette association grâce aux efforts de son actif directeur, le Dr M. Veillard, mérite d'être signalé.

Le Cartel romand compte actuellement 82 associations affiliées, 32 groupes de district ou de cercle et 36 correspondants. Il fait partie de l'Alliance des Sociétés suisses d'Hygiène et publie une *Revue annuelle d'hygiène sociale et morale*.

Le Cartel possède un organe technique, administratif et de propropagande : le Secrétariat d'hygiène sociale et morale dont le siège est à Lausanne. Le Secrétariat publie une *Circulaire d'Informations* qui paraît cinq fois par an et qui sert d'organe interne du Cartel. Cette circulaire donne les communications officielles et des renseignements généraux. Au moyen d'informations publiées dans la presse, le grand public est également atteint.

Des conférences sont organisées dans toute la Suisse romande par le secrétaire général sur les questions d'hygiène de première utilité. Des brochures d'hygiène sont envoyées aux médecins et aux dentistes pour leurs salles d'attente. Des enquêtes sont établies sur des sujets variés : professions dangereuse pour la moralité de la jeunese, délits contre les mœurs, situation des familles nombreuses, etc.

Un service de renseignements et une bibliothèque sont annexés au Secrétariat.

Le Secrétariat sert de bureau commun à la Société suisse contre les maladies vénériennes, à la Ligue nationale contre le danger de l'eau-de-vie (Secrétariat romand), à la Ligue vaudoise contre la tuberculose, à la Ligue « Pro Familia », à la Société vaudoise de moralité publique, etc.

Nous allons examiner maintenant d'une façon détaillée quelle est en Suisse l'organisation de la lutte contre les maladies mentales, contre l'alcoolisme, contre le goitre, contre la tuberculose et contre le péril vénérien ainsi que les mesures relatives à la protection de l'enfance et de la maternité.

A. — LA LUTTE CONTRE LES MALADIES MENTALES (1).

La Suisse est, parmi toutes les nations, celle qui, avec les Etats-Unis, a le plus tôt compris l'importance de la prophylaxie mentale. Toulouse et Genil-Perrin ont donné, en 1920, sur ce mouvement helvétique, des renseignements très précis que nous reproduisons ci-dessous.

En Suisse, la défense sociale contre les maladies mentales est réalisée, en dehors de l'asile et du placement familial, par les sociétés de patronage et les polycliniques psychiatriques.

1° *Sociétés de patronage des aliénés.* — Ces sociétés ont tracé un programme qui déborde quelque peu le domaine que semble indiquer leur titre.

Elles s'intéressent à l'aliéné dans les buts suivants :

a) Prévenir son internement, pour favoriser un placement rapide ;

b) Pendant son internement, elles s'occupent surtout alors de la famille, pour préparer le retour au milieu du malade ;

c) Après la sortie de l'asile, pour prévenir les causes de rechute.

Mais leur action sociale vise surtout à la réalisation de la prophylaxie. La Société genevoise a inscrit dans son programme « l'étude des mesures préventives » et « l'éducation pédagogique des enfants idiots et arriérés ». Elle se propose « de répandre dans le public des idées claires sur la nature et les causes des maladies mentales, leur curabilité, leur prévention possible, leur traitement ».

La Société vaudoise assume également la tâche de « répandre dans le public des idées exactes sur la nature des maladies mentales, et sur ce qu'il faut faire au début chez les personnes atteintes de ces affections ». Nous lisons encore dans les statuts

---

(1) Extrait du livre du D' Potet. *L'Hygiène mentale*, p. 17 et suivantes.

de ces sociétés : « En outre, la Société combattra les préjugés régnant contre les aliénés et les asiles, par la parole et par la plume ; en particulier, elle fera appeler, dans les cas urgents, le médecin aliéniste, qui ordonnera à temps un traitement approprié ».

Ladame avait prononcé, au Congrès international des Patronages (Anvers 1911), un éloquent plaidoyer en faveur du patronage des alienés, dont l'utilité même paraissait avoir été mise en doute. Il insistait tout spécialement sur le rôle prophylactique du patronage : « Les Sociétés suisses de secours aux aliénés, qui sont, disait-il, au premier chef des œuvres de patronage, ont démontré qu'elles peuvent agir efficacement, d'une manière préventive, en luttant contre les préjugés populaires, en combattant l'alcoolisme et les autres causes sociales des maladies mentales, en prenant l'initiative des réformes de la législation, ou bien en agissant avec succès au moment opportun, dans certains cas particuliers qui nécessitent une prompte intervention » ;

2° *Polycliniques psychiatriques.* — Les aliénistes suisses ont compris que l'organisme le mieux adapté à la prévention des troubles mentaux était la consultation externe, la polyclinique, capable d'attirer les petits psychopathes et les prédisposés perdus dans la masse de la population. La polyclinique psychiatrique qui pourrait servir de modèle est celle de Zurich, fondée en 1913, sous l'impulsion de Bleuler. Dirigée par Maier, cette polyclinique a des locaux composés d'une salle d'attente, d'une grande salle de consultation et de deux petites salles d'examen. Elle est surtout destinée aux petits psychopathes qui vivent en liberté et échappent forcément à l'assistance manicomiale ou au placement familial. Le rôle de la polyclinique est donc surtout un rôle de prophylaxie sociale : conseils pour des mariages, avis pour des déterminations importantes, consultation pour épilepsie larvée, syphilis héréditaire chez des enfants, soins donnés à des élèves d'écoles supérieures pour « neurasthénie des examens », examens psychiques variés, en particulier chez des candidats cheminots, des commotionnés réclamant une indemnité à leur assurance, traitement d'accidents comitaux, redressements psychothérapiques ; telles sont les variétés très diverses des cas observés à la polyclinique de Zurich (Toulouse et Genil-Perrin).

Une polyclinique analogue à celle de Zurich fonctionne depuis plus de cinq ans à l'Institut J.-J. Rousseau à Genève ; elle a pour directeur le psychiatre Demole.

Grâce à l'initiative du Dr Repond, directeur de l'Asile d'aliénés de Malevoz-Monthey, un *Comité national d'hygiène mentale* a été fondé à Berne, le 25 novembre 1927, sous les auspices de la Société suisse de psychiatrie. Les onze commissions d'étude suivantes ont été immédiatement formées : organisation générale et propagande, statistique, *hérédité et eugénique,* relations familiales et sociales, pédagogie scolaire, orientation professionnelle, prophylaxie générale et spéciale (alcoolisme, questions sexuelles), institutions de bienfaisance, criminologie, armée, assurances sociales.

B. — LUTTE CONTRE L'ALCOOLISME.

Si l'alcoolisme constitue en Suisse un fléau des plus graves, il faut reconnaître que tous les efforts sont faits par les travailleurs sociaux pour l'enrayer.

La Suisse possède des hommes comme Forel et Berthelot, qui se sont signalés par les travaux les plus remarquables sur le problème de l'alcoolisme et de l'hérédité.

A mentionner aussi les études du Dr Joerger, directeur de l'Asile d'aliénés de Coire, qui se sont portées sur l'histoire de la famille Zéro, dont les tares héréditaires ont été causées par l'alcool, et ceux du professeur Demme sur les familles d'alcooliques.

Il existe en Suisse de nombreuses œuvres de tempérance. Mais elles sont seules à lutter contre l'alcoolisme et il faut reconnaître qu'elles sont mal soutenues par l'Etat.

La principale organisation est la *Ligue nationale contre le danger de l'eau-de-vie* dont le secrétariat romand est dirigé par M. M. Veillard. On peut dire que c'est le Cartel romand qui mène en Suisse la campagne contre le danger de l'eau-de-vie. Au cours de la seule année 1926, cinq mille appels de la Ligue ont été adressés par lui, en plus des 20,000 répandus en 1924-1925 ; le bulletin de presse mensuel H. S. M. qui est envoyé à 90 journaux romands fait une large place à la question de l'eau-de-vie. Une

action est exercée auprès des députés, des pasteurs et des instituteurs en vue d'une amélioration des lois sur l'alcool. De nombreuses conférences avec projections de diapositifs ou de films et
par T. S. F. sont organisées sous les auspices de la Ligue nationale à l'occasion desquelles des milliers de tracts et de cartes
illustrées sont répandues. Enfin, un bulletin trimestriel a été
édité et adressé gratuitement à environ 40 mille pasteurs, médecins, instituteurs et magistrats divers de la Suisse romande.

La Ligue nationale tend actuellement de toutes ses forces
à créer un mouvement favorable à la révision des articles consti-
tutionnels relatifs à l'alcool. Grâce à elle, l'opinion commence
à être éclairée.

La presse travaille également activement dans ce sens.

D'autre part, la Fédération des Eglises réformées a rédigé un
excellent appel au peuple suisse qui a été largement répandu :
60,000 exemplaires environ, seulement dans le canton de Vaud.

Le Secrétariat antialcoolique suisse prend une part active à la
préparation de la révision susmentionnée en insistant particulièrement sur le danger d'une solution qui consacrerait le privilège
des bouilleurs de cru.

Il fait circuler une exposition itinérante, édite des journaux et
des publications, prête des livres, des diapositifs, dépouille des
statistiques, documents et entreprend toute activité indispensable
au mouvement antialcoolique (1).

Les autres organisations ayant, en Suisse, pour but la lutte
contre l'alcoolisme sont :

1. Secrétariat antialcoolique suisse ;
2. Société suisse de la Croix-Bleue ;
3. Société d'abstinence l'Avenir ;
4. Allianz-Abstinenten-Bund ;
5. Schweizerische Katholische Abstinenten-Liga ;
6. I. O. G. T. (Ordre internationale des Bons-Templiers) ;

----

(1) Extrait de la chronique de la *Revue annuelle d'Hygiène sociale et morale*, par
M. Veillard, 1927.

7. Sozialistischer Abstinentenbund der Schweiz ;
8. Schweizerischer Alkoholgegnerbund ;
9. Schweizerische Katholische Abstinenten-Studenten-Liga ;
10. Libertas ;
11. Alt Libertas ;
12. Helvetia ;
13. Association suisse des jeunes filles abstinentes ;
14. Jugendabteilung des neutr. Guttemplerordens ;
15. Abstinente Schweizerische Burchenschaft ;
16. Verband Deutsch.-Schweiz. Jüngsbünde v. Blauen Kreuz ;
17. Espoir ;
18. Hoffnungsbund ;
19. Schweizerischer Katholischer Jugendbund ;
20. Ligue suisse des Femmes abstinentes ;
21. Société suisse des Instituteurs abstinents ;
22. Schweizerischer Verein Abstinenter Eisenbahner ;
23. Abstinentia ;
24. Société suisse des Pasteurs abstinents ;
25. Priester-Abstinenten-Bund ;
26. Société des Médecins abstinents ;
27. Schweizer Verein Abstinenter Bauern ;
28. Ligue des Femmes suisses contre l'Alcoolisme, Genève ;
29. Ligue patriotique suisse contre l'Alcoolisme ;
30. Zuricher Verein gegen den Miszbrauch geistiger Getränke ;
31. Schweizerische Gesellschaft für Gemeindebestimmungsrecht ;
32. Züricher Frauenverein für Alkoholfreie Wirtschaften ;
33. Schweizerische Stiftung zur Förderung von Gemeindestuben
    und Gemeindehäusern.

C. — LUTTE CONTRE LE GOITRE.

Il existe en Suisse une Commission officielle du goitre, dont le
Dr Carrière est secrétaire. Elle a déjà publié plusieurs rapports
et s'occupe activement de lutter contre ce fléau. Une de ses principales méthodes est de faire consommer de l'iode par la population.

Tous les cantons à l'exception du Tessin, de Fribourg et d'Uri

(ces cantons ayant encore le monopole du sel) ont décidé officiellement l'emploi du sel iodé pour lutter contre le goitre. Le Valais
en emploie 33 %, Glaris, Appenzell, Rhodes-Extérieures en
emploient respectivement 83 et 75 % tandis que Vaud et Nidwald
n'utilisent que du sel complet.

Certains cantons défendent de vendre chez eux un autre sel que
le sel iodé. D'autres interdisent de vendre le sel iodé à un prix
plus élevé que le sel ordinaire (1).

Le Dr C. Isher, secrétaire général de la Croix-Rouge suisse,
a travaillé à la lutte contre le goitre dans son pays. Il déplore
que les goitreux soient autorisés à se reproduire. En effet, dit-il,
tous ceux qui, goitreux, se reproduisent sont gravement coupables, car aucune personne, si haut placée soit-elle, affligée d'un
goitre ne peut affirmer que l'un de ses descendants ne sera pas
atteint par cette triste infirmité.

Lui aussi préconise l'application de l'iode comme système préventif et curatif de la maladie. On constate, dit-il, dans les cas
de goitre, une diminution de la quantité d'iode contenue dans la
glande thyroïde. Ceci indique le chemin au traitement approprié et à la prophylaxie du goitre. Il est plus raisonnable et plus
humain, dit-il, d'empêcher que tant de nos concitoyens deviennent
des goitreux, des imbéciles, des sourds-muets plutôt que de les
laisser devenir des non-valeur qu'on cherchera à racommoder
tant bien que mal (2).

D. — LUTTE CONTRE LA TUBERCULOSE.

La lutte contre la tuberculose en Suisse est menée par l' « Association suisse contre la tuberculose ». Cet organisme a été fondé,
en 1902, sous le nom de Commission centrale suisse pour la lutte
contre la tuberculose. En 1919, l'Association réforma ses statuts
et prit le nom qu'elle porte aujourd'hui.

Outre cette Association centrale, il existe dans les différents
cantons des fondations, associations, installations, comités d'as-

---

(1) Une tablette de chocolat contenant un composé organique d'iode, appelé
iodostarim, est donnée à chaque enfant des écoles une fois par semaine.

(2) Dr Ischer. *Croix-Rouge Suisse*, septembre et octobre 1925.

sistance dont le nombre s'élevait en 1922 à 61 ; ces groupements comprenaient plus de 127 comités, commissions et sections avec 30 installations d'assistance proprement dite et 15 installations de renseignements et de protection.

Depuis que la Confédération protège ces organisations privées — elle leur accorde un crédit d'un million et demi par année — la lutte contre la tuberculose a pris de grandes proportions en Suisse.

L'Association suisse contre la tuberculose fait une propagande intense dans toutes les classes de la Société. Elle a publié une feuille volante : *Comment nous protéger contre la tuberculose?* qu'elle distribue à tous ses membres. Elle met à la disposition des institutions locales une brochure plus importante du docteur Jaquerot de Leysin : *Comment prévenir la tuberculose?*

La lutte contre la tuberculose en Suisse est encore menée par le moyen des conférences et des projections lumineuses. Des conférences spéciales sont données aux instituteurs et aux prêtres. De plus on se sert d'expositions itinérantes lesquelles sont très visitées ; ces expositions sont organisées gratuitement avec des conférences et excursions. Ce moyen sert surtout à renseigner les écoliers, les associations de « Samaritains » ainsi que les différentes organisations professionnelles.

La presse s'est mise également au service de la lutte contre la tuberculose. Beaucoup de journaux donnent régulièrement des chroniques médicales sur les questions se rapportant à la tuberculose.

C'est grâce à l'action de l'Association suisse contre la tuberculose qu'on doit la récente loi fédérale sur la tuberculose.

E. — LUTTE CONTRE LE PERIL VENERIEN.

La lutte contre les maladies vénériennes est dirigée par la Société suisse contre les maladies vénériennes, dont le Dr Chable est président.

Cette société fait une intense propagande auprès du public.

Outre ses nombreuses conférences avec projections, elle distribue régulièrement des brochures aux recrues et aux étudiants. Elle a édité une grande affiche qui a été envoyée à de nombreux industriels pour être placée dans les vestiaires du personnel, et un petit tract qui a été offert aux caisses-maladie pour leurs membres. Sur la proposition de la Société suisse, le livret de la Fête fédérale de Gymnastique, à Genève, en 1925, inséra pour la première fois une mise en garde contre les maladies vénériennes. Ce livret contenait également un avertissement sur l'alcool (1).

F. — PROTECTION DE L'ENFANCE ET DE LA MATERNITE.

Nous ne pouvons faire mieux en cette matière que de reproduire ici l'excellent exposé du Prof. Bernheim-Karrer sur la protection de l'enfance et de la maternité en Suisse :

« C'est surtout vers les consultations de nourrissons que s'est porté jusqu'ici l'intérêt public. Le développement des institutions destinées à donner des conseils à celles qui vont être mères est, en revanche, encore insuffisant. En Suisse allemande, il n'y a guère que des offices de consultations maternelles ; il n'existe pas d'offices séparés pour les femmes enceintes (« consultations prénatales »), à part ceux de certaines polycliniques annexées aux maternités. La clinique obstétricale de Zurich possède en outre une infirmière-visiteuse (qui est aussi sage-femme) et qui a pour fonction de s'occuper des femmes enceintes. Dans la Suisse française les consultations pour nourrissons et les consultations prénatales sont des institutions distinctes. C'est ainsi que nous trouvons à la Chaux-de-Fonds, à la polyclinique de la ville, un service de consultations prénatales ; à Neuchâtel (Hôpital Pourtalès), à Bienne, à Lausanne, il existe des « consultations maternelles ». Comparé au nombre des consultations de nourrissons — il en existe actuellement en Suisse 46, mais répartis d'une façon fort inégale dans l'ensemble du pays — celui des consultations prénatales est encore très faible.

» Le type des *consultations de nourrissons* répond aux conditions posées par les décisions du Congrès de Genève. Elles sont dirigées exclusivement par des médecins, souvent par des pédiatres, aidés d'infirmières spécialisées. A Berne, à Thoune,

---

(1) Extrait de la chronique de la *Revue annuelle d'Hygiène sociale et morale*, par M. Veillard, 1927, 1928.

à Zurich, l'infirmière fait régulièrement des visites à domicile ; il en est de même à Genève, où une consultation est annexée à la clinique infantile, une autre au dispensaire de la maternité. Il convient de noter que certaines grandes entreprises industrielles ont leurs infirmières spécialisées, pour le plus grand bien des familles de leurs ouvriers. Il faut mentionner encore les *infirmières-visiteuses communales* qui jouent un rôle important surtout dans les localités de la campagne. Ce type d'infirmières-visiteuses existe depuis longtemps en Suisse, mais il faut reconnaître que leur degré d'instruction, en ce qui concerne les soins à donner aux nourrissons et aux femmes enceintes, n'est pas toujours suffisant. Leur nombre est assez considérable, en 1925 on n'en comptait pas moins de 666, formées dans les instituts protestants et catholiques. Il faut mentionner enfin les infirmières « libres », dont le nombre n'est pas connu.

» Quelques villes seulement connaissent les *primes d'allaitement ;* elles sont en usage également dans certaines consultations de nourrissons. En revanche la loi fédérale sur l'assurance-maladie accorde une prime de 20 francs aux mères assurées qui allaitent leur enfant pendant 10 semaines au moins. Une statistique dressée par l'Office fédéral des assurances sociales montre que 48,5 % environ des accouchées assurées ont touché cette prime ; ce chiffre correspond assez exactement à celui que Mme la doctoresse Imboden-Kaiser a trouvé pour le canton de St-Gall, où, pour les années 1920-1923, 41 % des accouchées subsidiées par les caisses d'assurance communales ont touché la prime d'allaitement.

» Certaines *mesures législatives* ont été prises par la Confédération et les cantons dans le domaine qui nous occupe. C'est ainsi qu'une loi fédérale du 23 mars 1877 interdit d'occuper les femmes dans les fabriques avant et après l'accouchement et cela pendant une durée totale de 8 semaines, dont 6 semaines au moins à partir des couches. Un arrêté du Conseil fédéral interdit d'occuper les femmes enceintes à des travaux qui exigent le transport de lourds fardeaux ou exposent les femmes à de fortes secousses. Enfin d'après la loi fédérale du 18 juillet 1914 les femmes enceintes peuvent, sur leur demande, être dispensées du travail dans les fabriques 8 semaines avant leurs couches etc. Mais il va sans dire que ces dispositions législatives ne peuvent pas être d'une grande utilité, si la femme enceinte n'est pas assurée de recevoir, pendant tout le temps qu'elle ne travaille pas, des secours équivalents au salaire qu'elle aurait dû recevoir. On a cherché à parer à cet inconvénient par la loi fédérale sur l'assurance-maladie et l'assurance-accident, promulguée le 13 juin 1911 et appliquée depuis le 1er janvier 1914. En vertu de cette loi, la Confédération paie aux caisses d'assurances pour chaque accouchée assurée, un subside de 20 fr. à condition qu'elles assimileront les accouchées aux malades ordinaires, en leur fournissant gratuitement les secours médicaux dont elles ont besoin ou en leur versant pendant 6 semaines l'indemnité de chômage réglementaire ; à ce subside de 20 francs, vient s'ajouter le montant de la prime d'allaitement, dont nous avons parlé plus haut, dans les cas où celle-ci est payée par la caisse à l'accouchée. Mais comme toutes les ouvrières ne sont pas assurées — c'est le cas, entre autres, pour celles qui sont occupées aux travaux agricoles et pour les ménagères — les dispositions de la loi n'auront leur plein effet que le jour où l'affiliation à une caisse d'assurance sera rendue obligatoire pour tous ceux dont le revenu est inférieur à une certaine somme comme c'est déjà le cas pour les villes de Bâle et de St-Gall. A Bâle, la caisse d'assurance paie le médecin et la sage-femme et verse à l'accouchée une prime d'allaitement de 50 francs après 5 semaines et de 70 francs après 10 semaines. Dans le canton d'Appenzell Rhodes-Extérieures, la prime d'allaitement a été étendue à une durée de 6 mois et augmentée en conséquence. La loi présente une autre lacune : c'est le manque de tout subside pour les semaines qui précèdent l'accouchement. Un projet de révision de la loi cherche à tenir compte de ce fait en disposant que l'indemnité de chômage sera payée pour les 14 jours qui précéderont les couches. En outre, certaines grandes entreprises industrielles vont, dans l'aide qu'elles accordent aux accouchées — et on doit les en louer — plus loin que ne le demande la loi.

» Nous pouvons rattacher à cet ordre de mesures l'institution de la *gratuité des accouchements,* que nous trouvons dans quelques communes de la Suisse ; c'est ainsi que la ville de Zurich se charge des frais d'accouchement pour les femmes dont le revenu est inférieur à 4000 fr. (avant 1918, ce maximum était fixé à 2000 francs) ; en 1925, 12,5 % des accouchées de la ville de Zurich ont bénéficié de cette gratuité.

» Le contrôle des *enfants placés par l'autorité dans une famille étrangère*, des *pensionnaires*, comme on les appelle dans la Suisse romande, revêt une grande importance dans les problèmes qui nous occupent ici. D'après une statistique établie il y a 10 ans, il existait en Suisse environ 47,000 « pensionnaires », et parmi eux un chiffre assez considérable d'enfants âgés de moins d'un an. Les nourrissons qui se trouvent dans ces conditions devant être nourris exclusivement au biberon, on comprend qu'il soit nécessaire de les soumettre à une surveillance médicale. Cette surveillance n'est pas encore partout ce qu'elle devrait être, bien que les cantons et les communes en aient fait la matière de règlements spéciaux. Le canton de Zurich possède depuis quelques années un office de protection de la jeunesse qui, en collaboration avec l'office de protection de l'enfance de la ville de Zurich, exerce, avec des résultats toujours plus satisfaisants, la surveillance nécessaire sur les nourrissons-pensionnaires, qui sont le plus souvent de naissance illégitime. Ces institutions sont efficacement secondées dans cette tâche par les *offices de tutelle*, dont le premier a été créé à Zurich en 1908, et qui se rencontrent maintenant dans la moitié des cantons de la Suisse.

» Jusqu'ici, nous avons exposé ce qu'on pourrait appeler les œuvres « ouvertes » en faveur des nourrissons. Il nous reste à dire quelques mots des établissements « fermés », à savoir : les *maternités*, que l'on trouve non seulement dans des grandes villes, mais aussi dans certaines localités de moindre importance, et dans les quelles les nouveaux-nés sont gardés pendant 1 à 2 semaines ; les *hôpitaux pour enfants*, au nombre de 10, qui possèdent tous des divisions pour nourrissons aménagées suivant les exigences modernes ; les *asiles ou refuges*, au nombre de 14, qui recueillent la mère et son enfant et les gardent en général pour une période de longue durée ; les *pouponnières*, au nombre de 24, destinées les unes aux nourrissons en bonne santé seulement, les autres aux nourrissons malades, d'autres enfin à ces deux catégories de bébés, et à côté desquelles il faut mentionner les *asiles infantiles*, au nombre de 30, qui reçoivent aussi des enfants en bas âge (au-dessous d'un an). Les nourrissons peuvent enfin être admis dans nos *hôpitaux cantonaux, régionaux,* dont le nombre atteint la centaine. Enfin, il ne faut pas oublier de mentionner les *crèches,* où les nourrissons sont gardés pendant la journée et nourris généralement au biberon ; en 1920, on comptait en Suisse environ 50 crèches pouvant recevoir 1900 bébés en chiffre rond. »

La principale organisation qui travaille à travers tout le pays à la protection de l'enfance et de la maternité est la société Pro Juventute. Cette association a pour but de pourvoir aux soins des jeunes enfants et à la protection des mères ; elle vise particulièrement à accorder une aide légale et morale aux mères non mariées.

Cette Fondation dispose d'une organisation admirable, basée sur un réseau de secrétariats régionaux qui embrasse l'ensemble de la Suisse. Elle se procure les moyens nécessaires à son activité en organisant chaque année, vers Noël, une vente de timbres-poste spéciaux et de cartes postales ; elle vend également des formulaires pour télégrammes de félicitations et de condoléances. Pour la seule année 1925, la vente des timbres-poste et des cartes postales a rapporté à la Fondation une somme nette de 700,000 fr. en chiffre rond. Les sommes ainsi réunies servent à subventionner les œuvres de protection de l'enfance, dans les cantons mêmes où elles ont été recueillies, le Conseil de la Fondation désignant chaque année le domaine dans lequel devront rentrer les œuvres bénéficiaires : en fait, il s'est établi un roulement trisannuel d'après lequel le produit de la vente est attribué successivement à la protection de la mère et de la première enfance, à celle de l'enfance en âge de scolarité et à celle de l'adolescence. En aidant financièrement les institutions en faveur de la mère et de la première enfance (consultations de nourrissons, crèches, etc.), la Fondation a su susciter l'intérêt du public en faveur de ces institutions et stimuler les grandes masses de la population. Cependant Pro Juventute ne borne pas son action à l'organisation de ces ventes : Elle exerce en même temps une propagande très active, par laquelle elle répand parmi le peuple la notion de la protection de la jeunesse et de la part que chaque citoyen doit y prendre, et se tient en rapport constant avec les œuvres qui s'occupent de la protection de l'enfance, quelle que soit leur base, confessionnelle ou neutre. Pro Juventute est elle-même absolument neutre au point de vue politique et confessionnel. Elle a été créée par la Société suisse d'utilité publique qui possède elle-même une centrale sociale dirigée par le pasteur Wild. Par sa fusion ultérieure avec « l'Association suisse pour la protection de l'enfance et de la femme », une autre création de la Société que nous venons de citer, la Fondation Pro Juventute est devenue définitivement le centre principal de la protection de l'enfance en Suisse. Mais, conformément à l'esprit décentralisateur qui anime toute son œuvre, elle a laissé à ses organes régionaux et locaux une autonomie très étendue qui leur permet d'adapter leur activité aux habitudes et au caractère de la population.

Les autres organismes de caractère national ou international qui sont établis en Suisse en vue de la protection de l'enfance et de la maternité sont :

1. Association Catholique Internationale des Œuvres de Protection de la Jeune Fille — Branche Nationale Suisse ;
2. Comité International de la Croix-Rouge ;
3. Croix-Rouge Suisse ;
4. Gesellschaft Schweizerischer Pädiater ;
5. Institution Suisse pour Aveugles faibles d'esprit (Le Foyer) ;
6. Mouvements de la Jeunesse, Secrétariat International, Genève ;
7. Mouvement de la Jeunesse Suisse-Allemande ;
8. Mouvement de la Jeunesse Suisse-Romande ;
9. Schweizerische Anstalt für Epileptische ;
10. Schewizerische Erziehungsanstalt für Katholische Knaben ;
11. Schweizerische Anstalt für Schwachbegahte, Taubstumme Kinder ;
12. Schweizerische Fachschule für Damenschneiderei und Lingerie ;
13. Schweizerische Gesellschaft für Erziehung und Pflege Geistesschwacher ;
14. Schweizerische Gesellschaft für Kranken- und Wöchnerinnenpflege ;

15. Schewizerische Gesellschaft für Gesundheitspflege;
16. Schweizerische Heil- und Erziehungsanstalt für Krüppelhafte;
17. Kinder und Orthopädische Poliklinik Balgrist;
18. Schweizerische Obst- und Gartenbauschule für Frauen;
19. Schweizerische Pflegerinnenschule und Frauenhospital;
20. Schweizerische Vereinigung für Jugendspiel und Wandern;
21. Schweizerische Vereinigung für Kinder- und Frauenschutz;
22. Schweizerischer Armenerzieherverein;
23. Schweizerischer Katholischer Fürsorgeverein für Frauen, Mädchen und Kinder;
24. Schewizerischer Kindergartenverein;
25. Schweizerischer Verband für Berufsberatung und Lehrlingsfürsorge;
26. Schweizerischer Verband für Jugenderziehung und Volkswohlfahrt;
27. Schweizerisches Verband Fürsorgevereine zur Erziehung Hilfsbedürftiger Kinder;
28. Schweizerisches Zentralkrippenverein;
29. Schewizerischer Zweig des Internationalen Vereins der Freundinnen Junger Mädchen;
30. Schweizerisches Christkatholisches Kinderfürsorgeamt;
31. Schweizerisches Erziehungsanstalt für Knaben in der Bächtelen;
32. Schweizerisches Israelitisches Waisenhaus;
33. Schweizerisches Pestalozziheim;
34. Schweizer Kinderhilfskomitee;
35. Union Internationale de Secours aux Enfants;
36. Untertützungskasse für Waisenkinder der Methodistenkirch des Schweiz;
37. Verband Deutsch-Schweizerischer Frauenvereine zur Hebung der Sittlichkeit;
38. Verein Freundinnen junger Mädchen;
39. Verein zur Hebung Sittlichkeit;
40. Verein für Volkswohl.

§ 4. — LA STERILISATION.

La Suisse est un des pays où, après les Etats-Unis, on s'est occupé le plus de la stérilisation et de la castration des indésirables. Comme nous le verrons plus loin, depuis longtemps, on y a pratiqué ce genre d'opérations.

Au Congrès international antialcoolique de Brême de 1903, le médecin suisse E. Rudin, demandait déjà la stérilisation des ivrognes incurables (1).

L'opportunité de la stérilisation des malades de l'esprit a été également discutée, en 1905, à Wil, lors de la 36me réunion des médecins-aliénistes suisses ; la nécessité de la légalisation de cette pratique y a été reconnue (2).

En 1910, Forel défendait, au Congrès néo-malthusien de la Haye, le principe de la stérilisation des malades de l'esprit et des malades criminels, même contre leur volonté.

Ses travaux : *Die Sexuelle Frage* (3) et *Malthusianismus oder Eugenik?* (4) faisaient valoir les avantages du système.

A la même époque, A. Good, dans le *Journal suisse de Droit pénal* (5) proposait que la question de la stérilisation des malades mentaux fut inscrite dans la loi pénale suisse.

Le même problème a été discuté à l'Association juridique et psychiatrique de Zurich, au commencement de 1910, à la suite d'une allocution du professeur Dr Bleuler. Aucune opposition n'a été faite.

De son côté, le Dr Belser a développé, vers le même moment, le point de vue médical de la question dans son livre *Uber Tuben-sterilisation* (6).

En 1911, ont paru les rapports remarquables du Dr Hans W.

---

(1) *Der Alkohol im Lebensproses der Rasse.* Rapport sur le IXme Congrès antialcoolique international de Brême. 1903.

(2) Rapport de la XXXVIme Réunion des médecins-aliénistes suisses, 1905.

(3) Munich, 1905.

(4) Munich, 1911.

(5) 23me année, livre III, p. 257.

(6) Zurich 1910.

Maier, de l'Université de Zurich : *Die nord-amerikanischen Gesetze gegen die Vererbung von Verbrechen und Geistesstörung und deren Anwendung*, et du Dr Emil Oberholzer : *Kastration und Sterilisation von Geisteskranken in der Schweiz.*

Dans ce dernier rapport l'auteur expose d'une façon détaillée les 19 cas de stérilisation et de castration qui, en 1910, avaient déjà été pratiqués en Suisse à l'asile de Wil (St-Gall) et à celui de Burghölzli-Zurich.

Le Dr Hauswirth a également préconisé, en 1924, dans une conférence faite à Berne, la stérilisation des mères de famille ayant plus de 6 enfants, et vivant dans la misère, dans l'intérêt de leur santé et pour mieux leur permettre de se consacrer à leur famille. Le Dr Guggisberg, professeur d'obstétrique à l'Université de Berne s'est aussi occupé de la question.

Signalons encore les travaux du Dr Frank et du Dr Schiller, ce dernier étant partisan de la castration des aliénés criminels.

Il est à remarquer qu'en Suisse, la castration est pratiquée presque autant que la stérilisation ; l'on s'intéresse aussi bien à l'une qu'à l'autre de ces opérations (1).

Dans une communication (2) faite à la Société médicale de Genève, du 4 février 1925, le Dr F. Naville préconise la stérilisation et la castration et indique, d'une façon schématique, dans quelles circonstances celles-ci devraient être pratiquées.

____

(1) La Suisse a même été plus loin et elle est, avec les Etats-Unis, un des rares pays où la suppression pure et simple des indésirables a été proposée à un corps législatif.

En 1923, en effet, le Dr Hauswirth, médecin de la ville de Berne, député du parti agraire, a développé devant le Grand Conseil de Berne, une motion sur la révision de la législation en matière de médecine et d'hygiene. Il proposait que « la question des asiles d'aliénés soit résolue par la décentralisation : le Gouvernement devrait, ajoute-t-il, donner aux hôpitaux de district les moyens de créer des sections de psychiatrie. *Une autre solution serait la mise à mort des aliénés incurables et des idiots.* Les animaux malades sont abattus, tandis qu'on force des gens atteints de maladies incurables à la vie et à la souffrance. »

Le Dr Hauswirth a demandé que cette proposition fut sérieusement examinée. (*La Liberté*, 13 septembre 1923.)

(2) Voir *Revue Médicale de la Suisse Romande*, 25 août 1925.

Nous les donnons telles qu'il les expose dans son rapport :

Stérilisation ou castration :

« *a*) A titre thérapeutique chez la femme.

Débilité mentale ou folie morale avec perversions ou excitations sexuelles pathologiques entraînant des grossesses indésirables répétées ou une délinquance incurable motivant, sans la castration, un internement prolongé sinon définitif. Troubles mentaux menstruels ou aggravés par les grossesses. Psychoses ne nécessitant pas l'internement mais avec symptômes pàrticuliers aggravés par l'existence d'enfants et constituant un danger pour eux. Affections gynécologiques et certaines dysménorrhées. Epilepsie menstruelle.

b) A titre thérapeutique chez l'homme.

Excitations, perversions ou troubles sexuels pathologiques graves retentissant sur la santé générale de l'individu ou l'entraînant à une délinquance incurable motivant, sans la castration, un internement prolongé sinon définitif.

c) A titre prophylactique dans l'intérêt de la mère.

Danger de récidive d'infanticide par perversions ou troubles mentaux ne justifiant pas un internement. Imbécillité ou idiotie, troubles mentaux ou perversions sexuelles chez des femmes ou filles déjà mères de plusieurs enfants, et pour lesquelles l'internement ou la stérilisation sont les seuls moyens d'éviter les récidives de grossesses indésirables. Etats pathologiques où une récidive de grossesse constituerait un danger menaçant de suicide. Affections gynécologiques néoplasiques et autres. Etroitesse ou malformations du bassin. Diabète avec dénutrition. Tuberculose avancée. Certaines cardiopathies et néphrites. Epuisement général, etc.

d) A titre prophylactique eugénique.

Constitutions familiales psychopathiques particulièrement graves. Psychoses caractérisées des parents, avec caractère familial ou héréditaire. Insuffisance mentale, troubles mentaux ou psychose de la mère ne nécessitant pas son internement mais la rendant incapable de soigner et d'élever des enfants.

Imbécilité ou idiotie à caractère familial ou héréditaire chez l'un des parents. Intoxication alcoolique chronique grave et invétérée chez l'un des parents. Tares épileptiques ou névropathiques graves chez des parents dont la descendance a déjà révélé le caractère héréditaire de ces tares. Perversions familiales morales et sexuelles graves, avec caractère familial et héréditaire des réactions délinquantes. Dispositions familiales et héréditaires à la délinquance et au crime. Délinquants récidivistes ou criminels particulièrement tarés. Certains cas de mariages avec double lignée d'hérédités pathologiques similaires (épilepsie, schizophrénie, surdi-mutité et autres maladies fréquemment héréditaires). »

La Société des Psychiatres suisses, dans sa réunion du printemps 1925, avait mis à l'ordre du jour le problème de la stérilisation et de la castration des déficients mentaux.

Dans un rapport très documenté présenté à l'Assemblée générale du Cartel Romand d'hygiène sociale et morale, le 28 avril 1927, le Dr M. Muret, ancien professeur à la Faculté de médecine de Lausanne, signale dans quelles conditions celle-ci semble indiquée :

« Le premier groupe d'indications relève du point de vue *médical*.

» La stérilisation, en effet, trouve son indication *médicale* toutes les fois qu'il s'agit de supprimer à titre définitif la possibilité de la grossesse, soit qu'elle mette en danger la vie de la femme ou cause une atteinte grave et durable à sa santé ; ainsi dans certains cas de tuberculose pulmonaire ou laryngée, dans certaines affections du cœur ou des reins, dans certains cas de bassins rétrécis donnant lieu chaque fois à des accouchements difficiles et graves, ainsi que dans certaines maladies mentales provoquées ou aggravées par chaque grossesse, etc. etc.

» Le second groupe d'indications relève du point de vue *eugénique*.

» La stérilisation trouve son indication eugénique, toutes les fois qu'il s'agit de prévenir la naissance de produits tarés, d'enfants dégénérés et destinés par leur hérédité à être des déchets de la société, des êtres malheureux, inutiles, dangereux ou nuisibles.

Cette indication s'applique tout naturellement aussi à l'homme, car les tares héréditaires ne proviennent pas toujours et seulement de la femme.

» Les cas les plus simples sont ceux dans lesquels les enfants déjà existants d'une famille sont tous des anormaux, des idiots, des imbéciles ou des tarés. Ici, l'intervention s'impose tout naturellement. Quant aux autres cas, s'il est impossible de déterminer aujourd'hui avec une précision scientifique absolue les tares de la descendance, il y a cependant des données suffisantes pour permettre aux spécialistes compétents de se prononcer avec une grande vraisemblance dans bien des cas. On sait, en effet, qu'il n'y a pas grand'chose de bon à attendre de la descendance de certains criminels, de certains aliénés, idiots, imbéciles, alcooliques invétérés ou autres tarés et dégénérés des deux sexes et il est sans doute préférable de les stériliser, malgré le risque, très minime d'ailleurs, de priver peut-être ainsi l'humanité de la possibilité fort problématique d'un être génial. L'indication eugénique peut donc être admise à titre relatif, à condition naturellement qu'elle soit posée par des psychiatres compétents dans ce domaine spécial et il ne saurait être question de l'appliquer à tous les aliénés sans distinction en vue d'une sélection idéale.

» Le troisième groupe d'indications relève du point de vue de l'*hygiène sociale* préventive.

Il s'agit ici de la stérilisation de certains aliénés et de délinquants criminels sexuels qui par ce moyen, pourront être remis en liberté et parfois même rendre certains services.

» Le quatrième groupe d'indications relève du point de vue *social économique.*

Il s'agit de cas dans lesquels la situation économique des parents est telle qu'il ne leur paraît plus possible de charger leur budget d'un enfant de plus. »

Au sein de la Commission pour la lutte contre la diminution de la natalité nommée en 1919 par la Chambre médicale suisse, quelques juristes ont proposé en 1921 de prévoir expressément dans le code pénal l'impunité pour le médecin qui aurait pratiqué la stérilisation « dans le but de supprimer une maladie, ainsi qu'en cas de maladie mentale, de faiblesse d'esprit ou de maladie héréditaire ». Cette proposition fut repoussée mais la même Commission adopta les deux propositions suivantes présentées par le Dr Jung, de St-Gall, et le Prof. Guggisberg, de Berne :

1° La stérilisation n'est pas punissable, lorsqu'elle est pratiquée par un médecin diplômé, dans les cas de maladies dans lesquelles toute grossesse ultérieure comporte un danger de mort ou une altération grave et permanente de la santé de la femme (Jung) ;

2° Dans les cas de maladies mentales ou de faiblesse d'esprit qui excluent la capacité requise par le C. C. S. (art. 97) pour contracter mariage ou peuvent être une des causes d'interdiction prévues par l'art. 369 du même Code (Guggisberg).

Ces propositions ont été rejetées par la majorité des membres de la Société suisse de Gynécologie en 1922, qui estimaient qu'il n'y avait pas lieu de formuler dans le code pénal aucune disposition sur la stérilisation.

La question des adjonctions ou des modifications utiles sur la matière à apporter à l'avant-projet du code pénal suisse a fait également l'objet de discussions lors de la réunion de la Société des psychiatres suisses en 1925.

Ajoutons encore que dans le canton de St-Gall un projet de loi sur la stérilisation des aliénés a été déposé, il y a quelques années, mais non voté (1).

La stérilisation et la castration sont pratiquées en Suisse depuis près de 20 ans. Ces opérations se sont d'abord faites au Burghölzli et à l'Asile de Wil (St-Gall) ; plus tard, c'est surtout sous l'impulsion du Prof. H. W. Maier, à l'asile cantonal et à la polyclinique psychiatrique de Zurich que ces interventions sont devenues plus fréquentes. Dans divers autres établissements d'aliénés, et en

---

(1) Ch. Richet. *La Sélection humaine.*

particulier à Cery, on est également intervenu dans ce sens au cours de ces dernières années.

En 1925, le professeur H. W. Maier, dans son rapport à la Société suisse de psychiatrie, a parlé de 43 cas opérés provenant du Burghölzli, de la Polyclinique de psychiatrie de Zurich et de l'asile cantonal de Wil (St-Gall). Ces 43 cas concernaient 21 hommes et 22 femmes. 2 hommes avaient subi la stérilisation et 19 la castration ; depuis l'opération, 15 d'entre eux ont pu vivre en liberté d'une manière permanente, ce qui n'était pas le cas auparavant et 17 n'ont plus eu affaire aux tribunaux. Parmi les femmes, 12 ont été stérilisées et 10 ont subi la castration. Dans le premier groupe, il faut noter 3 cas de femmes anormales, démentes ou imbéciles, ayant commis des infanticides dont on ne pouvait prévenir la répétition qu'en empêchant de nouvelles grossesses. D'autres, ont été stérilisées, leur état psychique défectueux ne leur permettant pas d'élever des enfants. Cinq d'entre elles peuvent vivre complètement hors de l'asile et 5 demeurer en liberté par intervalles. Quant aux femmes ayant subi la castration, il s'agissait de personnes aux instincts sexuels exagérés combinés avec des tares intellectuelles ou morales plus ou moins prononcées, qui en faisaient les hôtes habituels des asiles d'aliénés ou des prisons. A la suite de l'intervention, 3 d'entre elles purent être libérées définitivement et 6 purent être laissées libres par intervalles.

D'autre part, le Dr Steck a fait part, dans la même réunion, des cas de stérilisation pratiqués dans le canton de Vaud sur le préavis de la direction de l'Asile de Cery à l'initiative soit de la Maternité, soit du service sanitaire, soit de l'Asile lui-même. Il s'agit de 27 cas, dont 2 castrations et 25 stérilisations (24 chez des femmes). Chez 3 femmes bien portantes, la stérilisation a été pratiquée, parce qu'elles avaient pour maris des psychopathes, ce qui a été considéré ensuite comme une erreur par le Prof. Mahaim. Tous les opérés, à l'exception d'une seule femme, ont pu demeurer en liberté hors de l'asile à la suite de l'intervention. Les délinquantes n'ont plus récidivé. Les 2 hommes soumis à la castration et quelques-unes des jeunes filles faibles d'esprit qui ont été stérilisées, ont été appelés à donner leur consentement en face du dilemme qui leur était posé entre l'opération et un internement prolongé à l'asile (1).

Le professeur Naville, de Genève signale de son côté dans la communication présentée à la Société médicale de Genève, le 4 février 1925, les stérilisations qu'il a fait pratiquer.

Il est à remarquer que bien souvent, en Suisse, on stérilise des femmes mariées bien portantes, dans le but de préserver la descendance, le mari étant aliéné, dégénéré ou alcoolique. Les professeurs Muret, Mahaim et Maier se sont toutefois élevés contre cette pratique.

Enfin, il faut noter, l'usage existant dans certaines communes suisses de stériliser des personnes qui sont à la charge publique. Les communes adressent aux médecins, aux psychiatres et aux asiles, des jeunes filles qui ont eu un ou plusieurs enfants illégitimes, ou encore des femmes mariées qui ont de nombreux enfants assistés ; on invoque que ces grossesses sont dues à un état mental nécessitant la stérilisation.

D'autres faits ont encore été signalés, en 1926, à l'Assemblée annuelle du Groupe romand des Institutions d'assistance et de prévoyance sociales.

Il s'agit de certains cas dans lesquels des fonctionnaires de l'Assistance publique du canton de Berne ont proposé avec insistance la stérilisation à des femmes bernoises habitant le canton de Vaud ; ces femmes bien portantes ne présentaient d'autres particularités que de recevoir des subsides de l'Assistance bernoise pour leurs enfants déjà trop nombreux. Tout cela a été fait sans examen médical préalable. Le professeur Muret note un cas de ce genre où la femme et son mari, âgés chacun de 24 ans, ayant deux enfants bien portants et un troisième en perspective, se sont refusés à donner leur consentement à l'opération proposée, malgré la pression énergique exercée sur eux. D'autres cas du même genre ont été signalés de telle sorte qu'on pourrait croire à une manière d'agir tout à fait systématique.

*
* *

---

(1) Extrait du rapport du Prof. Muret fait à l'Assemblée générale du Cartel romand d'hygiène sociale et morale, le 28 avril 1927.

La lutte menée en Suisse depuis de longues années pour obtenir la stérilisation de certaines catégories de personnes vient enfin d'aboutir à un résultat des plus significatifs. Le Grand Conseil du canton de Vaud a adopté, le 3 septembre 1928, une loi prescrivant la stérilisation obligatoire de certaines catégories de personnes.

Cette disposition qui est prévue dans l'article 28*bis* nouveau de la loi sur le « Régime des malades de l'Esprit » stipule que lorsqu'il y a lieu de croire qu'une personne atteinte de maladie mentale ou d'une infirmité mentale, reconnue incurable, ne peut avoir qu'une descendance tarée, cette personne peut être l'objet de mesures d'ordre médical pour empêcher la survenance d'enfants.

L'intervention médicale n'a lieu que sur l'autorisation du Conseil de Santé et le Conseil de Santé lui-même ne donne cette autorisation qu'après enquête et sur préavis conforme du médecin désigné par lui.

Nous croyons utile de reproduire ici l'exposé des motifs qui ont servi d'introduction au projet :

EXPOSE DES MOTIFS DU PROJET DE LOI

modifiant les lois des 14 février 1901 et 23 novembre 1921 sur le régime des personnes atteintes de maladies mentales et étendant les dispositions de ces lois aux personnes atteintes d'infirmités mentales.

Nous avons vu dans l'article 7 de notre projet de loi sanitaire, à propos des attributions du Conseil de Santé, que celui-ci ordonne les mesures d'exécution prévues par les lois, en ce qui concerne l'atteinte à l'intégrité corporelle des individus.

L'article 28*bis* nouveau que nous demandons d'introduire dans la loi sur le régime des personnes atteintes de maladies mentales concerne une mesure qui est pratiquée depuis longtemps en fait, mais qui jusqu'à maintenant n'a trouvé aucune sanction légale, dans notre pays tout au moins. L'Amérique connaît depuis longtemps des dispositions législatives tendant à éviter la survenance d'enfants tarés.

Comme nous l'avons vu dans l'exposé des motifs de la loi sanitaire, l'autorité administrative a très fréquemment l'occasion de s'occuper d'interventions de ce genre. C'est notamment le cas quand des personnes du sexe féminin, ne jouissant pas de toutes leurs facultés mentales, deviennent mères.

Il est tout d'abord démontré par l'expérience que l'infirmité mentale est le plus souvent héréditaire; il en est de même de ce qu'on appelle l'idiotie morale (Moralidiotie des Allemands; moral-insanity des Anglais). De nombreux travaux scientifiques ont paru ces dernières années sur cette question. Notons, en passant, pour ce qui concerne notre pays, le travail de Maier, de Zurich, sur l'état actuel de la stérilisation dans les maladies mentales, le travail de Franck sur les expériences pratiques de stérilisation des débiles mentaux en Suisse, le travail de Naville, de Genève, sur les stérilisations prophylactiques en médecine sociale et en psychiatrie, enfin, tout dernièrement, le travail du professeur Muret sur le même sujet.

Il arrive même que des débiles mentaux ou des délinqants contre les mœurs préfèrent se soumettre à une opération plutôt que de subir un internement prolongé, si ce n'est définitif. Il s'agit ordinairement, dans ce dernier cas, de personnes appartenant au sexe masculin. Il se présente aussi fréquemment que des autorités communales ou des chefs de famille demandent l'internement, dans des établissements de discipline ou dans des asiles, de personnes atteintes de débilité mentale, de crainte qu'elles ne soient exposées à des rencontres indésirables. Pour donner satisfaction à ces désirs, le plus souvent légitimes, les médecins, à titre isolé, ou le plus souvent après avoir appelé en consultation un de leurs confrères, ont examiné sérieusement le cas pratique de la stérilisation.

Notons, en passant, que cette opération peut se faire sans danger évident et sans mutilation de l'individu ;elle n'est pas à comparer avec la castration proprement dite, qui est une opération mutilante, et que l'on n'aborde qu'avec la plus extrême réserve .Cette dernière opération n'est en somme pratiquée que sur des délinquants de droit commun faisant des attentats à la pudeur, récidivistes impénitents parce qu'anormaux, et sur leur demande expresse pour les motifs indiqués plus haut.

Quant aux personnes faibles d'esprit visées dans notre projet, les opérations de ce genre, pour autant que nous en avons eu connaissance, ont été pratiquées à la demande des familles ou du représentant légal et avec l'autorisation de l'intéressé, pour autant qu'il a pu être consulté. Il paraît hors de discussion que l'internement prolongé dans un asile constitue, la plupart du temps, une atteinte à la liberté individuelle et un inconvénient plus grave qu'une intervention chirurgicale bénigne, et constitue pour la société des complications autrement sérieuses. Il apparaît également désirable que ce genre d'opération soit réglementé dans une certaine mesure pour éviter des abus comme il peut s'en produire dans tous les domaines de la pratique opératoire. C'est pourquoi notre projet met entre les mains du Conseil de Santé le soin de décider l'opportunité de semblables opérations et particulièrement de décider de la question de savoir si les personnes visées offrent des chances de procréer des enfants anormaux, augmentant dans notre pays le nombre des dégénérés. Il est certain que le nombre des personnes que l'on doit interner dans les asiles augmente régulièrement, et que le budget de l'Etat dans ce domaine est sérieusement chargé, l'hérédité dans les affections mentales étant celle qui est le plus nettement établie par toutes les statistiques démographiques.

Il a paru à la commission d'étude, unanime du reste sur les mesures à prendre, qu'il était préférable d'introduire la disposition nécessaire dans la loi sur le régime des personnes atteintes de maladies mentales, en ajoutant à l'article premier de cette loi la notion de l'infirmité mentale. La maladie mentale, au sens ordinaire du mot, est celle qui pousse les individus à commettre des actes qui rendent pour eux impossible la vie en société ou la vie en famille; ces personnes sont internées sur déclaration d'un médecin, et le Conseil de Santé est appelé régulièrement à les visiter, pour voir si leur internement est justifié ou doit être maintenu. Au sens de l'article premier de notre projet, la notion de l'infirmité mentale comporte pour celui qui en est affecté, l'incapacité de se rendre compte de la portée de ses actes.

Il va sans dire que l'appréciation de l'infirmité mentale ne peut et ne doit être fondée sur des constatations théoriques ou des idées préconçues; elle doit découler des actes mêmes des personnes visées. Il est bien clair que l'on ne peut juger de la mentalité d'un individu que par la façon dont il se comporte dans des circonstances données, et non pas de l'étude a *priori* de ses facultés mentales ou intellectuelles. L'examen des cas de ce genre rentrant dans le domaine de l'activité du conseil de santé, ce Conseil devra, comme pour l'internement des alcooliques, apprécier les faits envisagés, entendre les représentants légaux et demander une expertise médicale, régulièrement faite par deux médecins compétents.

Ainsi, nous pensons que toute garantie est donnée à l'individu ou à sa famille. [1]

D'autre part, la pratique de la stérilisation, comme nous l'avons dit, devenant chose assez courante, il est absolument légitime de légiférer, avant que se posent des problèmes qui sont insolubles au point de vue général, mais ne se justifient seulement qu'en face de faits particuliers bien définis.

Pour ces raisons, le Conseil d'Etat a l'honneur de proposer au Grand Conseil l'adoption du projet de loi présenté.

(Printemps, 1928.)

§ 5. — LA REEDUCATION DES ANORMAUX.

Il existe dans chaque canton suisse des écoles dites de sauvetage ou d'éducation : certaines sont à la charge de l'Etat, d'autres sont seulement subventionnées. De plus, il y a dans chaque école primaire, des classes spéciales pour les anormaux. La classe spéciale pour écoliers faiblement doués forme partie intégrante de l'école primaire communale.

Beaucoup d'établissements helvétiques utilisent la méthode de Frœbel ; si elle fait passer les travaux pratiques avant les connaissances théoriques, la notion de discipline n'est pas exclue ; mais, dans les contrées du Sud de la Suisse, la méthode montessorienne gagne du terrain aux dépens de la méthode frœbelienne.

La Suisse s'est préoccupée de la création d'établissements spéciaux pour les anormaux postencéphalitiques. Un vœu intéressant a été émis dans ce sens par la Société suisse de psychiatrie.

Il semble indiqué de signaler ici l'Ecole des Sciences de l'Education qui a été fondée à Genève à l'Institut J.-J. Rousseau et qui est étroitement liée à la question de l'éducation des anormaux. Cette école a pour but d'orienter sur l'ensemble des disciplines touchant à l'éducation les personnes se destinant aux carrières pédagogiques ; une attention spéciale est consacrée à l'étude des enfants anormaux. Des cours sur la pathologie des anormaux, sur la psychologie et la pédagogie des anormaux sont donnés par des spécialistes.

Avec l'autorisation du Département de l'Instruction publique, les élèves de l'Institut ont la faculté de faire dans une classe spéciale un *stage* qui les initie aux méthodes de cet enseignement caractéristique.

Les élèves reçoivent également des cours de psychologie, d'anthropologie, de psychanalyse, auxquels il faut ajouter la caractérologie et l'eugénique. Des leçons sur les troubles de la parole, des visites aux établissements et asiles de Chailly, d'Etoy, etc., des causeries les mettent en présence des problèmes particuliers que posent certaines catégories d'enfants déshérités. L'Institut J.-J. Rousseau est en contact avec la Société genevoise de patronage des anciens élèves des classes spéciales. Il est en Suisse romande le centre d'action de l'Association suisse en faveur des anormaux.

Mentionnons encore la Société pour l'éducation et les soins à donner aux faibles d'esprit dont le président est M. Jauch, instituteur à Zurich, et le Heilpädagogisches Seminar, de Zurich, directeur : le Dr Hanselmann.

Les principales institutions ayant pour but la rééducation des anormaux sont :

I. — *Etablissements pour les Estropiés :*
Schweiz. Anstalt für krüppelhafte Kinder in Zürich ;
Mathilde Escher-Heim für krüppelhafte Kinder in Zürich ;
Hospice orthopédique, Lausanne ;
Kommission zur Fürsorge für verwachsene Kinder, Basel.

II. — *Etablissements pour Epileptiques :*
Asile pour épileptiques à Lavigny (Vaud) ;
Asile pour épileptiques « La Solitude », Petit-Lanoy (Genève) ;
Kath. Asyl für Epileptische in Steinen (Schwyz) ;
Schweiz. Anstalt für Epileptische, Südstrasse, 120, Zürich ;
Anstalt für Epileptische « Bethesda » in Tschugg (Berne).

III. — *Institutions pour les Aveugles :*
Aarau, Kant. Blindenfond, verwalter durch das kant. Departement des Innern ;
Blindenheim der Stadt Basel, Kohlenbergg ;
Blindenheim in Bern, Neufelstrasse ;
Blinden-Erwerbsgenossenschaft Bern : Vertreter Dr E. Spahr-, Bern ;
Bernischer Blindenfürsorgeverein, Bern ;

Institution suisse pour aveugles faibles d'esprit, Chailly-s/Lausanne ;

Fond für arme Blinde in Chur : Vertreter Oberst A. Zuan ;

Ecole des jeunes aveugles « Jura », Fribourg ;

Union fribourgeoise pour le bien des aveugles, Fribourg ;

Merklescher Blindenfond in Frauenfeld ;

Association suisse romande pour le bien des aveugles, Genève ;

Association internationale des étudiants aveugles, Genève ;

Fond für augenkranke Handstickerinnen in Gonten ;

Blindenheim in Horw-Luzern ;

Asile Recordon, Lausanne ;

Asile des aveugles, Lausanne ;

Società ticinese per l'assistenza dei ciechi, Lugano ;

Luzerischer Blindenfürsorgeverein, Luzern ;

Soloth. Blindenfürsorgeverein, Solothurn ;

Bernische Blindenanstalt Paulenseebad in Spiez (Bern) ;

Ostschweiz. Blindenanstalten Heiligkreuz, St-Gall ;

Ostschweiz. Blindenfürsorgeverein, St-Gall ;

Schweiz. Zentralverein für das Blindenwesen, Zentralstelle in St-Gallen ;

Blinden und Taubstummenfond in Wattwil (St-Gall) ;

Blindenheim für Frauen, Dankesberg in Zürich ;

Blindenheim für Männer, St-Jakobstrasse, Zürich ;

Kant. Blinden und Taubstummenanstalt, Zürich ;

Schweiz. Blindenverband. Pres. Dr. Eugen Wendling, Zürich ;

Zürch. Blindenfürsorgeverein. Dr. Eugen Wendling, Zürich ;

Schweiz. Blindenbote, Kreuzplatz, 4, Zürich ;

Schweiz. Blinden-Leihbibliothek, Gemeindestrasse, 40, Zürich ;

Schweiz. Blindenmuseum, Klausstrasse, 48, Zürich.

IV. — a) *Institutions pour sourds-muets :*

Taubstummenanstalt Landenhof, Aarau ;

Taubstummen-Stiftung Liebenfeld-Baden ;

Heim für weibliche Taubstumme, Belpstrasse, Bern ;

Erziehungsanstalt für schwachbegabte Taubstumme Bettingen (Basel) ;

Taubstummenanstalt St-Joseph, Bremgarten (Argovie) ;

Bünd. Hilfsverein für arme Taubstumme, Coire ;

Martinsstiftung Mariahalde, Erlenbach ;

Classe des Sourds-Muets, Genève ;

Kant. Taubstummenanstalt in Gerunden (Valais) ;

Institution St-Joseph pour l'éducation des sourds-muets, Guintzet ;

Fürsorgeverein für Taubstumme, Glaris ;

Kant. Taubstummenanstalt in Hohenrain (Luzerne) ;

Patronat für Taubstumme des kath. Frauenbundes des Stadt Luzerne ;

Taubstummenanstalt St-Eugenio, Locarno ;

Institution cantonale pour les sourds-muets, Moudon ;

Knaben-Taubstummenanstalt in Münchenbuchsee, Berne ;

Taubstummenasyl Hirselheim in Regensberg, Zürich ;   !

Taubstumemnanstalt Riehen, Basel ;

Taubstummenanstalt, St-Gall ;

Soloth. Fürsorgeverein für Taubstumme, Schaffhouse ;

Taubstummenanstalt in Turbenthal (Zürich) ;

Arbeitsheim für erwachsene Taubstumme in Turbenthal ;

Taubstummenheim für Männer, Uebendorf b/Thun (Berne) ;

Mädchen-Taubstummenanstalt Wabern (Bern) ;

Taubstummenstiftung Zofingen (Bern) ;

Zürch. Fürsorgeverein für Taubstumme, Clausiusstrasse, 39, Zürich ;

Kant. Taubstummenanstalt in Zürich.

IV. — b) *Associations pour les durs d'oreilles* :

Hephataverein Baden und Umgebung ;

Schwerhörigenverein Basel, Buchenstrasse, 44 ;

Hephataverein, Berne ;

Schwerhörigenverein, Flawil ;

Schwerhörigenverein in Herisau und Umgebung ;
Hephataverein, St-Gall ;
Hephataverein, Schaffhouse ;
Hephataverein, Luzerne ;
Hephataverein, Thalwil (Zürich) ;
Hephataverein, Thoune ;
Hephataverein, Winterthur ;
Vereinigung Schwerhöriger, Olivenbaum, Zürich I ;
Hephataverein Zürich, Heilstätte für Schwerhörige, Zürich 6 ;
Strickstube für Schwerhörige, Florhofgasse, 8, Zürich I ;
Jugendhort des Hephataverein, Zürich ;
Bund Schweiz. Schwerhörigenvereine, Talstrasse, 18, Zürich ;

V. — *Institutions pour faibles d'esprit* :

Basler Webstube, Basel ;
Erziehungsantstalt für schwachsinnige Mädchen, Weisenheim,
    Berne ;
Anstalt für schwachsinnige Kinder, Schloss Biberstein, Aarau ;
Anstalt für schwachsinnige Kinder, Bremgarten (Argovie) ;
Anstalt für bildungsunfähige Kinder, Lerchenbühl, Berthoud ;
Asile de l'Espérance, Etoy (Vaud) ;
Anstalt für schwachsinnige Kinder, Gelterkinden ;
Anstalt für schwachsinnige Kinder, Goldbach-Küsnacht ;
Kant. Erziehungsanstalt für schwachsinnige Kinder, Hohenrain ;
Erziehungsanstalt für schwachsinnige Kinder Kriegstetten
    (Soleure) ;
Erziehungsanstalt Steinbrüchli, Lenzburg ;
Anstalt St.Iddaheim für schwachsinnige Kinder, Lütisburg ;
Erziehungsanstalt für schwachsinnige Kinder, Marbach
    (St-Gall) ;
Erziehungsanstalt für schwachsinnige Kinder, Mauren (Thur-
    govie) ;
Haltliantsalt für schwachsinnige Kinder, Mollis ;
Maison vaudoise d'éducation pour jeunes filles retardées. La
    Mothe près Yverdon ;
Erziehungsanstalt Löwenstein, Neuhausen ;

Erziehungsanstalt Johanneum, Neu St-Johann ;

Erziehungsanstalt Pestalozziheim, Pfäffikon (Zürich) ;

Erziehungsanstalt für schwachsinnige Kinder, Regensberg (Zürich) ;

Erziehungsanstalt für schwachsinnige Kinder, « Lochof », Regensberg ;

Kantonale Anstalt zur Hoffnung, Riehen (Basel) ;

Pflegeanstalt für Bildungsunfähige, « Karolinenheim », Rumedingen ;

Erziehungsanstalt für Geistesschwache « Sunneschyn » Steffisburg (Bern) ;

Pflegeanstalt für bilgundsunfähige Schwachsinnige Uster (Zürich) ;

Erziehungsanstalt « Bühl » Wädenswil (Zürich) ;

Erziehungsheim Sonnegg, Walkringen (Berne) ;

Friederika-Stiftung Walkringen ;

Pflegeanstalt « Schutz » für bildungsunfähige Schwachsinnige Walsenhausen (App. A. Rh.) ;

Institut zum Friedheim, Weinfelden.

TCHÉCOSLOVAQUIE

CHAPITRE PREMIER.

Généralités.

La Bohême peut être considérée comme le véritable berceau de l'eugénique. C'est là, en effet, que sont nées, grâce à Mendel, les grandes découvertes qui devaient servir de base à cette science.

Mendel, abbé morave, fut, peut-on dire, le père de l'étude *expérimentale* de l'hérédité. Pendant des années, il se livra dans les jardins du cloître de Brunn à des expériences de croisement sur les plantes. C'est en 1866 qu'il publia, dans un recueil peu connu que faisait paraître la Société d'Histoire Naturelle de Brunn, les résultats de ses expériences. Il fallut attendre le printemps de l'année 1900 pour que la lumière se fit sur ces travaux par les études de la question et par les publication que firent indépendamment l'un de l'autre trois botanistes : Correns, De Vries et Tschernak.

L'hybridation des plantes avait déjà été étudiée maintes fois avant les recherches de Mendel, notamment par Naudin en France, mais Mendel prolongea ses observations sur les hybrides et leur descendance pendant une longue période et en y appliquant une puissance d'analyse qu'aucun de ses prédécesseurs n'avait égalée.

Dans son essence, la méthode de Mendel consistait à croiser deux formes homozygotes, de pur sang ayant des caractères bien distincts (par exemple : pois jaunes et pois verts) et à compter ensuite, à chaque génération, le nombre de descendants, montrant l'un ou l'autre de ces caractères.

Les lois de Mendel qu'on appelle encore « la loi mendelienne alternative » ou de la disjonction héréditaire peuvent se résumer dans les trois grands principes :

1° Principe de l'uniformité ;

2° Principe de disjonction ;

3° Principe d'hérédité indépendante des caractères.

Les premiers efforts réalisés en vue d'établir un mouvement eugénique en Bohême datent de 1900. Toutefois, en sa qualité de neurologue et frappé par les tristes conséquences de l'hérédité pathologique et des maladies congénitales, le professeur Ladislav Haskovec étudiait déjà, depuis 1896, les problèmes de l'eugénique. Ce n'est qu'en 1900 qu'il traita pour la première fois le sujet dans des conférences publiques. Il attira, dès cette époque, l'attention sur la nécessité de l'examen médical prématrimonial. L'année suivante, il proposa, à la Société des médecins de Prague, de soumettre au Gouvernement un projet de loi instituant l'obligation pour les futurs époux de produire un certificat de santé (1).

En 1902, dans un article : *La santé publique et la question du mariage,* le savant professeur faisait connaître au public les motifs qui l'avaient déterminé à faire sa proposition à la Société des médecins. Il reprenait, en 1906, les mêmes arguments au Congrès International de Neurologie et de Psychiatrie de Lisbonne.

On peut dire que c'est le D\u02b3 Haskovec qui a fait connaître à son pays la nécessité de l'étude de l'eugénique, non seulement en vue de l'amélioration physique de la race mais encore dans un but moral et national. Il voulait par là accroître la force de la nation, non seulement intérieurement, mais encore extérieurement. Aussi

---

(1) A peu près à la même époque, une conférence fut tenue à l'Hôtel de Ville de Prague, à la suggestion du philanthrope Ferdinand Naprstek, sur la question de la prohibition du mariage entre tuberculeux.

Au III\u1d50\u1d49 Congrès des Médecins tchèques, de 1901, le D\u02b3 Navrat proposa l'étude d'un projet de loi interdisant aux épileptiques de se marier sans le consentement du médecin.

bien par ses écrits que par sa parole, il n'a pas cessé de répandre ces idées en Bohême.

En 1908, fut créée une Commission protectrice des enfants tchèques laquelle par son activité aidait au développement des idées eugéniques. Un grand mouvement humanitaire suivit cette fondation ; la Commission institua un asile pour enfants malheureux. A la même époque, le Dr Brozek fit connaître, en Bohême, les efforts eugéniques américains et anglais, grâce à son étude *Eugenika* parue en 1912.

D'autre part, le Dr Herfort se consacra à des recherches eugéniques à l'asile des enfants faibles d'esprit d'Ernestinum et travailla en collaboration avec le Dr Brozek. Ils fondèrent ensemble en Bohême, le premier bureau d'eugénique pour recueil de matériel concernant l'hérédité de la faiblesse d'esprit. L'Institut pédologique et le Bureau d'information psychotechnique furent ensuite créés.

En 1914, le Dr Haskovec établit avec son collègue, le professeur de biologie Vladislav Ruzicka, un supplément à sa *Revue de Neurologie* relatif à l'Hérédité et l'Eugénique, lequel avait pour but d'informer les lecteurs de l'état du mouvement eugénique dans les différents pays.

En 1915, grâce aux soins des Drs Haskovec et Ruzicka et avec le secours des Drs Cada, Foustka, Brozet, Herfort et autres, fut fondée la Société eugénique tchèque de Prague.

Dès cette époque commença en Bohême un travail systématique intense.

L'Institut biologique du professeur Ruzicka devint un centre d'études théoriques des plus sérieux. Durant la guerre, on continua autant que possible à propager les idées eugéniques parmi le peuple, et il se trouva toujours un certain nombre de collaborateurs dévoués aussi bien à l'Institut biologique qu'à la Société elle-même.

Les idées eugéniques ont trouvé un accueil très favorable parmi la population tchèque, et particulièrement auprès de la grande société gymnastique des Sokols, qui est la plus importante association de culture physique en Tchécoslovaquie.

L'eugénique a également reçu des encouragements de la part

des étudiants des universités, de la Société des Femmes tchèques, des organisations de travailleurs et des autorités militaires.

En 1919, le Gouvernement proposa à l'Assemblée nationale une loi dont l'article premier était ainsi stipulé : « Peuvent seuls se marier ceux qui présentent un certificat signé par un médecin officiel (communal, cantonal, départemental) prouvant qu'ils ne souffrent d'aucune maladie allant à l'encontre des fins du mariage ou pouvant affecter la santé de l'autre partie ou de la descendance.

Cette proposition, défendue par le député Dr Rolicek, fut accueillie favorablement par le parti socialiste et agrarien. Il n'en fut pas de même des médecins, particulièrement ceux appartenant au Conseil Supérieur d'hygiène publique et au ministère d'hygiène publique lesquels s'opposèrent à la réalisation de ce projet (1).

Les principaux représentants du mouvement eugénique en Tchécoslovaquie sont :

Le Prof. L. Haskovec, président d'honneur de la Société eugénique tchécoslovaque ; le Prof. Ruzicka, directeur de l'Institut tchécoslovaque d'eugénique, président de la Société eugénique tchécoslovaque ; les Prof^{rs} Brozek, Charles Herfort, Blaka, Drachovsky, Fonstka ; les Drs Fisher, Tuma, les Prof^{rs} Krizensky, Matuchenco ; les Drs Kolinsky, Bergauer et autres (1).

Il existe à l'Université Charles de Prague, depuis 1912, un cours sur les fondements biologiques de l'eugénique donné par le Prof. Ruzicka.

A signaler encore les grandes manifestations eugéniques qui eurent lieu à Prague en 1922 à l'occasion du centenaire de la naissance de Mendel. La Société tchéco-slovaque d'eugénique avait organisé en cette circonstance une série de conférences, sous la présidence du professeur Haskovec.

---

1) Dr L. Haskovec. *Le mouvement eugénique en Tchéco-Slovaquie. Eugenics in State and Race.*

1) En 1927, la Société eugénique tchécoslovaque a subi de grandes pertes dans la personne des professeurs O. Bail, de l'Université allemande de Prague, ancien vice-président de la Société, et Netusil, de l'Université tchèque de Prague, ancien chef de la section de statistique vitale de l'Institut eugénique tchécoslovaque.

La Tchécoslovaquie est représentée à la Fédération internationale des organisations eugéniques par le Prof. Vlad. Ruzicka.

Enfin, en mai 1928, a eu lieu à Prague le VIme Congrès des naturalistes, médecins et ingénieurs tchécoslovaques. Une section spéciale d'hygiène sociale et d'eugénique y a été organisée et une série de rapports sur « l'industrie et l'eugénique » y ont été présentés.

CHAPITRE II.

Les institutions eugéniques en Tchécoslovaquie.

Les institutions qui ont pour but, soit entièrement, soit partiellement, l'étude et la propagande des principes eugéniques sont :

1. — La Société eugénique tchécoslovaque ;
2. — L'Institut tchécoslovaque d'eugénique ;
3. — La Commission eugénique de l'Académie du Travail de Masaryk ;
4. — La Clinique privée de l'Ernestinum qui est un Institut pour enfants arriérés ;
5. — L'Institut pédologique de Prague ;
6. — L'Institut psychotechnique de l'Académie du Travail de Masaryk.

Nous examinerons dans des paragraphes distincts les buts des principales de ces institutions.

§ 1. — **LA SOCIETE EUGENIQUE TCHECOSLOVAQUE.**

La Société eugénique tchécoslovaque (Ceskaslovenska eugenicka spoleonest) a été fondée, en 1915, par les D⁼ Haskovec et Ruzicka.

Elle a pour président d'honneur le Prof. L. Haskovec, pour président le Prof. V. Ruzicka. La Société compte actuellement environ 110 membres. Elle comprend deux sections :

1° Une section scientifique ayant à sa tête le Prof. V. Ruzicka ;

2° Une section de propagande ayant à sa tête le D⁼ Kolinsky.

Buts de la Société :

Les buts de la Société eugénique tchécoslovaque sont :

1° L'étude de l'hérédité ;

2° La dissémination des principes de l'eugénique parmi toutes les classes de la population ainsi que l'enseignement de la responsabilité de chacun vis-à-vis des générations futures ;

3° La lutte contre les maladies héréditaires et de la première enfance ;

4° La lutte contre tous les maux qui détruisent les qualités de la race.

Moyens employés :

La Société poursuit ses buts au moyen de conférences et de publications.

Activité de la Société :

La Société prit l'initiative de créer à Prague un musée hygiénique qui serait à la fois un centre d'études et d'éducation pour le peuple. Elle est parvenue à ce qu'un ministère de l'hygiène publique soit créé, en 1917. Déjà sous le régime autrichien, la Société adressait au dit ministère une résolution renfermant tout le programme eugénique. Lorsque le pays reconquit sa liberté, la même résolution fut soumise au Gouvernement tchécoslovaque. Cette résolution demandait :

1° Un Institut de recherches eugéniques ;

2° L'institution de registres où serait consigné l'état de santé de la population ;

3° Des bureaux de consultations eugéniques prénuptiales ;

4° Un Institut pour l'étude du développement de la psychologie de l'homme ;

5° Un Institut de psychologie nationale ;

6° Un Musée de génétique comparée ;

7° Le développement de la protection de l'enfance ;

8° La réforme de la profession de sage-femme ;

9° La réorganisation, dans toutes les écoles, de l'enseignement de l'hygiène, particulièrement dans ses rapports avec la vie sexuelle ;

10° Une aide pour l'éducation eugénique du public en général au moyen de publications, d'exécutions théâtrales et cinématographiques, et particulièrement par la création d'un Musée d'hygiène qui serait pour le peuple un centre d'instruction sur les questions de santé ;

11° L'établissement du certificat de santé avant le mariage.

Depuis sa fondation, la Société a dirigé toute une série de conférences qui ont contribué à solutionner certains problèmes eugéniques. Ce sont principalement :

L'actualité et la signification des problèmes eugéniques, par le Dᵣ Kulhavy ;

La philosophie et la morale de l'eugénique, par le Prof. Foustka ;

L'état de santé et la qualité de la population, par le Dᵣ Prochazka ;

Les conditions physiologiques du bien-être de la nation, par le Prof. Babak ;

Le problème de la population, par le Prof. Drachovsky ;

La prévention de la criminalité infantile, par le Prof. Haskovec ;

L'influence de l'industrie sur la qualité de la population, par le Prof. Prochazka ;

L'influence des agents sociaux sur la qualité de la population, par Modracek, député ;

Les maladies vénériennes et leurs effets sur la qualité de la population et de la postérité, par les Profʳˢ Janavsky et Samberger ;

Sur l'instruction supplémentaire à donner aux enfants idiots et aux pensionnaires des asiles d'enfants malheureux, par le Dᵣ Batek ;

Les enfants imbéciles et malheureux, examinés au point de vue juridique, par le Dᵣ Tuma ;

L'assistance publique et privée en Moravie, par le Dᵣ Mezl ;

L'alcoolisme et ses effets, par le Dᵣ Novy ;

La réforme des lois du mariage examinée au point de vue eugénique, par le Prof. Haskovec ;

L'assurance sociale et le mouvement eugénique, par le Dᵣ Lukas ;

Questions d'assurance sociale, par Jos. Klecak ;

Le droit de l'enfant et les fautes des lois de protection sociale, par le Dᵣ Pokorny ;

La lutte contre la tuberculose, par le Dᵣ Merhaut ;

L'organisation de l'hygiène publique en Bohême, par le Dᵣ Welz ;

L'organisation de la protection maternelle et infantile, par le Dᵣ Batek ;

L'organisation du mouvement eugénique en Bohême, par le Prof. Haskovec.

En outre, les membres de la Société eugénique ont publié une série de brochures populaires dont les principales s'intitulent :

La santé publique et la question du contrat de mariage, par le Prof. Haskovec ;

Les maladies nerveuses et l'eugénique, par le Prof. Haskovec ;

L'hérédité humaine normale et l'hérédité des maladies, par le Prof. Ruzicka ;

L'importance de l'amélioration de la race, par le Prof. Ruzicka ;

L'amélioration de la race humaine, par le Dr Brozek ;

Les questions eugéniques, par le Dr Krizenecky ;

L'amélioration de la race humaine, par le Dr Lasek.

La Société rédige un bulletin qui paraît dans la *Revue de neuropathologie*. Elle a entrepris également la publication d'une série de travaux eugéniques, *La bibliothèque eugénique*, dont quatre volumes déjà ont paru :

1° *Les mariages consanguins* (118 pages), par J. Krizenecky ;

2° *Les fondements biologiques de l'eugénique* (780 p.), par V. Ruzicka ;

3° *Le recueil des travaux eugéniques et génétiques réunis à l'occasion du 100ᵐᵉ anniversaire de la naissance de Mendel* (382 p.) ;

4° *Les examens médicaux avant le mariage*, par L. Haskovec.

Le cinquième volume est en préparation. Il traitera des *problèmes de population au point de vue eugénique* et aura pour auteur le Prof. B. Matuchensco.

Ne possédant pas encore de périodique propre, les membres de la Société eugénique ont publié leurs travaux dans différents périodiques. Parmi ces études, il faut signaler :

Prof. Ruzicka. *Les conditions d'une descendance saine ;*

    Idem.   *De la longueur de la vie ;*

    Idem.   *La disposition de la tuberculose au point de vue biologique et sa transmission héréditaire ;*

Prof. **Ruzicka**. *Le progrès dans les études sur la longueur de
la vie ;*

Prof. B. **Matuchenco**. *La stérilisation eugénique ;*

    Idem.   *L'importance des études sur la longueur
de la vie au point de vue biologique et
social ;*

    Idem.   *La malaria est-elle un poison pour la race ?*

    Idem.   ·*L'hérédité de la tuberculose ;*

    Idem.   *La mortalité infantile en Tchécoslova-
quie ;*

Dr **Bergauer**. *L'hérédité de la longueur de la vie chez l'homme ;*

Dr **Veyorarova**. *Les buts et les méthodes de l'eugénique ;*

Dr **Sekla**. *Les expériences relatives à la longueur de la vie chez
les drosophiles et plusieurs autres.*

La Société prépare un journal scientifique, *Slovanky archiv pro
genetiku a eugeniku,* dont le rédacteur en chef est le professeur
Ruzicka.

Enfin, c'est encore la dite Société qui a contribué à la fondation
de la Société tchèque pour la lutte contre les maladies vénériennes.

§ 2. — L'INSTITUT TCHECOSLOVAQUE D'EUGENIQUE.

L'Institut tchécoslovaque d'eugénique a été fondé en 1924 par
la Société eugénique tchécoslovaque. L'Institut reçoit un appui
financier de la part du ministère de la santé publique qui s'élève
à 50,000 couronnes annuellement.

Quatre sections ont été établies :

1° La section expérimentale, dirigée par le Prof. Ruzicka ;

2° La section de statistique vitale, dirigée par le Dr Netusil ;

3° La section d'eugénique pratique, dirigée par le Prof.
Matuchenco ;

4° La section des études de mendelisme dirigée par le Prof.
Brozek.

L'Institut réunit aussi le matériel concernant la longueur de la
vie parmi la population tchécoslovaque. La section d'eugénique

pratique dirige le Bureau de consultations eugéniques prénuptiales ; ce bureau qui existe depuis deux ans, a manifesté au cours
de la dernière année une activité qui va toujours croissant.

L'Institut organise des conférences publiques scientifiques et
populaires.

Un mémorandum a été élaboré par l'Institut en vue d'obtenir
sa transformation en institut d'Etat. Une proposition a été faite
au ministère de la Santé publique et des pourparlers ont eu lieu
à ce sujet.

§ 3. — LA COMMISSION EUGENIQUE DE L' « ACADEMIE DU TRAVAIL » DE MASARYK.

Il existe à l' « Académie du Travail » de Masaryk une Commission spéciale d'eugénique qui travaille en contact étroit avec l'Institut d'eugénique.

CHAPITRE III.

Différents moyens eugéniques préconisés en Tchécoslovaquie.

On s'est préoccupé, en Tchécoslovaquie, de la question du certificat médical prématrimonial.

A côté de cela une attention spéciale a été accordée au développement de la culture physique de la population. Enfin, il faut signaler l'intérêt très grand qui est né dans le pays depuis la guerre pour tout ce qui concerne l'hygiène sociale en vue de l'amélioration de la race.

Nous étudierons chacun de ces points dans des paragraphes distincts répartis comme suit (1) :

1. — La réglementation du mariage ;

2. — La culture physique ;

3. — Les mesures d'hygiène sociale ;

4. — La rééducation des anormaux.

§ 1. — LA REGLEMENTATION DU MARIAGE.

La Tchécoslovaquie n'a pas encore de code civil propre. Les dispositions suivies en matière de mariage varient suivant les contrées. La Bohême, la Moravie et la Silésie sont régies par le code civil autrichien de 1811 ; la Slovaquie et la Ruthénie suivent encore la loi hongroise de 1894.

---

(1) Signalons encore une mesure qui a été proposée dans l'intérêt de la race, c'est la légalisation de l'avortement. Un projet de loi a été déposé dans ce sens au Parlement tchécoslovaque autorisant l'avortement lorsqu'il est demandé par une femme avant le troisième mois de la grossesse. On estime qu'il y a environ 100.000 avortements illégaux annuellement. Les défenseurs du projet considèrent que le fait de renforcer les peines de l'avortement n'en restreindrait pas le nombre, tandis qu'ils espèrent que les mesures préconisées par le projet auront pour effet de prévenir le danger des avortements clandestins et diminueront le nombre des familles criminelles et malades. (*Eugenical News*, avril 1922.)

D'après le § 48 du code civil (autrichien) et le § 7 du droit familial du code civil nouvellement projeté, l'aliénation mentale ou l'imbécillité servent d'obstacle au mariage légal ; le § 53, respectivement le § 12, porte qu'on a droit de refuser la permission au mariage aux individus atteints d'une maladie infectieuse ou d'un défaut faisant obstacle au but du mariage.

Les eugénistes tchécoslovaques travaillent en vue d'établir le certificat médical prématrimonial obligatoire. Le Dr Haskovec s'est fait remarquer par ses travaux sur la question. Il estime que, pour rendre possible la constatation des obstacles au mariage, reconnus depuis 1811 par la loi civile et dans le but d'instruire et de mettre en garde les fiancés, les futurs époux doivent être tenus, avant le mariage, de consulter un médecin et de présenter, entre autres documents, un certificat médical à l'autorité civile ou religieuse.

Au Congrès international de propagande, d'hygiène sociale et d'éducation prophylactique sanitaire et morale de Paris 1923, le Dr Haskovec présentait un rapport intitulé *Pourquoi devons-nous exiger un certificat avant le mariage?*

Sur l'initiative de la Société tchécoslovaque d'eugénique, la possibilité et l'opportunité d'instituer le certificat prénuptial obligatoire furent discutées en 1920.

Ainsi que nous l'avons déjà vu plus haut, le Gouvernement avait présenté en 1919 à l'Assemblée Nationale un projet de loi réglementant les formalités du mariage. La Société d'Eugénique consacra un certain nombre de séances à la discussion de cette question et une réunion publique eut lieu sous la présidence du professeur Haskovec. L'Association médicale tchécoslovaque discuta également la réforme au cours de deux réunions dans lesquelles les débats furent dirigés par les représentants des sections cliniques de l'Association. Finalement, les propositions avancées, défendues par le professeur Haskovec et soutenues par la Société tchécoslovaque d'eugénique furent rejetées. Le principal argument des opposants se basait sur la difficulté qu'il y a d'appliquer toutes les conditions requises et, en particulier, d'établir un diagnostic certain.

Le Prof. Ruzicka traça un nouveau projet qui fut approuvé par la Société tchécoslovaque d'eugénique. Il le développa devant l'assemblée du Conseil National d'Hygiène et il répondit aux objections soulevées par différents membres. Mais, pas plus que le professeur Haskovec, il ne réussit à vaincre les doutes de la majorité qui jugeait le projet prématuré et impraticable. Cette initiative échoua ainsi pour la seconde fois et le projet fut ajourné par le Gouvernement.

Ci-dessous résumé la partie essentielle du projet :

« Les candidats au mariage ne seront unis que sur la présentation d'un certificat signé par un médecin qualifié, déclarant qu'ils n'offrent aucune trace de défectuosité ou de maladie mettant obstacle au mariage et qu'il n'existe aucune maladie héréditaire dans leurs familles. Ce certificat, qui ne sera pas accordé plus de 15 jours avant le mariage, sera attaché aux pièces nécessaires pour la publication des bans et sera porté au registre de l'état civil. On pourra demander à l'Institut d'eugénique d'examiner ie certificat et sa décision sera sans appel. »

> Les médecins qualifiés devront avoir étudié la génétique, les problèmes de l'hérédité et l'eugénique et seront à la tête des Comités chargés de délivrer les certificats. Il suffit de déclarer dans le certificat que le candidat est apte au mariage, ou que le mariage lui est interdit (provisoirement ou définitivement). L'Institut d'eugénique se livre à des recherches et à des enquêtes dans le but de développer cette science.

D'après le Dr Ruzicka, le certificat serait obligatoire et sa présentation deviendrait une formalité légale indispensable. Les deux conjoints y seraient soumis et au cas ou l'un d'eux ne serait pas satisfait, il pourrait en appeler à l'Institut d'eugénique qui prierait le Comité chargé de délivrer le certificat de présenter les pièces sur lesquelles était basée sa décision afin de confirmer ou de révoquer celle-ci. Le certificat devrait être considéré comme un document officiel dont les institutions telles que le Comité chargé de délivrer les certificats, l'Institut d'eugénique, etc. seraient responsables afin de ne pas porter atteinte au secret professionnel du médecin chargé de l'examen. Lorsque celui-ci possède l'autorisation officielle de l'Etat, l'examen est garanti aussi complet que possible, l'Etat étant en mesure de s'assurer les services des médecins les plus éminents.

Il existe à Prague un bureau de consultation prénuptiale, créé en 1915 et rattaché au service du professeur Haskovec, pour les maladies nerveuses. Un autre bureau semblable a été fondé dans la même ville en 1926 ; il relève de l'Institut municipal d'hygiène sociale et est dirigé par la Section d'eugénique pratique de l'Institut d'eugénique. Ces bureaux donnent des consultations mais n'accordent pas de certificats. Cependant des comptes rendus de chaque cas sont conservés et déposés aux archives de l'Institut tchécoslovaque d'eugénique.

En 1926, l'Institut d'eugénique a publié une proclamation expliquant brièvement l'avantage qu'il y aurait à considérer la question eugénique au moment de contracter mariage et en particulier l'opportunité de l'examen médical, en insistant sur l'intérêt qu'il y a à éviter les pratiques anticonceptionnelles. Cette proclamation est remise aux conjoints par le fonctionnaire de l'état civil à la mairie de Prague.

Ci-dessous, le texte de la proclamation :

APPEL A TOUS CEUX QUI ONT L'INTENTION DE SE MARIER

« Une âme saine dans un corps sain » telle est la vieille sentence qui sera vraie tant que l'humanité vivra. Un corps sain travaille facilement et une âme saine est sensible à la joie de vivre; elle est active, pleine de goût au travail et possède une juste vue de la vie et de ses besoins. Un homme sain deviendra un membre utile de la Société.

La santé de la nation est la base de tout développement économique et civilisateur. Un peuple composé d'hommes sains, de corps et d'esprit, peut atteindre un plus grand développement, qu'un peuple formé d'hommes faibles, malades, inaptes au travail et qui peu à peu deviennent une charge pour la collectivité.

La santé est nécessaire à tous. Mais plus que d'autres, en ont besoin, ceux qui se marient : les fiancés sont responsables non seulement de leur propre bonheur mais encore de celui de leurs futurs enfants et des descendants de ceux-ci. Les particularités physiques et psychiques, bonnes ou mauvaises se transmettent ainsi aux générations futures. Toute maladie conduit au désordre, et à l'inquiétude; en affaiblissant la capacité de travail elle diminue les ressources économiques de la famille. Lorsque le père ou la mère est malade, tout le ménage est désorganisé; ils en souffrent eux-mêmes mais ce sont surtout les enfants qui en pâtissent. Le mariage des personnes malades ou de celles qui se sont adonnées à l'alcoolisme reste souvent stérile, on engendre des enfants débiles ou même tarés. Dans le cas où les enfants naissent sains et restent sains, ils peuvent avoir une disposition à la maladie qui se transmettra à leurs descendants.

Une grande prudence s'impose lorsqu'il y a dans la famille des futurs conjoints des manifestations de tuberculose, d'aliénation mentale, d'épilepsie, d'imbécilité ou de maladie vénérienne, quoique beaucoup d'autres tares soient aussi héréditaires. Il faut prendre de grandes précautions pour se prémunir contre les maladies; dans ce but, il est nécessaire de respecter toutes les règles de l'hygiène à chaque période de la vie. Il faut que chacun soit bien armé.

Pour éviter les maladies héréditaires, il est d'une importance capitale de faire un choix judicieux avant de se marier. Il arrive souvent que les fiancés soient sains, tout en appartenant à une famille dans lesquelles certaines maladies ou anormalités, que l'on peut supposer héréditaires, se sont manifestées.

Cela arrive souvent dans les cas d'imbécillité, de maladies mentales ou nerveuses, de tuberculose, de diabète sucré, de malformations, etc. Le mariage dans de telles conditions engage lourdement la responsabilité des fiancés, non seulement envers leurs descendants, mais encore envers leur nation. C'est donc un devoir primordial pour chacun de se rendre compte de l'état de sa santé avant de se marier. Il ne suffit pas que soient assurées les conditions économiques du futur ménage, ni l'amour que se portent les fiancés, il faut encore que leur état de santé leur permette d'espérer une vie de famille bonne et heureuse, ainsi qu'une descendance saine.

Personne ne peut résoudre lui-même ce problème important; l'avis d'un médecin spécialiste est nécessaire. On doit s'y adresser en toute confiance et répondre à ses questions en toute sincérité, celui-ci étant tenu au secret professionnel. Des conseils gratuits seront donnés à chacun au « Bureau de consultations eugéniques » de la Société tchécoslovaque d'eugénique-Prague II, Katerinska 34.

Dans beaucoup de cas où l'on pourrait croire le mariage inadmissible, l'avis du médecin sera nécessaire pour donner une juste notion des choses et permettre le mariage. Dans d'autres cas, le médecin indiquera comment on peut rétablir la santé détruite, ce qui signifiera que le mariage est seulement ajourné. Si le mariage est interdit, le désenchantement sera certes grave; mais toutefois le mal sera moindre que si le mariage, avec toutes ses menaces de malheur, était contracté quand même.

Chacun doit être persuadé que le médecin ne donne ses conseils que dans l'intérêt de l'individu et de la société.

C'est pourquoi les fiancés ainsi que leurs parents ou leurs remplaçants qui ont en vue le bonheur de leurs enfants doivent tenir compte des avis suivants :

1° Chacun, avant de contracter mariage, doit connaître l'état de sa propre santé ainsi que celui de la personne de son choix;

2° Personne ne doit restreindre le nombre de ses enfants sans un conseil médical préalable. Celui qui agit autrement ne travaille pas au bien de la nation.

Ceux qui suivront ces conseils serviront non seulement leur propre bonheur et celui de leurs enfants, mais encore le bien de la nation pour le présent et pour l'avenir.

On espère pouvoir bientôt distribuer cette proclamation à d'autres villes et l'introduire à l'occasion de tous les mariages pour remplacer le projet de loi rejeté.

En attendant, des causeries radiophoniques seront faites à ce sujet et la Société tchécoslovaque d'eugénique vient de publier un livre du professeur Haskovec intitulé : *Les examens médicaux avant le mariage.*

On espère ainsi préparer l'avènement d'une loi qui rendrait obligatoire l'examen et le certificat prématrimoniaux, loi qu'il sera peut-être possible d'introduire dans le code civil dont on projette la réforme mais on ne sait pas encore comment le Gouvernement et l'Assemblée Nationale accueilleront cette proposition (1).

En ce qui concerne le divorce et l'eugénique, il faut signaler que par la loi de 1919, les troubles mentaux permanents ou périodiques, l'hystérie grave, l'épilepsie, l'alcoolisme ou autre intoxication ainsi que tout danger pour la vie ou la santé de l'autre époux peuvent être invoqués en vue de la dissolution du mariage.

____

(1) Prof. V. Ruzicka. *Vers la Santé*, avril 1927.

§ 2. — LA CULTURE PHYSIQUE.

Il est un moyen eugénique qui, de tous temps, a été en honneur en Tchécoslovaquie, c'est le développement physique de l'individu au moyen de la gymnastique. Les eugénistes y ont prêté toute leur attention et ont inscrit cette méthode dans leur programme. Les autorités gouvernementales se sont également intéressées depuis très longtemps à cette importante branche de l'éducation. A cette fin, le ministère de l'hygiène publique a ajouté à ses attributions l'éducation physique ; il est appelé désormais « ministère de l'hygiène publique et de l'éducation physique ». Une des divisions de ce ministère — la cinquième division — s'occupe spécialement de l'éducation physique :

Questions scientifiques et médicales relatives à l'éducation physique, gymnastique, sports et tourisme, application d'une méthode tchèque d'éducation physique. Préparation d'instructions relatives à la construction de gymnases et d'établissements de bains. Choix de terrains de jeux. Statistiques des jeunes gens pratiquant les sports. Surveillance des sociétés de sport. Création d'un institut d'éducation physique.

Une loi est en préparation prévoyant l'éducation physique du peuple et la création d'une haute école d'éducation physique à Tyrs.

Le ministère de l'hygiène publique et de l'éducation physique accorde à des sociétés de culture physique des subsides et contribue àla construction de salles de gymnastique, de terrains de jeux et d'exercice.

Il a, en coopérant avec le ministère de l'instruction publique, organisé des cours nationaux d'éducation physique.

Ces cours sont de diverses catégories :

a) Cours de dix jours pour les instituteurs des écoles primaires et secondaires ;

b) Cours de trois jours pour les moniteurs des sociétés en vue de leur donner les connaissances pédagogiques et médicales nécessaires ;

c) Cours d'un jour pour inspecteurs d'écoles ;

d) Cours d'un jour pour maîtres d'écoles primaires des districts ;

e) Cours de quatre jours pour institútrices des asiles d'enfants portant sur l'éducation physique pratique ;

f) Cours spéciaux d'athlétisme, de natation, de ski et de gymnastique rythmique.

Le nombre total des participants à ces cours a été, en 1924, de 5,683 Tchécoslovaques et 2,048 Allemands.

On se propose de construire, moyennant une dépense de 13,000,000 couronnes, des terrains de jeux et d'exercice à l'ouest de Prague, possédant une superficie de 47 hectares.

Un Comité consultatif de culture physique a été nommé pour une période de trois ans. Ce Comité a été chargé d'étudier les questions suivantes : sports, élaboration d'un dictionnaire de terminologie gymnastique et sportive ; normalisation des salles de gymnastique.

L'ACTIVITE DES GRANDES ORGANISATIONS DE CULTURE PHYSIQUE

Les Sokols tchécoslovaques. Les Sokols qui forment la plus puissante organisation tchécoslovaque ont pour premier but le développement physique de l'individu auquel il faut ajouter son développement spirituel et moral. Les Sokols se recrutent dans toutes les classes de la population.

D'après le démembrement opéré à la fin de 1923, les associations des Sokols possèdent les membres suivants :

Hommes	252,426
Femmes	97,869
Adolescents de 14 à 18 ans	42,285
Jeunes filles de 14 à 18 ans	36,818
Ecoliers	104,833
Ecolières	110,615
Adhérents	644,846

Les Orels tchécoslovaques sont des associations de gymnastique catholiques fondées sur le modèle des Sokols. Le nombre de leurs membres était, en 1923, de 127,040.

Les Associations de gymnastique socialistes qui forment

l'*Union des associations ouvrières de gymnastique* comptaient, en 1923, 96,606 membres.

Les Associations de gymnastique communistes forment entre elles la *Fédération des associations de gymnastique communistes*. Celle-ci a été constituée à la suite d'une scission qui s'est produite au sein de l'Union des associations de gymnastique socialistes. Elle comptait, en 1923, 94,981 adhérents.

§ 3. — LES MESURES D'HYGIENE SOCIALE.

L'attention de la jeune république se tourne de plus en plus vers le développement de l'hygiène sociale du pays.

La Société d'eugénique tchèque n'a pas peu contribué à développer l'hygiène sociale en Bohême. C'est grâce à elle qu'a été fondée la Société pour la lutte contre les maladies vénériennes.

Le nouveau ministère de l'hygiène publique et de l'éducation physique aussi bien que la Croix-Rouge nationale ont travaillé activement à l'élaboration de lois contre le péril vénérien et des efforts ont été faits dans le but de réorganiser l'enseignement de l'hygiène dans les écoles.

Il a été créé, en 1921, en Tchécoslovaquie, un *Conseil National d'hygiène sociale*. Ce Conseil a été constitué sous la forme d'une fédération dont font partie : la Croix-Rouge, la Ligue Masaryk contre la tuberculose, l'Association tchécoslovaque pour la lutte contre les maladies vénériennes, le Secours tchécoslovaque aux mères et aux enfants nouveau-nés, l'Association tchécoslovaque de tempérance, la Commission provinciale de Bohême pour les secours aux enfants, l'Association provinciale pour l'instruction et le traitement des infirmes.

Jetons un coup d'œil rapide sur les principales mesures d'hygiène sociale établies en Tchécoslovaquie. Elles concernent :

A. — La protection de l'enfance ;

B. — La lutte contre la tuberculose ;

C. — La lutte contre le péril vénérien ;

D. — La lutte contre les maladies mentales ;

E. — La lutte contre l'alcoolisme.

A. — PROTECTION DE L'ENFANCE.

La protection de l'enfance est organisée par le ministère de l'hygiène et celui de l'assistance publique.

Il existe dans ce dernier ministère une section de la Protection de l'enfance. Cette section exerce indirectement son activité par l'entremise des Comités pour la Protection de l'enfance.

Ces comités sont organisés par provinces et par nationalités. Il existe un comité tchèque à Prague, un comité allemand à Liberec (Reichenberg). Le comité tchèque et le comité allemand de Moravie ont leur siège à Brno (Brünn). Les comités tchèque et allemand de Silésie sont à Opava. Il n'existe aucun comité de ce genre en Slovaquie ; pour la Russie Carpathique, il est remplacé par la Croix-Rouge tchécoslovaque.

Ces comités ont des bureaux dans chaque district administratif (60,000 habitants environ). Il n'existe pas de bureaux locaux dans les divisions administratives de moindre étendue. Chaque comité de district subvient, en principe, à l'entretien du bureau qui comprend un fonctionnaire rétribué.

Ces comités doivent se consacrer exclusivement aux œuvres sociales pour la Protection de l'enfance.

Tandis que les comités de district ne s'occupent que des cas individuels, les comités provinciaux entretiennent divers établissements d'éducation et d'instruction pour les enfants anormaux et vicieux.

Les fonds nécessaires à ces comités sont, en grande partie, prélevés sur le budget du ministère de la prévoyance sociale.

En Slovaquie et dans la Ruthénie Carpathique, la situation est presque semblable ; toutefois, c'est la Croix-Rouge tchécoslovaque qui exerce, pour le moment, à titre provisoire, les fonctions du comité.

A Kosice (Slovaquie) et à Mukacevo (Ruthénie Carpathique), il existe, pour les enfants, des institutions officielles qui relèvent directement du Ministère de la Prévoyance sociale. Ces institutions sont organisées sur le modèle des asiles pour enfants trouvés ; elles prennent soin des enfants pendant leur séjour dans ces institutions et continuent à s'en occuper après leur départ.

Il existe dans différentes provinces de la République tchécoslovaque des associations privées, qui s'occupent également de la protection de l'enfance.

En Bohême, on peut citer l'Association pour la protection des mères et des enfants, organisation créée pendant les dernières années de la guerre et dont l'action s'étend sur toute la province ; elle s'occupe essentiellement des soins sanitaires et médicaux aux mères et aux enfants et possède 160 branches locales en Bohême.

Il y a lieu de mentionner également, en Bohême, le Comité pour la protection de la jeunesse, fondé en 1908, qui s'occupe surtout du bien-être social des jeunes gens. Cette organisation possède des branches locales dans toutes les villes de districts ; le district constitue la plus petite unité administrative.

Alors que la première de ces deux organisations limite son action aux enfants jusqu'à l'âge de 6 ans, la seconde s'occupe de tous les enfants sans distinction d'âge.

En outre, il existe en Bohême dix centres d'hygiène infantile créés par la Croix-Rouge américaine lors de sa campagne en Tchécoslovaquie. Ces centres sont situés dans les chefs-lieux de district et sont entretenus par le ministère de l'hygiène publique ; les centres qui existent également dans d'autres provinces de la République sont administrés par un organe exécutif dépendant du ministère de l'hygiène qui a institué, pour s'occuper de cette question, un Conseil consultatif spécial.

En Moravie, la situation est plus satisfaisante : la Société de protection des mères et des enfants constitue une section du Comité pour la protection de la jeunesse. Toutes les branches locales ont, par conséquent, entre elles des rapports étroits.

Les centres d'hygiène créés par la Croix-Rouge américaine dans cinq chefs-lieux de district sont placés sous la direction d'un organe exécutif créé à cet effet au ministère de l'hygiène.

En Slovaquie, l'action des associations privées en vue de la protection de l'enfance s'exerce par l'intermédiaire de la Croix-Rouge tchécoslovaque. La Société de protection des mères et des enfants, et le Comité de protection de la jeunesse n'ont pas créé d'organisme spécial pour exercer cette action en Slovaquie et en Russie Carpathique. Ces sociétés se sont entendues avec la Croix-

Rouge pour que cette dernière se charge d'assurer le fonctionnement de l'œuvre, pendant une certaine période, jusqu'à ce que la situation se soit améliorée dans ces provinces, de façon à permettre la création d'organismes privés distincts en vue des différentes campagnes d'hygiène. La situation actuelle est telle que trop peu de personnes s'intéresseraient à ces problèmes et qu'il serait impossible d'instituer dans une commune plusieurs comités chargés de différents aspects de l'œuvre sociale, à moins que les mêmes personnes se réunissent sous des noms différents.

La Croix-Rouge dirige les centres de protection de l'enfance créés par la mission anglaise de Lady Muriel Paget, ainsi que plusieurs autres qui ont été créés par la suite. Elle se trouve actuellement à la tête de 31 centres de ce genre.

En outre, il existe cinq stations sanitaires établies dans des chefs-lieux de district par la Croix-Rouge américaine, et qui sont placées maintenant sous le contrôle de l'organe exécutif créé au ministère de l'hygiène.

La situation en Russie Carpathique est très semblable à celle qui règne en Slovaquie. Il n'existe point d'association spéciale pour la protection de l'enfance dans cette province, et cette œuvre est accomplie par la Croix-Rouge tchécoslovaque. Il existe, en outre, deux stations du genre de celles qui ont été créées par la Croix-Rouge américaine (1).

Les principales lois relatives à la protection de l'enfance en Tchécoslovaquie sont :

Loi sur les écoles primaires et les établissements d'éducation privés — 3 avril 1919 ;

Loi sur la vaccination obligatoire — 15 juillet 1919 ;

Loi sur le travail des enfants — 17 juillet 1919 ;

Loi par laquelle l'âge de la majorité est abaissé — 23 juillet 1919 ;

Loi abolissant le célibat obligatoire des femmes appartenant à l'enseignement — 24 juillet 1919 ;

Loi réglementant l'emploi des femmes comme nourrices — 3 juillet 1924.

---

(1) Extrait du livre du D' Hynck J. Pelc. *Les services d'hygiène publique en Tchécoslovaquie*, Société des Nations, pp. 56 et suivantes.

Les principales institutions ayant pour but la protection de l'enfance en Tchécoslovaquie sont :

Le Comité tchèque pour la Protection de l'Enfance dans la province de Bohême (Prague) ;

Le Comité tchèque pour la Protection de l'Enfance dans la province de Moravie (Brunn) ;

Le Centre provincial tchèque pour la Protection de l'Enfance en Silésie (Troppau) ;

L'Association des Boys-Scouts tchécoslovaques, Prague ;

La Croix-Rouge tchécoslovaque, Prague ;

La Société tchécoslovaque pour la Protection des Mères et des Enfants, Prague ;

La Croix-Rouge tchèque, Prague ;

Le Comité allemand pour la Protection de l'Enfance (Troppau) ;

Le Comité allemand pour la Protection de l'Enfance en Bohême (Reichenberg) ;

Le Comité allemand pour la Protection de l'Enfance en Moravie (Brunn) ;

L'Union centrale allemande pour la Protection de l'Enfance dans la République tchécoslovaque (Brunn) ;

La Ligue Masaryk pour la Lutte contre la Tuberculose, Prague ;

L'Institut municipal de Psychologie infantile, Prague ;

La Société pour le Soin des Enfants, Prague ;

L'Union pour la Protection des jeunes Travailleurs, Prague ;

Y. M. C. A., Prague.

B. — LUTTE CONTRE LA TUBERCULOSE (1).

La lutte contre la tuberculose a été assumée, en Tchécoslovaquie par l'Etat, par les autorités autonomes (provinces, districts, communes) et par la bienfaisance privée. L'Etat prête son appui à cette lutte en allouant des subsides aux autres organisations aux fins de propagande, de prophylaxie et de traitement.

---

(1) Extrait de l'*Annuaire Sanitaire International*, Société des Nations, 1926, p. 517.

En matière de prophylaxie, l'Etat tient à soutenir les autorités autonomes en ce qui concerne la création et l'entretien des Institutions populaires de prévoyance médico-sociale, qui sont les dispensaires combinés pour les diverses maladies sociales, dont le service antituberculeux constitue cependant la partie la plus importante. Deux nouvelles institutions de ce genre viennent d'être créées, en sorte que leur nombre actuel est de 18, dont plusieurs sont logées dans de beaux immeubles.

A côté de ces institutions mixtes, il existe dans le pays, 184 dispensaires antituberculeux. Le plus grand nombre d'entre eux a été créé par la « Ligue Masaryk contre la tuberculose », à laquelle sont affiliées 278 associations locales ; elles accomplissent une œuvre de propagande et d'éducation très importante ; en outre, elles s'occupent du placement des malades dans des établissements de cure.

En ce qui concerne l'œuvre de prophylaxie, deux « preventoria » ont été achevés, l'un à Lucivna (200 lits), l'autre à Strnady (71 lits), destinés aux apprentis menacés de tuberculose. En tout, il existe 12 préventoria à service continu et 6 à service saisonnier.

Outre les 20 sanatoria déjà existants (dont 2 pour militaires), un sanatoria de 35 lits a été créé à Jablunkov par la caisse-maladie du district de Frystat, en Silésie. Le sanatorium de Zamberk a créé une première colonie de travail (20 lits) ; dans les sanatoria de Prosecnie et de Plès, on a installé des services spéciaux pour la tuberculose laryngée.

On a établi dans les hôpitaux publics des pavillons indépendants pour les cas de tuberculose plus avancée ou au moins des divisions spéciales d'une certaine importance. IIs sont au nombre de 18.

On dispose actuellement, en Tchécoslovaquie, de plus de 7000 lits réservés aux tuberculeux.

En outre des dispositions ont été prises en vue de la création d'un Institut spécial pour le traitement du lupus, de la construction d'un hôpital pour tuberculeux, à Bratislava, et d'un sanatorium d'Etat pour enfants, dans les hautes montagnes de Tatra.

Dans ce but, le ministère des travaux publics a fait exécuter une étude météorologique des montagnes du Tatra, de Jesemky et de Bezkydy, en vue de trouver les sites les mieux appropriés pour l'installation de ces stations.

Un certain nombre d'enfants atteints ou menacés de tuberculose sont envoyés, avec l'aide de l'Etat, au cours des mois du printemps, d'été et d'automne, au sanatorium de Cirkvenice, sur la côte yougoslave de l'Adriatique.

C. — LUTTE CONTRE LE PERIL VENERIEN (1).

En vertu de la loi du 11 juillet 1922, l'Administration publique s'est désormais engagée dans la lutte contre les maladies vénériennes par l'entremise du ministère de l'hygiène publique, de la prévoyance sociale, de la défense nationale, des chemins de fer.

Il a été créé, au ministère de l'hygiène publique, une section de pathologie sociale, dont la sphère d'activité embrasse les maladies vénériennes et la prostitution. Le Conseil d'hygiène de l'Etat comprend également une section pour la lutte contre les maladies vénériennes. De plus, l'ordonnance du 19 décembre 1919 a amené la création, auprès du ministère de l'hygiène publique, d'un comité consultatif permanent pour la lutte contre les maladies vénériennes. Ce Comité comprend quatorze membres ordinaires et remplaçants.

Diverses associations et sociétés ont été créées dans le pays pour supprimer les maladies vénériennes et la prostitution ; ce sont : la Société tchèque pour la suppression des maladies vénériennes et la Société allemande du même nom. Les associations visant la lutte contre la prostitution sont : Zachrana (la Sauvegarde), la Protection des jeunes Filles de Prague, l'Armée du Salut, l'Ordre des Combattants de Dieu, la Protection tchécoslovaque des intérêts féminins, etc. Le ministère de l'hygiène publique subventionne tous les ans la majorité de ces sociétés et corporations.

En vertu de la dite loi ont été créées, dans les grands hôpitaux, des divisions indépendantes pour vénériens dirigées par des médecins spécialistes ; en outre, des dispensaires spéciaux et des laboratoires de sérodiagnostic ont été ménagés. En Slovaquie et

---

(1) Extrait de l'*Annuaire Sanitaire International* (S. d. N.), 1924, p. 475 et ss.

dans la Ruthénie Sous-Carpathique, les frais occasionnés par le traitement salvarsanique des syphilitiques indigents sont remboursés par l'Etat.

Le ministère des chemins de fer a inauguré, en 1924, au dispensaire de la caisse-maladie des chemins de fer, à Prague-Vinohrady, une division pour les maladies vénériennes et cutanées. On travaille actuellement à la création d'asiles pour le traitement et l'éducation des jeunes filles tarées et atteintes de maladies vénériennes. L'Association « Zachrana », de Prague, créera prochainement deux asiles de ce genre à Dolni-Pocernice et Kralupy nad Vlt ; la « Société allemande pour la lutte contre les maladies vénériennes » de Prague en établira un à Usti nad Laben ; un quatrième enfin sera créé à Bratislava (Slovaquie).

Des bureaux de consultations sociales ont été inaugurés dans les gares de Prague ; cette initiative sera prochainement suivie par les villes de Bratislava et Kosice. La section de Zilina de la Croix-Rouge tchécoslovaque a ouvert un dispensaire antivénérien. L'hôpital d'Etat de Prague (Vinohrady) a mis à la disposition de la commune de Prague 30 lits pour jeunes filles atteintes de maladies vénériennes. Le 1ᵉʳ mars 1925, une station Wassermann a été inaugurée à l'hôpital départemental de Trencin ; un centre pour le diagnostic et le traitement des maladies vénériennes a été créé à Bratislava. En Bohême, un pavillon pour vénériens, avec 72 lits, a été aménagé à l'hôpital de Most. En outre, l'hôpital municipal de Plzen s'est agrandi par la construction d'un pavillon indépendant pour vénériens, et l'Institut d'hygiène sociale du district de Pardubice a inauguré un centre de consultation pour vénériens.

D. — LUTTE CONTRE LES MALADIES MENTALES.

Il existe en Tchécoslovaquie une Ligue d'hygiène mentale fondée grâce aux efforts de J. Stuchlik. Son livre : « La protection contre les maladies mentales » (1924) a contribué à faire connaître et à diffuser dans le pays les réalisations américaines d'hygiène mentale.

E. — LUTTE CONTRE L'ALCOOLISME.

Les principaux organismes créés en Tchécoslovaquie en vue de lutter contre l'alcoolisme sont :

1. Société nationale antialcoolique ;
2. Comité national de la Croix-Bleue ;
3. I. O. G. T. Deutsche Guttempler-Gemeinschaft i. d. tchechoslovakischen Republik ;
4. Der Arbeiter-Abstinentenbund in der tschechoslovakischen Republik ;
5. Sociétés professionnelles (instituteurs, cheminots, etc.).

§ 4. — LA REEDUCATION DES ANORMAUX.

Les principales institutions pour les enfants anormaux physiques et mentaux sont :

L'Institut Bakule (pour enfants estropiés) ;

La Société tchécoslovaque pour la Protection des Aveugles, Prague ;

L'Union provinciale allemande pour la Protection des Estropiés, Reichenberg ;

Unions provinciales pour le Traitement des Estropiés en Slovaquie, Bratislavie (Presbourg) ;

La Société pour la Protection des Aveugles en Moravie et en Silésie (Brunn) ;

La Société pour la Protection des Sourds et Muets, Prague ;

L'Union pour le Traitement et l'Education des Estropiés dans la province de Bohême (Prague) ;

L'Union pour le Traitement et l'Education des Estropiés dans la Province de Moravie, Brunn ;

L'Union pour la Protection des Défectifs mentaux dans la République tchécoslovaque, Prague.

TURQUIE

Sur la demande du Vilayet de Constantinople, le Gouvernement turc a établi, en 1923, une loi obligeant les futurs conjoints à se soumettre à l'examen d'un médecin spécialement désigné. On espère de cette façon lutter contre la tuberculose et les maladies vénériennes. Le rapport du médecin est communiqué au médecin du Vilayet qui s'assure que le nom des époux ne figure pas au registre des tuberculeux. Toute personne atteinte de tuberculose n'obtient la permission de se marier qu'après guérison. Il en est de même de celles atteintes de maladie vénérienne (1).

La violation de cette loi n'entraîne pas seulement des conséquences pénales, mais aussi l'annulation du mariage.

Nous empruntons au Dr Schreiber les renseignements suivants relatifs à l'Arménie (2) ; il les tient lui-même du Dr Krikorian, secrétaire de l'*Union des médecins arméniens de Paris*. L'examen médical prénuptial a été rendu obligatoire pour les Arméniens de Turquie depuis 1920 par ordre du Patriarcat arménien de Constantinople et sur l'initiative de l'Union des médecins arméniens de cette ville.

Dans une brochure publiée, en 1921, et adressée à tous les médecins arméniens, cette société donne les directives nécessaires au sujet des conditions de santé à envisager pour cet examen médical (3).

---

(1) *Die Neue Generation*, 1926.

(2) *L'examen médical prénuptial dans* « l'examen médical en vue du mariage ».

(3) Le catholicos Khrimian, chef suprême religieux de tous les Arméniens et en

Mentionnons encore que le code civil turc, dans son article 92, défend le mariage :

1° Entre parents en ligne directe, entre frères et sœurs germains, consanguins ou utérins, entre oncles et nièces, tantes et neveux, que la parenté soit légitime ou naturelle, entre nourrice et nourrisson, et entre frères et sœurs de lait ;

2° Entre alliés en ligne directe, même si le mariage dont résulte l'alliance a été annulé ou dissous par suite de divorce ou de décès.

D'autre part, l'article 117 dispose que le mariage peut être attaqué par un des époux, lorsqu'une maladie offrant un danger grave pour la santé du demandeur ou pour celle de sa descendance lui a été cachée.

---

même temps chef de la communauté, aurait, dès 1904, recommandé à tout le clergé arménien dans une encyclique d'exiger un certificat médical avant de procéder à la célébration du mariage qui jusqu'à ces dernières années était exclusivement religieux. Cette recommandation, qui n'avait pas force de loi, a été plus ou moins bien appliquée jusqu'en 1920. (D' Schreiber. op. cit.)

L'oeuvre humanitaire
de la Société des Nations

A côté de ses fonctions essentielles, la Société des Nations poursuit une œuvre humanitaire, qui doit, sans contredit, être qualifiée d'eugénique.

Il ne nous est pas possible d'envisager ici d'une façon complète le travail considérable qui a été réalisé par la Société dans cet ordre d'idées. Obligés de nous limiter, nous bornerons notre exposé aux plus importantes sphères d'action : la lutte contre les stupéfiants ; la répression de la traite des femmes ; la protection de l'enfance ; la lutte contre les publications obscènes, l'activité de l'organisation d'hygiène de la S. D. N.

LA LUTTE CONTRE LES STUPÉFIANTS.

Sous réserve des conventions actuellement existantes ou qui seront ultérieurement conclues, la Société des Nations se trouve, par l'effet du Pacte, investie du contrôle général des dispositions internationales en vigueur concernant le trafic de l'opium.

Dès le 15 décembre 1920, et par l'organe de l'Assemblée, la Société acceptait d'assumer elle-même certaines tâches qui incombaient jusque là au Gouvernement des Pays-Bas, aux termes de la convention de La Haye du 23 janvier 1912, tendant à la suppression progressive de l'abus de l'opium et autres drogues nuisibles.

En même temps, en vue d'assurer, aux fins considérées, une collaboration étroite entre les Nations, l'Assemblée prévoyait la constitution d'une commission consultative, comprenant les représentants des Etats les plus spécialement qualifiés. Tenue d'assurer le bénéfice de ses avis au Conseil de la Société, cette commission était appelée à recevoir de ce dernier ses directives générales.

Lors de sa deuxième session, l'Assemblée de la Société des Nations s'attachait à rallier à la convention de La Haye les Etats qui n'y avaient pas encore adhéré. De plus, pour renforcer le contrôle prévu par le traité, elle décidait d'inviter les Etats contractants à exiger que toute demande d'exportation faite par un importateur, pour la fourniture de l'une quelconque des drogues visées par la convention, fût accompagnée d'un certificat du Gouvernement du pays importateur, constatant que l'importation de la quantité mentionnée est approuvée par le Gouvernement et qu'elle est nécessaire pour des besoins légitimes.

L'Assemblée prévoyait en outre, que l'attention des puissances contractantes ayant des traités avec la Chine fût particulièrement attirée sur les dispositions de l'article 15 de la convention de l'opium, en vue de faire prendre les mesures les plus efficaces pour réprimer la contrebande de l'opium et autres drogues dangereuses.

Sur la proposition de la commission consultative du trafic de l'opium, l'Assemblée approuvait encore une recommandation de la dite commission, visant à ce que tous les Etats liés par la convention de La Haye présentent chaque année à la Société des Nations un rapport exposant les mesures prises sur leur territoire pour appliquer les clauses du traité etc. donnant des détails statistiques sur la production, la fabrication et le commerce de l'opium.

Pareillement, au cours de sa deuxième session, l'Assemblée prescrivit à la Commission consultative précitée d'étudier la possibilité de procéder à une enquête afin de déterminer la quantité moyenne d'opium prévue aux chapitres I et II de la convention pour les besoins médicaux et scientifiques dans les différents pays.

Enfin, parmi les décisions les plus importantes prises par l'As-

semblée en 1921, il convient de signaler celle par laquelle elle
recommanda au Conseil de charger la Commission consultative
d'étendre ses études de façon à ce qu'elles comprennent non seulement les drogues visées dans la convention de 1912, mais toutes
les autres drogues nuisibles, quelle que soit leur origine, et produisant des effets similaires, ainsi que de lui faire connaître les
avantages qu'il y aurait à convoquer une nouvelle conférence
internationale en vue de l'élaboration d'une convention tendant
à la suppression de l'usage illégitime de ces drogues.

Travaux de la première Conférence de l'opium.

Le 27 septembre 1923, la quatrième Assemblée adopta une résolution par laquelle elle priait le Conseil d'inviter les gouvernements intéressés à envoyer des représentants, munis de pleins
pouvoirs, à une Conférence qui devait se réunir en vue de conclure
un accord sur les mesures permettant d'appliquer effectivement
en Extrême-Orient les dispositions de la Partie II de la Convention de La Haye de 1912 sur la réduction de la quantité d'opium
brut pouvant être importé pour être fumé dans ces territoires. La
Conférence était en outre chargée d'examiner les mesures qui
devaient être prises par le Gouvernement de la République chinoise pour aboutir à la suppression de la production et de l'usage
illégaux de l'opium en Chine.

Un Comité préparatoire fut constitué par la Commission permanente consultative. Il tint quatre sessions en 1924 et élabora un
ordre du jour provisoire de la Conférence.

La Conférence s'est réunie le 3 novembre 1924 à Genève, au
Secrétariat de la Société des Nations. Les pays suivants étaient
représentés à cette conférence : Chine, Empire britannique,
France, Inde, Japon, Pays-Bas, Portugal, Siam.

La Conférence, à l'exception de la délégation chinoise, a finalement adopté un Accord additionnel à la Convention internationale
de l'opium de 1912, ainsi qu'un Protocole qui a été signé à Genève
le 11 février 1925, en même temps qu'un Acte final.

L'Accord comporte quinze articles dont les principales dispositions sont les suivantes :

L'article i renferme des dispositions concernant la création d'un monopole d'Etat pour l'importation, la vente et la distribution de l'opium préparé ; certaines exceptions sont prévues lorsqu'il existe, dans des régions où les autorités administratives peuvent exercer une surveillance efficace, un système de rétribution des personnes employées à la vente au détail et à la distribution de l'opium préparé au moyen d'un salaire fixe et non d'une commission sur les ventes. Cette disposition ne s'applique cependant pas lorsqu'un système de licences et de rationnement des fumeurs d'opium, donnant des garanties équivalentes ou plus effectives, est en vigueur.

Les articles II, III, IV et V interdisent la vente de l'opium aux mineurs et l'accès de ces derniers aux fumeries ; ils prescrivent de restreindre, autant que possible, le nombre des magasins de vente au détail et des fumeries et interdisent la vente du « dross », excepté si ce dernier est vendu au monopole.

L'article VI a trait à la prohibition de l'exportation de l'opium, soit brut, soit préparé, hors d'une possession ou d'un territoire quelconque dans lesquels l'opium est importé pour être fumé. Dans tout territoire de ce genre, le transit ou le transbordement de l'opium préparé est également interdit, bien que le transit ou le transbordement d'opium brut consigné à une destination se trouvant en dehors de la possession ou du territoire soit autorisé, à condition qu'un certificat d'importation, délivré par le Gouvernement du pays importateur et pouvant être accepté comme fournissant des garanties suffisantes contre la possibilité d'usages illicites, soit présenté au gouvernement de la possession ou du territoire dont il s'agit.

Les articles VII, VIII et IX concernent la propagande contre l'opium, la suppression de la contrebande par des échanges directs de renseignements et de vues entre les chefs des services administratifs et la possibilité de prendre des mesures législatives permettant de punir les transactions illégitimes qui auront été accomplies dans un pays étranger par une personne résidant sur leurs territoires.

Aux termes des articles X et XI, les Puissances contractantes fourniront au Secrétaire général de la Société des Nations tous les renseignements qu'elles pourront se procurer sur le nombre des fumeurs d'opium. Ces renseignements seront publiés par le Secrétaire général. L'Accord ne vise pas l'opium uniquement destiné aux besoins médicaux et scientifiques.

Les articles XII et XIII prévoient l'examen périodique de la situation, en ce qui concerne l'application du chapitre II de la Convention de l'opium de La Haye et du nouvel Accord ; ces articles déterminent les territoires auxquels l'Accord s'applique.

Les articles XIV et XV renferment les dispositions habituelles concernant la ratification, l'entrée en vigueur et la dénonciation de l'Accord.

Au cours de sa vingt-deuxième séance, tenue le 24 janvier 1925, la Conférence a nommé une délégation de huit membres, chargée de conférer avec huit représentants de la deuxième Conférence de l'opium (voir ci-dessous), en vue d'examiner les propositions de la délégation des Etats-Unis d'Amérique concernant la suppression de l'usage de l'opium préparé. Cette Commission, appelée communément Délégation des Seize, a tenu plusieurs séances et a finalement proposé l'élaboration de deux protocoles distincts, l'un devant être annexé à l'Accord de la première Conférence et l'autre à la Convention élaborée par la deuxième Conférence.

Le premier Protocole a trait à la consommation de l'opium préparé et a été adopté par la première Conférence le 11 février 1925. Il se compose d'un préambule qui enregistre le désir des signataires d'assurer l'exécution complète et définitive des obligations qu'ils ont contractées en vertu des stipulations de l'article 6 de la Convention de La Haye de 1912. Ce préambule est suivi de huit articles, dont nous donnons ci-dessous un résumé.

L'article premier déclare que l'Accord est destiné à faciliter l'exécution de l'obligation que les Etats signataires ont contractée, aux termes de l'article 6 de la Convention de La Haye de 1912 (1), obligation qui continue à garder toute sa force et son plein effet.

---

(1) L'article 6 de la Convention de La Haye de 1912 est libellé comme suit :

« Les Puissances contractantes prendront des mesures pour la suppression gra-

Les articles II et III stipulent que les Etats renforceront les mesures qu'ils ont prises, conformément à l'article 6 de la Convention de La Haye, dès que les pays qui cultivent le pavot auront assuré l'exécution effective des dispositions nécessaires pour empêcher que l'exportation de l'opium brut hors de leurs territoires ne constitue un obstacle sérieux à la réduction de la consommation dans les pays où l'usage de l'opium préparé reste temporairement autorisé. Les Etats s'engagent à prendre, s'il est nécessaire, de nouvelles mesures pour réduire, dès que la disposition susmentionnée aura été remplie, la consommation de l'opium préparé, de manière que l'usage de ce dernier soit complètement supprimé dans un délai maximum de quinze ans, à dater du jour où une Commission nommée par le Conseil de la Société des Nations aura décidé que les mesures que doivent prendre les pays qui cultivent le pavot ont été effectivement exécutées.

L'article IV prévoit une procédure permettant de dégager les Etats des obligations qu'ils ont assumées dans le cas où un nouveau développement de la culture du pavot et, par conséquent, l'impossibilité d'empêcher l'exportation de l'opium brut seraient constatée, au cours de la période de quinze ans pendant laquelle les Etats signataires doivent supprimer l'usage de l'opium préparé. Dans le cas où un Etat dénoncerait le Protocole, pour la raison susmentionnée, une Conférence des Etats intéressés devra se réunir immédiatement afin d'examiner les mesures à prendre.

L'article V prévoit la convocation d'une conférence spéciale dans l'année qui précédera l'expiration du délai de quinze ans ; cette conférence sera chargée d'examiner les mesures à prendre à l'égard des intoxiqués invétérés.

Par l'article VI, les Etats s'engagent à coordonner leurs efforts pour arriver à la suppression complète de l'usage de l'opium préparé ; le même article recommande à tous les Etats qui cultivent le pavot d'établir, entre eux, une collaboration confiante et active permettant de mettre fin au trafic illicite.

---

duelle et efficace de la fabrication, du commerce intérieur et de l'usage de l'opium préparé, dans les limites des conditions différentes propres à chaque, pays, à moins que des mesures existantes n'aient déjà réglé la matière.

Les articles VII et VIII règlent l'entrée en vigueur du Protocole et l'adhésion d'autres Etats.

L'acte final signé par la Conférence renferme une résolution adoptée par tous les membres, à l'exception de la délégation chinoise ; cette résolution contient la déclaration suivante : « Quoique dans certains pays le système des licences et du rationnement ait donné, en ce qui concerne la diminution du nombre des fumeurs d'opium, des résultats efficaces, la Conférence a reconnu que dans d'autres pays la contrebande égale et même dépasse le commerce licite et rend difficile l'application de ce système. En conséquence, la possibilité d'adopter ces mesures ou de les maintenir dans les territoires où elles donnent satisfaction dépend principalement de l'extension de la contrebande. »

*
* *

TRAVAUX DE LA DEUXIÈME CONFÉRENCE DE L'OPIUM.

Conformément à une résolution adoptée par l'Assemblée le 23 septembre 1923, la deuxième Conférence de l'opium s'est réunie le 17 novembre 1924, à Genève, au Secrétariat de la Société des Nations. Quarante et un Etats, parmi lesquels quatre Etats non membres de la Société, ont participé à la Conférence, qui a siégé jusqu'au 20 décembre et s'est alors ajournée au 19 janvier 1925. La Conférence a pris fin le 19 février, après avoir adopté une Convention concernant l'opium brut et les drogues dangereuses, ainsi qu'un Protocole et un Acte final. La Conférence a tenu trente-huit séances plénières et les questions inscrites à son ordre du jour ont été réparties parmi un grand nombre de commissions et de sous-commissions.

La Conférence a constaté qu'elle avait à résoudre un problème des plus délicats. Comme l'a déclaré son président, la Conférence « a touché à des pratiques séculaires en Orient et au statut économique de plusieurs nations ; elle s'est trouvée en présence des détails les plus compliqués et les plus déconcertants... » Plus la Conférence a pénétré dans l'étude des questions qui lui ont été soumises, plus ces questions sont devenues difficiles. A la surface, le problème des drogues paraît simple pour les non-initiés. En fait, il présente tant d'aspects, comporte des répercussions si imprévues et affecte si profondément les mœurs des peuples et les usages des Gouvernements, qu'il en devient déconcertant au point d'être presque désespérant. La seule caractéristique indiscutable qu'il présente est l'inexistence d'une panacée... La Conférence a reconnu que le pavot et le coca, pour ne point parler du chanvre indien, qui est à la base du haschich, sont généralement cultivés dans les pays dont l'autorité centrale est moins forte et où la surveillance devient ainsi plus difficile... La Conférence a dû admettre que la production et la vente de ces drogues constituaient depuis longtemps un fait acquis et un élément parfaitement justifié du régime économique de certains Etats ; elle a appris que ces drogues sont âprement recherchées par un petit groupe de gens prêts à empoisonner leurs semblables par intérêt ; elle s'est trouvée enfin en présence du fait que la valeur considérable de ces drogues sous un très petit volume en fait un objet de choix pour le contrebandier et de désespoir pour le gardien de la loi... La Conférence n'a pas résolu ces problèmes. Elle n'a pas supprimé dans le monde le fléau que représentent les drogues... Elle reconnaît franchement qu'elle laisse subsister des questions qui ne pourront être résolues d'ici à plusieurs années, et même peut-être d'ici à un assez grand nombre d'années... » Cependant, grâce à l'immense publicité des débats de la Conférence ouverte à tous et grâce aux faits exposés au cours de ces débats, « le problème des stupéfiants est maintenant posé devant l'opinion universelle et il restera posé devant elle jusqu'à ce qu'il soit résolu. »

Le renforcement et l'extension de la Convention de La Haye de 1912 et la création d'une organisation chargée de donner effet aux principes généraux posés dans ce document ont constitué l'un des résultats pratiques de la Conférence. En vue d'instituer un contrôle international sur le trafic des stupéfiants, la Conférence a recommandé la création d'un Comité central, composé de huit experts permanents, qui seront armés de toutes les statistiques que peuvent fournir les Etats, ainsi que des évaluations des quantités de substance à importer sur leur territoire en vue de leur consommation intérieure. Si les statistiques prouvaient qu'une nation accumule des quantités de stupéfiants dépassant considérablement et notoirement ses besoins, le Comité pourrait prescrire des enquêtes et, dans certains cas, « recommander que l'on suspendît toutes les expéditions destinées à cette nation ». La Conférence a estimé que la seule perspective d'une action de ce genre constituerait une arme irrésistible.

Dès le début de la Conférence, des divergences de vues se sont produites, et l'impossibilité de réaliser un accord unanime a finalement provoqué le départ de deux délégations, la délégation chinoise et celle des Etats-Unis d'Amérique.

Il serait très délicat et presque impossible d'essayer de résumer les arguments des parties intéressées. Les comptes rendus de la Conférence contiennent un exposé complet de leurs thèses, ainsi que des raisons invoquées par les délégations des Etats-Unis et de la Chine pour expliquer leur départ.

A la suite de divergences de vues sur des questions de procédure et de compétence des deux Conférences, une Commission mixte fut constituée, comprenant huit représentants de chaque Conférence. Cette « délégation des Seize » fut chargée de soumettre un rapport à chacune des deux Conférences simultanément et dans le plus bref délai possible.

La Délégation des Seize recommanda la rédaction de deux protocoles distincts, qui seraient joints aux Conventions qu'adopteraient respectivement la première et la deuxième Conférence.

La deuxième Conférence adopta, le 10 février 1925, le protocole élaboré par la Délégation des Seize. Le départ des délégations des Etats-Unis et de la Chine avait été notifié, le 7, à la Conférence.

Les dispositions de ce Protocole peuvent être résumées comme suit :

Article premier : Les Etats signataires du Protocole, reconnaissant qu'ils ont le devoir, aux termes du chapitre I de la Convention de La Haye, d'exercer sur la production, la distribution et l'exportation de l'opium brut, un contrôle suffisant pour arrêter le trafic illicite, s'engagent à prendre les mesures nécessaires pour empêcher complètement, dans un délai de cinq ans, à dater du jour de la signature du Protocole, que la contrebande de l'opium ne constitue un obstacle sérieux à la suppression effective de l'usage de l'opium préparé dans les territoires où cet usage est temporairement autorisé.

L'article II porte que la question de savoir si l'engagement mentionné à l'article I a été complètement exécuté sera décidée à la fin de la dite période de cinq ans par une commission qui sera constituée par le Conseil de la Société des Nations.

L'article III concerne l'entrée en vigueur du Protocole.

La Conférence a adopté, outre le Protocole déjà mentionné, une Convention et un Acte final, ouverts tous deux à la signature le 19 février 1925.

Dans le préambule de la Convention les signataires considèrent que l'application des dispositions de la Convention de La Haye a eu des résultats de grande importance et expriment leur conviction que la contrebande ne peut être supprimée effectivement qu'en réduisant d'une façon plus efficace la production et la fabrication et en exerçant sur le commerce international un contrôle et une surveillance plus étroits.

Le chapitre I donne les définitions des diverses substances visées par la Convention, c'est-à-dire ; l'opium brut, l'opium médicinal, la morphine, la diacétylmorphine, la feuille de coca, la cocaïne brute, la cocaïne, l'ecgonine et le chanvre indien.

Les articles 2 et 3 (chapitre II) prévoient que les lois édictées en vertu de la Convention de La Haye pour assurer un contrôle efficace de la production, de la distribution et de l'exportation de l'opium brut, ainsi que la limitation du nombre des ports et villes par lesquels l'exportation ou l'importation de l'opium brut ou des feuilles de coca sera permise, seront renforcées et revisées périodiquement.

Les articles 4, 5, 6, 7, 8, 9 et 10 (chap. III) énumèrent les substances visées et traitant du contrôle intérieur des drogues manufacturées. Ils prévoient que des lois efficaces seront édictées pour limiter exclusivement aux usages médicaux et scientifiques la fabrication, l'importation, la vente, la distribution, l'exportation et l'usage : a) de l'opium médicinal ; b) de la cocaïne brute et de l'ecgonine ; c) de la morphine, de la diacétylmorphine, de la cocaïne et de leurs sels respectifs, ainsi que de certaines autres substances. En vue d'exercer un contrôle sur ces substances, les Parties contractantes en limiteront la fabrication aux établissements et locaux pour lesquels une autorisation existe à cet effet ; elles exigeront de tous ceux qui fabriquent, importent, ou vendent lesdites substances qu'ils soient munis d'une autorisation pour se livrer à ces opérations, et qu'ils consignent sur des livres qui devront être présentés à toute inspection les quantités achetées et vendues. Aux termes de l'article 8, lorsque le Comité d'hygiène de la Société des Nations, après avoir soumis la question au Comité permanent de l'Office international d'hygiène publique de Paris, aura constaté que certaines préparations contenant les stupéfiants visés au présent chapitre ne peuvent donner lieu à la toxicomanie, le Conseil de la Société des Nations communiquera cette constatation aux Parties contractantes, ce qui aura pour effet de soustraire au régime de la convention les préparations en question.

Aux termes de l'article 9, les Parties contractantes peuvent, à leur discrétion, autoriser les pharmaciens à délivrer, en cas d'urgence, certaines préparations officinales opiacées, suivant des doses déterminées.

L'article 10 prévoit la possibilité d'appliquer, par la procédure indiquée à l'article 8, les dispositions de la Convention à tout stupéfiant nouveau.

L'article 11 (chapitre IV) traite du contrôle sur le chanvre indien et sur la résine qui en est extraite.

Les articles 12 à 18 (chapitre V) traitent de l'exercice d'un contrôle sur le commerce international et prévoient l'adoption d'un système de certificats d'importation et d'exportation, ainsi que l'application de ce système aux envois de stupéfiants à destination ou en provenance des ports francs et des zones franches, et aux envois de stupéfiants en transit à travers les territoires des Etats contractants ; ils prévoient également des mesures pour empêcher le déroutement d'un envoi vers une destination autre que celle qui figure sur l'autorisation d'exportation, ainsi que des règlements relatifs au transport des drogues par la voie aérienne, au dépôt des substances en question dans les entrepôts de douane, et à leur retrait desdits entrepôts.

Les articles 19 à 27 (chapitre VI) prévoient la création et définissent les attributions d'un comité central permanent. Le Comité central comprendra huit personnes qui, par leur compétence technique, leur impartialité et leur indépendance inspireront une confiance universelle. Les Etats-Unis d'Amérique et l'Allemagne sont invités à désigner chacun une personne pour participer à la nomination des membres du Comité central qui seront choisis par le Conseil de la Société des Nations. Ces articles prévoient également la durée du mandat des membres du Comité, ainsi que la procédure qui sera suivie au cours de réunions. Aux termes de l'article 21, les Parties contractantes conviennent d'envoyer, chaque année avant le 31 décembre, au Comité central permanent, les évaluations des quantités de chacune des substances, visées par la Convention, à importer sur leur territoire, en vue de leur consommation intérieure au cours de l'année suivante, pour des fins médicales, scientifiques et autres. En outre, aux termes de l'article 22, les Parties contractantes conviennent d'envoyer, chaque année, au Comité central, trois ou cinq mois au plus tard après la fin de l'année, des statistiques aussi complètes et exactes que possible concernant la production d'opium brut et de feuilles de coca, la fabrication de certaines substances visées à l'article 4 de la Convention (voir ci-dessus), les stocks de ces substances, ainsi que les stocks d'opium brut et de feuilles de coca, les quantités des dites substances confisquées à la suite d'importations ou d'exportations illicites ; ces statistiques indiqueront la manière dont on aura disposé des substances confisquées. En outre, les statistiques d'importations et d'exportations des substances visées par la Convention seront envoyées au Comité central tous les trois mois. Les gouvernements des pays où l'usage de l'opium préparé est temporairement autorisé fourniront chaque année au Comité des statistiques concernant la fabrication et la consommation de l'opium préparé.

Aux termes de l'article 24, le Comité central surveillera d'une façon constante le mouvement du marché international des stupéfiants. Si les renseignements dont il dispose le portent à conclure qu'un pays donné accumule des quantités exagérées d'une substance visée par la Convention et risque ainsi de devenir un centre de trafic illicite, le Comité central aura le droit de demander des explications au pays en question. S'il n'est fourni aucune explication dans un délai raisonnable, le Comité central attirera sur ce point l'attention des gouvernements des Parties contractantes, ainsi que celle du Conseil de la Société des Nations, et il recommandera qu'aucune nouvelle exportation ne soit effectuée à destination du pays en question, jusqu'à ce qu'il ait pu s'assurer que la situation de ce pays est conforme aux dispositions de la Convention. Le pays intéressé pourra porter la question devant le Conseil de la Société des Nations, ainsi que tout autre pays qui, pour une raison quelconque, ne serait pas disposé à agir selon la recommandation du Comité. Toutes les Parties contractantes auront le droit d'appeler l'attention du Comité sur toute question qui leur paraîtra nécessiter un examen. En outre, le Comité central pourra prendre les mesures spécifiées à l'article 24 contre un pays qui n'est pas partie à la Convention, si les renseignements dont il dispose le portent à conclure que ce pays risque de devenir un centre de trafic illicite. Le Comité central aura le droit de publier un rapport sur son travail et de le communiquer au Conseil de la Société des Nations qui le transmettra aux gouvernements des Parties contractantes.

Les articles 28 à 39 (chapitres VII) contiennent des dispositions générales. Les articles 28, 29 et 30 prévoient les sanctions applicables en cas d'infraction aux lois et règlements relatifs à l'exécution des dispositions de la Convention. Les Parties contractantes se communiqueront leurs lois et règlements concernant les matières visées par la Convention.

L'article 31 stipule que la Convention remplace, entre les Parties contractantes, les dispositions des chapitres I, III et V de la Convention de La Haye de 1912.

L'article 32 prévoit la manière dont seront réglés les différends qui s'élèveraient entre les Parties contractantes au sujet de l'interprétation ou de l'application de la Convention. Les différends qui n'auraient pu être résolus par la voie diplomatique pourront être soumis, pour avis consultatif, à un organisme technique désigné par le Conseil. L'avis consultatif devra être formulé dans les six mois, à compter du jour où l'organisme dont il s'agit aura été saisi du différend. Cet avis consultatif ne liera pas les Parties en litige, à moins qu'il ne soit accepté par chacune d'elles. Les différends qui n'auraient pu être réglés ni directement ni, le cas échéant, sur la base de l'avis de l'organisme technique susvisé seront, à la demande d'une des Parties au litige, portés devant la Cour permanente de Justice internationale.

Les articles 33 à 39 contiennent des dispositions relatives à la signature, à la ratification, à la dénonciation et à l'entrée en vigueur de la Convention. La Convention n'entrera en vigueur qu'après avoir été ratifiée par dix Puissances, y compris sept des Etats qui participeront à la nomination du Comité central, dont au moins deux Etats membres permanents du Conseil de la Société des Nations. Un recueil spécial sera tenu des signatures, ratifications, adhésions ou dénonciations ; publication en sera faite, aussi souvent que possible, suivant les indications du Conseil.

A la Convention est annexé un modèle de certificat d'importation.

La Conférence a adopté, en outre, un Acte final comprenant sept recommandations.

La première souligne qu'il est essentiel que la Convention reçoive une application aussi étendue que possible dans les colonies, possessions, protectorats et territoires dont il est fait mention à l'article 39 de la Convention.

La seconde recommande que chaque gouvernement envisage la possibilité d'interdire le transport, par des navires portant son pavillon, de tout envoi de l'une des substances visées par la Convention, à moins qu'une autorisation d'exportation ou un certificat de déroutement n'ait été délivré pour cet envoi, conformément aux dispositions de la Convention, et que la destination de l'envoi ne soit mentionnée dans l'autorisation d'exportation ou le certificat de déroutement.

La troisième recommandation est relative à la coopération entre les Etats, en vue de la suppression du trafic illicite ; la quatrième signale l'intérêt qu'il y aurait, dans certains cas, à exiger des négociants, qui auront reçu du gouvernement une licence, de fournir une caution adéquate en espèces ou garantie de banque, suffisante pour servir de garantie efficace contre toute opération de trafic illicite de leur part.

Dans la cinquième recommandation, la Conférence prie le Conseil de la Société des Nations d'examiner la suggestion présentée au cours des débats, notamment par la délégation de Perse, tendant à la nomination d'une commission qui serait chargée de visiter, s'ils le désirent, certains pays producteurs d'opium, en vue de procéder, en collaboration avec eux, à une étude attentive des difficultés qu'entraîne la limitation de la production de l'opium dans ces pays.

La sixième recommandation prie le Conseil de la Société des Nations d'inviter le Comité d'hygiène à examiner s'il y aurait lieu de consulter l'Office international d'hygiène publique au sujet des produits visés par les articles 8 et 10, afin de déterminer les produits auxquels les dispositions de la Convention peuvent ou non être applicables.

La septième recommandation est relative aux dépenses du Comité central.

LA REPRESSION DE LA TRAITE DES FEMMES.

La Société des Nations s'occupe de la traite des femmes et des enfants en vertu de l'article 23, *c*, du Pacte, par lequel les membres de la Société chargent celle-ci du contrôle général des accords relatifs à la traite des femmes et des enfants.

Comme on le sait, la question de la traite des femmes, comme celle de l'opium, avait donné lieu, avant la guerre, à l'élaboration de textes internationaux, les conventions de 1904 et de 1910.

Le 15 décembre 1920, l'Assemblée de la Société des Nations chargea le secrétariat d'adresser à tous les Etats un questionnaire tendant à faire connaître les mesures législatives qu'ils avaient prises jusqu'alors pour combattre la traite et plus particulièrement, les dispositions qu'ils comptaient prendre à l'avenir sous ce rapport. L'assemblée invita également le Conseil à convoquer une Conférence internationale qui coordonnerait les réponses au questionnaire et s'efforcerait de réaliser, entre les vues des différents Gouvernements, une unité permettant une action commune.

La Conférence se réunit le 30 juin 1921 ; trente-quatre pays s'y firent représenter. Dans un acte final en date du 5 juillet 1921, la Conférence formula un certain nombre de recommandations.

Le 29 septembre 1921, l'Assemblée, ayant pris en considération l'acte final du 5 juillet 1921, exprima le vœu que celles de ses dispositions requérant la forme conventionnelle fissent, dans le plus bref délai, l'objet d'un traité. L'Assemblée recommanda que les délégués munis des pleins pouvoirs nécessaires signâssent le projet de convention qui avait été présenté par le Gouvernement britannique.

La nouvelle convention, datée du 30 septembre 1921, vise à préciser sur quelques points, à compléter ou à renforcer sur d'autres, les accords de 1904 et de 1910.

Parmi les nouvelles dispositions de la Convention de 1921, il en est une qui établit que les sanctions prévues par la Convention de 1910 contre ceux qui se livrent à la traite des femmes et des jeunes filles sont également applicables à ceux qui se livrent à la traite des enfants de l'un et de l'autre sexe. L'adoption de l'expression « traite des femmes » au lieu de « traite des blanches » indique que les mesures de protection prises s'étendront dans l'avenir aux femmes de couleur ; pour la première fois, d'autre part, la traite des enfants est mentionnée dans une clause spéciale.

La convention de 1921 exige la punition non seulement des infractions, mais également des tentatives d'infraction et, dans les limites légales, des actes préparatoires de ces infractions.

Elle fixe à vingt et un ans la limite d'âge que l'ancienne Convention fixait à vingt.

Les dispositions de la Convention de 1921, relatives à l'extradition, vont plus loin que celles de la Convention de 1910. En effet, cette dernière prévoyait simplement que les infractions envisagées par la Convention seraient réputées inscrites de plein droit au nombre des infractions donnant lieu à extradition d'après les Conventions déjà existantes entre les Parties contractantes. Par la Convention de 1921, les Hautes Parties contractantes sont convenues, au cas où il n'existerait pas entre elles de conventions d'extradition, de prendre toutes les mesures en leur pouvoir pour l'extradition des individus prévenus des infractions visées aux articles 1 et 2 de la Convention du 4 mai 1910 ou condamnés pour ces infractions.

La Convention de 1921 comporte une autre addition importante : les Hautes Parties contractantes ont, en effet, convenu, dans le cas où elles n'auraient pas encore pris de mesures législatives ou administratives concernant l'autorisation et la surveillance des agences et des bureaux de placement, d'édicter des règlements dans ce sens afin d'assurer la protection des femmes et des enfants cherchant du travail dans un autre pays.

Un autre article de la Convention a trait à la protection des émigrants. Les changements politiques survenus à la suite de la guerre, surtout en Europe centrale et en Europe orientale, ont entraîné un grand développement de l'émigration, dont les traitants cherchaient à profiter.

Un autre résultat important de la Conférence de 1921 a été la création par le Conseil de la Société des Nations d'une Commission consultative permanente qui a pour mission de fournir au Conseil les avis « au sujet du contrôle général des accords relatifs à la traite des femmes et des enfants, ainsi que sur toutes les questions internationales, relatives à cette matière, qui pourraient lui être soumises pour examen ». Le Conseil, en désignant les membres de la Commission, a tenu compte, autant que possible, des intérêts généraux et de la répartition géographique des Etats représentés.

La Société des Nations fait tous ses efforts pour assurer la ratification de la Convention de 1921, ainsi que l'adhésion à l'Arrangement de 1904 et à la Convention de 1910. Le Conseil a invité les Etats qui n'avaient pas encore ratifié la Convention ou qui n'y avaient pas adhéré, à le faire sans délai ; en outre, la nécessité de la ratification a fait l'objet d'une discussion approfondie devant l'Assemblée. Cette discussion publique a contribué sensiblement à l'augmentation des adhésions.

Un grand nombre d'Etats signataires des accords internationaux sur la traite, qu'ils soient membres ou non de la Société des Nations, envoient à la Société des rapports annuels sur l'application des mesures prises ou projetées par eux en vue de réprimer la traite. Ces rapports sont d'un grand secours pour la Commission à qui ils permettent de prendre une vue d'ensemble de la situation.

LA PROTECTION DE L'ENFANCE.

Le 26 septembre 1924, l'Assemblée de la Société des Nations approuva une déclaration des droits de l'enfance et invita les Etats membres de la Société à s'inspirer de ses principes dans l'œuvre de la protection de l'enfance.

Comme on le sait, cette déclaration est conçue comme suit :

« Par la présente Déclaration des droits de l'enfant, dite Déclaration de Genève, les hommes et les femmes de toutes les nations, reconnaissant que l'humanité doit donner à l'enfant ce qu'elle a de meilleur, affirment leurs devoirs que, en dehors de toute considération de race, de nationalité et de croyance :

» I. L'enfant doit être mis en mesure de se développer d'une façon normale, matériellement et spirituellement.

» II. L'enfant qui a faim doit être nourri ; l'enfant malade doit être soigné ; l'enfant arriéré doit être encouragé ; l'enfant dévoyé doit être ramené ; l'orphelin et l'abandonné doivent être recueillis et secourus.

» III. L'enfant doit être le premier à recevoir des secours en temps de détresse.

» IV. L'enfant doit être mis en mesure de gagner sa vie et doit être protégé contre toute exploitation.

» V. L'enfant doit être élevé dans le sentiment que ses meilleures qualités doivent être mises au service de ses frères. »

A la même date du 26 septembre 1924, l'Assemblée chargea le Conseil de reconstituer la Commission consultative de la traite des femmes et des enfants sous un nouveau titre et avec deux séries d'assesseurs, dont l'une serait appelée à siéger chaque fois que seraient traitées des questions relatives à la traite des femmes et des enfants, l'autre quand seraient traitées des questions relatives à la protection de l'enfance.

L'Assemblée recommanda que, parmi les assesseurs de cette dernière catégorie, se trouvent des personnalités qualifiées pour représenter les principales organisations d'initiative privée qui se consacrent à la protection de l'enfance, et notamment l'*Association internationale pour la protection de l'enfance.*

Il convient de citer encore les extraits ci-après de la résolution du 26 septembre 1924 :

« L'Assemblée estime que, dans ce domaine, les questions à examiner, ainsi que les méthodes à suivre, devront être telles que le Conseil puisse les approuver sur l'avis de la Commission consultative ;elle estime que les études qui peuvent le plus utilement être confiées àla Société sont celles qui portent sur les points à l'égard desquels la comparaison des diverses méthodes suivies et des essais effectués dans différents pays, les avis demandés aux techniciens, les échanges de vues entre fonctionnaires et experts de divers pays et la coopération internationale peuvent aider les gouvernements à traiter ces problèmes.

» L'Assemblée prend acte du fait que la question de la protection des enfants rentre déjà, à certains égards, dans le cadre des travaux dévolus à certaines organisations actuelles de la Société ; par exemple, la protection en matière d'hygiène est du domaine de l'Organisation d'hygiène de la Société, la réglementation des conditions de travail des enfants est du domaine de l'Organisation internationale du Travail ; elle considère que, dans l'exécution des nouveaux devoirs que la Société aura à remplir, il faudra prendre soin d'éviter les doubles emplois.

» L'Assemblée recommande en outre que l'Organisation d'hygiène de la Société des Nations soit invitée à examiner toutes mesures relevant de sa compétence ,qu'il pourrait sembler désirable et pratique d'entreprendre en vue d'assurer la protection de l'enfance au point de vue de l'hygiène. »

Le 10 décembre suivant, le Conseil de la Société des Nations, s'occupait de la réorganisation de la Commission consultative de la traite des femmes et des enfants conformément aux principes établis par l'Assemblée. Le rapport qui fut adopté par le Conseil à cette occasion prévoyait l'adjonction de nouveaux assesseurs choisis parmi les personnalités qualifiées en matière de protection de l'enfance ; à la suite de l'Assemblée, le rapporteur insistait tout particulièrement sur la nécessité d'obtenir la représentation, au sein de la Commission consultative, de l'*Association inter-*

nationale pour la protection de l'enfance, « étant donné le rôle d'avant-garde joué par l'association » en la matière.

Parmi les nombreuses tâches auxquelles s'est attachée la Commission, soit par ses propres moyens, soit en collaboration, il faut signaler : l'étude comparée des législations en ce qui concerne la protection de la vie et de la santé de la première enfance ; la constitution d'un recueil de lois sur l'âge du mariage et l'âge du consentement ; la préparation d'une convention internationale pour l'assistance ou le rapatriement d'enfants de nationalité étrangère abandonnés, négligés ou délinquants ; l'examen de la question du travail des enfants, des allocations familiales, des effets du cinématographe sur la mentalité et la moralité de l'enfance ; l'étude de l'enfance moralement abandonnée et délinquante, notamment des tribunaux pour enfants ; la recherche des effets de l'alcoolisme en relation avec la traite des femmes et la protection de l'enfance ; l'élaboration d'un projet de convention sur l'exécution des sentences relatives aux obligations alimentaires existant au bénéfice de mineurs.

LA LUTTE CONTRE LES PUBLICATIONS OBSCENES.

En 1908, un Congrès des diverses organisations volontaires nationales émit le vœu de voir les Etats établir une réglementation commune à cet égard. Sur l'invitation du Gouvernement français une Conférence diplomatique se tint à Paris, du 18 avril au 4 mai 1910.

Cette conférence élabora deux textes : 1° un arrangement international, de caractère administratif, aux termes duquel les parties contractantes s'engageaient à instituer, pour leurs territoires respectifs, des autorités centrales chargées de se communiquer les unes aux autres toutes informations utiles dans l'ordre d'idées envisagé ; 2° un projet de convention touchant au fond de la matière.

En 1922, la convention elle-même était toujours restée à l'état de projet.

Entretemps, le trafic des publications obscènes n'avait cessé de s'intensifier. Si bien que le Gouvernement britannique saisit la 3ᵐᵉ assemblée de la Société des Nations (septembre 1922) d'une proposition visant à la convocation d'une nouvelle conférence internationale. L'Assemblée, accueillant favorablement cette suggestion, adopta, le 28 septembre 1922, la résolution ci-après :

« 1° En vertu de l'article 24 du Pacte, le Conseil de la Société des Nations est invité à autoriser le Secrétariat à prêter son concours aux Membres de la Société et à tous autres Etats qui participent au mouvement international tendant à la suppression des publications obscènes, dans toutes les mesures qui pourraient être nécessaires à cet effet.

» 2° Le Conseil de la Société est invité à attirer l'attention de tous les Etats sur l'Arrangement international de 1910. Les Etats qui ont signé la Convention seront invités à mettre à effet ses dispositions, et les Etats qui n'y sont pas encore parties seront instamment priés d'y adhérer le plus tôt possible.

» 3° Le Conseil est invité à communiquer le projet de convention de 1910, accompagné d'un questionnaire, à tous les Etats, en les priant de transmettre leurs observations au Secrétariat de la Société des Nations, qui, après les avoir coordonnées, en transmettra l'ensemble au Gouvernement français, en le priant, au nom du Conseil, vu l'initiative prise par ce Gouvernement en 1910, de vouloir bien convoquer, sous les auspices de la Société, une nouvelle conférence qui se tiendrait à Genève, à l'occasion de la 4ᵐᵉ Assemblée, et qui serait composée de plénipotentiaires chargés d'élaborer un nouveau texte de convention et de procéder à sa signature. »

Le 2 octobre 1922, le Conseil de la Société des Nations chargea le secrétaire général de la Société de prendre les dispositions propres à assurer l'application des décisions de l'Assemblée.

Un questionnaire, établi par les soins de la section juridique du secrétariat, fut adressé aux différents Etats. Ces mêmes Etats furent invités par le Gouvernement français à participer, sous les auspices de la Société des Nations, à la conférence prévue par les résolutions adoptées et à s'y faire représenter par des délégués plénipotentiaires désignés à l'effet d' « élaborer un nouveau texte de convention et de procéder à sa signature ».

La Conférence en cause, composée des représentants de 35 Etats, se réunit à Genève le 31 août 1923. Les travaux de la

Conférence aboutirent à une convention, qui porte la date du 12 septembre 1923. Cette convention est suivie d'un acte final où se trouvent formulés, avec certains vœux, des indications sur les textes adoptés.

**

On peut distinguer, dans la Convention, trois catégories de dispositions essentielles.

Forment une première catégorie les dispositions qui érigent en infractions de droit public les actes que la Convention vise à prévoir et à réprimer.

Sous ce rapport, les Etats contractants s'engagent à prendre toutes mesures en vue de découvrir, de poursuivre et de punir tout individu qui se rendra coupable de l'un des actes énumérés ci-dessous :

1° de fabriquer ou de détenir des écrits, dessins, gravures, peintures, imprimés, images, affiches ,emblèmes ,photographies, films cinématographiques ou autre objets obscènes, en vue d'en faire commerce ou distribution, ou de les exposer publiquement ;

2° d'importer, de transporter, d'exporter ou de faire importer, transporter ou exporter, aux fins ci-dessus, les dits écrits, dessins, gravures, peintures, imprimés, images, affiches, emblèmes, photographies, films cinématographiques ou autres objets obscènes, ou de les mettre en circulation d'une manière quelconque ;

3° d'en faire le commerce même non public, d'effectuer toute opération les concernant de quelque manière que ce soit, de les distribuer, de les exposer publiquement ou de faire métier de les donner en location ;

4° d'annoncer ou de faire connaître par un moyen quelconque, en vue de favoriser la circulation ou le trafic à réprimer, qu'une personne se livre à l'un quelconque des actes punissables énumérés ci-dessus ; d'annoncer ou de faire connaître comment et par qui les dits écrits, dessins, gravures, peintures, imprimés, images, affiches, emblèmes, photographies, films cinématographiques ou autres objets obscènes peuvent être procurés, soit directement, soit indirectement.

Une deuxième catégorie de textes concernent le droit répressif établi à l'intérieur de chaque Etat par rapport aux infractions pré-signalées, ainsi que la mise en œuvre de ce droit.

La Convention prévoit que les Etats dont la législation ne serait pas suffisante pour donner effet au traité s'engagent à prendre ou à proposer à leurs parlements respectifs les mesures néces-saires à cet égard.

Au point de vue de la compétence, les règles suivantes ont été stipulées. Les individus qui auront commis l'une des infractions prévues par la convention seront justiciables des tribunaux du pays contractant où aura été perpétré soit le délit, soit l'un des éléments constitutifs du délit. Ils seront également justiciables, lorsque sa législation le permettra, des tribunaux de l'Etat con-tractant auquel ils ressortissent, s'ils y sont trouvés, alors même que les éléments constitutifs de l'infraction auraient été accomplis en dehors du territoire de cet Etat. Il sera, toutefois, fait application de la règle *non bis in idem*.

Le traité établit ensuite certaines règles pour la transmission des commissions rogatoires relatives aux infractions considérées.

Enfin, il importe de signaler l'article 6 de la Convention, aux termes duquel les parties contractantes établissent que, dans le cas d'infraction visée par le traité, commise sur le territoire de l'une d'elles, lorsqu'il y a lieu de croire que les objets de l'infrac-tion ont été fabriqués sur le territoire ou importés du territoire d'une autre partie, l'autorité désignée à cet effet signalera immé-diatement les faits à l'autorité de cette autre partie et lui fournira en même temps des renseignements complets, pour lui permettre de prendre les mesures nécessaires.

Restent les dispositions de la troisième catégorie.

Elles visent, plus directement, les rapports des Etats contrac-tants entre eux.

Outre les textes qui régissent la mise en vigueur de la conven-tion, sa dénonciation, sa révision, l'étendue de son application territoriale, il convient de mentionner spécialement les règles adoptées quant aux différends auxquels le traité pourra donner naissance entre parties soit au sujet de son interprétation, soit au sujet de son exécution.

Les différends de cette nature seront obligatoirement soumis à la Cour permanente de justice internationale, s'ils ne mettent aux prises que des Etats parties au protocole de signature de la Cour. Si, au contraire, les Etats en présence, ou l'un d'entre eux, se trouvent n'être pas liés par ce protocole, le litige ne sera déféré à la Cour de justice que moyennant l'acceptation des parties, qui, dans cette hypothèse, quoique tenues de recourir à l'arbitrage, restent libre dans le choix de l'arbitre (1).

L'ŒUVRE DE L'ORGANISATION D'HYGIENE
DE LA SOCIETE DES NATIONS.

L'article 23, *f*, du Pacte de la Société des Nations, prévoit que, sous la réserve et en conformité des dispositions des conventions internationales actuellement existantes ou qui seront ultérieurement conclues, les membres de la Société des Nations s'efforceront de prendre des mesures d'ordre international pour prévenir et combattre les maladies.

Par l'article 25 du même Pacte, les membres de la Société s'engagent à encourager et favoriser l'établissement et la coopération des organisations volontaires nationales de la Croix-Rouge, dûment autorisées, qui ont pour objet l'amélioration de la santé, la défense préventive contre la maladie et l'adoucissement de la souffrance dans le monde.

*
* *

Le Conseil de la Société des Nations allait pourvoir sans délai à la mise en œuvre de ces dispositions.

En effet, la Commission d'hygiène convoquée à titre officieux par le Gouvernement britannique les 29 et 30 juillet 1919, pour examiner certaines questions sanitaires de caractère international, fut, en date du 13 février 1920, invitée par le Conseil de la Société à se constituer en conférence, aux fins de lui soumettre des propositions en vue de la création d'une organisation d'hygiène permanente.

---

(1) *Revue Pénale Suisse*, 37ᵐᵉ année, fasc. III, 1924.

Cette conférence se réunit à Londres, en avril 1920. Conformément au vœu du Conseil, participèrent également à ses travaux un certain nombre d'experts hygiénistes internationaux, ainsi qu'un fonctionnaire de la Société des Nations, Dame Rachel Crowdy.

Par résolution du 3 août 1920, le Conseil de la Société des Nations, adoptant, avec quelques amendements, le rapport (1) soumis par la Conférence de Londres, décida qu'il serait déféré à l'Assemblée.

En conséquence, l'Assemblée envisagea, au cours de sa première session, une organisation d'hygiène ayant comme base l'Office international d'hygiène publique, déjà existant, cet Office devant être placé sous l'autorité de la Société des Nations (2). La solution projetée constituait l'organisation d'hygiène sur le plan général de la Société elle-même, c'est-à-dire qu'elle prévoyait une Conférence (correspondant à l'Assemblée ; la Conférence aurait été constituée, en l'espèce, par l'Office international après augmentation du nombre des membres et extension de ses attributions), un Comité exécutif (correspondant au Conseil) élu par la Conférence et un Secrétariat qui aurait formé une des sections du Secrétariat général de la Société des Nations. Mais les Etats-Unis, qui étaient membres de l'Office international, s'opposèrent à ce projet. La création de l'organisation d'hygiène dut, pour cette raison, être différée pendant quelque temps.

Dans l'intervalle, en juin 1921, le Conseil de la Société avait désigné un Comité d'hygiène provisoire. Cette mesure permit au Comité d'hygiène de la Société de collaborer avec l'Office international, qui tenait ainsi lieu, en quelque sorte, de conférence générale.

Dans sa deuxième session, le 23 septembre 1921, l'Assemblée, prenant acte des mesures prises par le Conseil, statuait que l'organisation d'hygiène de la Société comprendrait provisoirement un Comité d'hygiène.

Un an plus tard, le 15 septembre 1922, l'Assemblée, après avoir

---

(1) 1ʳᵉ Assemblée, 2ᵐᵉ Commission, p. 171.

(2) En vertu de l'art. 24 du Pacte.

constaté que l'organisation d'hygiène de la Société des Nations répondait à un besoin permanent, envisageait la préparation de la constitution de pareille organisation, laquelle lui serait soumise, lors de sa quatrième session.

Le Conseil, en conséquence, adopta le 30 janvier 1923, une résolution prévoyant l'institution d'une Commission mixte spéciale, composée en nombre égal de membres du Comité d'hygiène de la Société des Nations et de l'Office international d'hygiène publique. Cette Commission mixte devait avoir pour mission de préparer un projet de constitution en vue de l'organisation d'hygiène envisagée. L'Office international d'hygiène publique accepta, le 17 mai 1923, le rôle qui lui avait été ainsi dévolu.

Daté du 2 juin 1923, le projet d'organisation élaboré par la Commission mixte fut approuvé, le 7 juillet suivant, par le Conseil de la Société, qui décida de la déférer à l'Assemblée.

L'Assemblée, en sa quatrième session, consacra le même point de vue (1), ce qui donnait à l'organisation d'hygiène de la Société des Nations la composition ci-après :

1° Un Conseil général consultatif d'hygiène ;

2° Un Comité permanent d'hygiène ;

3° Une Section d'hygiène du Secrétariat de la Société des Nations.

I. Les fonctions du Conseil général consultatif d'hygiène sont confiées au Comité de l'Office international d'hygiène publique, qui reste autonome et qui conserve son siège à Paris, sans modification de sa composition et de ses attributions.

II. Le Comité permanent d'hygiène comprend le président du Comité de l'Office international d'hygiène publique et quinze autres membres techniciens ou fonctionnaires sanitaires. Neuf de ces membres sont choisis nominativement, pour trois années, par le Comité de l'Office international d'hygiène publique, de telle façon que chaque Etat, siégeant en permanence au Conseil de la Société des Nations, ait obligatoirement un représentant au Comité permanent d'hygiène. Les six autres membres sont choi-

---

(1) **Résolution du 15 septembre 1923.**

sis, pour trois années également, par le Conseil de la Société des Nations, après consultation avec le Comité permanent d'hygiène.

Le dit Comité peut s'adjoindre, au maximum, quatre assesseurs experts d'hygiène ; ces assesseurs sont choisis par le Conseil de la Société des Nations, sur la présentation du Comité ; ils sont considérés comme membres effectifs du Comité.

Conseil général consultatif d'hygiène.

I. Le Conseil général consultatif d'hygiène examine et discute toutes les questions qui lui sont soumises par le Comité permanent d'hygiène de la Société des Nations. Il donne son avis ou présente un rapport sur ces questions.

II. Il étudie et transmet au Comité d'hygiène de la Société des Nations toute question dont il considère que l'étude sera activée par cette procédure.

III. La Section d'hygiène du Secrétariat de la Société des Nations et l'Office international d'hygiène publique sont en relations étroites ; ils se communiquent réciproquement tous les documents concernant leurs travaux.

Un exemplaire de chacun de ces documents est adressé directement à chacun des membres du Comité de l'Office international d'hygiène publique et du Comité permanent d'hygiène de la Société des Nations.

IV. Le Secrétariat général de la Société des Nations supporte les dépenses supplémentaires qui résultent, pour l'Office international d'hygiène publique, d'une demande du Conseil de la Société des Nations.

Comité permanent d'hygiène.

I. Le Comité permanent d'hygiène dirige les travaux d'hygiène de la Société des Nations et en particulier ceux de la Section d'hygiène du Secrétariat, par l'intermédiaire d'un directeur médical.

II. Il examine toutes les questions d'hygiène intéressant la Société des Nations qui lui sont soumises, ou dont il prend l'initiative, et présente les rapports nécessaires au Conseil de la Société des Nations.

III. Il a le droit de nommer des sous-comités spéciaux, de procéder à l'examen de toute question d'hygiène ou d'effectuer des enquêtes en vue de recherches, etc., au sujet de ces questions. Il a le droit d'adjoindre à ces sous-comités spéciaux des personnes étrangères dûment qualifiées et dont la collaboration sera jugée utile.

IV. Pour assurer le mandat confié au Conseil général consultatif d'hygiène, le Comité permanent d'hygiène transmet au président du Comité de l'Office international d'hygiène publique un rapport annuel concernant le travail accompli par l'Organisation d'hygiène de la Société des Nations pendant l'année écoulée. Ce rapport expose également les questions que le Comité permanent d'hygiène se propose de préparer et de mettre en œuvre dans les limites de sa compétence, telle qu'elle a été définie par le Conseil et l'Assemblée de la Société.

Section d'hygiène du Secrétariat de la Société des Nations.

La Section d'hygiène du Secrétariat de la Société des Nations constitue le Secrétariat de l'Organisation d'hygiène de la Société.

Cette section est dirigée par le directeur médical.

Les attributions de la Section d'hygiène et les tâches lui incombant sont fixées par le Comité permanent d'hygiène et approuvées par le Secrétaire général de la Société des Nations. »

La Section d'hygiène du Secrétariat de la Société des Nations est, comme on le sait, dirigée par le Dr Rajchman.

Il y a lieu d'ajouter que la Commission des épidémies, créée par le Conseil en mai 1920, a été rattachée à l'organisation d'hygiène de la Société.

L'action inter-gouvernementale dans le domaine de l'hygiène, telle qu'elle est réalisée par la Société des Nations, ne doit pas avoir pour conséquence une immixtion de la Société dans les différentes administrations nationales d'hygiène. Elle ne doit pas non plus mener à des entreprises purement théoriques, sans résultat pratique.

Dans ces limites, on peut résumer les fonctions de l'Organisation provisoire d'hygiène en disant qu'elle a pour but de conseiller la Société des Nations en matière d'hygiène ; d'établir des relations plus étroites entre les services d'hygiène des différents pays ; de collaborer, en ce qui concerne les mesures de protection des travailleurs, avec le Bureau international du Travail ; de coopérer avec la Croix-Rouge et autres sociétés similaires ; d'organiser des missions ayant trait à des questions d'hygiène ; enfin, de provoquer la conclusion d'accords internationaux nécessaires à toute action d'ordre administratif dans les questions d'hygiène.

I. — Service de renseignements et coordination des administrations.

L'œuvre accomplie par l'Organisation d'hygiène de la Société des Nations est multiple. Elle consiste d'une part en un travail de documentation : centralisation de renseignements épidémiologiques et de statistiques démographiques, et en un travail de coordination des administrations nationales d'hygiène ; d'autre part, en un travail de recherches scientifiques qui s'opère par le moyen d'enquêtes et de conférences. En troisième lieu, l'Organisation d'hygiène prépare des actions combinées pour combattre les maladies.

a) *Renseignements épidémiologiques.* — Depuis longtemps on éprouvait le besoin d'un organisme centralisateur capable d'informer rapidement les autorités sanitaires des divers pays sur l'extension des maladies épidémiques ; c'est pourquoi l'Organisation d'hygiène de la Société des Nations a créé avec le concours financier de la Fondation Rockefeller, un service de renseignements épidémiologiques et de statistiques d'hygiène.

Les travaux que poursuit le Service de renseignements épidémiologiques portent sur les questions suivantes :

a) Etude des méthodes permettant d'obtenir de la façon la plus simple et la plus sûre les renseignements nécessaires sur l'incidence des maladies et les progrès des épidémies ;

b) Etude comparée des statistiques d'hygiène publique des différents pays ;

c) Etude de la répartition, dans le monde entier, des diverses maladies ;

d) Etude comparée de l'incidence des diverses maladies dans les différents pays et des statistiques d'hygiène publique des différents Etats, en vue de déterminer la nature et l'importance pratique des différences constatées entre ces statistiques ;

e) Etude de la périodicité des épidémies ainsi que des facteurs qui provoquent et influencent cette périodicité ;

f) Organisation, de concert avec les administrations sanitaires des pays intéressés, de missions d'enquêtes chargées d'étudier le développement des épidémies et les autres questions mentionnées dans les paragraphes précédents ;

g) Publication et distribution de rapports spéciaux et de bulletins périodiques ;

h) Etude de l'hygiène publique dans les principaux pays en vue de la publication, le cas échéant, de rapports d'ensemble sur la question ;

i) Organisation d'échanges rapides de renseignements au sujet de certaines maladies dans les cas où une intervention immédiate semble nécessaire ;

j) Emploi, au Siège central ou ailleurs, d'experts disposant des concours et du matériel technique nécessaires.

Le but poursuivi par le Service de renseignements épidémiologiques est de fournir aux administrations sanitaires nationales les renseignements qui leur sont le plus utiles pour poursuivre leurs travaux et d'assurer ainsi un échange international rapide de renseignements sur les maladies épidémiques.

La Section d'hygiène de la Société des Nations publie périodiquement des rapports sur la situation épidémiologique des divers pays ; un bulletin paraît mensuellement.

Le Service de renseignements épidémiologiques a établi un Bureau à Singapour, grâce au concours de la Fondation Rockefeller. Ce Bureau reçoit chaque semaine, de plus de 60 ports d'Asie, d'Australie et de la côte est africaine, des informations concernant la situation sanitaire, notamment au point de vue de la peste et du choléra. Ces informations sont transmises par la station de télégraphie sans fil de Saïgon. Dès leur réception à Genève, elles sont communiquées à toutes les administrations d'hygiène d'Europe. Le Bureau de Singapour publie également des rapports mensuels.

b) *Renseignements sur les statistiques médicales et l'organisation des administrations sanitaires.* — La Section d'hygiène a commencé à recueillir, auprès des administrations sanitaires nationales, des renseignements sur les méthodes qui président à l'élaboration des statistiques démographiques et sanitaires ainsi qu'à l'organisation des administrations sanitaires. Ce travail a pour objet de recueillir les données nécessaires en vue de la préparation de rapports destinés aux administrations sanitaires, qui peuvent ainsi apprécier plus exactement l'importance des renseignements reçus d'autres pays ; il permet également d'organiser d'une manière plus efficace la collaboration entre les diverses administrations dans des questions telles que la déclaration obligatoire des maladies ; l'élaboration des conventions internationales, les enquêtes ou toute autre collaboration sur des points spéciaux, etc.

Dans cet ordre d'idées une série de publications a été entreprise.

c) *Echange de personnel des administrations d'hygiène publique et bourses individuelles.* — Le système d'échange de personnel des administrations d'hygiène publique, inauguré en octobre 1922, est l'exemple le plus frappant de la façon dont l'Organisation d'hygiène peut contribuer à développer l'entente mutuelle entre les services sanitaires des divers Etats. Cette œuvre a pu être entreprise grâce surtout à la générosité du Bureau international d'hygiène, de la Fondation Rockefeller. Le Comité d'hygiène a organisé un système de visites comprenant des cours, des conférences et des travaux pratiques à l'usage des médecins des services d'hygiène qui désirent étudier la façon dont les problèmes sanitaires sont traités dans les pays étrangers.

L'échange consiste, dans la règle, dans une étude consacrée aux documents (textes législatifs et autres), accompagnée de conférences données par les autorités sanitaires du pays qu'on visite. A cette étude succèdent des travaux pratiques avec visite des établissements sanitaires. Enfin, une réunion se tient au cours de laquelle les participants présentent des rapports et discutent des apports fournis par l'échange. Fréquemment, ce dernier stage se déroule à Genève et se renforce d'une étude de l'organisation et du fonctionnement de la Société des Nations, plus particulièrement de la Section d'hygiène du Secrétariat. Nous avons signalé déjà que cette dernière est dirigée par le Dr Rajchman.

On distingue deux catégories d'échanges : a) les échanges collectifs généraux ; b) les échanges spéciaux, qui concernent une matière bien déterminée (par ex. : la tuberculose ou l'enseignement de l'hygiène).

Pratiquement, tous les pays (y compris les Etats-Unis, la Russie et la Turquie) prennent part à ces échanges.

Il se tient chaque année deux ou trois échanges généraux et un même nombre d'échanges spéciaux.

Tous ces efforts visent non seulement à atteindre un résultat pratique immédiat en permettant aux participants d'acquérir une précieuse connaissance technique des questions étudiées, mais aussi, dans une large mesure, à contribuer à la création d'un esprit de corps, d'habitudes de collaboration et d'un sentiment de confiance mutuelle entre toutes les administrations nationales d'hygiène.

II. — *Coordination des recherches scientifiques.*

Le second groupe de travaux entrepris par l'entremise de l'Organisation d'hygiène peut être désigné sous le nom de « Travaux de recherches scientifiques ». Il comprend les recherches entreprises dans des laboratoires, sur l'initiative de l'Organisation d'hygiène et poursuivies simultanément par les principaux instituts du monde entier, selon un même plan, afin d'assurer l'application pratique des résultats de ces recherches. L'Organisation d'hygiène ne peut subventionner des travaux de recherches purement théoriques : elle se borne à faciliter l'application des découvertes déjà faites.

*
* *

Les découvertes réalisées dans le domaine de l'immunisation, c'est-à-dire dans la production des sérums antitoxiques, et le séro-diagnostic de la syphilis jouent un rôle de plus en plus important dans la thérapeutique moderne. Pour tirer de ces découvertes tout le profit possible, on a, depuis longtemps, reconnu qu'il était nécessaire d'établir, par voie d'accord international, les différentes méthodes destinées à mesurer et à éprouver l'efficacité des antitoxines. Actuellement, ces méthodes varient non seulement selon les pays, mais même selon les divers laboratoires d'un même pays ; il existe des différences fondamentales de principe aussi bien que des différences sur des points de détail. D'où des renseignements contradictoires sur l'efficacité de tel ou tel sérum.

Le remède à cette situation consiste dans l'adoption de méthode et d'unité internationales. Dès avant la guerre, plusieurs tentatives furent faites dans ce sens ; mais on se heurtait toujours à la difficulté d'assurer une coopération assez étroite et continue entre un nombre suffisant de laboratoires et d'instituts de recherches scientifiques. Après la guerre, les difficultés semblaient même plus grandes encore. L'existence de l'Organisation d'hygiène de la Société des Nations a permis de les surmonter.

La Conférence de Londres sur la standardisation des sérums et des réactions sérologiques, convoquée par l'Organisation d'hygiène de la Société des Nations, en décembre 1921, entreprit, de concert avec l'Office international d'Hygiène publique, une enquête générale. Les Instituts d'hygiène publique et de sérologie autrichien, belge, français, allemand, britannique, italien, japonais, polonais, suisse et américain, qui prenaient part à cette Conférence, élaborèrent un programme d'enquêtes et de recherches dont l'application fut confiée à différents laboratoires, l'Institut de Copenhague étant chargé de coordonner et de centraliser les travaux.

L'année suivante, en septembre 1922, se réunit à Genève la Sous-Commission des sérums antitétanique et antidiphtérique. A cette Conférence prirent part les représentants des laboratoires officiels d'épidémiologie des pays suivants : Danemark, France, Allemagne, Grande-Bretagne, Italie, Japon, Russie soviétique et Etats-Unis d'Amérique. Cette conférence rétablit l'unité d'antitoxine de la diphtérie et proposa une unité internationale de sérum antitétanique.

La Conférence de Genève rétablit l'unité d'Ehrlich et décida de maintenir toujours l'identité entre les différents sérums employés par les Instituts sérothérapiques d'Etat. A cet effet, elle désigna l'Institut sérothérapique du Danemark comme laboratoire central. Cet Institut a pour mission de recevoir périodiquement des spécimens de sérum-étalon en vue de les comparer expérimentalement, une fois par an, les uns aux autres et de pouvoir envoyer aux Instituts des différents Etats des échantillons authentiques de sérum-étalon. Au cas où les expériences révéleraient des variations de titre, l'Institut intéressé sera invité à procéder à des épreuves de comparaison expérimentale.

Une seconde Conférence générale, qui se tint à Paris, à l'Institut Pasteur, en novembre 1923, passa en revue les résultats des travaux relatifs aux sérums antipneumococcique et antidysentérique et au séro-diagnostic de la syphilis. Elle adopta un nouveau programme de recherches scientifiques. Cette Conférence permit non seulement d'accomplir une nouvelle étape dans la longue accumulation de données qu'exigent nécessairement tous les travaux de recherches, mais elle permit en outre de constater combien la base de ces travaux s'élargit à mesure que les études progressent. En effet, à cette seconde Conférence assistaient des représentants des Instituts d'Hygiène publique des pays suivants : Autriche, Belgique, Danemark, France, Allemagne, Grande-Bretagne, Japon, Pologne, Roumanie, Russie, Suisse, Etats-Unis d'Amérique.

Une réunion des représentants des différents Instituts sérologiques qui se sont occupés depuis le début de ces questions s'est tenue à Copenhague du 19 novembre au 1er décembre 1923. Les spécialistes qui y prenaient part ont travaillé pendant quinze jours dans le même laboratoire (Institut sérothérapique danois), comparant fréquemment les résultats obtenus et adoptant finalement pour le séro-diagnostic de la syphilis une méthode commune dont l'usage est recommandé comme auxiliaire de l'étalon international.

Il convient de signaler également la Conférence qui s'est tenue à Genève en septembre 1924 et dont les travaux ont porté sur le sérum antidysentérique.

Lors de la réunion du Comité d'hygiène, en janvier 1923, une proposition fut discutée en vue d'appliquer les méthodes de recherches internationales à la standardisation de certains produits biologiques dont il est fait usage sous forme de médicaments extrêmement puissants tels que la digitale, les extraits pituitaires et thyroïdes, l'insuline (hormone antidiabétique du pancréas). Ces produits sont variables et chimiquement instables, et par suite leurs propriétés thérapeutiques ne sont pas toujours constantes par rapport à leur composition chimique. Aussi est-il nécessaire de standardiser ces préparations physiologiques, c'est-à-dire d'étudier par exemple les effets, sur un animal donné, d'une dose-type. Ici encore, les méthodes adoptées en différents pays varient considérablement et il y a lieu de recourir à des accords internationaux pour établir une méthode d'épreuve et de standardisation de ces produits.

A cet effet, une Conférence technique s'est tenue à Edimbourg, en juillet 1923, sous les auspices du Comité d'hygiène. Une deuxième Conférence eut lieu à Genève, en août 1925, qui formula des conclusions du plus haut intérêt.

III. — *Organisation d'actions combinées pour combattre les maladies.*

L'Organisation d'hygiène s'est appliquée enfin à être l'agent de rapprochement et d'entente entre les administrations sanitaires des différents pays, en provoquant la conclusion d'accords bilatéraux ou généraux en vue de fins déterminées et en assurant l'exécution des mesures communes adoptées par les administrations nationales dans les conférences intergouvernementales.

a) *Travaux de la Commission des Epidémies.* — Le premier exemple de cette nature et l'un des premiers problèmes sanitaires auquel la Société des Nations ait eu à s'attaquer, fut la question des épidémies en Europe orientale. Pour faire face à ce problème le Conseil créa, comme nous l'avons déjà vu, en mai 1920, une organisation temporaire, la Commisson des Epidémies. La tâche assignée à cette Commission était d'empêcher la propagation des épidémies en Europe orientale ; il fut décidé, à cet effet, d'appliquer les mesures recommandées par la Conférence sanitaire convoquée par le Conseil à Londres, en 1920. Les mesures les plus importantes envisagées par la Conférence comprenaient :

a) L'organisation de stations de quarantaine ;

b) L'équipement d'hôpitaux ;

c) Des mesures destinées à assurer le nettoyage et la désinsectisation ;

d) La fourniture de vivres, de vêtements, de savon, de véhicules automobiles et autres objets indispensables.

L'œuvre de la Commission constitue un premier essai de collaboration sanitaire internationale dans un champ étendu.

La Commission agit par l'entremise des administrations sanitaires nationales existantes.

C'est en Pologne que la Commission exerça sa mission pour la première fois. Par sa situation centrale, l'étendue de sa frontière orientale et le grand nombre des réfugiés venant de Russie qui affluaient sur son territoire, la Pologne était la clé de voûte de la défense sanitaire de l'Europe centrale. Plus tard, la Commission étendit son action à la Lettonie et à la Russie où elle créa des offices à Moscou et à Kharkow. En mai 1922, un accord destiné à faciliter son œuvre en Russie fut conclu entre la Commission des Epidémies et les autorités soviétiques. Une coopération étroite put s'établir ainsi entre les membres de la Commission et les autorités sanitaires des Soviets.

La Commission fournit aux autorités sanitaires nationales les objets qu'il leur était le plus difficile de se procurer, tels que vêtements, savons, médicaments, vaccins, matériel d'hôpital, ambulances, automobiles, aliments et combustibles. La Commission, en Pologne, équipa cinquante hôpitaux de cinquante lits chacun. Elle collabora également à l'établissement, à l'entretien et aux opérations de désinfection des gares d'observation sur les principales routes par lesquelles les épidémies pénétraient en Russie avec les réfugiés qui se rendaient principalement en Pologne.

Elle contribua à l'aménagement de certains bâtiments en hôpitaux épidémiques supplémentaires et à l'établissement de camps de concentration pour les rapatriés et les réfugiés. Par ses conseils, elle réussit à coordonner la lutte contre les épidémies dans différentes régions.

La Commission a acquis une position unique et exerce une influence qui a été reconnue de toutes parts comme salutaire. Elle a renforcé et aidé les efforts des services d'hygiène publique des différents pays, y compris la Russie soviétique. Elle a à différentes reprises, dans des situations critiques, indiqué les points faibles des organisations locales et a pu leur venir en aide en leur fournissant judicieusement le matériel indispensable que ces organisations n'auraient pas pu obtenir autrement.

Au cours de l'automne 1922, à la suite des dernières batailles de la guerre gréco-turque, un grand flot de réfugiés commença à se déverser sur la Grèce. Leur nombre, qui atteignit rapidement un cinquième de la population totale de la Grèce, ne cessait d'augmenter. La plupart de ces réfugiés arrivaient dans un état de complet dénuement et dans des conditions qui ne permettaient aucune espèce de contrôle sanitaire. Le Conseil, donnant suite à une résolution urgente de l'Assemblée, qui était alors en session, nomma le Dr Nansen haut-commissaire pour les réfugiés, et la troisième Assemblée lança des appels auxquels quelques-uns des Gouvernements représentés répondirent presque immédiatement en offrant leur contribution. Sur les fonds ainsi recueillis, le Dr Nansen, à la demande du Gouvernement hellénique, affecta cinq millions de livres sterling à des fins médicales. Le Gouvernement grec réclama alors l'assistance de la Commission des Epidémies, dont deux membres furent envoyés en Grèce. L'un d'entre eux a rempli depuis lors les fonctions de conseiller technique auprès du Gouvernement grec et a inspecté tous les camps de réfugiés sur terre ferme et dans les îles. Le second, toujours à la demande du Gouvernement grec et en collaboration avec une commission antiépidémique désignée par le ministère hellénique de l'hygiène, organisa une campagne de vaccinations préventives parmi les réfugiés, en employant à cet effet les 5,000 livres sterling affectées par le Dr Nansen à des fins médicales, ainsi qu'une partie du reliquat de la Commission des Epidémies.

Quelque 80 médecins, étudiants en médecine et inspecteurs d'hygiène grecs, furent répartis en 10 colonnes de vaccinations et partagés entre les camps de réfugiés qui furent divisés, au point de vue administratif, en deux zones ayant, pour centres respectifs, Athènes et Salonique.

A la date du 1er avril, environ 550,000 réfugiés avaient été vaccinés contre la variole, le choléra et la fièvre typhoïde.

Il faut également signaler la collaboration qu'assurèrent à la Grèce la Société des Nations et, plus particulièrement, son Organisation d'hygiène, dans la lutte contre la malaria et l'Organisation du Service d'Hygiène publique.

b) *Conférence sanitaire de Varsovie.* — Au cours des premiers mois de 1921, la situation de l'Europe orientale, au point de vue des épidémies, s'était quelque peu améliorée, mais vers l'automne la famine russe provoqua de nouvelles migrations successives qui propagèrent au loin les maladies et réduisirent les forces de résistance de populations entières. La Russie avait été ravagée par les maladies pendant quatre ou cinq ans, à la suite des déplacements en masse de troupes et de réfugiés, de la dévastation par la guerre de provinces entières, et de l'écroulement de tout l'organisme administratif et du bouleversement de la vie économique qui suivit la révolution et les guerres civiles. Les maladies prédominantes étaient : le typhus, la fièvre récurrente et le choléra.

Les deux premières de ces maladies étaient en quelque sorte devenues endémiques en Russie, leur incidence étant plus de 30 fois supérieure à ce qu'elle était avant la guerre.

Cette situation constituait une grave menace pour les Etats formés en partie des anciennes provinces occidentales de la Russie ; cette menace était d'autant plus grave que des millions d'habitants de ces Etats, en 1915 et en 1916, avaient été évacués de force en Russie centrale et jusqu'en Sibérie par les armées impériales russes, et retournaient à ce moment dans leurs foyers.

Les Etats limitrophes, notamment les Etats baltes et la Pologne, étaient obligés de faire face à la double tâche de filtrer ces masses de réémigrants à travers un réseau suffisamment serré de stations de quarantaine et de leur trouver du travail et des abris.

Le fardeau s'était révélé si lourd pour les forces des Etats limitrophes, et la question constituait si manifestement une menace pour l'Europe entière, que le Gouvernement polonais, en janvier 1922, demanda au Président du Conseil de la Société des Nations de prêter le concours de la Société des Nations à une conférence européenne de tous les Etats intéressés, dont il proposait la convocation aussi rapide que possible afin d'étudier l'ensemble de la situation créée par les épidémies et d'établir un plan d'action commune. En agissant ainsi, le Gouvernement polonais se référait à la décision de la deuxième Assemblée (1921) au sujet des accords particuliers que peuvent conclure entre eux des Membres de la Société. Cette résolution spécifie que « de tels accords pourront être négociés sous les auspices de la Société des Nations dans des conférences spéciales avec son concours ».

Le Président du Conseil fit savoir que le Conseil approuvait, à l'unanimité, l'initiative du Gouvernement polonais et qu'il mettait à sa disposition les organisations de la Société.

La Conférence sanitaire de Varsovie fut donc convoquée par le Gouvernement polonais et se réunit le 20 mars. Les Etats représentés à cette conférence étaient : l'Autriche, la Belgique, la Bulgarie, la Tchécoslovaquie, Dantzig, le Danemark, l'Esthonie, la Finlande, la France, l'Allemagne, la Grande-Bretagne, la Grèce, la Hollande, la Hongrie, l'Italie, le Japon, la Lettonie, la Lithuanie, la Norvège, la Pologne, la Roumanie, la Russie, le Royaume des Serbes, Croates et Slovènes, l'Espagne, la Suède, la Suisse, la Turquie et l'Ukraine.

La Conférence établit un rapport complet et très documenté sur l'ensemble de la situation ; la conclusion en était que la reconstitution économique de l'Europe orientale serait impossible aussi longtemps que la menace des épidémies n'aurait pas été définitivement écartée.

La Conférence dressa en outre un plan de campagne détaillé en vue de réduire à néant le danger des épidémies.

Les frais d'exécution de ce plan furent évalués à environ 1,500,000 livres. Le Comité d'hygiène fut chargé par la Conférence de l'exécution de l'ensemble du projet. Le rapport, les conclusions et le plan furent approuvés par la Conférence de Gênes à qui ils avaient été soumis. Le manque de fonds a empêché jusqu'ici de le mettre à exécution.

D'autres résolutions, également importantes, de la Conférence de Varsovie, furent mises en application.

L'une de ces résolutions visait à renforcer le personnel médical de la Russie et des Etats limitrophes par l'organisation de cours à Varsovie, à Moscou et à Kharkof, en vue de former les fonctionnaires d'hygiène publique à la lutte antiépidémique.

Les fonds nécessaires à cette entreprise furent fournis par un don de 5,000 livres de la Ligue des Sociétés de la Croix-Rouge.

Une autre résolution de la Conférence de Varsovie, qui fut immédiatement mise en application, avait trait à une série de conventions à conclure entre les divers Etats limitrophes eux-mêmes et entre ces Etats et l'Allemagne, la Tchécoslovaquie, la Hongrie, l'Autriche, le Royaume des Serbes, Croates et Slovènes, la Bulgarie, etc. Un certain nombre de conventions de ce genre ont déjà été conclues et d'autres sont en cours de négociation. Ces conventions comprennent trois innovations : en premier lieu, les administrations d'hygiène des différents pays doivent se communiquer réciproquement et directement la liste des cas reconnus ou suspects au lieu d'avoir recours, comme antérieurement, à la voie diplomatique. Toutefois, copie desdits renseignements est communiquée au représentant diplomatique de l'Etat qui les reçoit et au ministère des affaires étrangères de l'Etat qui les transmet. En second lieu, ces mêmes listes sont également transmises à la Section d'Hygiène du Secrétariat de la Société des Nations. Enfin, la plupart de ces conventions renferment une clause prévoyant que, en cas de différends provoqués par l'interprétation ou la mise en application des conventions, les Puissances contractantes, si elles ne peuvent aboutir à un accord direct, devront avoir recours à l'Organisation d'hygiène de la Société qui agira à titre d'arbitre.

c) *Enquête dans la Méditerranée orientale.* — Pendant que se poursuivait, le long des frontières de la Russie même, la lutte contre l'extension des épidémies, le Comité d'hygiène de la Société, d'accord avec l'Office international d'Hygiène, chargea une Commission d'enquête de visiter le bassin de la Méditerranée orientale, la Mer Rouge et les Détroits de Constantinople. Cette Commission avait pour tâche d'étudier sur place l'application des arrangements internationaux destinés à prévenir l'extension des épidémies et éventuellement les modifications à apporter à ces arrangements.

La guerre a divisé toute une région qui relevait autrefois d'une seule administration sanitaire et elle a considérablement désorganisé certaines des administrations sanitaires elles-mêmes. En outre, certains problèmes d'importance primordiale au point de vue sanitaire ont sensiblement changé de face. Par exemple, les pèlerinages annuels aux lieux saints musulmans de la Palestine et du Hedjaz s'effectuaient surtout par eau, mais, actuellement, ils suivent de plus en plus la voie de terre ou empruntent la voie ferrée. Il est donc devenu nécessaire et urgent de reviser la convention sanitaire internationale conclue à Paris en 1912, afin de la mettre en harmonie avec cette situation nouvelle.

Un projet de revision de la première partie de cette convention a déjà été préparé par les soins de l'Office international en vue de rendre la Convention applicable au typhus et à la fièvre récurrente, et d'édicter des dispositions plus sévères concernant l'application des mesures sanitaires aux transports par voie de terre.

La Commission procéda à une enquête approfondie sur la situation. Dans le rapport qu'elle présenta au Conseil, elle proposait un texte revisé pour les parties II, III et IV de la Convention de Paris, ainsi qu'un certain nombre de mesures spéciales destinées à unifier et à améliorer le contrôle sanitaire dans les régions suivantes : 1° Egypte et Canal de Suez ; 2° Arabie, Palestine et Syrie ; 3° Constantinople et les ports de la Mer Noire. Le rapport insistait sur la nécessité de créer, sous les auspices du Conseil de la Société, une commission sanitaire internationale chargée de coordonner les travaux des autorités sanitaires dans tout le Proche-Orient.

d) *Enquête sur les maladies de l'Afrique équatoriale.* — Le Comité d'hygiène a également entrepris une enquête sur l'incidence de la maladie du sommeil et de la tuberculose en Afrique équatoriale, où la guerre a provoqué une recrudescence des maladies et un relâchement de la surveillance. Le Comité d'hygiène a désigné un Comité de spécialistes dont les membres ont été choisis en Belgique, en France et en Grande-Bretagne, trois Etats qui ont des intérêts coloniaux en Afrique équatoriale.

Le Comité suggéra qu'une mission spéciale fut envoyée dans une région infectée par la maladie du sommeil, en vue d'étudier certains problèmes d'importance essentielle à l'effet de prévenir et de guérir cette affection.

Le Secrétaire-Général fut chargé de pressentir les ministres des affaires étrangères de Belgique, de France, de Grande-Bretagne, d'Italie, de Portugal et d'Espagne, sur le point de savoir s'ils étaient favorables à l'idée de provoquer une conférence, composée des ministres des colonies de ces pays, conférence qui envisagerait, des points de vue administratif et économique, la possibilité d'envoyer en Afrique la mission proposée. Les divers Gouvernements ayant marqué leur agrément, la conférence se tint à Londres en mai 1925, à l'invitation du Gouvernement britannique.

La Conférence adopta des recommandations prévoyant une liaison entre le personnel sanitaire établi des deux côtés des frontières, l'adoption d'un passeport sanitaire à l'usage des indigènes, la coordination des statistiques concernant la maladie du sommeil.

En outre, la Conférence émit le vœu qu'une commission internationale fut chargée d'une série de recherches sur place, touchant l'affection envisagée.

Enfin, la Conférence décida d'inviter les Gouvernements intéressés à couvrir les frais de l'expédition, et suggéra qu'un crédit de £ 3000 fut ouvert, aux fins considérées, dans le budget de l'organisation d'hygiène.

e) *Enquête dans les ports d'Extrême-Orient.* — Le 3 novembre 1922, le Comité d'hygiène, sur la proposition du délégué japonais et avec l'approbation des gouvernements intéressés, envoya une mission restreinte en Extrême-Orient, en vue d'y faire une enquête dans les ports. Cette enquête devait porter sur les maladies épidémiques telles que le choléra, la peste, ainsi que sur les mesures prises pour notifier les cas et les décès, pour surveiller les épidémies, pour prévenir leur propagation par suite de la contamination des navires.

En décidant cette enquête, le Conseil de la Société des Nations avait fait remarquer que, si la propagation des épidémies en Extrême-Orient intéressait tout particulièrement les Membres asiatiques de la Société des Nations, l'état sanitaire de cette partie du monde ne saurait néanmoins laisser indifférentes les autres régions.

Parti au début du mois de novembre 1922, le docteur Norman White, chef de la Commission des Epidémies, à qui fut confiée cette mission, resta absent jusqu'à la fin de juillet 1923. Il se rendit tout d'abord au Siam où il représenta l'Organisation d'hygiène de la Société des Nations, dont il est membre, à la première conférence de la Ligue des CroixRouges d'Extrême-Orient. Il visita ensuite Singapour, Java, Hong-Kong, le Japon, Formose, la Corée, la Mandchourie du Sud et celle du Nord jusqu'à Kharbine, Dairen, Newschwang, Pékin, Manille, le Tonkin, l'Annam, la Cochinchine et le Cambodge (l'Indochine française depuis Haïphon jusqu'à Saïgon), la Malaisie, Pénang, Rangoun, Calcutta, Simla, Bombay et Ceylan.

Au cours de ce long voyage, le Dr Norman White trouva le concours le plus efficace auprès des Gouvernements et des autorités des pays qu'il traversait.

Il put rapporter ainsi une nombreuse documentation sur l'évolution, au cours de ces dernières années, des épidémies de choléra, de peste bubonique, de peste pneumonique, de petite vérole et d'autres maladies.

Il recueillit des renseignements intéressants sur l'activité des administrations sanitaires et sur les méthodes employées pour l'établissement des statistiques sanitaires.

Les indications recueillies ont conduit, notamment, à l'établissement du Bureau de renseignements épidémiologique, de Singapour.

f) *Enquête sur le cancer.* — Une enquête sur les causes des différences marquées dans la mortalité de certaines formes de cancer, révélées notamment par les statistiques démographiques de l'Angleterre, du Pays de Galles, des Pays-Bas et de l'Italie, fut décidée par le Comité d'hygiène en mai 1923, à la demande du délégué britannique. Cette enquête présente un grand intérêt pour l'hygiène publique, surtout à l'heure actuelle où les problèmes relatifs au cancer font l'objet d'études dans un grand nombre de pays. Une Sous-Commission a été nommée pour étudier cette question.

g) *Enquête sur la tuberculose.* — A la requête du Royaume des Serbes, Croates et Slovènes, formulée au cours de la 5me Assemblée, la Commission d'hygiène commença à recueillir des informations concernant les mesures antituberculeuses et leur valeur respective, démontrée par l'expérience des divers pays.

Le Comité d'hygiène estimant qu'il n'entrait pas dans ses attributions de résoudre des problèmes cliniques et thérapeutiques, décida de procéder sur le champ à une étude préliminaire sur le taux de la mortalité par tuberculose dans les différents pays, étude conçue d'un point de vue statistique. Les résultats de cette étude préliminaire conduisirent à l'institution d'une Commission spéciale, chargée de continuer l'er uête sur les bases suivantes :

1° Etude comparative des ιapports possibles existant entre la mortalité par tuberculose et le taux de mortalité en général ;

2° Recherche des relations possibles entre la tuberculose, le travail industriel, les aliments en général et l'usage du lait en particulier.

La Commission de la tuberculose décida d'effectuer une étude statistique sur le coût des diverses mesures antituberculeuses, cela en vue de permettre au Comité d'hygiène de répondre aux requêtes des services d'hygiène publique qui visent à compléter leur organisation antituberculeuse. (C'était le cas pour le Royaume des Serbes, Croates et Slovènes.)

Le problème de la tuberculose en Afrique fut pris en main par la Commission d'experts chargée de l'étude de la tuberculose et de la maladie du sommeil dans l'Afrique équatoriale. La Commission fit ressortir l'intérêt qu'il y aurait à étudier la dissémination de l'affection à travers l'Afrique.

Lors de sa Vme Session en octobre 1925, le Comité d'hygiène prit note d'une requête introduite par l'Union Sud-Africaine et tendant à l'institution d'une enquête sur la tuberculose par rapport aux mineurs indigènes de l'Afrique du Sud.

Le Comité se déclara disposé en principe à coopérer à pareilie enquête, qui offrait une occasion exceptionnelle de procéder à une étude épidémiologique de la nature la plus fructueuse.

L'oeuvre humanitaire
de l'Organisation internationale
du Travail

L'intérêt qui s'attache à l'amélioration de la situation des travailleurs a inspiré l'institution d'une Organisation internationale du Travail. Celle-ci vise à généraliser l'adoption et à veiller à l'application de certains principes considérés comme devant servir de base à la législation du travail. Parmi ces principes figurent les suivants :

1° Le principe dirigeant que le travail ne doit pas être considéré simplemeut comme une marchandise ou un article de commerce ;

2° Le droit d'association en vue de tous objets non contraires aux lois, aussi bien pour les salariés que pour les employeurs ;

3° Le paiement aux travailleurs d'un salaire leur assurant un niveau de vie convenable, tel qu'on le comprend dans leur temps et dans leur pays ;

4° L'adoption de la journée de huit heures ou de la semaine de quarante-huit heures comme but à atteindre partout où il n'a pas encore été obtenu ;

5° L'adoption d'un repos hebdomadaire de vingt-quatre heures, qui devrait comprendre le dimanche toutes les fois que cela sera possible ;

6° La suppression du travail des enfants et l'obligation d'apporter au travail des jeunes gens des deux sexes les limitations nécessaires pour leur permettre de continuer leur éducation et d'assurer leur développement physique ;

7° Le principe du salaire égal, sans distinction de sexe, pour un travail de valeur égale ;

8° Les règles édictées dans chaque pays au sujet des conditions du travail devront assurer un traitement économique équitable à tous les travailleurs résidant légalement dans le pays ;

9° Chaque Etat devra organiser un service d'inspection qui comprendra des femmes, afin d'assurer l'application des lois et règlements pour la protection des travailleurs.

Sous des rubriques se référant plus particulièrement à la santé de la race, nous allons exposer rapidement ci-après l'économie des principales conventions et recommandations qu'en réalisation de ses buts l'Organisation internationale du Travail a élaborées dans cet ordre d'idées.

I. — DUREE DU TRAVAIL.

Un projet de convention tendant à limiter la durée du travail dans les établissements industriels a été adopté par la Conférence de Washington. L'article 2 stipule que dans tous les établissements industriels publics ou privés, ou dans leurs dépendances, de quelque nature qu'ils soient, à l'exception de ceux dans lesquels sont seuls employés les membres d'une même famille, la durée du travail du personnel ne pourra excéder huit heures par jour et quarante-huit heures par semaine, sauf un certain nombre d'exceptions. L'Inde bénéficie d'un régime spécial ; la Chine, la Perse, le Siam sont exempts d'appliquer les stipulations de la convention ; pour la Grèce et la Roumanie, l'entrée en vigueur est soumise à des dispositions particulières.

Sont considérés comme établissements industriels par la convention : les mines et carrières, industries de transformation, entreprises de construction et réparation, transports de personnes et marchandises.

En 1920, deux recommandations invitent les membres de l'organisation à limiter dans le sens de la journée de huit heures et de la semaine de quarante-huit heures, avec telles dispositions spéciales qui pourraient être rendues indispensables par les conditions exceptionnelles, la durée du travail dans l'industrie de la pêche et dans la navigation intérieure (1).

II. — PROTECTION DE LA FEMME.

a) *Travail de nuit.*

Un projet de convention concernant le travail de nuit des femmes a été adopté par la conférence de Washington.

Aux termes de l'article 3, les femmes, sans distinction d'âge, ne pourront être employées pendant la nuit dans aucun établissement industriel, public ou privé, ni dans aucune dépendance d'un de ces établissements, à l'exception des établissements où sont seuls employés les membres d'une même famille. Le terme « nuit » désigne une période de 11 heures consécutives, comprenant l'intervalle écoulé entre 10 heures du soir et 5 heures du matin.

En outre, une recommandation votée en 1921 demande aux membres de réglementer le travail de nuit des femmes employées dans l'agriculture « de manière à leur assurer une période de repos conforme aux exigences de leur constitution physique et ne comprenant pas moins de neuf heures, si possible consécutives ».

b) *Maternité.*

La Convention de 1919 envisage l'emploi des femmes avant et après l'accouchement. Il est prévu que, dans les établissements industriels ou commerciaux, publics ou privés, ou dans leurs dépendances, à l'exception des établissements où sont seuls employés les membres d'une même famille, une femme ne sera pas autorisée à travailler pendant une période de six semaines après ses couches, qu'elle aura le droit de quitter son travail sur production d'un certificat médical déclarant que ses couches se produiront probablement dans un délai de six semaines. La convention prévoit encore la création d'un système d'assurance maternelle et certaines mesures protectrices concernant l'allaitement de l'enfant et la protection à laquelle la femme a droit en cas de maladie résultant de la grossesse ou des couches.

---

(1) M. Drechsel. *Le Traité de Versailles et le mécanisme des conventions internationales du Travail.*

Une recommandation votée en 1921 étend le principe de cette convention aux femmes employées dans l'agriculture.

c) *Travaux insalubres.*

En raison des dangers que présentent pour les femmes au point de vue de la maternité, certaines opérations industrielles, la Conférence de Washington a adopté une recommandation interdisant l'emploi des femmes dans un certain nombre de travaux qui comportent des risques de saturnisme. Il est recommandé, en outre, que l'emploi des femmes dans les travaux où l'on utilise des sels de plomb ne soit autorisé qu'à la condition qu'on prenne des mesures efficaces de protection, et que, dans les industries où il est possible de remplacer les sels solubles de plomb par des substances non toxiques, l'emploi des dits sels solubles de plomb soit l'objet d'une réglementation plus sévère.

III. — PROTECTION DES ENFANTS ET DES JEUNES GENS.

Ainsi que le constatent les publications du B. I. T., le but général des conventions élaborées dans cet ordre d'idées est de protéger les enfants pendant leur jeune âge afin d'assurer leur développement physique et intellectuel. Ces conventions reconnaissent à chaque enfant, comme un droit de naissance, celui de disposer de ses premières années pour poser les fondations physiques, intellectuelles et morales qui lui permettront de devenir un membre utile de la collectivité.

a) *Age minimum d'admission au travail.*

Un texte conventionnel adopté en 1919 fixe à 14 ans l'âge minimum d'admission des enfants dans les établissements industriels. Il est stipulé dans l'art. 2 que « les enfants de moins de 14 ans ne peuvent être employés ou travailler dans les établissements industriels, publics ou privés, ou dans leurs dépendances, à l'exception de ceux dans lesquels sont seuls employés les membres d'une même famille. Toutefois, ajoute l'art. 3 « Ces dispositions ne s'appliqueront pas au travail des enfants dans les écoles professionnelles, à la condition que ce travail soit approuvé et surveillé par l'autorité publique ». Des dispositions de 1921, viennent confirmer ce principe pour les travaux agricoles.

En ce qui concerne le travail maritime, il fut stipulé (1920) que les enfants de moins de 14 ans ne pourraient être employés au travail à bord des navires, autres que ceux sur lesquels sont seuls employés les membres d'une même famille.

b) *Travail de nuit.*

Dès 1919, on prévoyait dans un projet de convention le travail de nuit des enfants et des jeunes gens. D'après l'article 2 du traité, il est interdit d'employer pendant la nuit les enfants de moins de dix-huit ans dans les établissements industriels, publics ou privés, ou dans leurs dépendances, à l'exception de ceux dans lesquels sont seuls employés les membres d'une même famille, sauf dans le cas de certaines industries spécifiées, dont les travaux, en raison de leur nature, doivent être continués jour et nuit ; dans cette hypothèse, la limite est fixée à 16 ans. Le terme « nuit » est spécialement défini dans la convention : il signifie une période d'au moins onze heures consécutives, comprenant l'intervalle écoulé entre 10 heures du soir et 5 heures du matin.

Par recommandation adoptée en 1921, le principe de la convention fut étendu aux enfants et aux jeunes gens employés dans l'agriculture. Il y est stipulé qu'une période de repos nocturne d'au moins 10 heures consécutives sera laissée aux enfants au-dessous de dix-huit ans, et de neuf heures au-dessus.

c) *Travaux insalubres et dangereux.*

La réglementation relative à l'emploi des enfants aux travaux insalubres est la même que celle qui a été établie pour les femmes (voir plus haut).

La protection de la santé des enfants et des adolescents employés à bord des navires forme également le sujet de textes adoptés en 1921.

Il est stipulé que les jeunes gens de moins de 18 ans ne peuvent être employés au travail à bord des navires en qualité de soutiers ou chauffeurs.

Quant aux enfants et jeunes gens de moins de 18 ans, ils ne pourront être employés, à bord d'un navire, en dehors de ceux sur lesquels sont occupés les membres d'une même famille, que sur présentation d'un certificat médical attestant leur aptitude à ce travail. L'emploi de ces enfants ou jeunes gens au travail maritime ne pourra être continué que moyennant renouvellement de l'examen médical à des intervalles ne dépassant pas une année, et présentation, après chaque nouvel examen, d'un certificat médical attestant l'aptitude au travail maritime.

IV. — REPOS HEBDOMADAIRE.

La Conférence de 1921 a adopté un projet de convention dont l'article 2 stipule que tout le personnel occupé dans tout établissement industriel, public ou privé ou dans ses dépendances, devra, sous réserve de certaines exceptions, jouir, au cours de chaque période de sept jours, d'un repos comprenant au minimum vingt-quatre heures consécutives, devant être accordé autant que possible à tout le personnel en même temps et coïncidant, autant que possible, avec les jours consacrés par les usages particuliers de chaque pays.

Une recommandation votée la même année demande aux membres de l'organisation d'étendre ces mesures aux établissements commerciaux.

V. — UTILISATION DES LOISIRS DES TRAVAILLEURS.

En visant à limiter la durée du travail, la Conférence de Washington a voulu garantir aux travailleurs, outre les heures de sommeil nécessaires, des moments de loisirs. Ces loisirs sont d'une haute valeur pour le progrès de la civilisation et l'amélioration de la race ; c'est grâce à eux que les travailleurs peuvent s'appliquer à développer leurs capacités physiques, intellectuelles et morales.

Etant donné ces considérations, une recommandation a été adoptée qui comporte un certain nombre de dispositions en vue de préserver et d'organiser les loisirs que la loi de huit heures assure aux travailleurs.

Par préserver, on entend, notamment, défendre le loisir, d'une part, contre l'employeur que les soucis du rendement peuvent entraîner à offrir des heures supplémentaires ; d'autre part, contre le travailleur, que le désir d'un gain accessoire conduit souvent à accepter ces heures supplémentaires, parfois à en suggérer l'offre, chez son employeur habituel ou chez un autre. La recommandation ajoute qu'on peut préserver le loisir d'un travailleur par des mesures d'organisation matérielle, telles que l'amélioration des transports, la continuité des heures de travail. Pour organiser les loisirs, la recommandation signale des moyens qui ont déjà fait leurs preuves en certains pays : maisons ouvrières, jardins ouvriers, sports, bibliothèques, cours professionnels, bains douches ; ainsi sont satisfaites les exigences de la vie familiale, de l'éducation postscolaire et de l'hygiène sociale. Restait à assurer aux travailleurs la liberté de leurs loisirs ; la conférence, signalant avec raison la méfiance et l'hostilité que ferait naître toute obligation, toute intervention, même légitime, de toute nature, gouvernementale, patronale, philanthropique, propose une organisation locale et régionale des loisirs, par l'action de commissions tripartites, composées de délégués gouvernementaux, patronaux et ouvriers, ayant pour tâche de coordonner et d'orienter les efforts particuliers (1).

VI. — HYGIENE INDUSTRIELLE.

L'attention de l'Organisation Internationale du Travail a été tout particulièrement retenue, par la question de l'hygiène industrielle, laquelle a une répercussion immédiate sur la santé de l'ouvrier et partant sur le bien-être de la race.

La Conférence de Washington a voté une recommandation tendant à la création d'un service d'inspection efficace et d'un service public d'hygiène qui se mettra en rapport avec le Bureau international du travail.

La question des industries dangereuses et insalubres a été envisagée, à plusieurs reprises, par la Conférence internationale du Travail.

Ainsi que nous l'avons vu, une recommandation a été adoptée à Washington en 1919 concernant la protection des enfants et des femmes, contre le saturnisme. Elle vise à interdire leur utilisation dans les établissements où s'opère la manipulation de la céruse, du minium etc., et à subordonner cette utilisation à certaines précautions dans les établissements où s'opère la manipu-

---

(1) *L'Organisation internationale du Travail. L'œuvre accomplie.*

lation de sels de plomb moins nocifs, mais dangereux à quelque degré.

La Conférence de 1921 adopta un texte de convention interdisant d'employer la céruse dans les travaux de peinture intérieure des bâtiments sauf les gares et établissements industriels où elle est reconnue nécessaire après consultation des groupements intéressés. Le même projet prévoit l'interdiction d'employer aux travaux comportant l'usage de la céruse les jeunes gens de moins de 17 ans et les femmes et prescrit une surveillance étroite des cas de saturnisme.

Deux recommandations furent en outre votées à Washington dans ce même domaine ; la première concernant la prévention de la maladie du charbon, demande une désinfection des laines suspectes dans tous les ports de débarquement ; la seconde recommande l'application de la convention internationale adoptée à Berne en 1906, sur l'interdiction de l'emploi du phosphore blanc dans l'industrie des allumettes, à laquelle un certain nombre de pays avaient déjà adhéré.

Le travail de nuit dans les boulangeries a fait l'objet d'un projet de convention à la Conférence de 1925. D'après ses dispositions la fabrication, pendant la nuit, du pain, de la pâtisserie ou des produits similaires à base de farine est interdite. Cette interdiction s'applique au travail de toutes personnes, aussi bien patrons qu'ouvriers, participant à la fabrication visée ; elle ne concerne toutefois pas la fabrication ménagère effectuée par les membres d'un même foyer pour leur consommation personnelle. La convention ne vise pas la fabrication en gros des biscuits.

L'interdiction s'applique à une période de sept heures consécutives comprises dans l'intervalle écoulé, soit entre onze heures du soir et cinq heures du matin, soit, lorsque le climat ou la saison le justifient, après accord des organisations patronales et ouvrières intéressées, entre dix heures du soir et quatre heures du matin.

Des dérogations temporaires ou permanentes pourront être accordées, après consultation des organisations professionnelles, pour les travaux préparatoires et complémentaires, les besoins particuliers de l'industrie dans les pays tropicaux, l'application du repos hebdomadaire, les surcroîts de travail extraordinaires ou des nécessités d'ordre national ; enfin, en cas d'accidents de travaux d'urgence à effectuer aux machines.

VII. — PROTECTION DES TRAVAILLEURS AGRICOLES.

Une recommandation adoptée en 1921 propose aux Gouvernements de réglementer les conditions de logement et de couchage des travailleurs agricoles en tenant compte des conditions spéciales, climatériques ou autres, affectant le travail agricole du pays et après consultation des organisations patronales et ouvrières intéressées, si de telles organisations existent.

VIII. — PROTECTION DES TRAVAILLEURS ETRANGERS.

La Conférence de Washington a voté une recommandation tendant à assurer, sur la base de la réciprocité, dans les conditions arrêtées d'un commun accord entre les pays intéressés aux travailleurs étrangers occupés sur son territoire et à leurs familles, le bénéfice des lois et règlements de protection ouvrière, ainsi que la jouissance du droit d'association reconnu dans les limites de la légalité à ses propres travailleurs.

IX. — INSPECTION DU TRAVAIL.

L'inspection du travail est d'une très grande importance dans le domaine qui nous occupe puisque de la bonne application des lois et des règlements dépend les progrès que l'on est en droit d'attendre de la législation protectrice ouvrière. Aussi, une recommandation traite-t-elle en détails de cette question. Dans le texte voté en 1923, l'inspection du travail y est définie « comme une institution destinée à assurer la protection et la sécurité des travailleurs ; ses pouvoirs sont délimités de manière à permettre une investigation à toute heure du jour et de la nuit, des locaux où les inspecteurs peuvent avoir un motif raisonnable de supposer que sont occupées des personnes jouissant de la protection légale » sans jamais tomber dans l'inquisition déplacée ni inquiéter le secret de la fabrication. L'inspecteur du travail devra collaborer avec les employeurs et les travailleurs par des consultations et des échanges de renseignements, de manière à assurer la plus grande sécurité des travailleurs. Le personnel des inspecteurs qui dépendra du Gouvernement sera doté d'un statut organique lui assurant la stabilité et l'indépendance nécessaires à son autorité. La rédaction des rapports périodiques, ainsi que des enquêtes occasionnelles sont également recommandées (1).

Une recommandation votée à la session de 1926 établit les principes généraux de l'inspection du travail des gens de mer.

X. — ASSURANCES SOCIALES.

Les assurances sociales contribuent, elles aussi, indirectement, à l'amélioration de la race en ce qu'elles permettent à l'ouvrier se trouvant empêché de travailler, de subsister ainsi que sa famille. De plus les victimes d'accidents ou de maladie contractées au cours de leur emploi auront droit de ce chef à une indemnité ; ils peuvent, en outre, faire l'objet d'une rééducation professionnelle.

Examinons les différentes décisions qui ont été prises par la Conférence internationale du Travail en matière d'assurances.

L'assurance chômage.

Un projet de convention et une recommandation ont été adoptés par la Conférence de Washington en matière d'assurance-chômage. Le projet de convention stipule, dans son article 3, que les membres de l'Organisation internationale du Travail « qui ont établi un système d'assurance contre le chômage devront, dans les conditions arrêtées d'un commun accord entre les Membres intéressés, prendre des arrangements permettant à des travailleurs ressortissant à l'un de ces Membres, et travaillant sur le territoire d'un autre, de recevoir des indemnités d'assurance égales à celles touchées par les travailleurs ressortissant à ce deuxième Membre ».

La recommandation invite les Membres à instituer « un système effectif d'assurance contre le chômage, soit au moyen d'une institution du Gouvernement, soit en accordant des subventions du Gouvernement aux associations dont les statuts prévoient en faveur de leurs membres le paiement d'indemnités de chômage ».

En 1920, la Conférence adopta un projet de convention concer-

---

(1) *L'Organisation internationale du Travail. L'œuvre accomplie.*

nant l'indemnité de chômage en cas de perte par naufrage et une recommandation qui reprenait en faveur des marins la recommandation de Washington sur l'assurance-chômage.

La réparation des accidents du travail et des maladies professionnelles.

Lors de la session de 1920, un projet de convention a été voté qui étend à tous les salariés agricoles le bénéfice des lois et règlements ayant pour objet d'indemniser les victimes d'accidents survenus par le fait du travail ou à l'occasion du travail.

La Conférence de 1924 a adopté un avant-projet de convention et une recommandation sur l'égalité de traitement des travailleurs nationaux. La Conférence de 1925, dans l'article premier d'un projet de convention qu'elle a adopté spécifie que « tout membre de l'Organisation internationale du Travail qui ratifie la présente convention s'engage à assurer aux victimes d'accidents du travail, ou à leurs ayants droit, des conditions de réparation au moins égales à celles prévues par la présente convention ». Une recommandation adoptée à la même session fixe le montant des indemnités en matière de réparation des accidents du travail. Une seconde est relative aux juridictions compétentes pour la solution des conflits relatifs à la réparation des accidents du travail. Un projet de convention, également adopté en 1925, consacre le principe de l'égalité de traitement des travailleurs étrangers et nationaux en matière de réparation des accidents du travail. Une recommandation relative à la même question prévoit quelques modalités d'application dans l'hypothèse où les bénéficiaires d'une indemnité ne résideraient pas dans le pays où cette indemnité leur serait payable.

La réparation des maladies professionnelles est prévue par un projet de convention adopté en 1925. Une recommandation insiste pour que les membres fixent une procédure de révision des listes de maladies professionnelles, en prévision de ce fait que chaque pays a la possibilité d'établir dans sa législation nationale une liste de maladies plus complète que celle contenue dans le projet de convention.

L'assurance maladie.

La conférence de 1927 a voté un projet de convention instituant l'assurance-maladie obligatoire, dans des conditions au moins équivalentes à celles prévues par la convention. Cette assurance s'applique aux ouvriers employés et apprentis des entreprises industrielles et des entreprises commerciales, aux travailleurs à domicile et aux gens de maison. Un second projet de convention prévoit les mêmes avantages pour les ouvriers, employés et apprentis des entreprises agricoles. A la même session une recommandation établissait les principes généraux de l'assurance-maladie.

L'assurance maternité.

Voir plus haut au paragraphe concernant la protection de la femme.

Les assurances sociales en général.

La Conférence de 1921 a adopté une recommandation invitant les Etats à étendre aux travailleurs de l'agriculture, les avantages concédés aux travailleurs de l'industrie et du commerce par « les lois et les règlements instituant des systèmes d'assurance contre la maladie, l'invalidité, la vieillesse et autres risques sociaux analogues » (1).

____

(1) M. Drechsel. Op. cit.

TABLE DES MATIÈRES